21世纪全国高职高专机电系列技能型规划教材

传感器检测技术及应用
（第2版）

主　编　王晓敏　卫书满
副主编　何朝阳　叶林勇
参　编　钟雪莉　万江丽　陈经文
　　　　贾露梅　康奇志　吕建明

北京大学出版社
PEKING UNIVERSITY PRESS

内 容 简 介

本书简要介绍了传感器的基本知识、传感器组成与分类、传感器的材料及特性、传感器标定与校准、传感检测技术的作用和发展,重点讲解了位移、力、视觉、触觉、温度、气敏、湿度、光电、智能、生物、微波、超声波、机器人等各种传感器的工作原理与应用方法,详细介绍了传感器检测的输出信号处理、传感器与微机的接口、传感器网络。书中列举了传感器在工农业生产、科学研究、医疗卫生、家用电器等许多方面的应用实例,重点介绍了传感器在机电一体化系统中的具体应用。本书根据工学结合课程的教学安排,编写了与内容相关的综合实训课题。本书共 10 个项目,每个项目前后均附有教学目标、教学要求及习题。

本书选材广泛,图文并茂,层次分明,条理清晰,结构合理,重点突出,深入浅出,通俗易懂,通过大量的传感器实例分析和综合实训课题来帮助读者理解传感器的工作原理。

本书深度适宜,实用性强,可作为高职院校、大专院校、成人高校及本科院校举办的二级职业技术学院和民办高校机电一体化、应用电子技术、自动控制、仪器仪表测量、计算机应用、机械制造、数控加工、模具技术等专业的教学用书,也可作为相关专业培训教材或相关工程技术人员的参考学习用书。

图书在版编目(CIP)数据

传感器检测技术及应用/王晓敏,卫书满主编. —2 版. —北京:北京大学出版社,2015.11
(21 世纪全国高职高专机电系列技能型规划教材)
ISBN 978-7-301-26499-7

Ⅰ.①传… Ⅱ.①王…②卫… Ⅲ.①传感器—检测—高等职业教育—教材 Ⅳ.①TP212

中国版本图书馆 CIP 数据核字(2015)第 266410 号

书　　　名	传感器检测技术及应用(第 2 版)
	Chuanganqi Jiance Jishu ji Yingyong
著作责任者	王晓敏　卫书满　主编
策划编辑	刘晓东
责任编辑	李娉婷
标准书号	ISBN 978-7-301-26499-7
出版发行	北京大学出版社
地　　　址	北京市海淀区成府路 205 号　100871
网　　　址	http://www.pup.cn　新浪微博:@北京大学出版社
电子信箱	pup_6@163.com
电　　　话	邮购部 62752015　发行部 62750672　编辑部 62750667
印　刷　者	北京虎彩文化传播有限公司
经　销　者	新华书店
	787 毫米×1092 毫米　16 开本　20 印张　468 千字
	2011 年 1 月第 1 版
	2015 年 11 月第 2 版　2020 年 6 月第 3 次印刷
定　　　价	54.00 元

未经许可,不得以任何方式复制或抄袭本书之部分或全部内容。
版权所有,侵权必究
举报电话: 010-62752024　电子信箱: fd@pup.pku.edu.cn
图书如有印装质量问题,请与出版部联系,电话: 010-62756370

第 2 版前言

当代社会被称为信息社会，传感技术作为信息科学的一个重要分支，与计算机应用技术、自动控制技术和通信技术等一起构成了信息技术的完整学科。包含传感检测与自动控制的信息技术成为当代工业技术中的一个重要组成部分。电子计算机、机器人、自动控制技术、机电一体化技术以及单片机嵌入系统的迅速发展，迫切需要各种各样的传感器。传感器的应用极其广泛，从家用电器到工业设备都要用到传感器，计算机为信息转换与处理提供了十分完善的手段，但如果没有各种精确可靠的传感器去检测原始数据并提供真实的信息，各个系统的计算机也无法发挥其应有的作用。

显而易见，传感器在现代科学技术领域中占有极其重要的地位。我国和世界各国都视传感技术为现代电子信息技术的关键技术之一，了解、掌握和应用传感器成了许多专业工程技术人员的必需。传感检测技术已成为机电一体化、应用电子、自动控制、自动信号技术、测量技术、机器人技术、计算机应用、机械制造及数控加工模具技术等专业的必修课。

本书是根据 21 世纪高职院校人才培养方案及课程教学的要求，结合现代电子技术、计算机技术发展的最新趋势，并总结了作者多年的教学和科研经验，从实用角度出发而编写的一本独具特色的教材。本书力求内容新颖、叙述简练、应用灵活，参考学时为 82 学时，若调整部分内容也可适用于 42~64 学时。具体安排可参考下表：

序号	课程内容	学 时 数		
		合计	讲授	实训
项目 1	认识传感器	2	2	—
项目 2	位移、速度、流量传感器及其应用	10	6	4
项目 3	力学传感器及其应用	10	6	4
项目 4	温度传感器及其应用	10	6	4
项目 5	气敏、湿度传感器及其应用	10	6	4
项目 6	光电传感器及其应用	10	6	4
项目 7	视觉传感器及其应用	10	6	4
项目 8	新型传感器及其应用	4	2	2
项目 9	传感检测系统及其应用	8	4	4
项目 10	传感器在机电一体化系统中的应用	8	4	4
	总　　计	82	48	34

本书的特点是实用性较强，从实践和应用的角度出发，主要介绍常用传感器的原理、特性和使用原则，并提供大量传感器基本应用电路及接口电路。书中除了介绍温度、力、光、磁、位移、湿度及气体、生物、微波、超声波、机器人等传感器的原理、结构、性能与应用以外，还介绍了传感器输出信号的处理以及与微机的连接。本书根据工学结合课程的教学安排，还编写了与内容相关的综合实训课题。读者可从本书中直接选用适用的传感

器应用电路，还可对本书提供的电路稍加修改应用到自己设计的系统中。

  本书在编写过程中，力求做到以培养能力为主线，在保证基本概念、基本原理和基本分析方法的基础上，力求避免烦琐的数学推导。本书在内容的编排方面，力求做到由浅入深、由易到难、循序渐进；在内容的阐述方面，努力贯彻理论与实践相结合，以应用为目的，以必需够用为度的原则，力求简明扼要，通俗易懂。

  本书第 2 版项目 1 由三峡电力职业学院王晓敏教授编写，项目 2 由葛洲坝集团机电建设有限公司卫书满总工程师编写，项目 3 由三峡电力职业学院何朝阳讲师编写，项目 4 由三峡电力职业学院叶林勇副教授编写，项目 5 由钟雪莉讲师编写，项目 6 由三峡电力职业学院万江丽高级讲师编写，项目 7 由三峡电力职业学院贾露梅高级讲师编写，项目 8 由三峡电力职业学院康奇志副教授编写，项目 9 由三峡电力职业学院陈经文讲师编写，项目 10 由三峡电力职业学院吕建明讲师编写，全书由王晓敏教授统稿。本书在编写过程中参考了一些感测技术、传感器应用和机电一体化控制等方面的文献材料，在此，对其著作者一并表示诚挚的谢意。

  由于编者的水平所限，加之时间仓促，书中不妥及疏漏之处在所难免，恳切希望专家学者和读者不吝指教。

编 者
2015 年 6 月

目　录

项目 1　认识传感器 1

　1.1　认识传感器的组成与分类 2
　1.2　了解传感器的性能指标 10
　1.3　传感器的标定 16
　1.4　认识传感技术的现状和发展趋势 18
　习题 23

项目 2　位移、速度、流量传感器
　　　　及其应用 24

　2.1　参量型位移传感器 25
　2.2　光栅磁栅位移传感器 37
　2.3　速度、加速度传感器 41
　2.4　物位流量流速传感器 53
　2.5　位移传感器的应用 58
　2.6　综合实训：检测电感式传感器 61
　习题 63

项目 3　力学传感器及其应用 64

　3.1　测力传感器 65
　3.2　扭矩传感器 74
　3.3　压力传感器 78
　3.4　力学传感器的应用 86
　3.5　综合实训：了解电阻应变式传感器 ... 92
　习题 95

项目 4　温度传感器及其应用 96

　4.1　热电式温度传感器 98
　4.2　电阻式温度传感器 104
　4.3　非接触式温度传感器 109
　4.4　半导体集成温度传感器 113
　4.5　温度传感器的应用 116
　4.6　综合实训：了解热电偶的
　　　　原理及现象 122

　习题 126

项目 5　气敏、湿度传感器及其应用 127

　5.1　气敏传感器 129
　5.2　湿度传感器 137
　5.3　水分传感器 145
　5.4　气敏和湿度传感器应用实例 149
　5.5　综合实训：检测电容式传感器的
　　　　性能 155
　习题 156

项目 6　光电传感器及其应用 158

　6.1　光电效应及光电器件 159
　6.2　红外传感器 169
　6.3　激光传感器 173
　6.4　光纤传感器 179
　6.5　光电传感器应用实例 183
　6.6　综合实训：光电传感器（反射型）
　　　　测转速 186
　6.7　综合实训：光纤位移测量 188
　习题 189

项目 7　视觉传感器及其应用 191

　7.1　光导视觉传感器 193
　7.2　CCD 视觉传感器 195
　7.3　CMOS 视觉传感器 202
　7.4　人工视觉 208
　7.5　视觉传感器应用实例 213
　7.6　综合实训：电涡流式传感器的
　　　　应用 221
　习题 223

项目 8　新型传感器及其应用 224

　8.1　机器人传感器 225

8.2 生物传感器 245

8.3 微波传感器 252

8.4 超声波传感器 255

8.5 新型传感器应用实例 257

8.6 综合实训：压电传感器的
动态响应 260

习题 262

项目 9　传感检测系统及其应用 263

9.1 传感检测系统的组成 264

9.2 传感器检测信号处理 266

9.3 传感器的微机接口 268

9.4 传感器网络 273

9.5 传感器接口电路应用实例 278

9.6 综合实训：检测霍尔传感器的
直流激励特性 287

习题 289

项目 10　传感器在机电一体化
系统中的应用 290

10.1 传感器在工业机器人中的应用 291

10.2 传感器在 CNC 机床与加工
中心中的应用 295

10.3 传感器在汽车机电一体化中的
应用 297

10.4 传感器在家用电器中的应用 306

习题 309

参考文献 310

项目 1

认识传感器

教学目标

通过本项目的学习,了解传感器的组成与分类,掌握传感器的定义及人与机器的机能对应关系;熟悉传感器的命名代号,合理选择和使用传感器;掌握传感器的性能指标,分析传感器的静态特性和动态特性;了解传感器标定的基本方法,了解传感器的应用现状和发展趋势。

教学要求

知识要点	能力要求	相关知识	权重
传感器的组成与分类	传感器的定义、组成、分类、命名代号	传感器与信息技术关系、传感器输出信号与输入信号定义	40%
传感器的性能指标	传感器的静态特性、动态特性及有关指标	传感器的一般特性和选用原则	20%
传感器的标定	传感器的标定和校准方法、静态标定和动态标定	传感器的特性原理、静态标定和动态标定的参数	20%
传感器的作用	传感器的地位、作用、应用现状和发展趋势	世界各国传感技术的发展、我国的传感技术及研制开发工作	20%

项目导读

在人类进入信息时代的今天，人们的一切社会活动都是以信息获取与信息转换为中心的，传感技术作为信息获取与信息转换的重要手段，是信息科学最前端的一个阵地，是实现信息化的基础技术之一。传感器作为整个检测系统的前哨，它提取信息的准确与否直接决定着整个检测系统的精度。

图 1.1 所示为各种传感器的外形。现在，传感器早已渗透到诸如生产、生活、宇宙开发、海洋探测、环境保护、资源调查、医学诊断、生物工程，甚至文物保护等极其广泛的领域。可以毫不夸张地说，从茫茫的太空，到浩瀚的海洋，以至各种复杂的工程系统，几乎每一个现代化项目，都离不开各种各样的传感器。

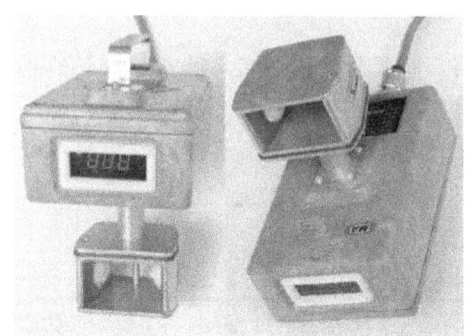
（a）风速传感器

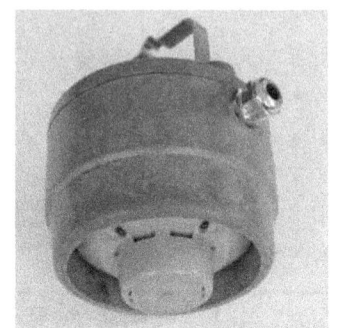
（b）烟雾传感器

（c）JN338B 型三参数传感器

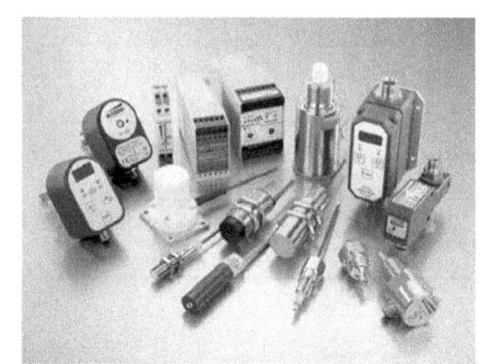
（d）其他类型的传感器

图 1.1 各种传感器

1.1 认识传感器的组成与分类

1.1.1 传感技术的重要性

当代社会被称为信息社会，信息技术成为当代工业技术中的一个重要组成部分。信息技术包含以下部分。

信息采集——依赖各类传感器代替人的触觉、嗅觉、味觉、视觉、听觉（电五官）。

信息传输——神经网络、通信技术等。

信息控制——利用各类计算机、微处理器等。

传感器及检测技术是信息技术的关键及首要环节。

如果没有传感器对原始参数进行精确可靠的测量，那么，对信号的传输、转换、处理、记录、显示都失去了意义。传感器质量的优劣，检测技术的先进与否，直接决定了测试和自控过程的成败。然而信息技术的这两个关键问题，长期以来并未协调发展，从而形成了"头脑发达、五官简单"的状态。

造成信息技术这种状态的内在原因是：计算机输入、输出都是电信号，从其发明到现在短短几十年，经历了电子管→晶体管（分立元件）→集成电路的发展阶段，尤其近三四十年大规模、超大规模集成电路的发明使计算机技术有了突飞猛进的发展，计算机体积越来越小、速度越来越快、功能越来越多、应用越来越广。

传感器的问题就不那么简单了，传感器与计算机最大区别在于：①传感器直接与五花八门的被测对象打交道，工作环境差，更兼压力、湿度、粉尘、辐射、振动等影响；②传感器的输入、输出往往是不同种类的信息，造成其工作机理、材料和结构上千差万别。虽然传感器的历史很长，但与计算机技术相比，明显处于落后的地位，这是许多检测与控制系统的难点或者说是薄弱环节，对信息技术的发展拖了后腿。

随着科学技术发展的需要，人们越来越认识到传感器的重要性。国内外各高新技术行业都十分重视研制开发与生产各种用途的传感器。20 世纪 80 年代，日本就将传感器列为近来应大力发展的五项（后为十项）重要技术之首，美国、西欧及俄罗斯等都以巨额投资进行传感器的技术开发。美国近年来进行火星研究的"勇气号""机遇号""凤凰号"等探测器，就使用了大量的传感器。传感技术在我国也被列为重点科技发展项目，我国先后成立了许多科研机构与学术团体，在许多学校设立了相关专业，近年来连续召开了许多全国及国际性的学术会议及展览会。

随着社会文明的进步，传感器的使用将无处不在，传感技术已逐步发展成为一个独立的学科，在未来的国民经济发展中将发挥越来越重要的作用。

特别提示

（1）传感技术属交叉学科，涉及知识面广，原理与过去学过的数学、物理（物理现象、定律、效应）、电路理论（测量电路）都有联系，要综合运用各方面的理论知识，复习巩固已学电路、电子技术等方面的知识，多看一些相关参考书及相关的技术杂志。

（2）传感技术实践性强，针对工程实际问题，解决检测手段与方法，要注意通过传感技术实验巩固理论知识，训练实验研究能力与动手能力。许多传感器的静态特性与动态特性实际上都是通过实测来校准获取的，所以平时要多留心观察各种传感器，了解传感器的作用、原理、结构。

1.1.2　传感器的定义

传感器是一种传递感觉的器件或装置，如冰箱中的温度传感器、监视煤气溢出浓度（一氧化碳）的气敏传感器、防止火灾的烟雾传感器、测试物体质量的电子秤等。

传感器能感受规定的被测量（输入信号），并按照一定的规律转换成可用输出信号（以电量为主），以满足信息的传输、处理、存储、记录、显示和控制等要求。国际电工委员会（International Electrotechnical Committee，IEC）对传感器的定义为"传感器是测量系统中的一种前置部件，它将输入变量转换成可供测量的信号。"我国的国家标准（GB 7665—2005）对传感器的定义为"传感器是能够感受规定的被测量并按一定规律和精度转换成可用输出信号的器件或装置。"

以上定义说明，传感器是一种以一定的精确度把被测量转换为与之有确定对应关系的、便于应用的某种物理量的测量装置。广义地说，传感器是一种能把物理量或化学量等转变成便于利用的电信号的器件。它是传感检测系统的一个组成部分，是被测量信号输入的第一道关口。

传感器由于应用场合（领域）的不同，称呼也有所不同。如在过程控制中传感器被称为变送器，在射线检测中传感器被称为发送器、接收器、探头。在有些场合传感器又被称为换能器、检测器、一次仪表、探测器一次仪表等。

传感器的输入信号至少有如下几种。

（1）物理量：力、温度、湿度、压力、流量、位移、速度、加速度、物位、振动等。

（2）化学量：各种气体、pH 等。

（3）状态量：颜色、表面光洁度、透明度、磨损量、裂纹、缺陷、表面质量等。

（4）生物量：血压、颅压、体温等。

（5）社会量：人口流动情况等。

特别提示

传感器的输出信号有很多形式，如电压、电流、频率、脉冲等。输出信号的形式由传感器的工作原理确定，但它们主要是电量。输出信号基本是电量，原因是电量最便于传输、转换、处理及显示。输出信号与输入信号之间有对应关系，且应有一定的精确度。

1.1.3 传感器的组成

传感器的组成框图，如图 1.2 所示。

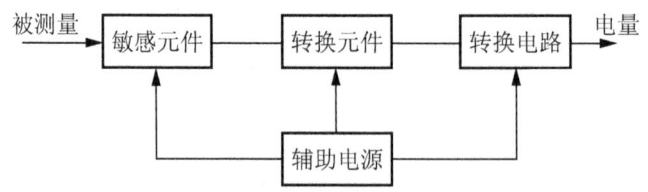

图 1.2 传感器的组成框图

敏感元件：直接感受被测量，输出信号量。

转换元件：一般不感受被测量，将敏感元件的输出变为电量输出，有时也直接感受被测量，如热电偶传感器。

转换电路：将传感元件输出的电量转变为便于显示、记录、处理、控制的有用电信号，也叫信号调节与转换电路。转换电路有电桥、放大器、振荡器、电荷放大器等（因传感器种类而异）。由于空间的限制或者其他原因，转换电路常装入后续设备中。然而，因为不少传感器要在通过转换电路后才能输出电信号，从而决定了转换电路是传感器的组成环节之一。

辅助电源：为传感器各元件和电路提供工作能源。有的传感器需要外加电源才能工作，例如应变片组成的电桥、差动变压器等；有的传感器则不需要外加电源便能工作，例如压电晶体等。

进入传感器的被测量信号幅度是很小的，而且混杂了干扰信号和噪声。为了方便随后的处理过程，首先要将信号整理成具有最佳特性的波形，有时还需要将信号线性化。该工作由放大器、滤波器以及其他一些模拟电路完成。在某些情况下，这些电路的一部分是和传感器部件直接相邻的。成形后的信号随后转换成数字信号，并输入到微处理器。

但是，不是所有传感器都能明确分清敏感元件与转换元件两个部分，而是两者合为一体。例如，半导体气体、湿度传感器等，它们一般都是将感受的被测量直接转换为电信号，没有中间转换环节。实际上，有些传感器很简单，有些则较复杂，大多数传感器是开环系统，也有些是带反馈的闭环系统。最简单的传感器由一个敏感元件（兼转换元件）组成，它感受被测量时直接输出电量，如热电偶。有些传感器由敏感元件和转换元件组成，没有转换电路，如压电式加速度传感器，其中质量块 m 是敏感元件，压电片（块）是转换元件。有些传感器，转换元件不止一个，要经过若干次转换。

传感检测系统的性能主要取决于传感器。传感器把某种形式的能量转换成另一种形式的能量。传感器有两类：有源传感器和无源传感器。有源传感器能将一种能量形式直接转变成另一种，不需要外接的能源或激励源。无源传感器不能直接转换能量形式，但它能控制从另一输入端输入的能量或激励能。

传感器承担将某个对象或过程的特性转换成数量的工作。其"对象"可以是固体、液体或气体，而其状态可以是静态的，也可以是动态（即过程）的。对象特性被转换量化后可以通过多种方式检测。对象的特性可以是物理性质的，也可以是化学性质的。按照其工作原理，传感器将对象特性或状态参数转换成可测定的电信号，然后将此电信号分离出来，送入传感器系统加以评测或标示。

各种物理效应和工作机理被用于制作不同功能的传感器。传感器可以直接接触被测量对象，也可以不接触。用于传感器的工作机制和效应类型不断增加，其包含的处理过程日益完善。

1.1.4 人与机器的机能对应关系

人们常将传感器的功能与人类五大感觉器官相比拟如下。

光敏传感器——自然人的视觉。

声敏传感器——自然人的听觉。

气敏传感器——自然人的嗅觉。

化学传感器——自然人的味觉。

压敏、温敏、流体传感器——自然人的触觉。

自然人通过感官感觉外界对象的刺激,通过大脑对感受的信息进行判断、处理,肢体做出相应的反应。在机器系统中,传感器相当于人的感官,常被称为"电五官",外界信息由它提取,并转换为系统易于处理的电信号,微机对电信号进行处理,发出控制信号给执行器,执行器对外界对象进行控制。人与机器的机能对应关系如图1.3所示。

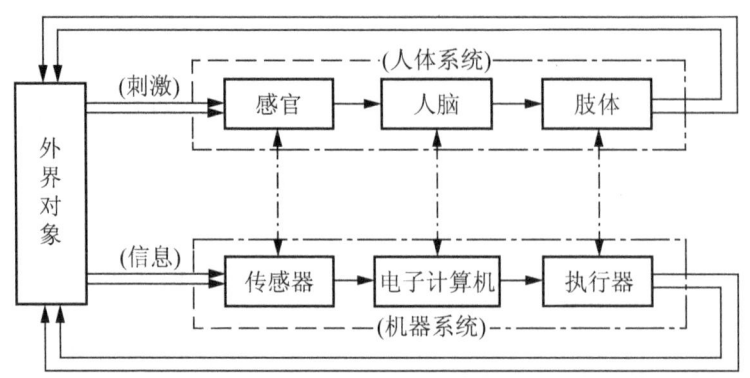

图1.3 人与机器的机能对应关系

与现在的传感器相比,人类的感觉能力好得多,但也有一些传感器比人的感觉功能优越,例如人类没有能力感知紫外线或红外线辐射,感觉不到电磁场、无色无味的气体等。

1.1.5 传感器的分类

传感器的种类繁多,可以根据它们的转换原理(传感器工作的基本物理或化学效应)、用途、输出信号类型以及制作材料和工艺等进行分类。

1. 按传感器的输入/输出量分类

1)按输入量分类

常用的有机、光、电和化学等传感器。例如位移、速度、加速度、力、温度和流量传感器等。

2)按输出量分类

常用的有参数式传感器:电阻、电感、电容、频率和离子传感器;发电式传感器:压电式、霍尔式、光电和热电式传感器等。

2. 按传感器的工作原理分类

根据传感器工作原理,可分为物理传感器和化学传感器两大类。

1)物理传感器

物理传感器应用的是物理效应,诸如压电效应,磁致伸缩现象,离化、极化、热电、光电、磁电等效应。被测信号量的微小变化都将转换成电信号。物理传感器按物理效应可分为两类。

(1)结构型(构造型)传感器。结构型传感器依赖结构参数变化,实现信息转换,如应变式、电压式、电容式、磁电式传感器。

结构型传感器是利用物理学中场的定律构成的,包括动力场的运动定律、电磁场的电磁定律等。物理学中的定律一般是以方程式给出的。对于传感器，这些方程式就是许多传感器在工作时的数学模型。这类传感器的工作原理是以传感器中元件相对位置变化引起场的变化为基础，而不是以材料特性变化为基础的，其特点是：原理明确、不受环境影响、易研制、构造复杂、价格高、可靠性高。

（2）物性型（材料型）传感器。物性型传感器依赖敏感元件物理特性变化，实现信息转换，如光电、霍尔、压电式传感器。物性型传感器利用功能材料的压电、压阻、热敏、湿敏、光敏、磁敏、气敏等效应可把压力、温度、湿度、光量、磁场、气体成分等物理量转换成电量。

物性型传感器是利用物质定律构成的，如胡克定律、欧姆定律等。物质定律是表示物质某种客观性质的法则。这种法则大多数是以物质本身的常数形式给出。这些常数的大小决定了传感器的主要性能。因此，物性型传感器的性能随材料的不同而异。例如，光电管利用的是物质法则中的外光电效应。显然，其特性与涂覆在电极上的材料有着密切的关系。又如，所有半导体传感器以及所有利用各种环境变化而引起的金属、半导体、陶瓷、合金等性能变化的传感器，都属于物性型传感器。物性型传感器的特点是：简单、小巧、价廉，但工艺要求高，稳定性差，在一些要求可靠、稳定的场合及恶劣环境下不能普遍应用，目前正在这方面加速研制、发现、改进，有广泛的发展前途。

2）化学传感器

化学传感器包括那些以化学吸附、电化学反应等现象为因果关系的传感器，被测信号量的微小变化也将转换成电信号。化学传感器存在的技术问题较多，例如可靠性问题，规模生产的可能性，价格问题等。解决了这类难题，化学传感器的应用将会有良好的前景。

按被测物理量对传感器进行分类，有温度传感器、湿度传感器、压力传感器、位移传感器、流量传感器、液位传感器、力传感器、加速度传感器及转矩传感器等。这种分类方法的优点是比较明确地表达了传感器的用途，便于使用者根据其用途选用；缺点是没有区分每种传感器在转换机理上的共性和差异，不便于使用者掌握其基本原理及分析方法。

按工作原理对传感器进行分类，即将物理、化学、生物等学科的原理、规律和效应作为分类的依据，有电学式传感器、磁学式传感器、光电式传感器、电势型传感器、电荷型传感器、半导体型传感器、谐振式传感器、电化学式传感器等。这种分类方法的优点是对传感器的工作原理表达比较清楚，而且类别少，有利于对传感器进行深入研究分析；缺点是不便于使用者根据用途选用。

特别提示

大多数传感器是以物理原理为基础运作的。但有些传感器既不能划分到物理类，也不能划分为化学类。有些传感器的工作原理具有两种以上原理的复合形式，如不少半导体式传感器，也可看成电参量式传感器。

3. 按传感器的能量关系分类

按传感器的能量关系情况分类，有能量控制型传感器和能量转换型传感器。

1）能量控制型传感器

在信息变化过程中，能量控制型传感器将从被测对象获取的信息能量用于调制或控制外部激励源，使外部激励源的部分能量载运信息而形成输出信号，这类传感器必须由外部提供激励源，电阻、电感、电容等电路参量传感器都属于这一类传感器。基于应变电阻效应、磁阻效应、热阻效应、光电效应、霍尔效应等原理的传感器也属于此类传感器。

2）能量转换型传感器

能量转换型传感器又称有源型传感器或发生器型传感器，传感器将从被测对象获取的信息能量直接转换成输出信号能量，主要由能量变换元件构成，它不需要外电源。如基于压电效应、热电效应、光电动势效应等原理的传感器都属于此类传感器。

4. 按传感器输出信号的性质分类

按传感器输出信号的性质分可分为模拟传感器、数字传感器和开关传感器。模拟传感器将被测量的非电学量转换成模拟电信号。数字传感器将被测量的非电学量转换成数字输出信号（包括直接和间接转换）。开关传感器在一个被测量的信号到达某个特定的阈值时，相应地输出一个设定的低电平或高电平信号。

5. 按传感器的用途分类

按用途分类，传感器可分为压敏和力敏传感器、位置传感器、液面传感器、能耗传感器、速度传感器、热敏传感器、加速度传感器、射线辐射传感器、振动传感器、湿敏传感器、磁敏传感器、气敏传感器、真空度传感器、生物传感器等。

6. 按传感器的材料分类

在外界因素的作用下，所有材料都会做出相应的、具有特征性的反应。它们中那些对外界作用最敏感的材料，即那些具有功能特性的材料，被用来制作传感器的敏感元件。传感器是利用材料的固有特性或开发的二次功能特性，再经过精细加工而成的。从所应用的材料观点出发可将传感器分成下列几类。

（1）按所用材料的类别分类，有金属、聚合物、陶瓷、混合物传感器等。

（2）按所用材料的物理性质分类，有导体、绝缘体、半导体、磁性材料传感器等。

（3）按所用材料的晶体结构分类，有单晶、多晶、非晶材料传感器等。

7. 按传感器的制造工艺分类

按制造工艺分类，传感器可分为集成传感器、薄膜传感器、厚膜传感器、陶瓷传感器等。

集成传感器是用标准的生产硅基半导体集成电路的工艺制造的。通常还将用于初步处理被测信号的部分电路也集成在同一芯片上。

薄膜传感器则是通过沉积在介质衬底（基板）上的，相应敏感材料的薄膜形成的。使用混合工艺时，同样可将部分电路制造在此基板上。

厚膜传感器是利用相应材料的浆料，涂覆在基片上制成的，基片通常由陶瓷制成，然后进行热处理，使厚膜成形。

陶瓷传感器采用标准的陶瓷工艺或某种变种工艺（溶胶-凝胶等）生产。完成适当的预备性操作之后，将已成形的元件在高温中进行烧结。

厚膜和陶瓷传感器这两种工艺之间有许多共性，在某些方面，可以认为厚膜工艺是陶瓷工艺的一种变形。每种工艺技术都有自己的优点和不足。由于陶瓷和厚膜传感器研究、开发和生产所需的资本投入较低，以及传感器参数的高稳定性等原因，这两种工艺的传感器使用较多。

1.1.6 传感器的命名代号

传感器的命名代号由四部分构成。

第一部分：主称（传感器），用传感器汉语拼音的第一个大写字母 C 标记。

第二部分：被测量代号——被测量的物理、化学、生物学原理规定的符号，用一个或两个汉语拼音的第一个大写字母标记。当这组代号与该部分的另一个代号重复时，则取汉语拼音的第二个大写字母作代号，依此类推。当被测量为离子、粒子或气体时，可用其元素符号、粒子符号或分子式加括号表示。

第三部分：转换原理代号——被测量转换机理的规定符号，用一个或两个汉语拼音的第一个大写字母标记。当这组代号与该部分的另一个代号重复时，则用其汉语拼音的第二个大写字母代替，依此类推。

第四部分：序号，用阿拉伯数字代替。序号可表征产品设计特性、性能参数、产品系列等。

四部分代号表述格式如下。

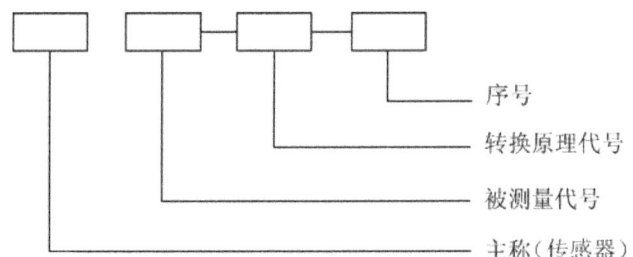

例如，应变式位移传感器。

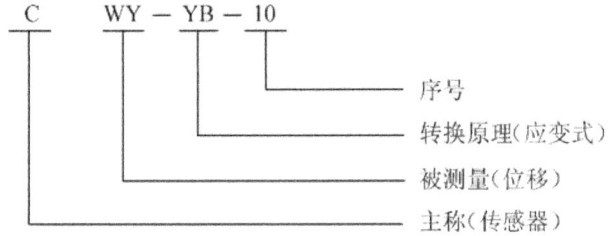

图1.4（a）、(b) 所示为 KGW10 型温度传感器和 ZEP—S 型声控传感器，从中可以看到其命名代号。

（a）KGW10 型温度传感器　　　　　（b）ZPC—S 型声控传感器

图 1.4　温度传感器和声控传感器

1.2　了解传感器的性能指标

传感器的一般特性主要是指传感器输出与输入之间的关系。传感器的一般特性是与其内部结构、参数有密切关系的外部特性，一般用曲线、图表、数学表达式等方式表达。

传感器的一般特性又因输入量（又称被测量）状态的不同而分为静态特性和动态特性。当输入量为常量或变化极慢时，称为静态特性。当输入量随时间变化较快时，称为动态特性。

传感器的输出与输入关系可用微分方程来描述。理论上，将微分方程中的一阶及以上的微分项取为零时，即得到静态特性。因此，传感器的静态特性只是动态特性的一个特例。

传感器的输出与输入应具有确定的对应关系，两者间最好成线性关系。为了标定和数据处理的方便，也希望传感器输出-输入的对应关系成线性关系。但一般情况下，输出和输入不会符合所要求的线性关系，同时由于存在迟滞、蠕变、摩擦、间隙和松动等各种因素以及外界条件的影响，使输出、输入对应关系的唯一确定性也不能实现。对传感器的纯理论分析往往很复杂，因为实际应用的传感器，影响其特性的因素很多，有些是不确定的、随机变化的，难以反映客观规律，所以传感器的特性多用实验方法获得。经过一定的理论计算、处理，一般用校准数据来建立数学模型，将一定条件下实测得到的校准特性作为传感器的实际特性。

1.2.1　传感器的静态特性

传感器的静态特性是指被测量的值处于稳定状态时的输出、输入关系。衡量静态特性的重要指标是线性度、灵敏度、迟滞和重复性等。它们也是衡量传感器优劣的指标。

1. 静态特性的定义

传感器在稳态（静态、缓变）信号作用下，其输入与输出的关系称为传感器的静态特性。

2. 静态特性的数学模型

传感器如没有迟滞或蠕变效应,静态特性的数学模型为多次多项式。

$$y = a_0 + a_1 x + a_2 x^2 + a_3 x^3 + a_4 x^4 + \cdots + a_n x^n \tag{1-1}$$

式中,y 为输出量;a_0 为零位输出;$a_1,\cdots,a_n$ 为线性灵敏度;x 为输入量。各项系数不同,决定了特性曲线的具体形式。

3. 静态特性的有关指标

1)线性度

传感器的线性度是指传感器的输出与输入之间数量关系的线性程度。线性度又称非线性误差,指实际特性曲线与拟合曲线之间的最大偏差(绝对值)与传感器满量程输出值之比,线性度可用下式表示为

$$E = \pm \frac{\Delta L_{\max}}{y_{\mathrm{fs}}} \times 100\% \tag{1-2}$$

式中,$\Delta L_{\max}$ 为实际曲线与拟合直线之间的最大偏差;y_{fs} 为输出满量程值,如图 1.5 所示。

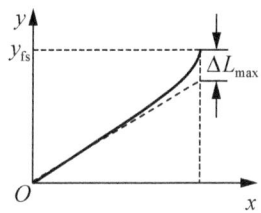

图 1.5 传感器的线性度

线性传感器是指取线性特征为理论特征的传感器。线性度的大小是以拟合直线或理想直线作为基础直线算出来的,因此,基准直线不同,所得出的线性精度就不同。当传感器的非线性项方次不高,输入量变化范围不大时,用切线或割线等直线(此直线为拟合直线、理论直线、参考直线)来近似代表实际曲线的一段,此方法称为传感器非线性特征的"线性化"。一般并不要求拟合直线必须经过所有的检测点,而是要找到一条能反映校准数据的一般趋势,同时又使误差绝对值最小的直线即可。

静态特性曲线可通过实际测试获得。首先在标准工作状态下,用标准仪器设备对传感器进行标定(测试),得到其输入-输出实测曲线,即校准曲线,然后作一条理想直线,即拟合直线。在获得静态特性曲线之后,可以说问题已经得到了解决。但是为了标定和数据处理的方便,希望得到线性关系,这时可采用各种方法,其中也包括硬件或软件补偿的方法,进行线性化处理。

2)灵敏度

灵敏度是传感器在稳态下输出增量与输入增量的比值。

对于线性传感器,其灵敏度就是它的静态特性的斜率,其特性曲线的斜率处处相同,灵敏度是一个常数,与输入量大小无关。如图 1.6(a)所示,其中

$$S_n = \frac{y}{x} \tag{1-3}$$

非线性传感器的灵敏度是一个随工作点而变的变量,如图 1.6(b)所示,其表达式为

$$S_n = \frac{\Delta y}{\Delta x} = \frac{\mathrm{d}y}{\mathrm{d}x} = \frac{\mathrm{d}f(x)}{\mathrm{d}x} \tag{1-4}$$

传感器静态数学模型有三种特殊形式来描述线性度和灵敏度。

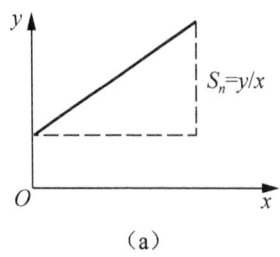
(a)

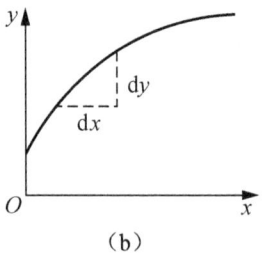
(b)

图 1.6 传感器的灵敏度

(1)理想的线性特性。其线性度最好,通常是所希望的传感器应具有的特性,只有具备这样的特性才能正确无误地反映被测的真值。其数学模型为

$$y = a_1 x \tag{1-5}$$

具有该特性的传感器的灵敏度为直线 $y = a_1 x$ 的斜率,其中 a_1 为常数。

(2)仅有偶次非线性项。其线性范围较窄,线性度较差,灵敏度为相应曲线的斜率,一般传感器设计很少采用这种特性。其数学模型为

$$y = a_0 + a_2 x^2 + a_4 x^4 + \cdots + a_{2n} x^{2n} \qquad n = 0,1,2,\cdots \tag{1-6}$$

(3)仅有奇次非线性项。其线性范围较宽,且相对坐标原点是对称的,线性度较好,灵敏度为该曲线的斜率。其数学模型为

$$y = a_1 x + a_3 x^3 + a_5 x^5 + \cdots + a_{2n+1} x^{2n+1} \qquad n = 0,1,2,\cdots \tag{1-7}$$

这种特性传感器使用时应采取线性补偿措施。

根据式(1-1)、式(1-5)、式(1-6)及式(1-7)的静态数学模型画出的关系曲线如图 1.7 所示。

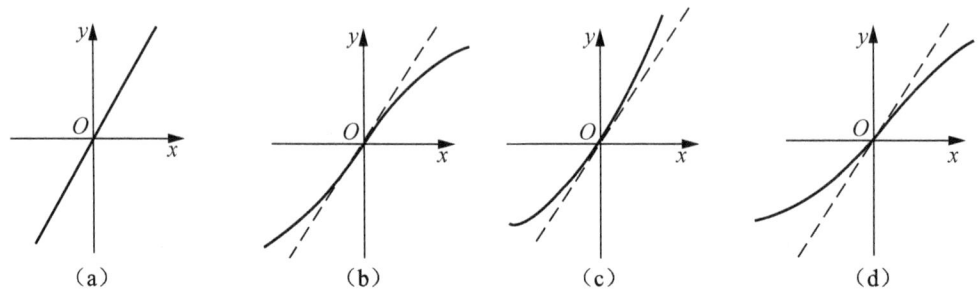

图 1.7 静态数学模型描述线性度和灵敏度的三种特殊形式

由图可见,除图 1.7(a)为理想特性外,其他都体现出非线性,都应进行线性处理。常用的方法有理论直线法、端点线法、割线法、最小二乘法和计算程序法等。

3)滞后量(迟滞误差)

传感器在正(输入量增大)反(输入量减小)行程中输出-输入曲线不重合称为迟滞。它一般是由实验方法测得。对于同一输入 x_i 有不同的 y_i($y_正 \neq y_反$),对于这种传感器在正反行程期间(输入-输出)特性曲线不重合的程度称为迟滞误差。迟滞误差一般以满量程输出的百分数表示。

传感器的迟滞误差如图 1.8 所示,它反映了传感器机械结构和制造工艺上的缺陷,如轴承摩擦、间隙、紧固件松动、积尘、材料内摩擦等,而且不稳定,由实验方法确定。

4）重复性（重复性误差）

重复性是指传感器在同一工作条件下，输入量按同一方向在全测量范围内连续变动多次所得特性曲线的不一致性，如图1.9所示。

重复性误差属于随机误差，常用绝对误差表示，也可用正反行程中的最大偏差表示，它是反映传感器精密度的一个指标，是随机误差的性质。

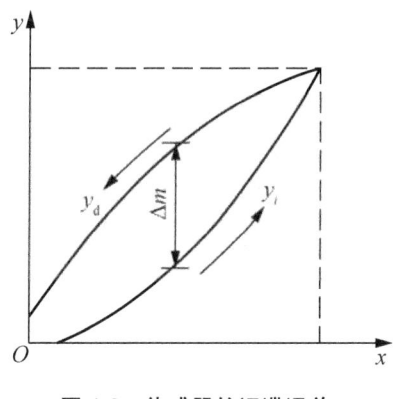

图1.8 传感器的迟滞误差

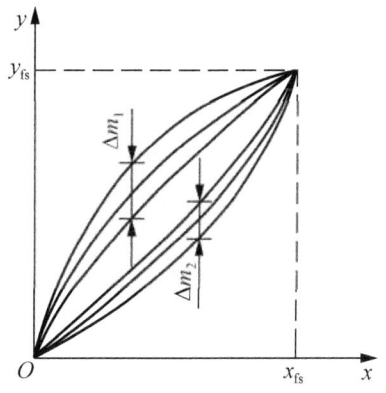

图1.9 传感器的重复性

5）稳定性

（1）抗干扰稳定性：是指传感器对外界干扰的抵抗能力。

（2）温度稳定性：又称温漂，表示温度变化时传感器输出值的偏离程度，一般用温度变化1℃输出的最大偏差与满量程的百分比表示。

6）精确度

与精确度（精度）有关的指标是精密度和准确度。精确度是精密度与准确度两者的总和，精确度高表示精密度和准确度都比较高。在最简单的情况下，可取两者的代数和。精确度常以测量误差的相对值表示。在测量中我们希望得到精确度高的结果。

（1）精密度：说明测量传感器输出值的分散性，即对某一稳定的被测量，由同一个测量者，用同一个传感器，在相当短的时间内连续重复测量多次，其测量结果的分散程度。例如，某测温传感器的精密度为0.5℃。精密度是随机误差大小的标志，精密度高，意味着随机误差小。要注意的是，精密度高不一定准确度高。

（2）准确度：说明传感器输出值与真值的偏离程度。例如，某流量传感器的准确度为$0.3m^3/s$，表示该传感器的输出值与真值偏离$0.3m^3/s$。准确度是系统误差大小的标志，准确度高意味着系统误差小。同样，准确度高不一定精密度高，如图1.10所示。

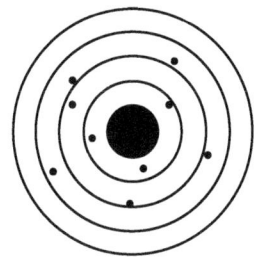
（a）准确度高而精密度低

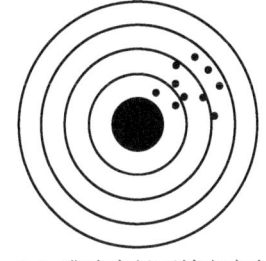
（b）准确度低而精密度高

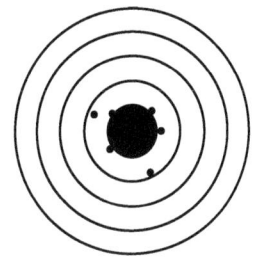
（c）精密度高

图1.10 传感器的精确度

1.2.2 传感器的动态特性

在实际测量中,大量被测量是随时间变化的动态信号。动态特性与被测量的变化形式有关。

1. 动态特性的定义

动态特性是指传感器对随时间变化的输入量的响应特性,可用输入-输出函数关系的方程、图形、参数等来描述传感器的动态特性。

工程技术上采取一些近似的方法,忽略一些影响不大的因素可以用线性系统来描述传感器的动态特性,因而,可以用常系数线性微分方程表示传感器输出量 y 与输入量 x 的关系。输出 $y(t)$ 曲线与输入 $x(t)$ 曲线一致(从形状、频率、相位看)时,说明其动态特性好,属于理想的动态特性。传感器输出量与输入量的接近程度称为动态误差,即输出与输入信号不可能是完全相同的时间函数,其差异即动态误差。

2. 动态特性的数学模型

传感器的动态数学模型是指:在随时间变化的动态信号作用下,传感器输出-输入量间的函数关系,通常称为响应特性。忽略了一些影响不大的非线性和随机变量等复杂因素后,可将传感器作为线性定常数系统来考虑,因而其动态数学模型可以用线性常系数微分方程来表示,解此方程即可得到传感器的暂态响应和稳态响应。

线性系统具有以下特性。

1)叠加性

当一个系统有 n 个激励同时作用时,那么,它的响应就等于这 n 个激励单独作用的响应之和,即

$$\text{输入 } x(t) \to \text{输出 } y(t)$$
$$\text{输入 } ax_1(t)+bx_2(t) \to \text{输出 } ay_2(t)+by_2(t)$$

这样,分析常系数线性系统时,可以将一个复杂的激励信号分解成若干个简单的激励后,再进行分析。

2)频率保持特性

输入频率为 f 的信号,稳态输出则为同一频率 f 的信号,即

$$\text{输入 } x(t) \to \text{输出 } y(t)$$
$$\text{输入 } x(t-t_0) \to \text{输出 } y(t-t_0)$$

这样,分析常系数线性系统的数学模型则是

$$a_n\frac{d^n y}{dt^n}+a_{n-1}\frac{d^{n-1}y}{dt^{n-1}}+\cdots+a_1\frac{dy}{dt}+a_0 y \\ =b_m\frac{d^m x}{dt^m}+b_{m-1}\frac{d^{m-1}x}{dt^{m-1}}+\cdots+b_1\frac{dx}{dt}+b_0 x \tag{1-8}$$

式中,$x(t)$ 为输入量;$y(t)$ 为输出量。$a_n, a_{n-1}, \cdots, a_0, b_m, b_{m-1}, \cdots, b_0$ 均为与系统参数有关的结构常数,一般 $m<n$,且 $b_1=b_2=\cdots=b_m$,$b_0\neq 0$。

3. 传递函数

在工程上,为了计算方便,将上述常系数线性微分方程变换为代数式形式来研究传感

器的动态特性，常用拉普拉斯变换、傅里叶变换、拉普拉斯反变换等数学方法来实现。那么，传递函数就是以代数式的形式表征系统本身的传输、转换特性，而与激励及系统初始状态无关。也就是说，传递函数是描述线性定常系统的输入-输出关系的一种函数，能表示系统的动态特性。

4. 动态特性的有关指标

在输入信号为动态（快速变化）的情况下，要求传感器不仅能精确地测量信号的幅值，而且能测量出信号变化的过程。这就要求传感器能迅速准确地响应和再现被测信号的变化。也就是说，传感器要有良好的动态特性。具体研究传感器的动态特性时，通常从时域和频域两方面采用瞬态响应法和频率响应法来分析。最常用的是通过几种特殊的输入时间函数，例如采用阶跃函数和正弦函数来研究其响应特性，称为阶跃响应法和频率响应法。

如静态特性指标一样，动态特性的指标如：时间常数 τ、上升时间 t_r、最大超调量 σ_F、响应时间 t_s 等，以上为时域动态特性指标，采用的是阶跃函数输入。例如，给传感器输入一个单位阶跃函数信号，其输出特性称为阶跃响应特性，如图 1.11 所示。由图可衡量阶跃响应的几项指标。

（1）时间常数 τ：阶跃信号的响应曲线由零上升到稳态值的 63.2% 时，所需要的时间。

（2）上升时间 t_r：阶跃的响应曲线由稳态值的 10% 上升到 90% 所需要的时间。

（3）最大超调量 σ_F：阶跃响应曲线第一次超过稳态值的峰高，$y_{max} - y_c = \sigma_p$（越小越好），常用百分数表示，来说明传感器的相对稳定性。

（4）响应时间 t_s：建立一个较精确的稳态值所需要的时间，也称过渡过程时间。

（5）延迟时间 t_d：阶跃响应达到稳态值 50% 所需要的时间。

（6）峰值时间 t_p：响应曲线上升到第一个峰值所需要的时间。

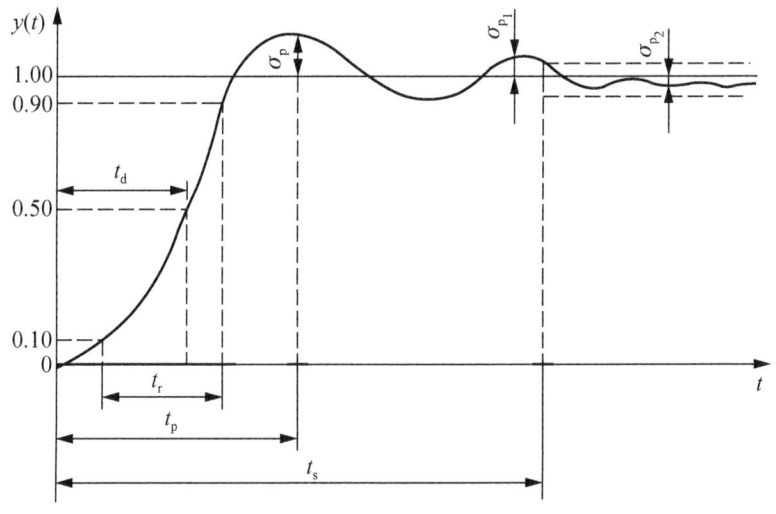

图 1.11 传感器阶跃响应特性

 **特别提示**

传感器的选用原则

（1）与测量条件有关的因素有：①测量的目的；②被测试量的选择；③测量范围；④输入信号的幅值，频带宽度；⑤精度要求；⑥测量所需要的时间。

（2）与使用环境条件有关的因素有：①安装现场条件及情况；②环境条件（湿度、温度、振动等）；③信号传输距离；④所需现场提供的功率容量。

（3）与购买和维修有关的因素有：①价格；②零配件的储备；③服务与维修制度，保修时间；④交货日期。

1.3 传感器的标定

传感器的特性原理用纯理论分析往往很复杂，因为实际应用的传感器，影响其特性的因素很多，有些是不确定的，随机变化的，难以反映客观规律，所以传感器的特性多用实验方法（如校准、测定、标定）来获得。而且，任何一种传感器在制造、装配完毕后，都必须对原设计指标进行一系列试验，以确定传感器的基本性能，衡量传感器基本性能的主要指标有灵敏度、重复性、非线性、迟滞、精度及固有频率、频率响应、阻尼比等。

1.3.1 传感器的标定与校准

标定是指在明确传感器输入-输出变换关系的前提下，利用某种标准器具产生已知的标准非电量（或其他标准量）输入，确定其输出电量与输入量之间的关系，同时也确定出不同使用条件下误差关系的过程。

传感器在使用前或使用过程中搁置一段时间再使用时，必须对其性能参数进行复测或必要的调整、修正，以确保传感器的测量精度，这个复测调整过程称为校准。

传感器标定和校准的本质和方法是基本相同的。

1. 标定的基本方法

利用一种标准设备产生已知的非电量（如标准力、压力、位移等），并将其作为输入量，输入至待标定的传感器中，得到传感器的输出量，然后，将输出量与输入量作比较，得到一系列标定曲线。传感器标定需要注意以下几项。

（1）不同等级的检测系统所能检定的传感器精度是不同的。

（2）同一检测系统，用不同的检定方法检定，其精度等级也是不同的。

（3）根据要求检定误差的大小，可以跨级使用检测系统。

 **特别提示**

对于具体工程检测中传感器的标定，应该在其使用条件相似的状态下进行，要获得较

高的标定精度，应将与传感器配用的其他设备（滤波器、放大器及电缆等）测试系统一起标定。同时，标定时应该按照传感器规定的安装条件进行安装。

2．传感器标定工作的内容

传感器的标定工作分以下几个方面。

（1）新研制的传感器需进行全面技术性能的检定，用检定数据进行量值传递，同时检定数据也是改进传感器设计的重要依据。

（2）经过一段时间的储存或使用后，对传感器进行复测，目的是：①检验传感器基本性能变化与否，能否继续使用；②若能继续使用的，对某些指标（灵敏度）再次标定，对数据进行修正。

3．传感器标定系统的组成

（1）被测非电量的标准发生器（如量块、砝码、恒温源）或被测非电量的标准测试系统（如标准压力传感器、标准力传感器、标准温度计等）。

（2）待标定传感器。

（3）传感器所配接的信号调节器及显示、记录器等，所配接的仪器设备也作为标准测试设备使用，其精度已知。

4．对标定设备的要求

（1）具有足够的精度，至少应比被标定的传感器高一个精度等级，并且应符合国家计量值传递等级的规定，或经计量部门检定合格。

（2）量程范围应与被标定传感器的量程相适应。

（3）性能稳定可靠，使用方便，能适应多种环境。

5．标定的分类

（1）静态标定，主要用于检验、测试传感器（或整个传感系统）的静态特性指标，静态灵敏度、非线性、迟滞、重复性等。

（2）动态标定，主要用于检验、测试传感器（或整个传感系统）的动态特性、动态灵敏度、频率响应等。

1.3.2 静态标定

静态标定是指给传感器输入已知不变的标准非电量，测出其输出，给出标定曲线、标定方程和标定常数，计算其灵敏度、线性度、滞差、重复性等传感器静态指标。

对传感器进行静态标定时，首先要建立静态标定系统。

1．静态标定的条件

没有加速度、振动、冲击（除非本身就是被测量），环境温度为室温（20℃±5℃），相对湿度不大于85%，大气压强为（760±60）mmHg。

2．标定仪器设备的精度等级

标定时，所用测量仪器的精度至少要比被标定传感器的精度高一级。

3. 静态标定系统的组成

（1）被测物理量标准发生器，如活塞式压力计、测力机、恒温源等。
（2）被测物理量标准系统，如标准力传感器、压力传感器、标准长度量块等。
（3）被标定传感器所配接的信号调节器和显示、记录仪，这些仪器设备也可作为标准测试设备使用，精度是已知的。

4. 静态特性标定的方法

首先，要有静态标准条件，其次，选择合适的精度标定仪器的设备。静态标定步骤如下。

（1）将传感器全量程（测量范围）分成若干等间距点。
（2）根据传感器量程分点情况，由小到大逐步一点一点地输入标准量值，并记录与各输入值相对应的输出值。
（3）将输入值由大到小一点一点地减少，同时记录与各输入值相对应的输出值。
（4）按照（2）、（3）所述过程，对传感器进行正、反行程多次往复循环测试，将得出的输出-输入测试数据用表格列出或画成曲线。
（5）对测试数据进行必要的处理，根据处理结果就可以确定传感器的线性度、灵敏度、滞后和重复性等静态特性指标。

1.3.3 动态标定

动态标定的目的是检验、测试传感器的动态性能指标。通过确定其线性工作范围（用同一频率输入不同幅值的正弦信号，测量传感器的输出）、频率响应函数、幅频特性和相频特性曲线、阶跃响应曲线，来确定传感器的频率响应范围、幅值误差和相位误差、时间常数、阻尼比、固有频率等。

一阶传感器动态标定的参数只有一个：时间常数 τ，$\tau = c/R$，其中，c 是阻尼系数，R 是弹性刚度。

二阶传感器动态标定的参数有两个：固有频率 ω_n 和阻尼比 ξ。

通过测量传感器的阶跃响应，可确定 τ、ω_n、ξ。

对于一阶传感器，测得阶跃响应之后，取输出值达到最终值的63.2%所经过的时间作为时间常数 τ。但这样确定的时间常数实际上没有涉及响应的全过程，测量结果的可靠性仅仅取决于某些个别的瞬时值。

1.4 认识传感技术的现状和发展趋势

1.4.1 传感技术的应用现状

各国传感技术的发展与电子技术的发展密切相关，日、美处于领先地位。日本在电力、能源、应用设备、家用电器及汽车领域领先，而美国在军用、宇航为中心的交通、运输、航空、航天资源及海洋开发等方面领先，欧盟的德、英、法、荷兰等国水平也较高，在智能化机器人用传感器的研制上取得一定的成果。俄罗斯和部分东欧国家对传感技术的研究也很重视,甚至分工重点研制,但水平低于日、美、欧盟。

我国的传感技术研制开发工作起步较晚,20世纪80年代开始研制,品种和质量上都落后于国外10~15年,这与国家整个工业、科技发展水平相关,与课题提出、设计、工艺水平、科学发展有关,现已引起重视。目前,我国已制定出发展规划,并将传感技术的研究列入国家重点发展项目。现在国内已有几百个单位(包括大专院校)研制和生产敏感元器件与传感器3000余种,有基于光、声、磁、热等效应的传感器,也有基于化学吸附、化学反应的传感器。近年来,我国已先后推出了红外测温计、霍尔型压力传感器、超声波流量器及液位光纤传感器等,但有些仅处于研制、试验、鉴定阶段,作为检测技术实际应用的还不多。

1.4.2 传感技术的发展趋势

国内外传感技术发展的总途径是:采用新技术、新工艺、新材料,探索新理论,以达到高质量的(非电量→电量)转换效能,向着高精度、高可靠性、小型化、集成化、数字化、智能化的方向发展。

高精度:为提高测控精度,火箭发动机燃烧室压力测量希望优于0.1%,超精加工"在线"检测精度要求高于$0.1\mu m$。我国已研制出精度优于0.05%的传感器,英国压阻式传感器的精度已达到0.04%,美国传感器的精度已达到0.02%。

小型化:如风洞压力场分布、生物工程颅压、血压监测希望其尺寸小。我国已研制成外径$\phi 2.8mm$的压阻式压力传感器,日本制成的采用薄膜技术的集成化压力传感器基片尺寸仅$1.5mm\times 0.5mm\times 0.2mm$,可安装在$\phi 1mm$外径的塑料管内,直接插入血管内监测血压,其精度高达0.1%。

集成化:传感器与放大器、温度补偿电路(合称测量电路)等集成在同一芯片上,减小体积,增强抗干扰能力或将同类多个传感器集成以构成二维阵列式传感器,传感-逻辑-存储功能"三元"集成智能化传感器。

数字化:数字式输出,便于处理相关数据且便于联机。

智能化:(带微处理器)与微机结合,兼信息检测、判断处理功能,打破了传感器与显示、记录等二次仪表的界限,可提高精度、扩大功能,如可自动校准灵敏度和零点漂移,对输出特性线性化处理,有状态识别、自诊断功能以提高测量可靠性和抗干扰能力。例如,传感器在电子血压计,智能水、电、煤气、热量表上的使用,特点是传感器与微型计算机有机结合,构成智能传感器,系统功能可最大程度地用软件实现。

传感器材料是传感技术的重要基础,由于材料科学的进步,人们在制造时,可任意控制它们的成分,从而设计、制造出用于各种传感器的功能材料。用复杂材料来制造性能更加良好的传感器是今后的发展方向之一。例如,半导体氧化物可以制造各种气体传感器,而陶瓷传感器工作温度远高于半导体,光导纤维的应用是传感器材料的重大突破,用它研制的传感器与传统的相比有突出的特点。有机材料作为传感器材料的研究,引起国内外学者的极大兴趣。

没有深入细致的传感器基础研究,就没有新传感元件的问世,也就没有新型传感器,组成不了新型测试系统。传感器的基础研究能寻找并发现具有新原理、新效应的敏感元件和传感元件,例如在半导体硅材料研究中发现力、热、光、磁、气体等物理量都会使其性能改变,据此可制成力敏、热敏、光敏、磁敏、气敏等敏感元件。

与采用新材料紧密相关的传感技术发展趋势,可以归纳为以下三个方向。

(1) 在已知的材料中探索新的现象、效应和反应,然后使它们能在传感技术中得到实际使用。

(2) 探索开发新的敏感、传感材料,应用那些已知的现象、效应和反应来改进传感技术。

(3) 在研究新型材料的基础上探索新现象、新效应和反应,并在传感技术中加以具体实施。

1.4.3 开发研制的新型传感器

传感器的工作机理是基于各种效应和定律,由此启发人们进一步探索具有新效应的敏感功能材料,并以此研制出具有新原理的新型物性型传感器件,这是发展高性能、多功能、低成本和小型化传感器的重要途径。结构型传感器发展得较早,目前日趋成熟。一般来说,结构型传感器的结构复杂,体积偏大,价格偏高。物性型传感器大致与之相反,具有不少诱人的优点,过去发展不够。现在世界各国都在物性型传感器方面投入了大量人力、物力加强研究,从而使它成为一个值得注意的发展动向。

利用物理现象、化学反应、生物效应作为传感器原理,所以研究发现新现象与新效应是传感器技术发展的重要工作,是研究、开发新型传感器的基础。

目前国际上正在开发研制的新型传感器有以下几种。

(1) 研制微型传感器,如用于微型侦察机的CCD传感器、用于管道爬壁机器人的力敏、视觉传感器。

(2) 研制仿生传感器。

(3) 研制海洋探测用传感器。

(4) 研制成分分析用传感器。

(5) 研制微弱信号检测传感器。

(6) 研制无线信号传感器。

特别提示

在发展新型传感器时,离不开新工艺。新工艺的含义范围很广,这里主要指与发展新型传感器联系特别密切的微细加工技术。该技术又称微机械加工技术,是近年来随着集成电路工艺发展起来的,它是离子束、电子束、分子束、激光束和化学刻蚀等用于微电子加工的技术,目前已越来越多地用于传感器领域。

同一功能的多元件并列化,即将同一类型的单个传感元件用集成工艺在同一平面上排列起来,如CCD图像传感器。

智能传感器是传感器技术与大规模集成电路技术相结合的产物,它的实现取决于传感技术与半导体集成化工艺水平的提高与发展。这类传感器具有多功能、高性能、体积小、适宜大批量生产和使用方便等优点,是传感器重要的发展方向之一。

日本夏普公司利用超导技术研制成功高温超导磁性传感器,是传感器技术的重大突破,其灵敏度高,仅次于超导量子干涉器件。高温超导磁性传感器的制造工艺远比超导量子干涉器件简单。高温超导磁性传感器可用于磁成像技术,有广泛推广的价值。

抗体和抗原在电极表面上相遇复合时,会引起电极电位的变化,利用这一现象可制出免疫传感器。用这种抗体制成的免疫传感器可对某生物体内是否有这种抗原作检查。如用肝炎病毒抗体可检查某人是否患有肝炎,检查快速、准确。美国加州大学已研制出这类传感器。

传感器材料是传感器技术的重要基础,由于材料科学的进步,人们可制造出各种新型传感器。例如,用高分子聚合物薄膜制成的温度传感器,用光导纤维制成的压力、流量、温度、位移等多种传感器,以及用陶瓷制成的压力传感器。

高分子聚合物能根据周围环境相对湿度的大小成比例地吸附和释放水分子。高分子介电常数小,水分子能提高聚合物的介电常数。将高分子电介质做成电容器,测定电容容量的变化,即可得出相对湿度。利用这个原理制成的等离子聚合法聚苯乙烯薄膜温度传感器,具有以下特点:测湿范围宽;温度范围宽,可达$-400\sim1500℃$;响应速度快,小于1s;尺寸小,可用于小空间测湿;温度系数小。

陶瓷电容式压力传感器是一种无中介液的干式压力传感器。陶瓷电容式压力传感器采用先进的陶瓷技术,厚膜电子技术,其技术性能稳定:年漂移量小于 0.1%FS;温漂小于 $\pm 0.15\%/10K$;抗过载强,可达量程的数百倍,测量范围可从 $0\sim60MPa$。德国 E+H 公司和美国 Kavlio 公司的产品处于领先地位。

光导纤维的应用是传感材料的重大突破,其最早用于光通信技术。在光通信利用中发现当温度、压力、电场、磁场等环境条件变化时,引起光纤传输的光波强度、相位、频率、偏振态等变化,测量光波量的变化,就可知道导致这些光波量变化的温度、压力、电场、磁场等物理量的大小,利用这些原理可研制出光导纤维传感器,如图 1.12 所示。光导纤维传感器也称光纤传感器。光纤传感器与传统传感器相比有许多特点:灵敏度高,结构简单、体积小、耐腐蚀、电绝缘性好、光路可弯曲、便于实现遥测等。日本生产的光纤传感器日本处于先进水平,如 IdecIzumi 公司和 Sunx 公司的产品。光纤传感器与集成光路技术相结合,加速光纤传感器技术的发展。将集成光路器件代替原有光学元件和无源光器件,使光纤传感器有大的带宽以及低的信号处理电压,可靠性高,成本低。

图 1.12 光导纤维传感器

微机械加工技术如半导体技术中的加工方法有氧化、光刻、扩散、沉积、平面电子工艺，各向异性腐蚀及蒸镀、溅射薄膜等，这些都已引进到传感器制造中。因而产生了各种新型传感器，如利用半导体技术制造出硅微传感器，利用薄膜工艺制造出快速响应的气敏、湿敏传感器，利用溅射薄膜工艺制压力传感器等。

日本横河公司利用各向异性腐蚀技术进行高精度三维加工，制成全硅谐振式压力传感器，其核心部分由感压硅膜片和硅膜片上面制作的两个谐振梁组成，两个谐振梁的频差对应不同的压力，用频率差的方法测压力，可消除环境温度等因素带来的误差。当环境温度变化时，两个谐振梁频率和幅度变化相同，将两个频率比较后，其相同变化量就能够相互抵消。其测量最高精度可达 0.01%FS。

美国 Silicon Microstructure Inc（SMI）公司开发一系列低价位，线性度在 0.1%～0.65% 范围内的硅微压力传感器，如图 1.13 所示，最低满量程为 0.15psi（1kPa），其以硅为材料制成，具有独特的三维结构，轻细微机械加工，和多次蚀刻制成单臂（惠斯登）电桥于硅膜片上。当硅片上方受力时，其产生变形，电阻产生压阻效应而失去电桥平衡，输出与压力成比例的电信号。像这样的硅微传感器是当今传感器发展的前沿技术，其基本特点是敏感元件体积为微米量级，是传统传感器的几十分之一、几百分之一，在工业控制、航空航天领域、生物医学等方面有重要的作用，如飞机上利用其可减轻飞机重量，减少能源使用。另一特点是能敏感微小被测量，可制成血压压力传感器。

图 1.13　SM5872 扩散硅微压力传感器

中国航空总公司北京测控技术研究所，研制的 CYJ 系列溅射膜压力传感器采用离子溅射工艺加工成金属应变计，它克服了非金属式应变计易受温度影响的不足，具有高稳定性，适用于各种场合，被测介质范围宽，还克服了传统粘贴式带来的精度低、迟滞大、蠕变等缺点，具有精度高、可靠性高、体积小的特点，广泛用于航空、石油、化工、医疗等领域。

集成传感器的优势是传统传感器无法达到的，它不仅仅是一个简单的传感器，其将辅助电路中的元件与传感元件同时集成在一块芯片上，使之具有校准、补偿、自诊断和网络通信的功能，且可降低成本、增加产能。

智能化传感器是一种带微处理器的传感器，是微型计算机和传感器相结合的成果，它兼有检测、判断和信息处理功能，与传统传感器相比有很多特点：①具有判断和信息处理功能，能对测量值进行修正、误差补偿，从而提高测量精度；②可实现多传感器多参数测量；③有自诊断和自校准功能，提高了可靠性；④测量数据可存取，使用方便；⑤有数据通信接口，能与微型计算机直接通信。⑥把传感器、信号调节电路、单片机集成在一个芯片上形成超大规模集成化的高级智能传感器。

    智能化传感器的研究与开发，美国处于领先地位。美国宇航局在开发宇宙飞船时称这种传感器为灵巧传感器（Smart Sensor），在宇宙飞船上这种传感器是非常重要的。美国HONYWELL公司的ST-3000型智能传感器，芯片尺寸为3mm×4mm×2mm，采用半导体工艺，在同一芯片上制成CPU、EPROM和静压、压差、温度三种敏感元件。

    传感技术的发展日新月异，特别是人类由高度工业化进入信息时代以来，传感技术向更新、更高的技术发展。美国、日本等发达国家的传感技术发展最快，我国由于基础薄弱，传感技术与这些发达国家相比有较大的差距。因此，我们应该加大对传感技术研究、开发的投入，缩短我国传感技术与外国的差距，促进我国科学技术的发展。

习　　题

1. 传感器一般由哪几部分组成？试说明各部分的作用。
2. 按被测的基本物理量可将传感器分为哪几类？
3. 按传感器输出信号的性质可将传感器分为哪几类？
4. 何谓传感器的静态特性和动态特性？
5. 传感器的主要性能指标有哪些？
6. 如何定义传感器的标定与校准？
7. 为何标定时必须用上一级标定装置标定下一级传感器？
8. 静态标定与动态标定的标定指标有哪些？
9. 简要说明传感器与检测技术的发展方向。

项目 2

位移、速度、流量传感器及其应用

教学目标

重点掌握各类位移传感器的定义及用途；了解电阻式位移传感器，电容式位移传感器，电感式位移传感器，感应同步器，光栅、磁栅式位移传感器，速度、加速度传感器，液位流量流速传感器的结构原理和电路形式；熟悉各类位移传感器的性能指标，分析各类位移传感器的应用实例。

教学要求

知识要点	能力要求	相关知识	权重
参量型位移传感器结构、原理	电阻式、电容式、电感式、感应同步器等位移传感器	参量型位移传感器的结构原理和电路形式	40%
光磁型位移传感器结构、原理	光栅式、磁栅式位移传感器	光磁型位移传感器的结构原理和信号波形	20%
速度、加速度传感器结构、原理	电磁式、磁电式、光电式、离心式、霍尔式等速度传感器，压电式加速度传感器	速度、加速度传感器的结构原理和放大电路	20%
液位流量流速传感器结构、原理	导电式、电容式、涡流式、电磁式、热导式流量流速传感器	液位流量流速传感器的电路原理和信号波形	20%

项目 2 位移、速度、流量传感器及其应用

> **项目导读**

自动生产线上常用位移测量传感器、接近开关、流量测量传感器来观察检测工件的移动，数控机床也需要不断测量被加工的工件运动速度和位移大小，如图 2.1 所示。那么，这些自动化生产设备是如何利用这些传感器来代替工人的眼睛呢？

根据自动生产线和数控机床上被测物体的运动形式，位移可分为线位移和角位移两种情况，位移传感器也可分为线位移和角位移测量传感器。

线位移是指机构沿着某一条直线移动的距离。线位移的测量又称长度测量。这类测量常用的传感器有电阻式、电感式、差动变压器式以及感应同步器、磁尺、光栅、激光位移计等。

角位移是指机构沿着某一定点转动的角度。角位移的测量又称角度测量，测量角度常用的传感器有旋转变压器、码盘、编码器、圆形感应同步器等。角位移传感器如图 2.2 所示。

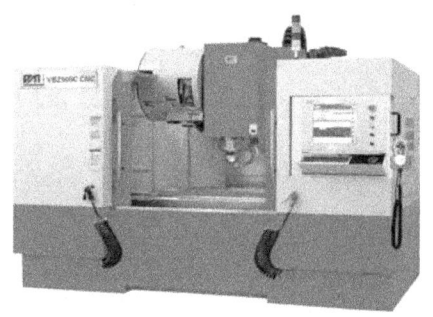

图 2.1 VBZ900C 型数控机床

图 2.2 角位移传感器

测量位移常用的方法有：机械法、光测法、电测法。本项目主要介绍电测法常用的传感器。电测法是利用各种传感器将位移量变换成电量或电参数，再经后续测量仪器进一步变换完成对位移检测的一种方法。位移测试系统与其他电测系统一样，由传感器、变换电器、显示装置或记录仪器 3 部分组成。

2.1 参量型位移传感器

参量型位移传感器是用来测量位移、距离、位置、尺寸、角度和角位移等几何量的一种传感器，是机械制造业和其他工业领域的自动检测技术中应用最多的传感器之一。参量型位移传感器品种繁多，这里主要介绍电阻式、电容式、电感式、涡流式机械位移传感器。此类传感器属于结构型，是基于测量物体机械位移的一类参量型传感器，其工作原理是将机械结构位移、变形等非电量转换成电参数，即电阻、电容或电感量等。

2.1.1 电阻式位移传感器

电阻式位移传感器的电阻值取决于材料的几何尺寸和物理特性，即

$$R = \rho \frac{L}{A} \tag{2-1}$$

式中，ρ 为导体电阻率（$\Omega \cdot m$）；L 为导体长度（m）；A 为导体横截面积（m^2）。

由式（2-1）可知，改变其中任意参数都可使电阻值发生变化。电位计（电位器）和应变片就是根据这一原理制成的。

电位器是人们常用到的一种机电元件，它作为传感器可以将机械位移或其他形式的位移非电量转换为与其有一定函数关系的电阻值的变化，从而引起电路中输出电压的变化。所以说，电位器也是一个传感器。以下介绍电位器的结构原理与特性。

电位器的结构通常是由骨架、电阻元件及电刷等零件组成，如图 2.3 所示。电刷相对于电阻元件的运动可以是直线运动、转动或螺旋运动，因而可将直线位移、旋转角度等机械量转换成电阻变化，如图 2.3（a）、（b）所示。电位器还可以将位移或旋转角度变换成与之有某种函数关系的电阻或电压输出，称为函数电位器或非线性电位器，如图 2.3（c）所示。

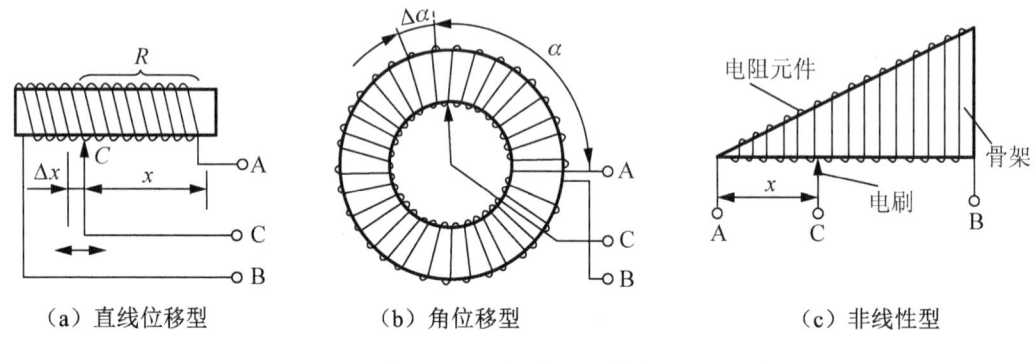

(a) 直线位移型　　　　(b) 角位移型　　　　(c) 非线性型

图 2.3　电位器的一般结构

电位器的电阻元件通常有线绕电阻、薄膜电阻、导电塑料（即有机实心电位器）等。图 2.4 是电位器测量机械位移的基本原理图，它由电阻体、电刷、转轴、滑动臂、焊片等组成。电阻体的两端和焊片 A、C 相连，因此 A、C 端的电阻值即为电阻体的总阻值。转轴和滑动臂相连，调节转轴时滑动臂随之转动；在滑动臂的一端装有电刷，它靠滑动臂的弹性压在电阻体上并与之紧密接触，滑动臂的另一端与焊片 B 相连。

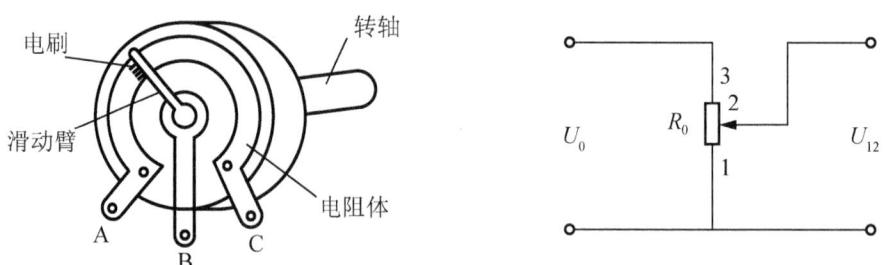

图 2.4　电位器测量位移的基本原理

图 2.4 中电位器转轴部分的电刷用箭头表示，它将电阻体电阻 R_0 分为 R_{12} 和 R_{23} 两部分。改变电刷的接触位置，电阻 R_{12} 亦随之改变，输出电压 U_{12} 也随之变化。由于电刷和电位器的转轴是连在一起的，用机械运动调节电位器的转轴，便可使电位器的输出电压发生相应的变化，这就是电位器测量机械位移的基本原理。

特别提示

常见用于传感器的电位器有绕线式电位器、合成膜电位器、金属膜电位器、导电塑料电位器、导电玻璃釉电位器以及光电电位器。

1. 绕线电位器式传感器

绕线式电位器的电阻体由电阻丝缠绕在绝缘物上构成。电阻丝材料的种类很多,电阻丝要根据电位器的结构、容纳电阻丝空间的大小、电阻值和温度系数来合理选择。电阻丝越细,在给定空间内越能获得较大的电阻值和分辨率。但如果电阻丝太细,在使用过程中容易折断,影响传感器的机械寿命。

绕线式电位器的电阻体由电阻丝绕制,因而能承受较高的温度,常被制成功率型电位器。它的额定功率范围为 $0.25\sim50W$;阻值范围为 $100\Omega\sim100k\Omega$ 之间。线绕电位器的突出优点是结构简单,使用方便,缺点是分辨率低。

2. 非绕线电位器式传感器

为了克服绕线式电位器存在的分辨率低的缺点,科研人员在电阻体的材料及制造工艺上进行了改进,研制出各种非绕线式电位器。

(1)合成膜电位器。合成膜电位器的电阻体是用具有某一电阻值的悬浮液喷涂在绝缘骨架上形成电阻膜而制成的。合成膜电位器的优点是分辨率较高,阻值范围很宽($100\Omega\sim4.7M\Omega$),耐磨性好,工艺简单,成本低,输入-输出线性度好。主要缺点是接触电阻大,功率小,容易吸潮等。

(2)金属膜电位器。金属膜电位器由合金、金属或金属氧化物材料采用真空溅射或电镀工艺技术制成。金属膜电位器具有无限分辨力、接触电阻小,耐热性能好,它的满负荷温度可达 70℃。与线绕电位器相比,它的分布电容和分布电感很小,所以特别适合在高频条件下使用。它的噪声信号仅高于绕线电位器。金属电位器的缺点是耐磨性能较差,阻值范围窄,一般 $100\Omega\sim100k\Omega$ 之间。

(3)导电塑料电位器。导电塑料电位器又称有机实心电位器,这种电位器的电阻体是由塑料粉及导电材料的粉料经塑压而成。导电塑料电位器的耐磨性能很好,使用寿命较长,允许电刷接触压力很大,因此它在振动、冲击等恶劣条件下仍能可靠工作。导电塑料电位器的缺点是阻值易受温度和湿度的影响,故精度不易做得很高。

(4)导电玻璃釉电位器。导电玻璃釉电位器又称金属陶瓷电位器,它是以合金、金属氧化物或难溶化合物等为导电材料,以玻璃釉粉为粘合剂,经混合烧结在陶瓷或玻璃基体上制成的。导电玻璃釉电位器的耐高温性好,耐磨性好,有较宽的阻值范围,电阻温度系数小且抗湿性能好,缺点是接触电阻变化大,测量精度差。

上述电位器优点是结构简单,输出信号大,性能稳定,并容易实现任意函数关系;缺点是要求输入能量大,电刷与电阻元件之间有干摩擦,容易磨损,产生噪声干扰。

3. 光电电位器式传感器

光电电位器原理如图2.5所示。光电电位器主要由电阻体、光电导层和导电电极组成,是一种非接触式电位器,它用光束代替电刷。光电电位器的制作过程是先在基体上沉积一层硫化镉或硒化镉的光电导层,然后在光电导层上再沉积一条电阻体和一条导电电极。在电阻体和导电电极之间留有一个狭窄的间隙。平时无光照时,电阻体和导电电极之间由于光电导层电阻很大而呈现绝缘状态。当光束照射在电阻体和导电电极的间隙上时,由于光电导层被照射部位的亮阻很小,使电阻体被照射部位和导电电极导通,于是光电电位器的输出端就有了电压。输出电压的大小和光束位移照射到的位置有关,从而实现了将光束位移转换为电位信号输出。

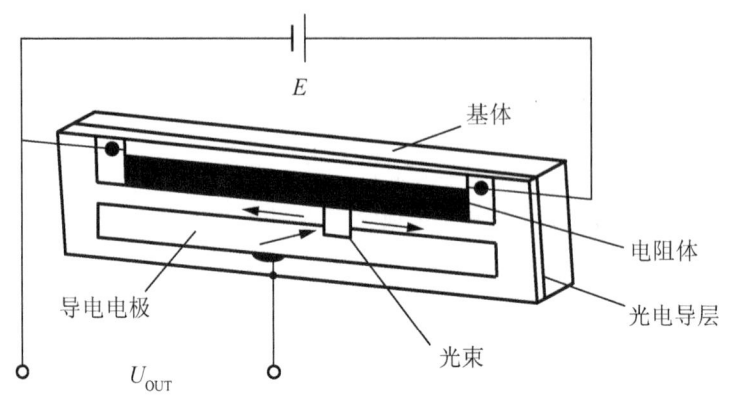

图 2.5 光电电位器原理图

光电电位器的最大特点是非接触性,不存在磨损问题,它没有对传感器系统有害的摩擦力矩,从而提高了传感器的精度、寿命、可靠性及分辨率。光电电位器的缺点是线性度差,由于它的输出阻抗较高,需要配接高输入阻抗的放大器。

特别提示

表征电位器的技术参数很多,其中许多和电阻器相同。下面仅介绍电位器特有的一些技术参数。

(1)最大阻值和最小阻值指电位器阻值变化能达到的最大值和最小值。
(2)电阻值变化规律指电位器阻值变化的规律,例如对数式、指数式、直线式等。
(3)线性电位器的线性度指阻值直线式变化的电位器的非线性误差。
(4)滑动噪声指调电位器阻值时,滑动接触点打火产生的噪声电压的大小。

2.1.2 电容式位移传感器

结构型电容式位移传感器是以各类电容器作为传感元件,将被测机械位移量的变化转换为电容量变化的一种传感器。电容式位移传感器的种类很多,有平板、圆筒形、极板等结构形式。

电容式位移传感器的优点有:测量范围大、灵敏度高、结构简单、适应性强、动态响应时间短、易实现非接触测量等。由于材料、工艺,特别是测量电路及半导体集成技术等方面已达到了相当高的水平,因此寄生电容的影响得到了较好的解决,使电容式传感器的优点得以充分发挥。

1. 电容式位移传感器的工作原理及结构特点

电容式位移传感器利用电容量的变化来测量线位移或角位移。其基本工作原理如图2.6所示,图中两平行平板(忽略边缘效应)之间的电容量为

$$C = \frac{\varepsilon A}{d} = \frac{\varepsilon_r \varepsilon_0 A}{d} \qquad (2-2)$$

式中,ε 为两极板间介质的介电常数;ε_r 为极板间介质的相对介电常数,在空气中 $\varepsilon_r = 1$;ε_0 为真空介电常数,且 $\varepsilon_0 = 8.85 \times 10^{-12}$ CF/m);A 为极板间覆盖的面积(m^2);d 为极板间的距离(m)。

由式(2-2)可知,电容量 C 是几何参数 A 和 d 及介电常数 ε 的函数,A 和 d 及介电常数 ε 任何一个参数的变化,都会引起电容量的变化,再经过适当的变换电路,可将电容量的变化转变为电信号。

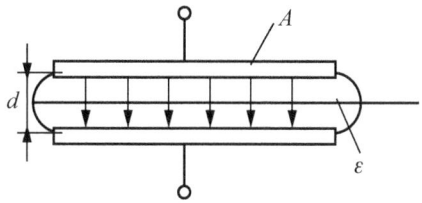

图2.6 平板电容位移传感器

特别提示

电容位移传感器具有灵活多样的使用方式,既可以在封闭形式下工作,也可以在开放形式下使用,即利用被测对象作为一个极板(当被测对象为导体时),或利用被测对象作为极板间的介质(当被测对象为绝缘体时)。其特点是:由于带电极板间的静电引力小,活动部分的可动质量小,所以对输入能量的要求低,且具有较好的动态响应特性;由于介质损耗小,传感器本身发热影响小,而使其能在高频范围内工作。值得注意的是,电容位移传感器的构件和连接电缆会引起电容泄漏,造成测量误差。

电容位移传感器的结构形式多种多样,有变极距式、变面积式和变介质式。变极距式电容位移传感器具有较高的灵敏度,但电容变化与极距变化之间为非线性关系。其他两种类型的位移传感器具有比较好的线性特征,但灵敏度比较低。

工程中常使用变极距式电容传感器和变面积式电容传感器进行位移的测量。

2. 变极距式电容位移传感器

变极距式电容位移传感器原理如图2.7(a)所示。图中一个电极板固定不动,称为固定极板,另一极板可左右移动,引起极板间距离 d 相应变化,从而引起电容量的变化。只要测出电容变化量 ΔC,便可测得极板间距的变化量,即动极板的位移量 Δd。变极距式电容传感器的这种变化关系呈非线性,由式(2-2)可知,其特性曲线反映电容量 C 与极板间距 d 成双曲线关系,如图2.7(b)所示。

当极板初始距离由 d_0 减少 Δd 时,则电容量相应增加 ΔC,即

$$C_0 + \Delta C = \frac{\varepsilon_0 A}{d_0 - \Delta d} = \frac{C_0}{1 - \frac{\Delta d}{d_0}} \qquad (2-3)$$

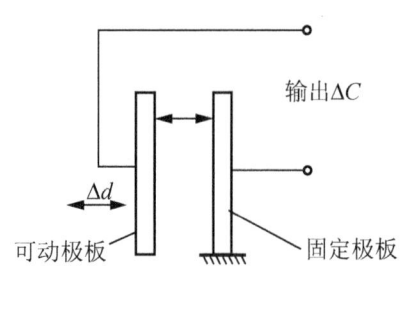 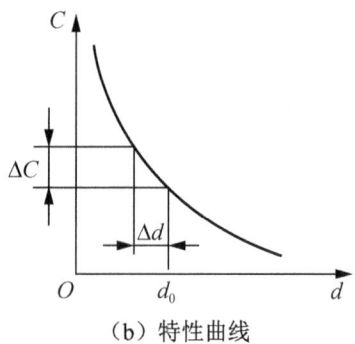

（a）原理图　　　　　　　　　　（b）特性曲线

图 2.7　变极距式电容位移传感器原理图及特性曲线

电容的相对变化量 $\Delta C/C_0$ 为

$$\frac{\Delta C}{C_0}=\frac{\Delta d}{d_0}\left(1-\frac{\Delta d}{d_0}\right)^{-1} \tag{2-4}$$

由于 $\dfrac{\Delta d}{d_0}\ll 1$，所以在实际应用时常采用近似线性处理，即

$$\frac{\Delta C}{C_0}=\frac{\Delta d}{d_0} \tag{2-5}$$

由式（2-5）产生的相对非线性误差 γ_0 为

$$\gamma_0=\pm\left|\frac{\Delta d}{d_0}\right|\times 100\% \tag{2-6}$$

这种处理的结果，使得传感器的相对非线性误差增加，如图 2.8 所示。

为了改善这种状况，可采用差动变极距式电容位移传感器，这种传感器的结构如图 2.9 所示。它有 3 个极板，其中两个极板固定不动，只有中间极板可以产生移动。当中间活动极板处在平衡位置时，$d_1=d_2=d_0$，则 $C_1=C_2=C_0$。当中间活动极板移动时，一边电容增加，另一边电容减小，总的电容变化为两者之和。

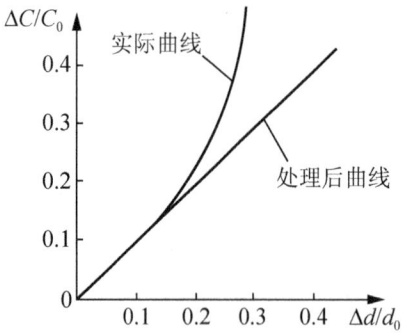 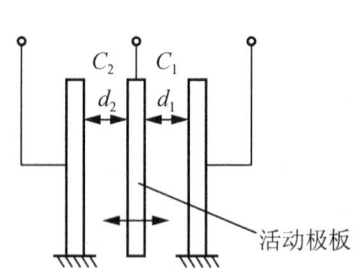

图 2.8　变极距式电容位移传感器的 $\Delta C-\Delta d$ 特性曲线　　图 2.9　差动变极距式电容位移传感器结构

如果活动极板向右移动 Δd，则 $d_1=d_0-\Delta d$，$d_2=d_0+\Delta d$。采用上述相同的近似线性处理方法，可得传感器电容总的相对变化，即

$$\frac{\Delta C}{C_0} = \frac{C_1 - C_2}{C_0} = 2\frac{\Delta d}{d_0} \tag{2-7}$$

传感器的相对非线性误差 γ_0 为

$$\gamma_0 = \pm \left|\frac{\Delta d}{d_0}\right|^2 \times 100\% \tag{2-8}$$

说明变极距式电容位移传感器改成差动式之后,不但非线性误差大大减小,而且灵敏度也提高了一倍。这样不仅提高了灵敏度,同时在零点附近工作的线性度也得到了改善。

3. 变面积式电容位移传感器

变面积式电容位移传感器可用于线位移测量,也可用于角位移测量。根据不同需要采用平板型极板、圆筒型极板或锯齿型极板。这类传感器的输入-输出曲线具有线性特性。

图 2.10 为变面积式角位移平板电容器。它由两个电极板构成,其中一个为固定极板,另一个为可动极板,两极板均呈半圆形。如果两极板间的介质不变(即介电常数不变),当动极板有角位移时,与定极板的覆盖面积将发生变化,因而改变了两极板间的电容量。$\theta = 0$ 时的电容为原始电容 C_0,推导出电容的相对变化与输入角度的关系为

$$\frac{\Delta C}{C_0} = \frac{\theta}{\pi} \tag{2-9}$$

如果把这种电容量的相对变化通过谐振回路或其他回路方法检测出来,就实现了角位移变化转换为电量变化的电测变换。

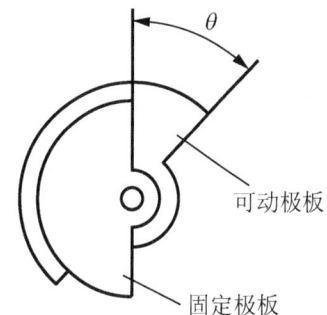

图 2.10 变面积式角位移平板电容器

2.1.3 电感式位移传感器

电感式位移传感器是将被测位移量转化为自感 L、互感 M 的变化,并通过测量电感量的变化来确定位移量。

电感式位移传感器主要类型有自感式、互感式、涡流式和压磁式等。因为电感式位移传感器具有输出功率大、灵敏度高、稳定性好等优点,所以得到了广泛应用。电感式位移传感器的缺点主要是灵敏度、线性度和测量范围相互制约,而且传感器频率响应低,不适合快速动态测量等。

1. 变隙式电感位移传感器

变隙式电感位移传感器如图 2.11(a)所示。它主要由线圈、铁心、衔铁等部分组成。传感器中有一个气隙 δ,它将随着被测对象的位移而产生 $\pm \Delta \delta$ 的变化,由于衔铁与其同步移动,磁路中的气隙和磁阻都将发生相应的变化,从而导致线圈电感的变化。

传感器中线圈的电感 L 可按式(2-10)确定

$$L = \frac{N^2}{R_m} \tag{2-10}$$

式中,N 为线圈匝数;R_m 为磁阻。

磁阻是表示物质对磁通量所呈现阻力的一个物理量。在磁路中,磁通量的大小不但与磁势有关,而且也与磁阻有关。磁路中气隙的磁阻比导体的磁阻大得多。变隙式电感位移传感器由于气隙较小,所以可以认为气隙中的磁场是均匀的。如果铁心的截面积和导磁截面积相同,在忽略磁路损失的情况下,磁路中的总磁阻可表示为

$$R_m = \frac{l}{\mu A} + \frac{2\delta}{\mu_0 A} \tag{2-11}$$

式中,l 为导磁体铁心和衔铁的长度;μ 为导磁体的导磁率;A 为导磁体的横截面积;μ_0 为空气的磁导率;δ 为空气隙。

由于 $\mu_0 \ll \mu$,因此可以将 $l/\mu A$ 项略去,则可获得线圈电感与气隙之间的关系式,即

$$L = \frac{N^2 \mu_0 A}{2\delta} \tag{2-12}$$

由式(2-12)可得出变隙式电感位移传感器的电感与气隙之间的关系曲线如图 2.11(b)所示。图中的 L_0 和 δ_0 分别表示传感器初始电感和铁心的初始气隙。

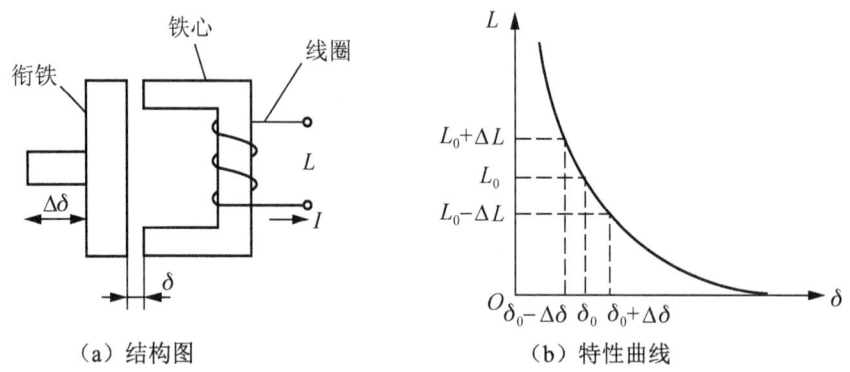

(a)结构图 (b)特性曲线

图 2.11 变隙式电感位移传感器结构及特性曲线

2. 螺管式电感位移传感器

螺管式电感位移传感器如图 2.12 所示,它主要由螺管线圈和铁心所组成,铁心插入线圈中并可来回移动。当铁心发生位移时,引起线圈电感的变化。线圈的电感量与铁心插入线圈的长度 L 有如下关系

$$L = \frac{4\pi N^2 \mu A}{l} \times 10^{-7} \text{(H)} \tag{2-13}$$

式中,μ 为导磁体的磁导率;l 为铁心插入线圈的长度;N 为线圈的匝数;A 为线圈的横截面积。

 **特别提示**

由于螺管式电感位移传感器的活动铁心随被测对象一起移动,因此导致线圈电感量发生变化。螺管式电感位移传感器的优点是测量范围广,可从数毫米到数百毫米,缺点是灵敏度低。

3. 差动螺管式电感位移传感器

差动螺管式电感位移传感器如图 2.13 所示，它由两个相同的螺管线圈和铁心组成。

差动螺管式电感位移传感器的铁心平时处于两螺管线圈的对称位置上，使两边螺管线圈的初始电感值相等。两个螺管线圈和电路电桥的两个臂相连，当铁心受被测对象位移产生力的作用时，铁心在螺管线圈中移动，使电桥失去平衡，从而使电桥在输出电压时反映出被测对象位移量的大小及位移的方向。

差动螺管式电感位移传感器的动态测量范围为 1～200mm，线性度为 0.1%～1%，分辨率小于 0.1μm。

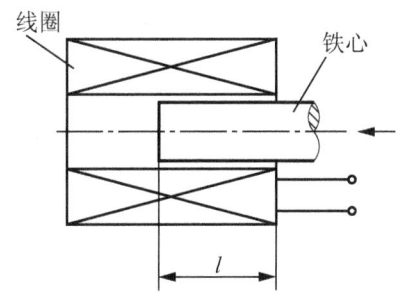

图 2.12　螺管式电感位移传感器　　　　图 2.13　差动螺管式电感位移传感器

4. 互感式位移传感器——螺管式差动变压器

互感式位移传感器是将被测位移量的变化转换成互感系数 M 的变化，M 与两线圈之间相对位置及周围介质导磁能力等因素有关。其基本结构原理与常用变压器类似，故称其为变压器式位移传感器。互感位移传感器常接成差动形式，因此常称为差动变压器式位移传感器。

差动变压器式位移传感器最常用的是螺管形，螺管式差动变压器如图 2.14 所示，它由多个螺管线圈和铁心所组成。图中 3 个螺管线圈的长度是一样的，中间的线圈是初级线圈，两边的线圈是次级线圈。线圈中的铁心用来在线圈中连接磁力线构成磁路。

当在初级线圈上加上交流励磁电压 U_{IN} 时，在次级线圈上将产生感应电压。因为次级两个线圈反极性串联，两个次级线圈中的感应电压 U_{OUT1} 和 U_{OUT2} 的相位相反，其相加的结果，在输出端就产生了电位差 U_{OUT}。当铁心处于中心对称位置时，则 $U_{OUT1}=U_{OUT2}$，所以 $U_{OUT}=0$。铁心随被测对象产生位移时，$U_{OUT}\neq 0$，而与铁心移动的距离与方向有关，U_{OUT} 的大小与铁心的位移成正比。这就是螺管式差动变压器将机械位移量转换成电压信号输出的工作原理。

铁心位移与次级线圈电压和输出电压的关系如图 2.15 所示。输出电压和铁心位移成正比的范围称为线性范围。这是差动变压器的一项重要技术特性。

特别提示

差动变压器具有结构简单、灵敏度高、线性度好和测量范围宽的特点，它的线性测量范围在 ±2～±200mm 之间，测量精度可达 0.2%～0.3%。由于差动变压器作为位移传感器具有优良的特性，因此在科研、生产等各个领域被广泛应用。

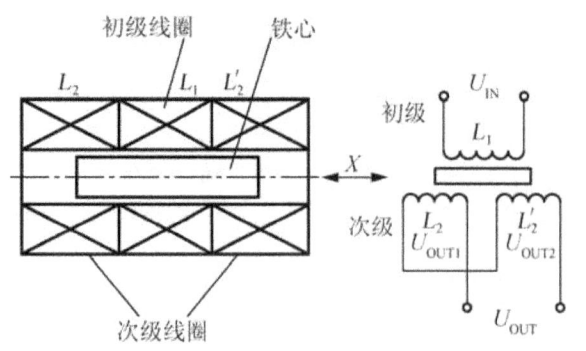

图 2.14 螺管式差动变压器

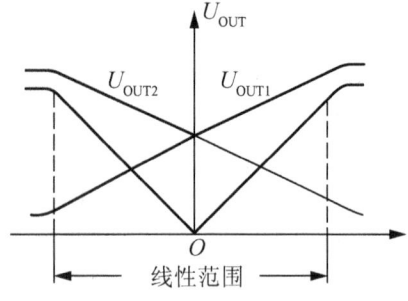

图 2.15 差动变压器位移-输出特性

5. 涡流式位移传感器

涡流式位移传感器是利用电涡流效应将被测量变换为传感器线圈阻抗 Z 变化的一种装置。电涡流效应是根据法拉第电磁感应定律，将块状金属置于变化的磁场中或在磁场中运动时，由于磁场切割磁力线的运动使金属体内产生涡旋状的感应电流，此电流的流动路线在金属体内自己闭合，这种电流称为电涡流。电涡流的大小与金属体的电阻率 ρ、磁导率 μ、厚度 t 以及线圈与金属体的距离 x、线圈的励磁电流强度 i、角频率 ω 等有关。利用电涡流效应制作的传感器称为涡流式传感器。涡流式位移传感器在金属体上产生的涡流，其渗透深度与传感器线圈的励磁电流的频率有关，所以涡流式位移传感器主要分为高频反射和低频透射两类，前者应用较广泛。

涡流式位移传感器的基本结构和工作原理如图 2.16 所示。传感器主要由探头和检测电路两部分构成。探头部分由线圈和骨架组成，检测电路由振荡器、检波器和放大器组成。

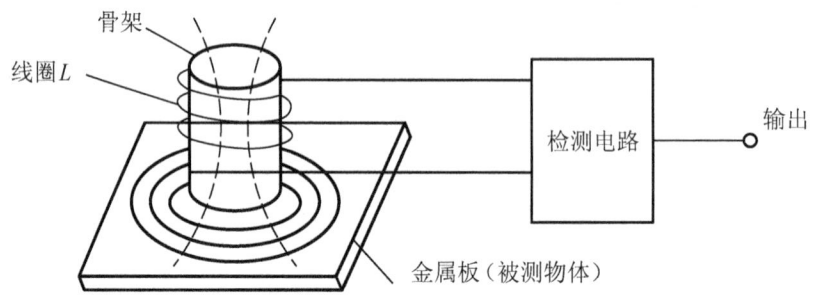

图 2.16 涡流式位移传感器的结构原理

当振荡器产生的高频电压加在靠近金属板一侧的电感线圈 L 上时，L 产生的高频磁场作用于金属板的表面。由于趋肤效应，高频磁场不能透过具有一定厚度的金属板而仅仅作用于其表面的薄层内，金属板表面就会产生感应涡流。涡流产生的磁场只能作用于线圈 L 上，导致传感器线圈 L 的电感及等效阻抗发生变化。

特别提示

在被测对象和传感器探头被确定以后，影响传感器线圈 L、阻抗 Z 的一些参数是不变的，只有线圈与被测导体之间的距离 x 的变化量与阻抗 Z 有关。只要检测电路测出阻抗 Z 的变化量，也就实现了对被测导体位移量的检测。

2.1.4 感应同步器

1. 感应同步器的结构和原理

感应同步器是利用电磁感应原理把两个平面绕组间的线位移和角位移转换成电信号的一种位移传感器。按照测量机械位移的对象不同，感应同步器可分成直线式感应同步器和圆盘式感应同步器两大类。前者适用于直线位移量的测量，后者适用于角位移量的测量。其结构示意图如图 2.17 所示。

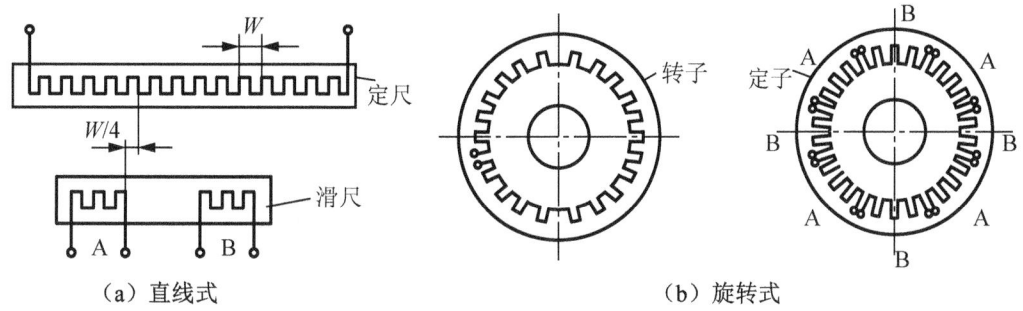

图 2.17 感应同步器绕组

感应同步器有一个固定绕组和一个可动绕组。绕组采用腐蚀方法在印制电路板上制成，故称印制电路绕组。在直线式感应同步器中，固定绕组为定尺，绕组是连续的，绕组间距为 W；可动绕组为滑尺，绕组是分段的，且分两组，在空间相差 90°相位角（即 1/4 间距），称为正弦、余弦绕组。

工作时，定尺和滑尺分别固定在被测物体的固定部分和运动部分上，并且使它们的绕组平面平行相对，间距为0.05~0.25mm。当滑尺的两相绕组用交流电励磁时，由于电磁感应现象，在定尺的绕组中会产生与励磁电压同频率的交变感应电动势 E。当滑尺相对定尺移动时，滑尺与定尺的相对位置发生变化，改变了通过定尺绕组的磁通，从而改变了定尺绕组中输出的感应电动势 E。E 的变化反映了定、滑尺间的相对位移，实现了位移至电量的变换，如图 2.18 所示。同理，旋转式感应同步器的转子、定子绕组可以看成由直线式感应同步器的滑、定尺绕组围成辐射状而形成，因此可测角位移。

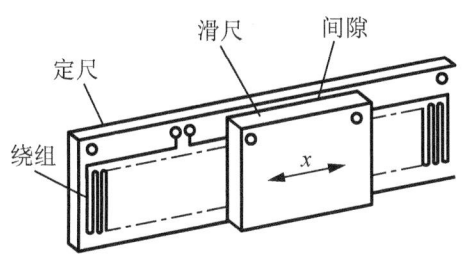

图 2.18 直线式感应同步器的测量

实际测试时，感应同步器一般与数显表共同组成一个位移测试系统。根据对滑尺的正弦、余弦绕组供给励磁电压方式的不同，又分为鉴相型和鉴幅型测试系统。

鉴相型测量电路如图 2.19 所示。它根据感应电动势正的相位来鉴别位移量。此时正弦、余弦两绕组通入同频、等幅、相位相差 90°的激励电压。经推导可知，当正弦、余弦绕组分别通入激励电压 $U_i\sin\omega t$ 和 $U_i\cos\omega t$ 时，定尺上的感应电动势为

$$E = U_i k \sin(\omega t + \theta_x) \tag{2-14}$$

式中，k 为与感应同步器结构有关的电磁耦合系数；θ_x 为相位角，$\theta_x = (2\pi/W)x$；W 为定尺节距（m）。

由 $\theta_x = (2\pi/W)x$ 可知 θ_x 与定、滑尺相对位移 x 之间的相应关系。只要检测出 θ_x，就可知 x 的大小和方向，此时数显表应选用鉴相型，其目的是将代表位移量的感应电动势相位的变化转换成数字量，然后显示出来。

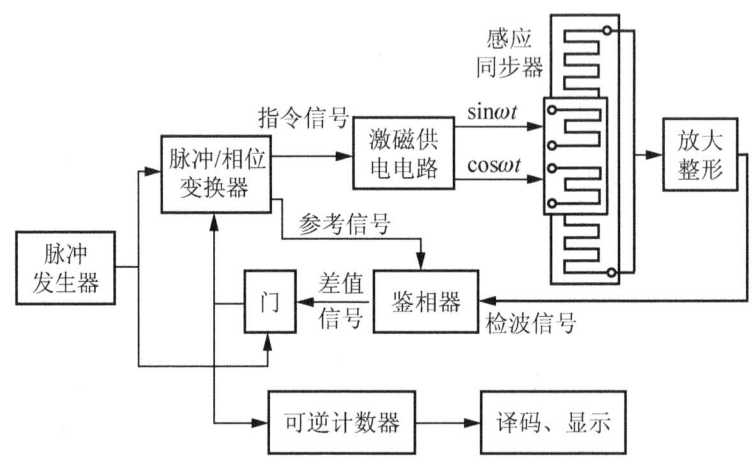

图 2.19 鉴相型测量电路框图

鉴相式测量电路工作原理是脉冲发生器发出频率一定的脉冲序列，经脉冲相位变换器进行分频，输出参考信号方波和指令信号方波。指令信号方波使励磁供电线路产生振幅、频率相同而相位差 90°的正弦信号电压 $U_i\sin\omega t$ 和余弦信号电压 $U_i\cos\omega t$，供给感应同步器滑尺或定尺的 A、B 绕组。定尺上产生感应电动势 E，经放大整形后变为方波，并和参考信号方波送入鉴相器。鉴相器的输出是感应电动势信号与参考信号的相位差，即相位 θ_x，且反映出它的正负。相位信号和高频脉冲信号一起进入与门电路，当相位信号 θ_x 存在时，门打开，允许高频时间脉冲信号通过；当相位信号已不存在时，门关闭。这样，门输出的信号脉冲数与相角 θ_x 成正比。该脉冲进入可逆计数器计数，并由译码和显示器显示数字。通过门电路的信号脉冲送到脉冲相位变换器中，使参考信号跟随感应电动势的相位。

鉴幅式是根据感应电动势 E 的幅值鉴别位移量 x 的大小。此时滑尺上正、余弦绕组通入的激励电压同频、同相，但幅值不同。同理，当正、余弦绕组上施加的激励电压为 $U_{iA}\sin\omega t$ 和 $U_{iB}\cos\omega t$ 时，定尺上的感应电动势为 E。在滑尺偏离初始位置 Δx 位移后，其感应电动势 E 也相应变化。由此可见，测出感应电动势幅值即可求出位移量 Δx，此时应选用鉴幅型数显装置。

旋转式感应同步器的测量原理及测量电路与直线式完全相同，不再赘述。

2. 感应同步器测量位移的特点

用感应同步器检测位移的特点是精度较高,对环境要求较低,可测量大位移;感应同步器工作可靠,抗干扰能力强,维护简单,寿命长。在数控机床与大型测量仪器中常用它测量位移。此外,感应同步器工作时有多个绕组同时参与工作,故对局部误差有平均化的作用。

2.2 光栅磁栅位移传感器

2.2.1 光栅式位移传感器

由于光栅式位移传感器测量精度高(分辨率为 0.1μm)、动态测量范围广(0~1000mm),可进行无接触测量,而且容易实现系统的自动化和数字化,因而在机械工业中得到了广泛应用,特别是在量具、数控机床的闭环反馈控制、工作主机的坐标测量等方面,光栅式位移传感器都起着重要的作用。

光栅是由大量等宽等间距的平行狭缝组成的光学器件,如图 2.20(a)所示。

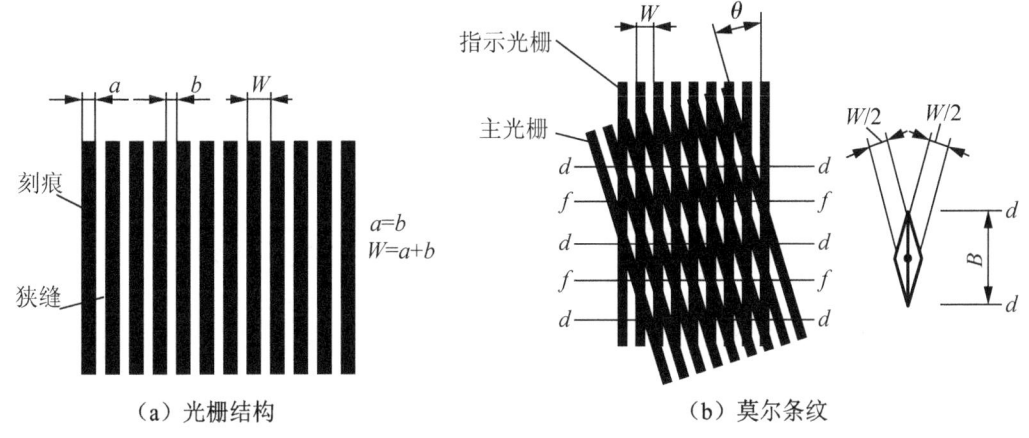

图 2.20 光栅结构及莫尔条纹

1. 光栅结构及莫尔条纹

光栅是在两块光学玻璃上或具有强反射能力的金属表面上,刻上等宽等间距的均匀密集的平行刻痕细线。每条刻痕处是不透光的,而两条刻痕之间的狭缝是透光的,光栅的刻痕密度一般为每毫米 10、25、50、100 条线。如果将这两块玻璃板或金属板重叠放置,并使它们的刻线间有一个微小夹角 θ,此时,由于光的干涉效应,在与光栅栅线近似垂直方向上将产生明暗相间的条纹,这些条纹称为莫尔条纹。莫尔条纹是光栅非重合部分光线透过而形成的亮带,它由一系列四棱形图案组成,如图 2.20(b)中的 d-d 线区所示。f-f 线区则是由于光栅的遮光效应形成的。根据莫尔条纹效应设计了光栅传感器。

莫尔条纹有两个重要的特性:

(1)当指示光栅不动,主光栅向左右移动时,莫尔条纹将随着栅线的方向上下移动,查看莫尔条纹的移动方向，即可确定主光栅的移动方向。

（2）莫尔条纹具有位移的放大作用。当主光栅沿着与刻线垂直方向移动一个栅距 W 时，莫尔条纹移动一个条纹间距 B。当两个等距光栅的栅间夹角 θ 较小时，主光栅移动一个栅距 W，莫尔条纹移动 KW 距离，K 为莫尔条纹的放大系数，可由下式确定：

$$K = B/W \approx 1/\theta \tag{2-15}$$
$$B \approx W/\theta \tag{2-16}$$

由式（2-15）、式（2-16）可知，当 θ 角较小时，例如 $\theta = 30'$，则 $K=115$，表明莫尔条纹的放大倍数是相当大的。这样就可以把肉眼无法分辨的栅距位移变成清晰可见的莫尔条纹的移动，可以用测量条纹的移动来检测光栅的位移，从而实现高灵敏度的位移测量。

2. 长光栅位移传感器

光栅式位移传感器有测量线位移的长光栅和测量角位移的圆光栅。

长光栅位移传感器如图 2.21 所示。它是一种垂直透射式光路系统，主要由主光栅、指示光栅、光源和光电器件等组成。在作直线位移测量时，主光栅是一个长条形光栅，光栅长度由所需量程决定。指示光栅较短，通常根据测量光学系统的需要而定，一般与光学系统物镜直径相同。光栅条纹密度有 25 条/mm、50 条/mm、100 条/mm 或更密，栅线长度一般为 6~12mm。

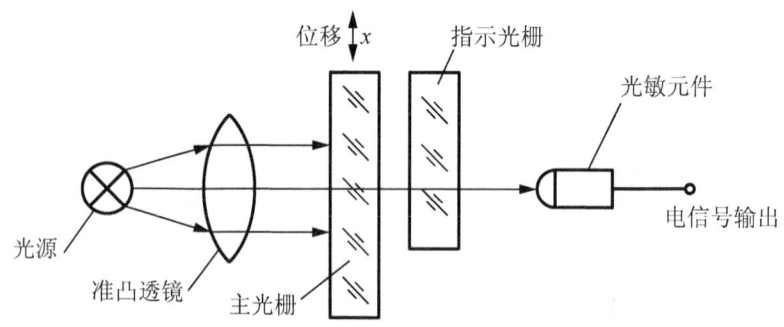

图 2.21 长光栅位移传感器光路系统

由光源发出的光线经准凸透镜变成平行光，入射到主光栅上，经过主光栅和指示光栅，再透射到光敏元件上，一般指示光栅固定不动，而光源、主光栅和光敏元件固定在被测位移体上，当主光栅产生位移时，光栅上的莫尔条纹便随之产生位移。莫尔条纹的移动信号被光敏元件接收。每当亮带通过光敏元件时，有一个相应的电信号输出。

特别提示

若用光电器件记录下莫尔条纹通过某点的数目，便可知道主光栅移动的距离，也就测得了被测物体的位移量。利用上述原理，通过多个光电器件对莫尔条纹信号的内插细分，便可检测出比光栅距离还小的位移量及被测对象的移动方向。

长光栅位移传感器的测长精度可达 0.5~3μm（1000mm 范围内），分辨率可达 0.1μm。

3. 圆光栅传感器

圆光栅传感器可用于测量旋转机械轴的角位移。

如果用两块切向相同，栅距角相同，刻线数目相同，切线圆半径分别为 r_1、r_2，两块的切线光栅线面相对同心重合时，形成环形莫尔条纹。环形莫尔条纹的突出优点是具有全光栅的平均效应，因而用于高精度测量和圆光栅分度误差的检验。所产生的环形莫尔条纹如图 2.22（a）所示。

如果将两块刻线数目相同的径向圆光栅偏心放置，偏心量为 e，这时形成不同曲率半径的圆弧形莫尔条纹如图 2.22（b）所示。

动光栅固定在转轴上，因此，可将机械轴旋转的角度变换成莫尔条纹信号。通过光电转换元件，将莫尔条纹的变化转换成近似于正弦波形的电信号。测量角位移精度可达 0.15″，分辨力可达 0.1″甚至更高。

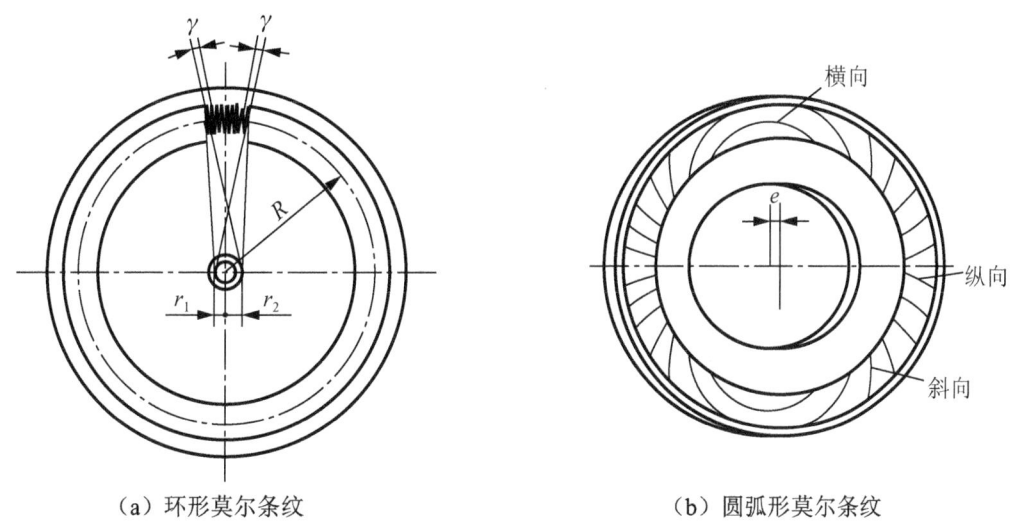

（a）环形莫尔条纹　　　　　　　（b）圆弧形莫尔条纹

图 2.22　圆光栅的莫尔条纹

2.2.2 磁栅式位移传感器

磁栅是一种有磁化信息的标尺，它是在非磁性体的平整表面上镀一层约 0.02mm 厚的 Ni-Co-P 磁性薄膜，并用录音磁头沿长度方向按一定的激光波长 λ 录上磁性刻度线而构成的，因此又把磁栅称为磁尺。

录制磁信息时，要使磁尺固定，磁头根据来自激光波长的基准信号，以一定的速度在其长度方向上边运行边流过一定频率的相等电流，这样，就在磁尺上录制了相等节距的磁化信息而形成磁栅。磁栅录制后的磁化结构相当于一个个小磁铁按 NS、SN、NS…的状态排列起来，如图 2.23 所示。因此在磁栅上的磁场强度呈周期性地变化，并在 N-N 或 S-S 相接处为最大，测量时利用重放磁头将记录信号还原。

磁栅的种类可分为单面型直线磁栅、同轴型直线磁栅和旋转型磁栅等。也可根据用途分为长磁栅和圆磁栅。磁栅主要用于大型机床和精密机床，作为位置或位移量的检测元件。

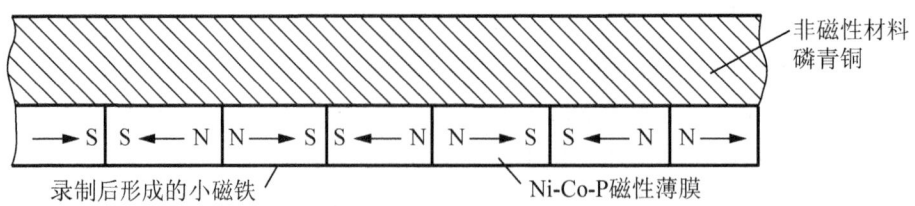

图 2.23 磁栅的基本结构

磁栅式位移传感器的结构如图 2.24 所示，它由磁尺（磁栅）、磁头和检测电路组成。磁尺是检测位移的基准尺，磁头是用来读取信号的。按照显示读数的输出信号方式的不同，磁头可分为动态磁头和静态磁头。动态磁头上只有一个输出绕组，只有当磁头和磁尺相对运动时才有信号输出，所以动态磁头又称为速度响应式磁头。静态磁头上有两个绕组，一个是激励绕组，另一个是输出绕组，这时即使磁头与磁尺之间处于相对静止状态，也会因为有交变激励信号使磁头仍有噪声信号输出。

图 2.24 中，当静态磁头和磁尺之间有相对运动时，输出绕组产生一个新的感应电压信号输出，他作为包络，调制在原感应电压信号频率上，这样提高了测量精度。检测电路主要用来供给磁头激励电压和把磁头检测到的信号转换为脉冲信号输出。当磁尺与磁头之间产生相对位移时，磁头的铁心使磁尺的磁通有效地通过绕组输出，在绕组中产生感应电压，该电压随磁尺磁场强度周期的变化而变化，从而将位移量转换成电信号输出。磁头输出信号经检测电路转换成电脉冲信号并以数字形式显示出来。将其送入鉴相测量电路，就可以获取磁头在磁尺上移动距离 x 的相应值。

磁信号与磁头输出信号的波形如图 2.25 所示。磁头输出信号经检测电路转换成电脉冲信号并以数字形式显示出来。磁栅式位移传感器允许最高工作速度为 12m/min，系统的精度可达 0.01mm/m，最小指示值为 0.001mm。

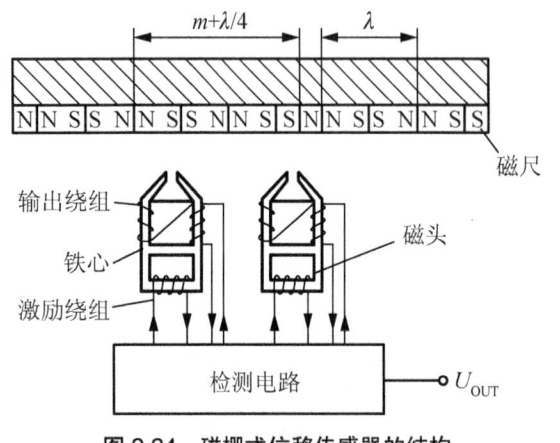

图 2.24 磁栅式位移传感器的结构　　图 2.25 磁信号与磁头输出信号的波形

特别提示

磁栅和其他类型的位移传感器相比，具有结构简单、使用方便、动态范围大（1～20m）和磁信号可以重新录制等优点；其缺点主要是需要屏蔽和防尘。

2.3 速度、加速度传感器

2.3.1 速度传感器

1. 电磁式速度传感器

根据电磁感应定律,当永久磁铁从线圈旁边经过时,线圈便会产生一个感应电势。如果磁铁经过的路径不变,那么这个感应脉冲的电压峰值与磁铁运动的速度成正比。因此,我们可以通过这个脉冲电压的峰值来确定永久磁铁的运动速度。把永久磁铁固定在被测物体上就可测得物体的运动速度。

电磁式速度传感器的电原理如图 2.26 所示;它由永久磁铁和线圈等构成。永久磁铁和运动物体相连,线圈处于固定状态。

2. 磁电式转速传感器

磁电式转速传感器的结构,如图 2.27 所示,它由永久磁铁、感应线圈、磁轮等组成。在磁轮上有齿形凸起,磁轮装在被测转轴上,与转轴一起旋转。当转轴旋转时,磁轮的凸凹齿形将引起磁轮与永久磁铁间气隙大小的变化,从而使永久磁铁组成的磁路中磁通量随之发生变化。磁路通过感应线圈,当磁通量发生突变时,感应线圈会感应出一定幅度的脉冲电势,其频率为

$$f = Zn \tag{2-17}$$

式中,Z 为磁轮的齿数;n 为磁轮的转数。

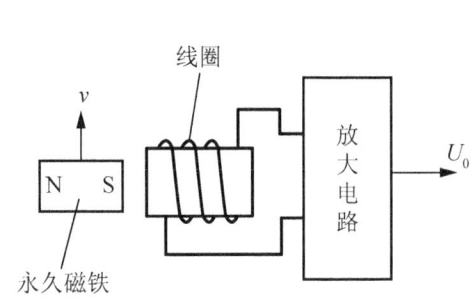

图 2.26 电磁式速度传感器电原理图

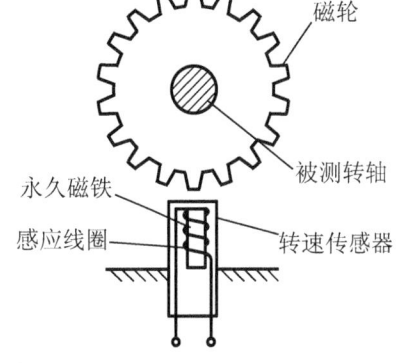

图 2.27 磁电式转速传感器结构

根据测定的脉冲频率,即可得知被测物体的转速。如果磁电式转速传感器配接上数字电路,便可组成数字式转速测量仪,可直接读出被测物体的转速。这种传感器可以利用导磁材料制作的齿轮、叶轮、带孔的圆盘等直接对转速进行测量。

特别提示

磁电式转速传感器输出的感应电脉冲幅值的大小取决于线圈的匝数和磁通量变化的

速率。而磁通量变化的速率又与磁场强度、磁轮与磁铁的气隙大小及切割磁力线的速度有关。当传感器的感应线圈匝数、气隙大小和磁场强度恒定时，传感器输出脉冲电动势的幅值仅取决于切割磁力线的速度，该速度与被测转速成一定的比例。当被测转速很低时，输出脉冲电势的幅值很小，以致无法测量出来。所以，这种传感器不适合测量过低的转速，其测量转速下限一般为50r/s左右，上限可达数十万转/秒。

3. 光电式转速传感器

光电式转速传感器有两种：直射式光电转速传感器和反射式光电转速传感器。

1）直射式光电转速传感器

直射式光电转速传感器的结构如图 2.28（a）所示。它由开孔圆盘、光源、光敏元件及缝隙板等组成。开孔圆盘的输入轴与被测轴相连，从光源发射的光通过开孔圆盘和缝隙板照射到光敏元件上，被光敏元件所接收，将光信号转换为电信号输出。开孔圆盘上有许多小孔，当开孔圆盘旋转一周，光敏元件感光的次数与盘的小孔数相等，因此产生相应数量的电脉冲信号。因此，可通过测量光敏元件输出的脉冲频率得知被测转速，即

$$n = fN \tag{2-18}$$

式中，n 为转速；f 为脉冲频率；N 为圆盘开孔数。

这种结构的传感器由于开孔盘尺寸的限制，其开孔数目不可能太多，使应用受到限制。为了增加圆盘的开孔数目，目前多采用图 2.28（b）所示的结构。图中指示盘与旋转盘具有相同间距的缝隙，当旋转盘转动时，每转过一条缝隙，光线便产生一次明暗变化，使光敏元件感光一次。用这种结构可以大大增加转盘上的缝隙数，使每转的脉冲数相应增加。

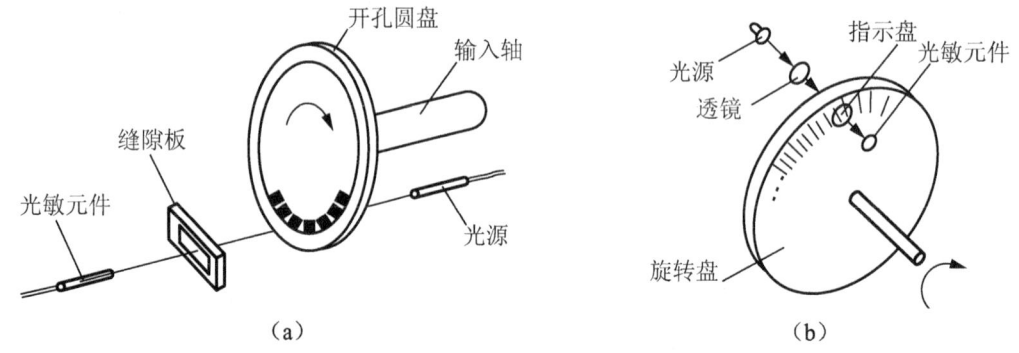

图 2.28 直射式光电转速传感器原理与结构

2）反射式光电转速传感器

反射式光电转速传感器结构如图 2.29 所示。它由红外发射管、红外接收管、光学系统等组成；光学系统由透镜及半透镜构成。红外发射管由直流电源供电，工作电流为 20mA，可发射出红外光。半透镜既能使发射的红外光射向转动的物体，又能使从转动物体反射回来的红外光穿过半透镜射向红外接收管。测量转速时需要在被测物体上粘贴一小块红外反射纸，这种纸具有定向反射作用。

当被测物体旋转时，粘贴在物体上的反射纸和物体一起旋转，红外接收管则随感受到反射光的强弱而产生相应变化的电信号，该信号经电路处理后便可以由显示电路显示出被测对象转速的大小。

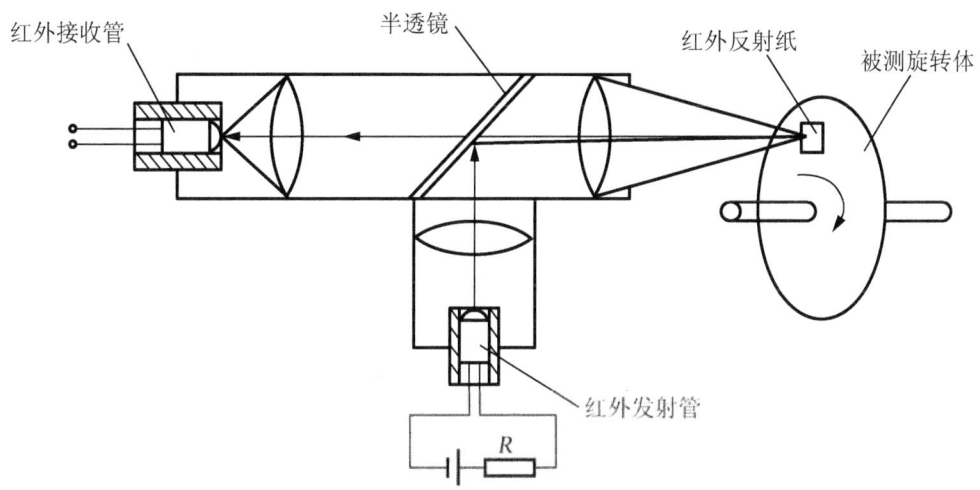

图 2.29　反射式光电转速传感器结构

4. 离心式速度传感器

离心式速度传感器的结构如图 2.30 所示。它由离心机构和位移传感器两部分组成。它的输入轴和被测对象的转轴相连接,位移传感器用来测量被测物体旋转时套筒产生的位移量。

当被测物体转动时,整个离心机构将跟着旋转。重锤在旋转时产生的离心力 F_C,通过连杆及拉杆使套筒沿轴线方向向上运动,套筒向上运动时压缩弹簧,弹簧产生的反弹力使套筒达到动平衡状态,从而使重锤停在跟转轴成某个夹角的位置上。被测转速越高,重锤产生的离心力越大,套筒的位移量 x 也就越大;通过位移传感器检测出套筒的位移量,就知道了被测速度。离心式转速传感器的最高速度可达 2000r/min,精度为 1%~2%。

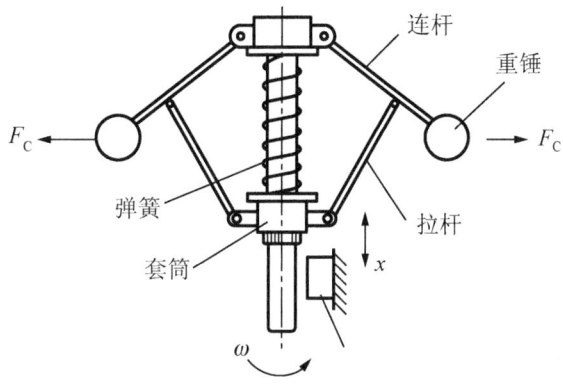

图 2.30　离心式转速传感器结构

5. 霍尔式转速传感器

霍尔式传感器是根据霍尔效应制作的一种磁场传感器。霍尔效应是磁电效应的一种,通过霍尔效应实验测定的霍尔系数,能够判断半导体材料的导电类型、载流子浓度及载流子迁移率等重要参数。其广泛地应用于工业自动化技术、检测技术及信息处理等方面。霍尔式转速传感器是由霍尔开关集成传感器和磁性转盘组成,霍尔式转速传感器的各种不同结构如图 2.31 所示。霍尔式转速传感器广泛应用于转速的监视与测量。将磁性转盘的输入轴与被测转轴相连,当被测转轴转动时,磁性转盘便随之转动,固定在磁性转盘附近的霍尔开关集成传感器便可在每一个小磁铁通过时产生一个相应的脉冲,检测出单位时间的脉冲数,便可知道被测对象的转速。磁性转盘上的小磁铁数目将决定传感器的分辨率。

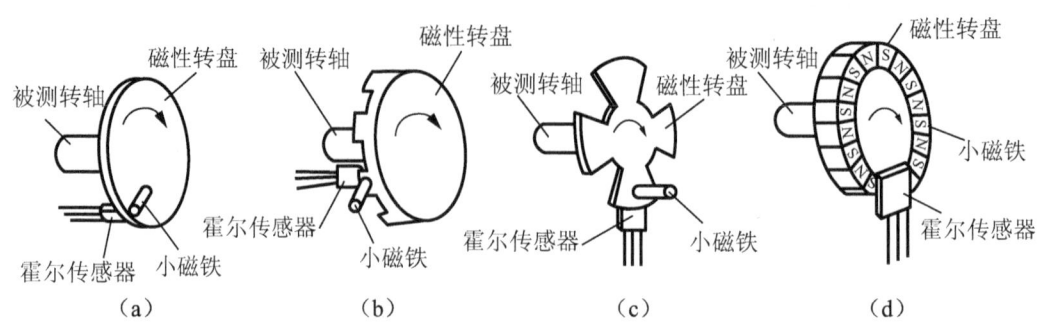

图 2.31 部分霍尔式转速传感器的结构

6. 多普勒传感器

1) 多普勒效应

假若发射机与接收机之间的距离发生变化,则发射机发射信号的频率与接收机收到信号的频率就不同。此现象是由奥地利物理学家多普勒发现的,所以称为多普勒效应。

如果发射机和接收机在同一地点,两者无相对运动,而被测物体以速度 v 向发射机和接收机运动,我们可以把被测物体对信号的反射现象看成是一个发射机。这样,接收机和被测物体之间因有相对运动,所以就产生了多普勒效应。

现在我们从被测物体与检测点接近的情况来进一步说明多普勒效应的产生过程。发射机发射出的无线电波向被测物体辐射,被测物体以速度 v 运动,如图 2.32(a)所示。被测物体作为接收机接收到的频率为

$$f_1 = f_0 + v/\lambda_0 \quad (2\text{-}19)$$

式中,f_0 为发射机发射信号的频率;v 为被测物体的运动速度;λ_0 为信号波长;$\lambda_0 = c/f_0$;c 为电磁波的传播速度。

如果把 f_1 作为反射波向接收机发射信号,如图 2.32(b)所示。接收机接收到的信号频率为

$$f_2 = f_1 + v/\lambda_1 = f_0 + v/\lambda_0 + v/\lambda_1 \quad (2\text{-}20)$$

由于被测物体的运动速度远小于电磁波的传播速度,则可认为 $\lambda_1 = \lambda_0$,那么

$$f_2 = f_0 + 2v/\lambda_0 \quad (2\text{-}21)$$

由多普勒效应产生的频率之差称为多普勒频率,即

$$F_d = f_2 - f_0 = 2v/\lambda_0 \quad (2\text{-}22)$$

从式(2-22)可以看出,被测物体的运动速度 v 可以用多普勒频率来描述。

2) 多普勒雷达测速

多普勒雷达由发射机、接收机、混频器、检波器、放大器及处理电路等组成。当发射信号和接收到的回波信号经混频器混频后,两者产生差频输出,差频的频率正好为多普勒频率。

利用多普勒雷达可以对被测物体的线速度进行测量。图2.33是检测线速度的工作原理图。

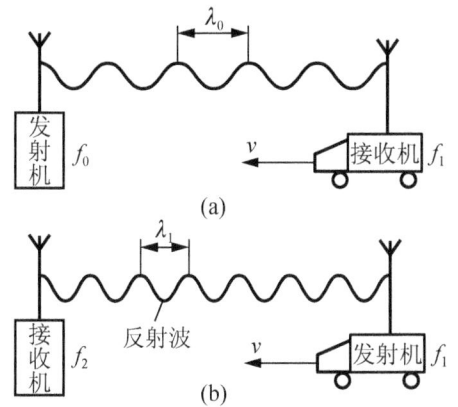

图2.32 多普勒效应示意图

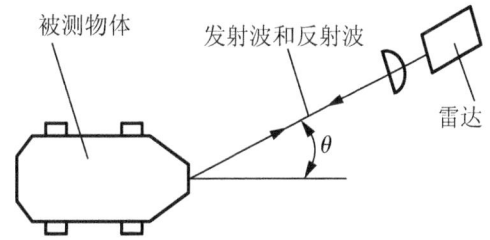

图2.33 多普勒雷达检测线速度工作原理图

多普勒雷达产生的多普勒频率为

$$F_d = 2v\cos\theta / \lambda_0 = Kv \tag{2-23}$$

式中，v为被测物体的线速度；λ_0为电磁波的波长；θ为电磁波方向与速度方向的夹角；$v\cos\theta$为被测物体速度的电磁波方向分量；F_d的单位为Hz。

用多普勒雷达测运动物体线速度的方法，已广泛用于检测车辆的行驶速度。

7. 陀螺仪

陀螺仪是直接安装在运动物体上，以自身为基准检测移动物体角位移或角速度的仪器，外形如图2.34（a）所示。

陀螺仪的种类很多，按用途来分，它可分为传感陀螺仪和指示陀螺仪。传感陀螺仪多用于飞行体运动的自动控制系统中，作为水平、垂直、俯仰、航向和角速度传感器。而指示陀螺仪主要用于飞行状态的指示，作为驾驶和领航仪表使用。

二自由度陀螺仪的结构如图2.34（b）所示，其中陀螺由两个万向接头的支架支撑。图2.34（b）中的陀螺实际上是一个绕自身对称轴高速旋转的转子。当转子高速旋转时，陀螺有两个最重要的性质：一是定轴性，所有高速旋转的物体都有使自己的旋转轴保持给定的方向不变的特性；另一个性质是进动，当一个欲使其轴改变方向的力作用在旋转轴上时，旋转轴的方向就会向该力的方向和垂直方向改变。由于陀螺有上述的性质，如果运动物体旋转，则转子的旋转轴仍保持在空间的轴向位置不变，我们便可以使用检测方法测量出运动物体相对于旋转轴的角位移变化。

图2.34所示的转子陀螺式角速度传感器是一种惯性传感器，其安装简单、使用方便，但有机械活动部件，由于支撑万向接头轴承摩擦力矩对陀螺的作用，加上陀螺本身的质量不平衡等因素的影响，陀螺旋转轴将逐渐偏离原来给定的空间方向，这种偏离称为陀螺的漂移，二自由度陀螺仪一般有（2°～5°）/min的漂移。被测角速度范围为（±30°～±120°）/s，其质量较大（0.5kg左右）、成本高、寿命低。

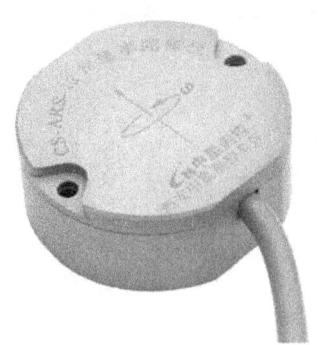
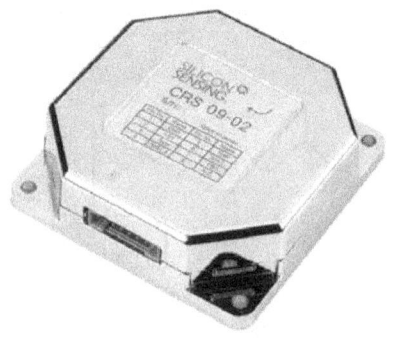

(a) 外形图

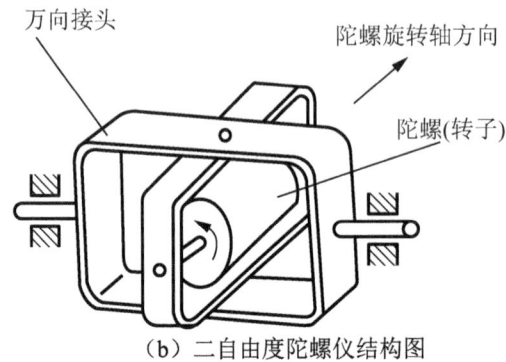

(b) 二自由度陀螺仪结构图

图 2.34 陀螺仪外形及结构图

特别提示

转子陀螺的 Y 轴称为测量轴或输入轴，X 轴称为输出轴。测量时，将陀螺壳体固定在被测物体上，要注意陀螺的安装方位，使被测物带动壳体绕 Y 轴转动。

8. 测速发电机

测速发电机是机电一体化系统中用于测量和自动调节电动机转速的一种传感器，如图 2.35 所示。它由带有绕组的定子和转子构成。根据电磁感应原理，当转子绕组供给励磁电压并随被测电动机转动时，定子绕组则产生与转速成正比的感应电动势。

根据励磁电流的种类，测速发电机可分为直流测速发电机（他励式和永磁式两种）和交流测速发电机两大类。

图 2.35 测速发电机

特别提示

在实际应用中，机电一体化系统对测速发电机的主要要求有：①输出电压对转速应保持较精确的正比关系；②转动惯量要小；③灵敏度要高，即测速发电机的输出电压对转速的变化反应要灵敏。由于测速发电机比较容易满足上述要求，且性能稳定，故被广泛用于机电一体化系统中电动机转速的测量和自动调节，一般测量范围为 20~400r/min。

1）直流测速发电机

直流测速发电机是一种微型直流发电机。它的定子、转子结构与直流伺服电动机基本相同。若按定子磁极的励磁方式不同，可分为电磁式和永磁式两大类；若按电枢结构形式的不同，可分为无槽电枢、有槽电枢、空心杯电枢和圆盘印刷绕组等几种。

直流测速发电机的工作原理与一般直流发电机相同，如图 2.36 所示。在恒定磁场中，旋转的电枢绕组切割磁通，并产生感应电动势。由电刷两端引出的电枢感应电动势为

$$E_s = K_e \Phi n = C_e n \quad (2\text{-}24)$$

式中，K_e 为感应系数；Φ 为磁通；n 为转速；C_e 为感应电动势与转速的比例系数。

空载（即电枢电流 $I_s=0$）时，直流测速发电机的输出电压和电枢感应电动势相等，因而输出电压与转速成正比。有负载（即电枢电流 $I_s \neq 0$）时，直流测速发电机的输出电压为

$$U_{CF} = E_s - I_s r_s \quad (2\text{-}25)$$

式中，r_s 为电枢回路的总电阻（包括电刷和换向器之间的接触电阻等）。在理想情况下，若不计电刷和换向器之间的接触电阻，r_s 为电枢绕组电阻。

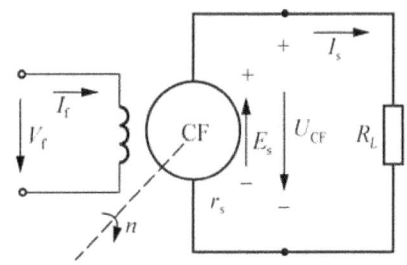

图 2.36 直流测速发电机电气原理图

显然，有负载时，测速发电机的输出电压应比空载时小，这是电阻 r_s 的电压降造成的。在理想情况下，r_s、Φ 和测速发电机的负载电阻 R_L 均为常数，系数 C_e 亦为常数。直流测速发电机有负载时的输出特性是一组直线，负载电阻不同，测速发电机的输出特性的斜率亦不同。

2）交流测速发电机

交流测速发电机可分为永磁式、感应式和脉冲式三种。

永磁式交流测速发电机实质上是单向永磁转子同步发电机，定子绕组感应的交变电动势的大小和频率都随输入信号（转速）而变化，这种测速发电机尽管结构简单，也没有滑动接触，但由于感应电动势的频率随转速而改变，致使电动机本身的阻抗和负载阻抗均随转速而变化，故其输出电压不与转速成正比关系。通常这种电动机只作为指示式转速计使用。

感应式测速发电机与脉冲式测速发电机的工作原理基本相同，都是利用定子、转子齿槽相互位置的变化，使输出绕组中的磁通产生脉动，从而感应出电动势。这种工作原理称为感应式发电机原理。图 2.37 所示为感应式测速发电机的原理性结构。定子、转子铁心均为高硅薄钢片冲制叠成，定子内圆周和转子外圆周上都有均布的齿槽。在定子槽中放置节距为一个齿距的输出绕组，通常组成三相绕组，定子、转子的齿数应符合一定的关系。

当转子不转时，永久磁铁在电动机气隙中产生的磁通不变，所以定子输出绕组中没有感应电动势。当转子以一定速度旋转时，定、转子齿之间的相对位置发生了周期性变化，定子绕组中有交变电动势产生。例如，转子一个齿的中线与定子某一齿的中线位置一致时，该定子齿对应的气隙磁导为最大，当转子转过 1/2 齿距时，转子槽的中线与定子齿的中线

位置一致，该定子齿对应的气隙磁导又为最小，以后的过程重复进行。

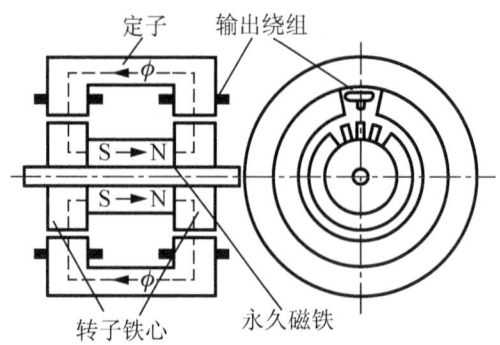

图 2.37 感应式测速发电机的原理性结构

在上述过程中，该定子齿上的输出绕组所匝链的磁通大小相应发生周期性变化，输出绕组中就有交流的感应电动势。每当转子转过一个齿距，输出绕组的感应电动势也变化一个周期，因此，输出电动势的频率应为

$$f = \frac{Z_r n}{60} \quad (\text{Hz}) \tag{2-26}$$

式中，Z_r 为转子齿数；n 为电动机转速（r/min）。

由于感应电动势频率和转速之间有严格的关系，相应感应电动势的大小也与转速成正比，故可作为测速发电机使用。它和永磁式测速发电机一样，由于电动势的频率随转速而变化，致使负载阻抗和电动机本身的内阻抗大小均随转速而改变。但是，采用二极管对这种测速发电机的三相输出电压进行桥式整流后，可取其直流输出电压作为速度信号用于机电一体化系统的自动控制。感应式测速发电机和整流电路结合后，可以作为性能良好的直流测速发电机使用。

特别提示

脉冲式测速发电机以脉冲频率作为输出信号。由于输出电压的脉冲频率和转速保持严格的正比关系，所以也属于同步发电机类型。其特点是输出信号的频率相当高，即使在较低转速下（如每分几转或几十转），也能输出较多的脉冲数，因而以脉冲个数显示的速度分辨力比较高，适用于速度比较小的调节系统，特别适用于鉴频锁相的速度控制系统。

应用实例

速度传感器在轨道车辆上的应用

在轨道车辆上，车辆系统的稳定性很大程度上取决于它所采集到的速度信号的可靠性和精度，而所采集的速度信号包括当前速度值和速度的变化量。如图 2.38 所示的高铁列车，在机车的牵引控制、车轮滑动保护、列车控制和车门控制过程中都要涉及速度信号的采集问题。在各种轨道车辆中，这个任务是由许许多多的速度传感器来完成的。

项目2 位移、速度、流量传感器及其应用

图2.38 应用速度传感器的高速铁路

最常用的速度传感器类型是双通道速度传感器，如图2.39所示。该传感器直接扫描机车电机轴上或减速机上的齿轮，因此，传感器本身不需要带轴承。

（a）安装在机车上的速度传感器GEL 247　　　　（b）速度传感器和被测齿轮

图2.39 双通道速度传感器

该速度传感器利用磁场调制原理，适用于模数为1和模数为3.5的铁磁体测量轮。被测齿轮的齿的形状也是一个重要的因素，因为该速度传感器能够测量的是方形齿齿轮和带渐开线齿齿轮。这种类型的速度传感器通常由2个霍尔传感器以及永磁体和信号处理电路组成。当速度传感器扫描旋转的齿轮时，永磁体的磁场发生变化。磁场的变化被霍尔传感器记录下来，在电路的比较环节被转换成方波，在驱动环节被放大。根据测量轮的直径和齿数，该速度传感器的分辨率在每圈60个脉冲到每圈300个脉冲之间，能满足一般机车电机驱动器的要求。

新一代传感器不仅提供的信号精度比原来的高，而且信号的可用性也比原来的好。这种新传感器外形和传统传感器相似（图2.40），可以适用于目前实际使用中的所有车辆。

图2.40 新一代速度传感器 GEL2474、2475和2476

2.3.2 加速度传感器

加速度传感器有多种形式，其工作原理都是利用惯性质量受加速度所产生的惯性而造成的各种效应，进一步转化成电量后间接度量被测加速度。最常用的有压电式、应变式和磁致伸缩式等。压电式加速度传感器的频率范围广、动态范围宽、灵敏度高，故应用较为广泛。

1. **压电式加速度传感器原理**

利用压电陶瓷的压电效应可构成不同使用要求的振动加速度传感器，外形如图2.41所示，常用的有图2.42所示的三种原理结构。

图2.41　压电式加速度传感器

1）压缩型

图2.42（a）所示为压缩型振动加速度传感器结构原理。它靠通过中心轴的螺栓连接的质量块，检测微小的加速度。使用时，传感器基体固定在被测物体上，感受该物体的振动，惯性质量块产生惯性，使压电元件产生变形，压电元件产生的变形和由此产生的电荷与加速度成正比。

2）剪切型

图2.42（b）所示为剪切型振动加速度传感器的结构原理。它是将两块压电陶瓷片对称地固定在轴的两侧，这种结构可忽略横向加速度的影响，还能在高温环境中使用。

3）弯曲型

图2.42（c）所示为弯曲型振动加速度传感器结构原理。这种传感器结构简单、体积小、质量小和灵敏度高。但压电材料有阻抗高、脆性大以及与金属黏结困难等缺点。

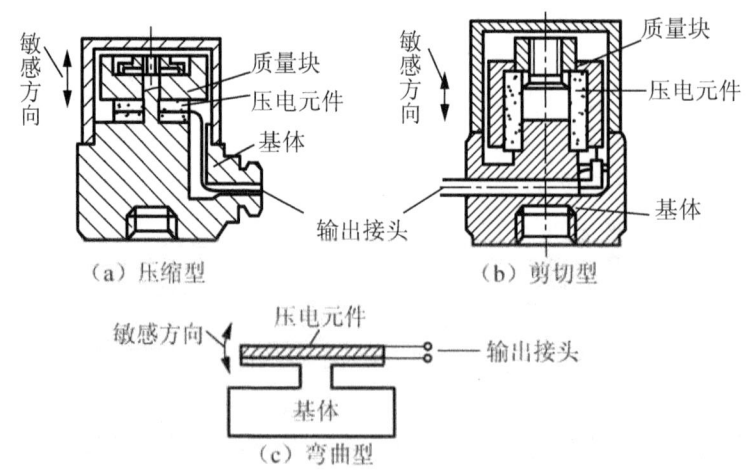

图2.42　压电加速度传感器结构类型

图 2.43 为汽车安全系统用压缩型振动加速度传感器示意图。其中圆筒形质量块通过弹簧压在压电元件上。装有这种传感器的安全系统能迅速检测出汽车发动机的异常振动,并使其恢复到正常状态。通常,当发动机达到点火态时,其功率和油耗都最大,若高负载时超前进入点火态,会引起异常振动,安全系统的作用则是使发动机在引起异常振动的临界态之前进入点火态。为了区分异常振动与其他噪声振动,传感器的固有频率设计成与异常振动频率相同,从而提高了信噪比。

2. 压电式加速度传感器的特点

压电式加速度传感器可以做得很小,质量很轻,故对被测机构的影响就小。压电传感器本身的内阻抗很高,而输出的能量又非常微弱,因此在使用时,必须接高输入阻抗的前置放大器。这类放大器有电压放大器和电荷放大器两种。

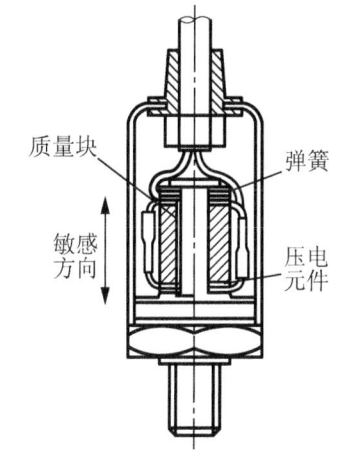

图 2.43 压缩型振动加速度传感器

1)电压放大器

图 2.44 所示为高输入阻抗电压放大器(阻抗变换器),输入阻抗大于 1000MΩ,输出阻抗小于 100Ω。第一级采用场效应管构成源极输出器,第二级采用晶体管构成对输入端的负反馈,以提高输入阻抗。也可以采用场效应管作为输入级的运算放大器。但是,当传感器与电压放大器之间的连接电缆发生变化时,由于电缆电容与传感器电容并联,必然引起传感器输出电压灵敏度发生变化,引起误差,解决办法之一就是采用电荷放大器。

2)电荷放大器

电荷放大器是一个有反馈电容 C_f 的高增益运算放大器,电路如图 2.45 所示。运算放大器的输入阻抗应高达 $10^{12}Ω$ 以上,C_f 为反馈电容,一般为千分之几微法,R_f 为提供运算放大器直流工作点电阻,其阻值大于 $10^{10}Ω$。放大器输出电压 u_o 与输入电荷成正比,即

$$u_o = -Q/C_f \tag{2-27}$$

式中,Q 为传感器输出电荷。

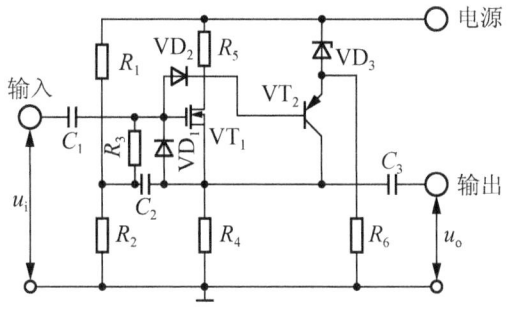

图 2.44 电压放大器电路图

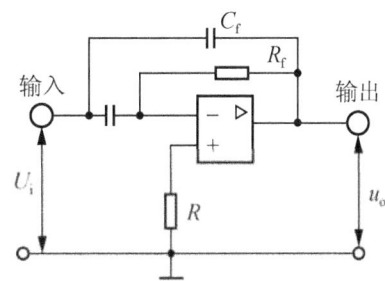

图 2.45 电荷放大器电路图

式(2-27)表明,电荷放大器输出电压与电缆分布电容无关。因此,连接的电缆即使长达百米以上,电荷放大器的灵敏度也无明显变化,这是电荷放大器的突出优点。

3. 加速度传感器的应用

加速度传感器可应用在控制手柄振动和摇晃，仪器仪表，汽车制动启动检测，地震检测，报警系统，玩具，结构物、环境监视、工程测振、地质勘探、铁路、桥梁、大坝的振动测试与分析；鼠标以及高层建筑结构动态特性和安全保卫振动侦察上。

目前，很多笔记本式计算机里就内置了加速度传感器，能够动态的监测出笔记本在使用中的振动，根据这些振动数据，系统会智能地选择关闭硬盘还是让其继续运行，这样可以保护硬盘以及里面的数据，而防止由于振动（比如颠簸的工作环境或者不小心摔了笔记本式计算机）所造成的硬盘损害、数据丢失。另外，许多防抖动数码照相机和数码摄像机里，也使用了加速度传感器，用来检测拍摄时候的手部的振动，并根据这些振动，自动调节相机的聚焦。

应用实例

IBM Hard Drive Active Protection System（硬盘动态保护系统）

最新的 ThinkPad 笔记本式计算机中，安装了 IBM Hard Drive Active Protection System（硬盘动态保护系统）。启用 IBM Hard Drive Active Protection System 后，ThinkPad 内置的振动传感器开始监测是否有可能导致硬盘损坏的情况发生。如果监测到这样的情况，那么保护系统将会使硬盘停转，并可能把读/写磁头移动到没有数据的区域。没有操作时，硬盘受损的可能会大大下降。振动传感器会持续监测，当判断环境相对比较稳定时（倾斜、摇动、振动等的变化程度最小），保护系统会重新开启硬盘正常操作。

保护系统检测到系统有振动等变化，且需要停止硬盘操作时，会弹出图 2.46 所示的对话框。

通过 IBM Hard Drive Active Protection System 在任务栏上的图标（需选择在任务栏上显示 IBM Hard Drive Active Protection Syste 图标），可以看到振动传感器的状态如下。

振动传感器被禁用；
振动传感器已启用，未监测到振动；
振动传感器已启用，且监测到持续的振动，但振动幅度较小，未触发硬盘暂停；
振动传感器已启动，且监测到较大振动，硬盘操作暂停。

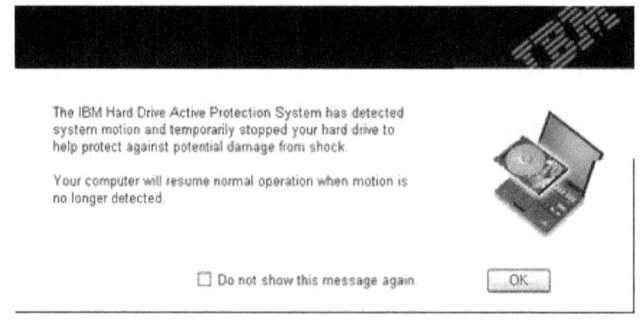

图 2.46 应用振动传感器的硬盘保护系统

2.4 物位流量流速传感器

2.4.1 物位传感器

测量物位的目的一是为了物体储藏量的管理,二是为了物位的安全或自动化控制,有时需要精确的物位数据,有时只需物位升降的信息等。

1. 导电式水位传感器

水位检测属于物位测量中的一种类型,导电式水位传感器的实用电路原理图如图 2.47 所示。电极可根据检测水位的要求进行升降调节,它实际上是一个导电性的检测电路,当水位低于检知电极时,两电极间呈绝缘状态,检测电路没有电流流过,传感器输出电压为零。假如水位上升到与检知电极端部接触时,由于水有一定的导电性,因此测量电路中有电流流过,人们通过仪表或发光二极管进行水位指示,可得知水位达到的程度。如果把输出电压和控制电路连接起来,便可对供水系统进行自动控制。

在图 2.47 的导电式水位检测器的实用电路原理图中,电路主要由两个运算放大器组成,IC_{1a} 运算放大器及外围元件组成方波发生器,通过电容器 C_1 与检知电极相接。IC_{1b} 运算放大器与外围元件组成比较器,以识别仪表水位的电信号状态。采用发光二极管进行水位的指示。

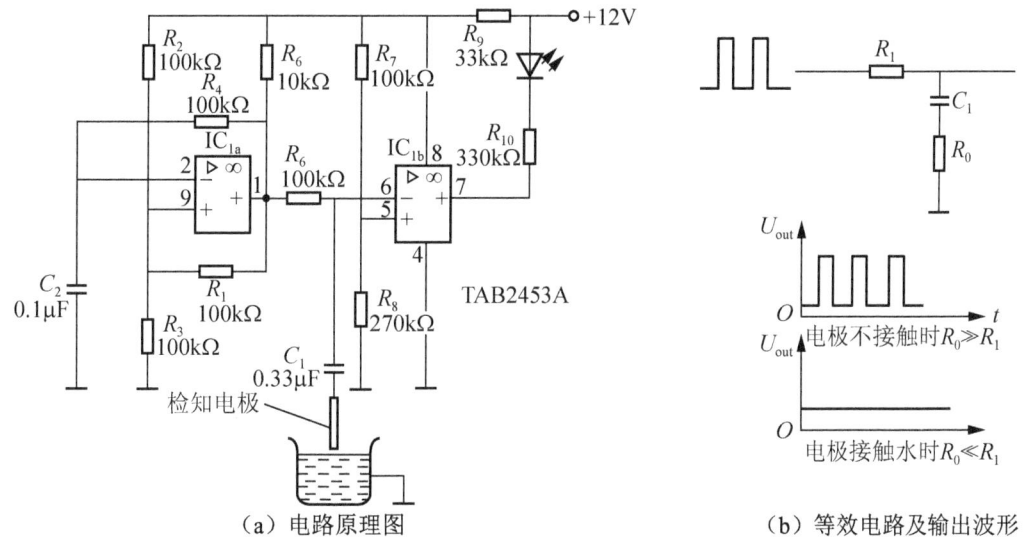

图 2.47 导电式水位检测器电路原理图

特别提示

由于水有一定的等效电阻 R_0,当水位上升到和检知电极接触时,方波发生器产生的矩形波信号被旁路。相当于加在比较器反相输入端的信号为直流低电平,比较器输出端输出高电平,发光二极管处于熄灭状态。当水位低于检知电极时,电极与水呈绝缘状态,方波发生器产生正常的矩形波信号,此时比较器输出为低电平,发光二极管闪烁发光,告知水箱缺水。如要对水位进行控制,可以设置多个电极,以电极不同的高度来控制水位的高低。

导电式水位传感器在日常工作和生活中应用得很广泛,它在抽水及储水设备、工业水箱、汽车水箱等方面均被采用。

2. 电容式料位传感器

图 2.48 所示为电容式料位传感器的结构示意图。电容式料位传感器是利用被测物料的介电常数与空气的介电常数不同的特点进行检测的。电容式料位传感器的物料不仅可以是液体,还可以是粉状物料或块状物料。

如图 2.48 所示,测定电极安装在罐的顶部,这样在罐壁和测定电极之间就形成了一个电容器。当罐内放入被测物料时,由于被测物料介电常数的影响,传感器的电容量将发生变化,电容量变化的大小与被测物料放入罐内的高度有关并且成比例地变化。所示,检测其容量的变化就可测定物料在罐内的高度。

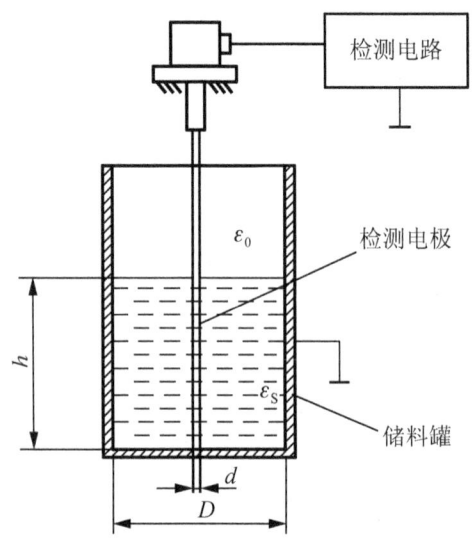

图 2.48 电容式料位传感器结构图

传感器的静电电容可由下式表示,即

$$C = K \frac{(\varepsilon_S - \varepsilon_0)h}{\log \frac{D}{d}} \qquad (2\text{-}28)$$

式中,K 为比例常数;ε_S 为被测物料的相对介电常数;ε_0 为空气的相对介电常数;d 为测定电极的直径;D 为储罐的内径;h 为被测物料的高度。

假定罐内没有物料时的传感器静电电容为 C_0,放入物料后传感器的静电电容为 C_1,则两者的电容差为

$$\Delta C = C_1 - C_0 \qquad (2\text{-}29)$$

特别提示

若检测出差值,则可知被测物料存在,因此电容式料位传感器也可制成检测物料有无的开关型传感器。这类传感器若安放在被控料位的上下限处,当物料到达传感器设定的位置时,传感器便可输出有无物料的信号,以便对进料装置进行控制。

2.4.2 流量传感器

凡涉及流体介质的生产过程(如气体、液体及粉状物质的传送等)都有流量的测量和控制问题。流量传感器的种类有涡流式流量传感器、电磁式流量传感器、超声波式流量传感器、涡轮式流量传感器和空间滤波器式流量传感器等。

1. 涡流式流量传感器

涡流流量计外形及结构如图 2.49 所示。涡流流量计由壳体、涡流发生器和频率检测元件等组成。涡流发生器的下端沿纵向自由支撑,上端固定在外壳的孔内,通过密封圈再用压板紧紧地固定。在涡流发生器的内部装有压电元件用来检测通过流体的应力变化的涡流频率。图 2.49 中的涡流发生器与流体接触部分的截面为梯形,这种形状能使流速与涡流的频率具有良好的线性。当涡流发生时,其内部将产生一定的应力,这种应力经压电元件检测并进行信号处理,从而得到跟涡流频率对应的脉冲频率,最终以模拟电压的形式输出。

(a)涡流流量计外形

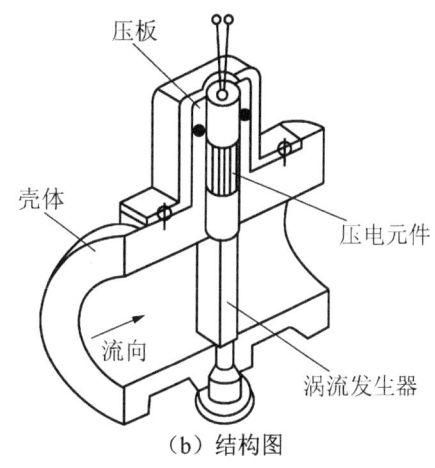
(b)结构图

图 2.49 涡流流量计外形及结构

特别提示

涡流流量传感器有以下特性。
(1)由于检测元件与流体隔离,因此涡流流量传感器可以对所有的流体进行流量检测。
(2)涡流流量传感器没有运动部分,可以长期使用。
(3)传感器测量流体的温度为-40~300℃,流体的最高压力可达 30MPa。

（4）传感器测定流速的范围：液体最大为10m/s，气体最大为90m/s。

（5）由于阻碍流体流动的只有涡流发生器，因此压力损失小。

2. 电磁式流量传感器

1）电磁式流量传感器的工作原理

导电性的液体在流动时切割磁力线，也会产生感应电动势。因此可应用电磁感应定律来测定流量，电磁式流量传感器就是根据这一原理制成的，其外形如图2.50所示。

图2.51所示为电磁式流量传感器的工作原理图。在励磁线圈加上励磁电压后，绝缘导管便处于磁力线密度为 B 的均匀磁场中，当平均流速为 $\bar{v}$ 的导电性液体流经绝缘导管时，在导管内径为 D 的管道壁上所设置的一对与液体接触的金属电极中，便会产生电动势 e

$$e = B\bar{v}D \tag{2-30}$$

图2.50 电磁式流量传感器

式中，B 为磁场的磁通密度（T）；$\bar{v}$ 为液体的平均流速（m/s）；D 为导管的内径（m）。

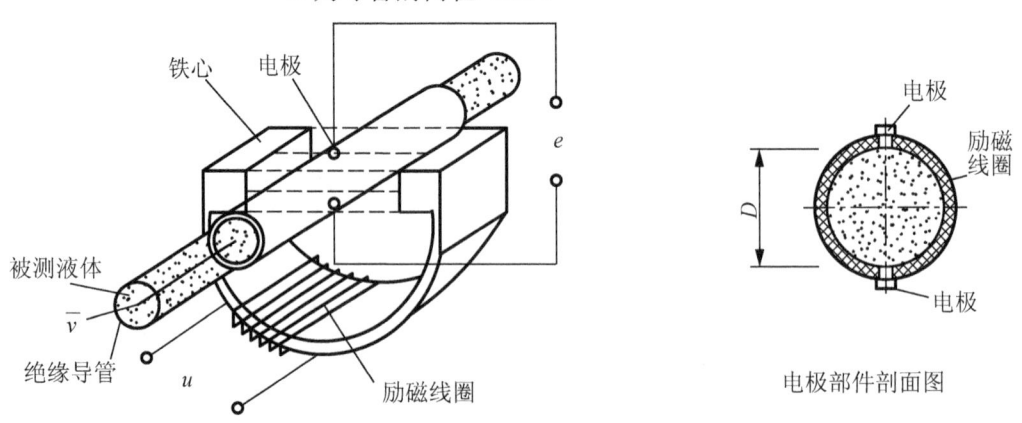

图2.51 电磁式流量计工作原理图

管道内液体流动的容积流量为

$$Q = \frac{\pi D^2}{4}\bar{v} = \frac{\pi De}{4B} \tag{2-31}$$

根据式（2-31）可以看出，容积流量 Q 与电动势 e 成正比，单位为 m^3/s。如果我们事先知道导管内径和磁场的磁通密度 D，那么就可以通过对电动势的测定，求出容积流量。

特别提示

电磁式流量传感器使用时要求流体是导电性的，即使用有局限性，但它还是有许多优点的如下。

① 没有机械可动部分，安装使用简单可靠。

② 电极的距离正好为导管的内径，因此没有妨碍流体流动的障碍，压力损失极小。
③ 能够得到与容积流量成正比的输出信号。
④ 测量结果不受流体黏度的影响。
⑤ 由于电动势是包含电极的导管断面处的平均流速测得的，因此受流速分布影响较小。
⑥ 测量范围宽，可以从 0.005～190000m³/h。
⑦ 测量的精度高，可达 ±0.5%。

2）使用电磁式流量传感器的注意事项

（1）由于管道是绝缘体，电流在流体中流动很容易受杂波的干扰，因此必须在安装流量传感器的管道两端设置接地环接地。

（2）虽然流速的分布对精度的影响不大，但为了消除这种影响，应保证液体流动管道有足够的直线长度。

（3）使用电磁式流量计时，必须使管道内充满液体。最好是把管道垂直设置，让被测液体从上至下流动。

（4）测定电导率较小的液体时，由于两电极间的内部阻抗（电动势 e 的内阻）比较高，故所接信号放大器要有 100MΩ 左右的输入阻抗。为保证传感器正常工作，液体的速率必须保证在 5cm/s 以上。

电磁式流量计可以广泛应用于自来水、工业用水、农业用水、海水、污水、污泥及化学药品、食品和矿浆等流量的检测。

2.4.3 流速传感器

1. 涡轮式流速传感器

涡轮式流速传感器是利用放在流体中的叶轮的转速进行流量测试的一种传感器。当叶轮置于流体中时，由于叶轮的迎流面和背流面流速不同，因此在流向方向形成压差，所产生的推力使叶轮转动。如果选择摩擦力小的轴承来支撑叶轮，且叶轮采用轻型材料制作，那么可使流速和转速的关系接近线性，只要测得叶轮的转速，便可得知流体的流速。

叶轮转速的测量一般采用图 2.52 所示的方法，叶轮的叶片可以用导磁材料制作，然后由永久磁铁、铁心及线圈与叶片形成磁路。当叶片旋转时，磁阻将发生周期性的变化，从而使线圈中感应出脉冲电压信号。该信号经放大、整形后，便可输出作为供检测转速用的脉冲信号。

还有一种利用叶轮旋转引起流体电阻变化来检测流量的传感器，它是在叶轮的框架内嵌镶一对不锈钢电极，电极在流体中存在一定的电阻。当塑料制成的叶片尾部遮挡电极时，电极间的电阻增大。因此，叶轮旋转一周，电极间的电阻周期性地变化一次，电阻的变化经检测电路转换成随叶轮转速成比例的脉冲信号。这样便可通过脉冲信号检测出叶轮的转速，也就测出了流体的流速。

2. 热导式流速传感器

热导式流速传感器主要用于各种气体流速和气体浓度的测量。当各种流体在管道中流动时，任意两点间传递的热量与单位时间内通过给定面积的运动流体的质量成正比，根据这一原理可以制成热导式流速传感器。图 2.53 所示为采用热导方式进行气体流速测量的原理图。

将感受气体流速的热敏元件安装在流通气体的管道内，用电流加热热敏元件，由于气体的流动带走了部分热量使热敏元件冷却，从而使热敏元件的阻值发生变化。热敏元件的阻值变化与气体的流速有一定的关系，所以只要测出热敏元件阻值变化的大小，就可以求出气体的流速。

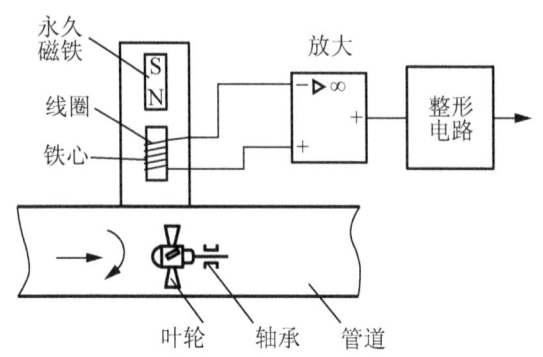

图 2.52　涡轮流量传感器结构原理图

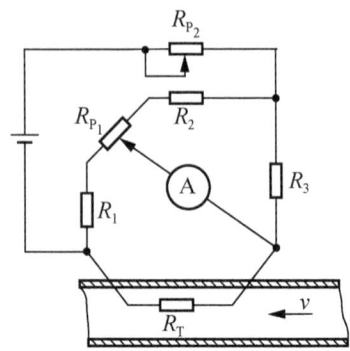

图 2.53　热导式气体流速测量原理

特别提示

热敏元件 R_T 与标准电阻、调节桥路平衡的电位器共同组成测量电路。在进行测量气体流速之前，调整电位器 R_{P_1} 使电桥处于平衡状态，使表头指示为零。电位器 R_{P_2} 用来调节电桥的起始工作电流，以便使电桥的灵敏度处于一种合适的工作状态。热敏电阻的阻值应与标准电阻 R_B 的阻值一致。

热敏元件的阻值随气体流速 v 的变化而发生相应的变化，使电桥失去原有的平衡而产生一个不平衡的电流信号，该信号的大小与气体流速有一定的对应关系，从而可以从表头的指示上测出气体流速的大小。

2.5　位移传感器的应用

在本项目开始的引例中，我们曾提到，自动生产线上常用位移测量传感器、接近开关、流量测量传感器来观察检测工件的移动，数控机床也需要不断测量被加工的工件运动速度和位移大小，那么，这些自动化生产设备是如何利用这些传感器来代替工人的眼睛呢？

2.5.1　光电编码器的位置测量应用

自动生产线和数控机床为了提高位置控制精度，采用伺服电动机控制，需要对工件运动的位置进行测量，常常用到光电编码器。图 2.54 所示为光电编码器在自动线上位置测量的应用。

光电编码器在自动线上用于机械手或工作台的直线位移测量，常见的安装方式为伺服电动机同轴连接在一起,伺服电动机再和滚珠丝杠连接,编码器在传动链的前端(称为内装式编码器)。

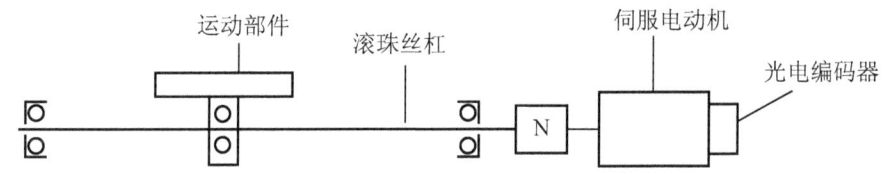

图 2.54 光电编码器在位置控制中的应用

光电编码器是通过光电转换,将输入轴上的机械、几何位移量转换成脉冲或数字信号的传感器,主要用于速度或位置(角度)的检测。典型的光电编码器由码盘、检测光栅、光电转换电路(包括光源、光敏器件、信号转换电路)和机械部件等组成。一般来说,根据光电编码器产生脉冲的方式不同,可以分为增量式、绝对式及复合式三大类,自动生产线上常采用的是增量式光电编码器,其结构如图 2.55 所示。

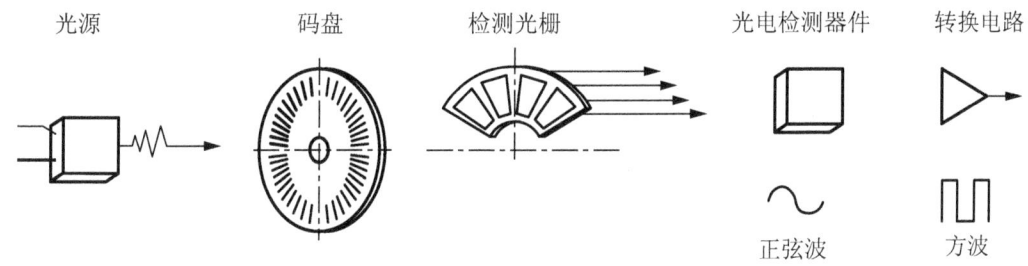

图 2.55 增量式光电编码器的组成

光电编码器的码盘条纹数决定了传感器的最小分辨角度,即分辨角 $\alpha=360°$/条纹数。如条纹数为 1024,则分辨角 $\alpha=360°/1024=0.352°$。在光电编码器的检测光栅上有两组条纹 A 和 B,A、B 条纹错开 1/4 节距,两组条纹对应的光敏元件所产生的信号彼此相差 90°,用于辨向。此外在光电编码器的码盘里圈有一个透光条纹 Z,用以每转产生一个脉冲,该脉冲成为移转信号或零标志脉冲,其输出波形图如图 2.56 所示。

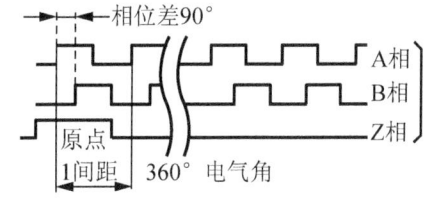

图 2.56 增量式编码器输出脉冲示意图

特别提示

配置 2000 脉冲/转的光电编码器的伺服电动机直接驱动 8mm 螺距的滚珠丝杠,经 4 倍频处理后,对应运动部件的直线分辨率为 0.001mm。

2.5.2 轴承间隙的检测

图 2.57 所示为轴承间隙检测电路。该电路使用 SF5520 专用芯片配合差动变压器组成位置检测电路。SF5520 和差动变压器组成的位移检测电路可大大简化差动变压器与

单片微机的接口,并且能保证差动变压器的测试精度达到 1%,线性度优于 0.2%,稳漂小于 0.05%。

在测量电路中,$R_1 \sim R_5$、$C_1 \sim C_2$ 组成低通滤波电路,R_t 为正温度系数的热敏电阻,起温度补偿作用,运算放大器 NE5535A 的输出作为 N_L 的直流偏置,1 脚输出的位移信号送往 16 位单片机 8098 的高速输入端口 ACH4 进行模/数转换。

特别提示

差动变压器的测量精度高、输出量大,位移与差动变压器输出幅值的关系简单且线性度好,其输出电压的相位即能反映转轴的偏移方向。

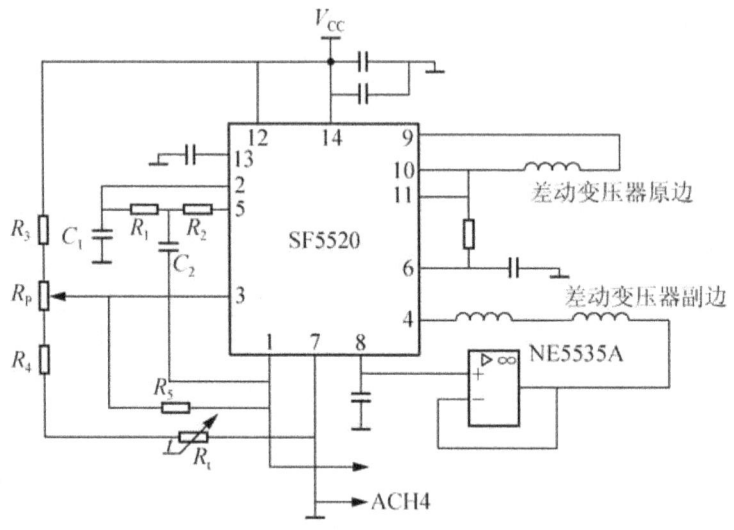

图 2.57 轴承间隙检测电路

2.5.3 太阳能热水器的水位报警器

太阳能热水器一般都设在室外房屋的高处,热水器的水位在使用时不易观测。使用水位报警器后,则可实现水箱中缺水或加水过多时自动发出声光报警。

水位报警器的电路,如图 2.58 所示。导电式水位传感器的三个探知电极分别和 VT_1、VT_3 的基极及地端相连,电路的电源由市电经变压器降压、整流器整流提供,发光二极管 VD_5 为电源指示灯。报警声由音乐集成电路 9300 产生,R_8 及 VD_{10} 产生的 3.6V 直流电压供 9300 使用,VT_4、VT_5 组成音频功放级,将 IC 输出的信号放大后,推动扬声器发出报警声。

当水位在电极 1、2 之间正常情况下,电极 1 悬空,VT_1 截止,高水位指示灯 VD_8 为熄灭状态。电极 2、3 处在水中,由于水电阻的原因,使 VT_3 导通,VT_2 截止,低水位指示灯 VD_9 也处于熄灭状态。整个报警器系统处于非报警状态。

当热水器水箱中的水位下降低于电极 2 时,VT_3 截止,VT_2 导通,低水位指示灯 VD_9 点亮。由 C_3 及 R_4 组成的微分电路在 VT_2 由截止到导通的跳变过程中产生正向脉冲,将触发音乐集成电路（IC）工作，扬声器发出 30s 的报警声，告知使用者水箱缺水。

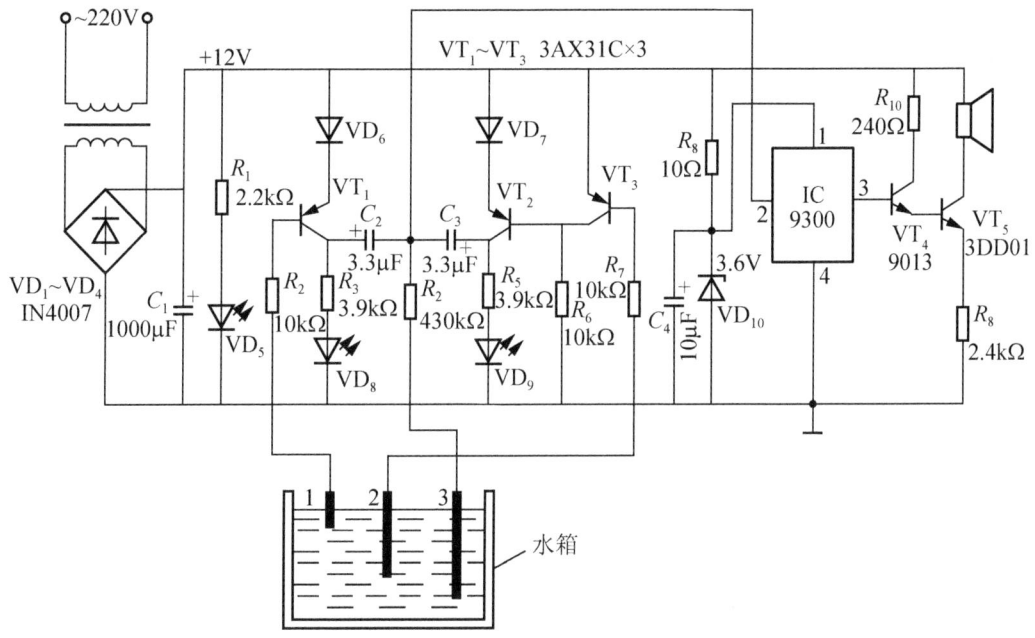

图 2.58　太阳能热水器水位报警器

同理，当水箱中的水超出电极 1 时，VT_1 导通，高水位指示灯 VD_8 点亮，同时 C_2 和 R_4 微分电路产生的正向脉冲触发音乐集成电路（IC）工作，使扬声器发出报警声，告知使用者水箱中的水快溢出来了。

2.6　综合实训：检测电感式传感器

实训目标

检测电感式传感器——差动变压器的性能。

实训要求

了解差动变压器测量系统的组成和标定方法。

实训原理

本实训说明差动变压器式电感传感器的原理和标定情况。

差动变压器是将被测位移量的变化转换成互感系数 M 的变化，M 与两线圈之间相对位置及周围介质导磁能力等因素有关。其基本结构原理与常用变压器类似，故称其为变压器式传感器。互感位移传感器常接成差动形式，因此常称为差动变压器式电感传感器。

差动变压器式电感传感器最常用的是螺管式，螺管式差动变压器如图 2.59 所示，它由多个螺管线圈和铁心所组成。图中 3 个螺管线圈的长度是一样的，中间的线圈是初级线圈，两边的线圈是次级线圈。线圈中的铁心用来在线圈中连接磁力线构成磁路。

当在初级线圈上加上交流励磁电压 U_{IN} 时，在次级线圈上将产生感应电压。因为次级两个线圈反极性串联，两个次级线圈中的感应电压 U_{OUT1} 和 U_{OUT2} 的相位相反，其相加的结果，在输出端就产生了电位差 U_{OUT}。当铁心处于中心对称位置时，则 $U_{OUT1}=U_{OUT2}$，所以 $U_{OUT}=0$。铁心随被测对象产生位移时，$U_{OUT}\neq 0$，而与铁心移动的距离与方向有关，U_{OUT} 的大小与铁心的位移成正比。这就是螺管式差动变压器将机械位移量转换成电压信号输出的工作原理。

铁心位移与次级线圈电压和输出电压的关系如图 2.60 所示。输出电压和铁心位移成正比的范围称为线性范围。这是差动变压器的一项重要技术特性。

差动变压器具有结构简单、灵敏度高、线性度好和测量范围宽的特点，它的线性测量范围在 ±2～±200mm 之间，测量精度为 0.2%～0.3%。

1）所需部件及有关旋钮初始位置

音频振荡器、差动放大器、差动变压器、移相器、相敏检波器、低通滤波器、测微头、电桥、V/F 表、示波器、主副电源。

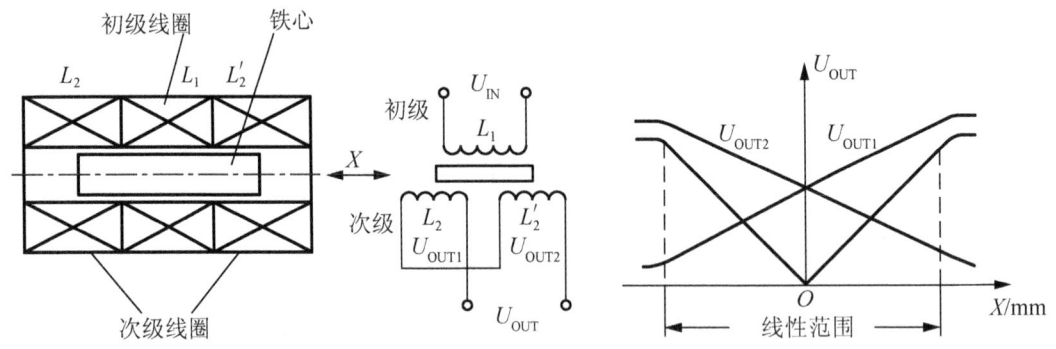

图 2.59　螺管式差动变压器　　　　图 2.60　差动变压器位移-输出特性

2）有关旋钮初始位置

音频振荡 4～8kHz，差动放大器的增益达到最大，F/V 表置 2V 挡，主、副电源关闭。

实训步骤

（1）按如图 2.61 所示接好线路。

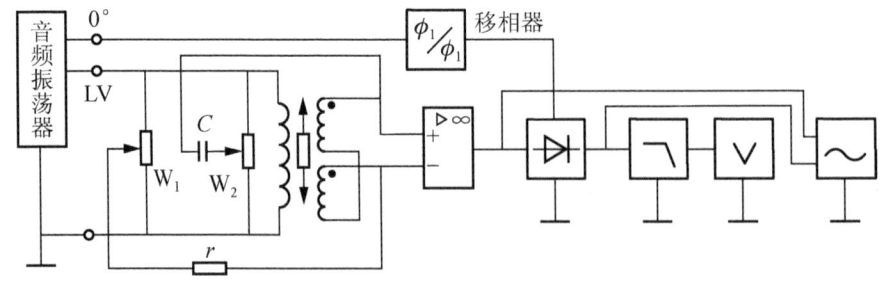

图 2.61　差动变压器接线图

（2）装上测微头，上下调整使差动变压器铁心处于线圈的中段位置。

（3）开启主、副电源，利用示波器，调整音频振荡器幅度旋钮，使激励电压峰峰值为 2V。

（4）利用示波器和电压表，调整各调零及平衡电位器，使电压表指示为零。

（5）给动铁心一个较大的位移，调整移相器，使电压表指示最大，同时可用示波器观察相敏检波器的输出波形。

（6）旋转测微头，每隔 0.1mm 读数记录实训数据，填入表 2-1 中，做出 V-X 曲线，并求出灵敏度。

表 2-1　差动变压器位移和信号数据

X/mm					
V/mV					

习　题

1．用做位移测量的电位器传感器的主要作用有哪些？
2．简单分析磁电式转速传感器的工作原理。
3．试说明测速发电机的工作原理。
4．为什么压电式加速度传感器要使用高输入阻抗电荷放大器？
5．简述光栅式位移传感器的工作原理及其工作特点。
6．试述压电陀螺式角速度传感器的特点。
7．什么是多普勒效应？举例说明其原理和用途。
8．电磁式流量计有哪些优点？使用时要注意哪些事项？
9．哪些传感器有可能被选作小位移测量传感器？为什么？
10．试设计一个多电极多水位控制系统。

项目 3

力学传感器及其应用

 教学目标

熟悉力学传感器的分类方式及种类，领会力与应变的关系；了解力的测量是通过力学传感器将力的大小转换成便于测量的电量来进行；重点掌握应变式、压电式测力传感器，电容式、电感式压力传感器等几种有代表性的力学传感器的作用，及各类传感器的工作原理、静态特征、测量范围；熟悉电桥输出电压与力之间的关系；电阻应变片等力学传感器的测量电路。

教学要求

知识要点	能力要求	相关知识	权重
测力传感器	电阻应变式、压电式、压磁式等测力传感器	弹性敏感元件的结构原理和电路形式	40%
扭矩传感器	电阻应变式、磁致伸缩式、磁电式、电容式、光电式、钢弦式等扭矩传感器	扭矩、切应变原理和测量电路	30%
压力传感器	电阻式、电容式、电感式、霍尔式、压电式等压力传感器	压力、霍尔效应和压电效应原理	30%

项目 3　力学传感器及其应用

项目导读

力是物理基本量之一，力学量包括质量、力、力矩、压力和应力等，在机器的传动机构中，通常以力和扭矩的形式或它们之间的相互转换来实现动力传递。因此测量各种动态、静态力的大小是十分重要的。力学传感器是工业实践中最常用的一种传感器，其广泛应用于各种工业自控环境，涉及水利水电、铁路交通、智能建筑、生产自控、航空航天、军工、石化、油井、电力、船舶、机床和管道等众多行业。

力的测量需要通过力学传感器间接完成，力学传感器是将各种力学量转换为电信号的器件，在生产、生活和科学实验中广泛用于测量力和质量，如图 3.1 所示的电子秤。传统的测量方法是利用弹性材料的形变和位移来表示。力学传感器的种类甚多，从力、电变换原理来看有电阻式（电位器式和应变片式）、电感式（自感式、互感式和涡流式）、电容式、压电式、压磁式和压阻式等，其中大多需要弹性敏感元件或其他敏感元件的转换。

图 3.1　应用力传感器的电子秤

随着微电子技术的发展，除了传统的力的测量方法，利用半导体材料的压阻效应（即对某一方向施加压力，其电阻率就发生变化）和良好的弹性，已经研制出体积小、质量轻、灵敏度高的力学传感器，广泛用于压力、加速度等物理力学量的测量。

本项目重点讨论力、扭矩和压力测量所用的力学传感器。

3.1　测力传感器

用于测量力的传感器多为电气式。根据转换方式不同，电气式测力传感器又分为参量型和发电型两种。参量型测力传感器有电阻应变式、电容式和电感式等。发电型测力传感器有压电式和压磁式等。

3.1.1　变换力或压力的弹性元件

弹性元件把力或压力转换成了应变或位移，然后再由传感器将应变或位移转换成电信号。弹性元件是一个非常重要的传感器部件，应具有良好的弹性和足够的精度，应保证长期使用和温度变化时的稳定性。

弹性元件在形式上可分为两大类，即力转换为应变或位移的变换力的弹性元件和压力转换为应变或位移的变换压力的弹性元件。

1. 变换力的弹性元件

这类弹性元件的形式主要有柱型、薄壁环型和梁型三种，大都采用等截面柱式、圆环式、等截面薄板、悬臂梁及轴状等结构，如图3.2所示。

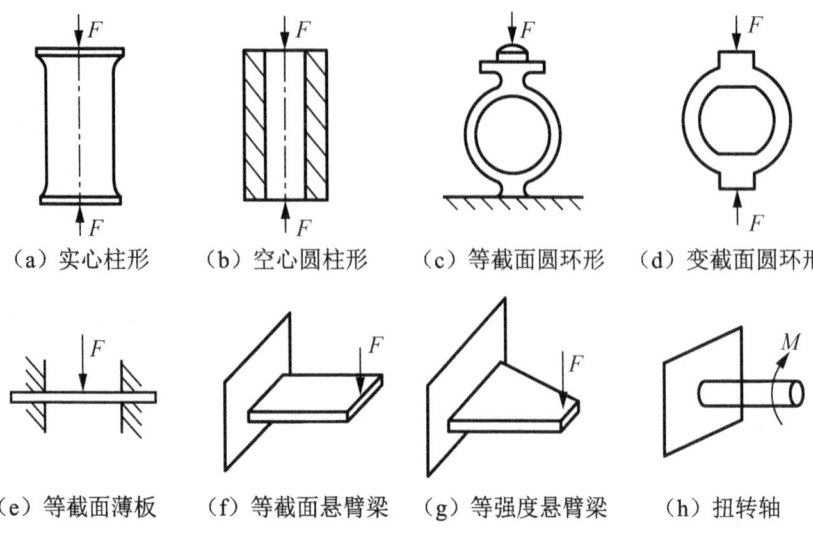

图3.2 一些变换力的弹性元件形状

1）等截面圆柱式

等截面圆柱式弹性元件根据截面形状可分为实心圆柱形和空心圆柱形等，如图3.2（a）、图3.2（b）所示。它们结构简单，可承受较大的载荷，便于加工。实心圆柱形的可测量大于10kN的力，而空心圆柱形的只能测量1～10kN的力。

2）圆环式

圆环式弹性元件比圆柱式输出的位移量大，因而具有较高的灵敏度，适用于测量较小的力。但它的工艺性较差，加工时不易得到较高的精度。由于圆环式弹性元件各变形部位应力不均匀，采用应变片测力时，应将应变片贴在其应变最大的位置上。圆环式弹性元件的形状如图3.2（c）、图3.2（d）所示。

3）等截面薄板式

等截面薄板式弹性元件如图3.2（e）所示。由于它的厚度比较小，故又称它为膜片。当膜片边缘固定，膜片的一面受力时，膜片弯曲产生变形，因而产生径向和切向应变。在应变处贴上应变片。就可以测出应变量，从而可测得作用力F的大小。也可以利用其变形产生的挠度组成电容式或电感式力或压力传感器。

4）悬臂梁式

如图3.2（f）、图3.2（g）所示，它一端固定一端自由，结构简单，加工方便，应变和位移较大，适用于测量1～5kN的力。图3.2（f）所示为等截面悬臂梁，其上表面受拉伸，下表面受压缩。由于其表面各部位的应变不同，所以应变片要贴在合适的部位，否则将影响测量的精度。图3.2（g）所示为变截面等强度悬臂梁，它的厚度相同，但横截面不相等，因而沿梁长度方向任一点的应变都相等，这给贴放应变片带来了方便，也提高了测量精度。

5）扭转轴

扭转轴是一个专门用来测量扭矩的弹性元件，如图3.2（h）所示。扭矩是一种力矩，其大小用转轴与作用点的距离和力的乘积来表示。扭转轴弹性敏感元件主要用来制作扭矩传感器，它利用扭转轴弹性体把扭矩变换为角位移，再把角位移转换为电信号输出。

2. 变换压力的弹性元件

这类弹性元件常见的有弹簧管、波纹管、波纹膜片、膜盒和薄壁圆筒等,它可以把流体产生的压力变换成位移量输出,如图 3.3 所示。

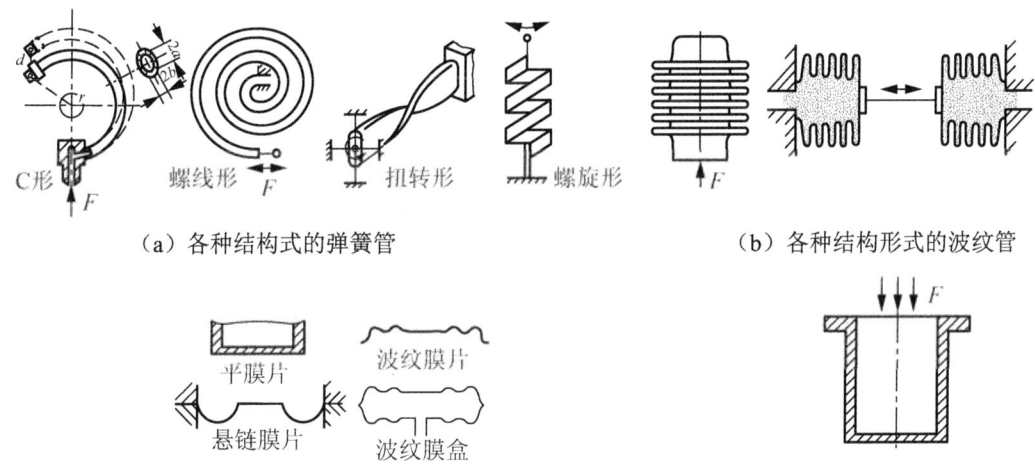

图 3.3　各种变换压力的弹性元件

1)弹簧管

弹簧管又称波登管,它是弯成各种形状的空心管,管子的截面形状有许多种,但使用最多的是 C 形薄壁空心管,如图 3.3(a)所示。

C 形弹簧管的一端封闭但不固定,成为自由端,另一端连接在管接头上且被固定。当流体压力通过管接头进入弹簧管后,在压力 F 的作用下,弹簧管的横截面力图变成圆形截面,截面的短轴力图伸长。这种截面形状的改变导致弹簧管趋向伸直,一直伸展到弹簧管弹力与压力平衡为止。这样弹簧管自由端便产生了位移。

弹簧管的灵敏度取决于管的几何尺寸和管子材料的弹性模量。与其他压力弹性元件相比,弹簧管的灵敏度要低一些,因此常用作测量较大压力。C 形弹簧管往往和其他弹性元件组成压力弹性元件一起使用。使用弹簧管时应注意以下几个方面:一是静止压力测量时,不得高于最高标称压力的 2/3,变动压力测量时,要低于最高标称压力的 1/2;二是对于腐蚀性流体等特殊测量对象,要了解弹簧管使用的材料能否满足使用要求。

2)波纹管

波纹管是有许多同心环状皱纹的薄壁圆管,如图 3.3(b)所示。波纹管的轴向在流体压力作用下极易变形,有较高的灵敏度。在形变允许范围内,管内压力与波纹管的伸缩力成正比,利用这一特性,可以将压力转换成位移量。

波纹管主要用做测量和控制压力的弹性元件,由于其灵敏度高,在小压力和压差测量中使用较多。

3)波纹膜片和膜盒

平膜片在压力或力作用下位移量小,因而常把平膜片加工制成具有环状同心波纹的圆形薄膜,这就是波纹膜片,如图 3.3(c)所示。膜片的厚度在 0.05~0.3mm 之间,波纹的高度在 0.7~1mm 之间。波纹膜片中心部分留有一个平面,可焊上一块金属片,便于同其他部件连接。当膜片两面受到不同的压力作用时,膜片将弯向压力低的一面,其中心部分产生位移。为了增大位移,可以把两个波纹膜片焊接在一起组成膜盒,它的挠度位移是单个的两倍。

波纹膜片和膜盒多用做动态压力测量的弹性元件。

4) 薄壁圆筒

薄壁圆筒弹性元件的结构如图 3.3(d) 所示。圆筒的壁厚一般小于圆筒直径的 1/20,当筒内腔受流体压力时,筒壁均匀受力,并均匀地向外扩张,所以在筒壁的轴线方向产生拉伸力和应变。

薄壁圆筒弹性元件的灵敏度取决于圆筒的半径和壁厚,与圆筒长度无关。

3.1.2 电阻应变式测力传感器

电阻应变式传感器具有悠久的历史,是应用最广泛的传感器之一。将电阻应变片粘贴到各种弹性敏感元件上,可构成测量位移、加速度、力、力矩、压力等各种参数的电阻应变式传感器。

1. 电阻应变式传感器的工作原理

电阻应变式传感器由弹性敏感元件与电阻应变片构成。弹性元件在感受被测量时将产生变形,其表面产生应变,而粘贴在弹性元件表面的电阻应变片将随着弹性元件产生应变,因此电阻应变片的电阻值也产生相应的变化。然后利用电桥将电阻变化转换成电压(或电流)的变化,再送入测量放大电路测量。最后利用标定的电压(或电流)和力之间的对应关系,可测出力的大小或经换算得到被测力等各种参数。

弹性元件的作用就是传感器组成中的敏感元件,要根据被测参数来设计或选择它的结构形式。电阻应变片的作用就是传感器中的转换元件,是电阻应变式传感器的核心元件。

2. 电阻应变片的结构原理

金属丝和半导体材料的电阻随着它所受的机械变形(拉伸或压缩)的大小而发生相应的变化的现象,称为金属和半导体材料的应变效应。电阻应变片的工作原理基于金属和半导体材料的应变效应。

金属丝的电阻为什么会随着其发生的应变而变化呢?电阻应变片的基本结构如图 3.4 所示,设电阻丝长度为 L,截面积为 A,电阻率为 ρ,则

$$R = \rho L / A \tag{3-1}$$

式(3-1)说明,由于金属丝的电阻 R 与材料的电阻率 ρ 及其几何尺寸(长度 L 和截面积 A)有关,而金属丝在承受机械变形的过程中,这三者都要发生变化,因而引起金属丝电阻的变化。

大量实验表明,在电阻丝拉伸极限内,电阻 R 的相对变化与应变 ε 成正比,而应变 ε 与应力 F 也成正比,如果我们把电阻应变片贴在传感器的弹性元件表面,当弹性元件受力产生应变时,电阻应变片便会感受到该变化而随之产生应变,并引起应变片电阻的变化,即

$$\Delta R / R = K_0 \varepsilon \tag{3-2}$$

从式(3-2)可知,金属材料应变系数 K_0 为定值时,只要测量出应变片的 $\Delta R / R$ 值,就可以知道应变片的应变值 ε。这就是利用应变片测量应变的基本原理。

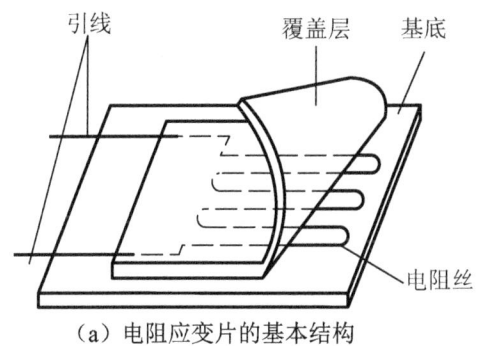
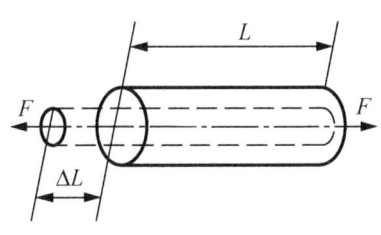

(a)电阻应变片的基本结构　　　　　　(b)金属电阻丝受力变形示意图

图 3.4　电阻应变片的基本结构和金属电阻丝的受力变形

弹性元件的应变值 ε 的大小，不仅与作用在弹性元件上的力有关，而且与弹性元件的形状有关。

3．电阻应变片的分类

电阻应变片（简称应变片或应变计）种类繁多，形式各样，主要有金属电阻应变片和半导体应变片两类。

金属电阻应变片分为体型和薄膜型。属于体型的有电阻丝式应变片、箔式应变片和应变花。丝式应变片如图 3.5（a）、图 3.5（b）所示，他分为回绕式应变片（U 形）和短接式应变片（H 形）两种。其优点是粘贴性能好，能保证有效地传递变形，性能稳定，且可制成满足高温、强磁场和核辐射等特殊条件使用的应变片。缺点是 U 形应变片的圆弧型弯曲段呈现横向效应，H 形应变片因焊点过多，可靠性下降。

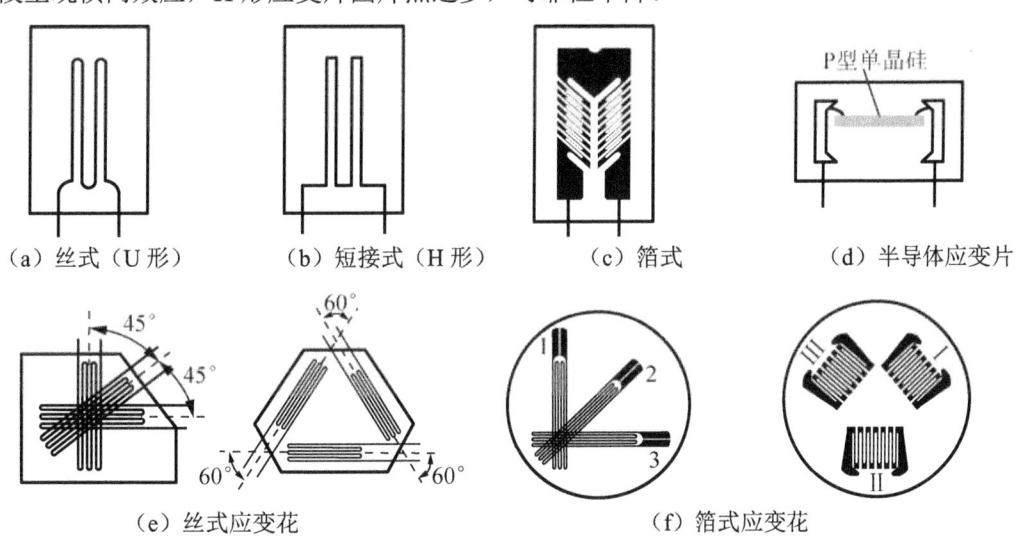

(a)丝式（U 形）　　(b)短接式（H 形）　　(c)箔式　　　　(d)半导体应变片

(e)丝式应变花　　　　　　　　　　　(f)箔式应变花

图 3.5　电阻应变片的基本形式

箔式应变片如图 3.5（c）所示。它是用照相制版、光刻、腐蚀等工艺制成的金属箔栅。优点是粘合情况好、散热能力较强、输出功率较大和灵敏度高等。在工艺上可按需要制成任意形状，易于大量生产，成本低廉，在电气测量中获得了广泛应用。尤其在常温条件下，箔式应变片已逐渐取代了丝式应变片。薄膜型是在薄绝缘基片上蒸镀金属制成。

半导体应变片是用锗或硅等半导体材料作为敏感栅。图 3.5（d）给出了 P 型单晶硅半导体应变片结构示意图。半导体应变片与金属应变片相比，最突出的优点是它的体积小而灵敏度高。它的灵敏系数比后者要大几十倍甚至上百倍，输出信号有时不必放大即可直接进行测量记录。此外，半导体应变片横向效应非常小，蠕变和滞后也小，阻值范围宽（可从几欧到几十千欧），频率响应范围亦很宽，从静态应变至高频动态应变都能测量。由于半导体集成化制造工艺的发展，用此技术与半导体应变片相结合，可以直接制成各种小型和超小型半导体应变式传感器，使测量系统大为简化。

但是半导体应变片也存在很大的缺点，它的电阻温度系统要比金属电阻变化大一个数量级，灵敏系数随温度变化较大，它的应变电阻特性曲线性较大，它的电阻值和灵敏系数分散性较大，不利于选配组合电桥等。由于半导体应变片的热稳定性差，使得其测量误差较大。

在平面力场中，为测量某一点上主应力的大小和方向，常须测量该点上两个或三个方向的应变。为此需要把两个或三个应变片逐个粘结成应变花，或直接通过光刻技术制成。应变花分互成 45°的直角形应变花和互成 60°的等角形应变花两种基本形式，如图 3.5（e）、图 3.5（f）所示。

除上述各种应变片外，还有一些具有特殊功能和特种用途的应变片。如大应变量应变片、温度自补偿应变片和锰铜应变片等。

4. 电阻应变片的测量电路

弹性元件表面的应变传递给电阻应变片的敏感丝栅，使其电阻发生变化。测量出电阻变化的数值，便可知应变（被测量）的大小。测量时，可直接测单个应变片阻值变化，也可将应变片通以恒流而测量其两端的电压变化。但由于温度等原因，使得单片测量结果误差较大。选用电桥测量，不仅可以提高检测灵敏度，还能获得较为理想的补偿效果。基本电桥测量电路如图 3.6 所示。

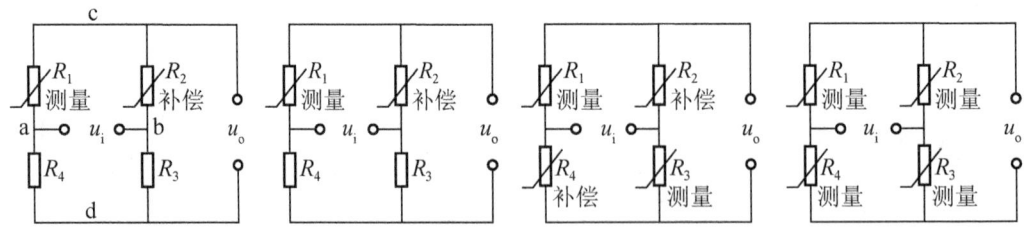

（a）半桥式（单臂工作）（b）半桥式（双臂工作）（c）全桥式（双臂工作）（d）全桥式（四臂工作）

图 3.6 基本测量电路

图 3.6（a）、图 3.6（b）为半桥测量电路。图 3.6（a）中，R_1 为测量片，R_2 为补偿片，R_3、R_4 为固定电阻。补偿片起温度补偿的作用，当环境温度改变时，补偿片与测量片阻值同比例改变，使桥路输出不受影响。下面分析电路工作原理。

无应变时，$R_1=R_2=R_3=R_4=R$，则桥路输出电压为

$$u_o = \frac{u_i R_1}{R_1 + R_2} - \frac{u_i R_4}{R_3 + R_4} = 0$$

有应变时，$R_1 = R_1 + \Delta R_1$

$$u_o = \frac{u_i (R_1 + \Delta R_1)}{R_1 + \Delta R_1 + R_2} - \frac{u_i R_4}{R_3 + R_4}$$

代入 $R_1 = R_2 = R_3 = R_4 = R$，由 $\Delta R_1 /(2R) \gg 1$ 可得

$$u_o = \frac{1}{4} k\varepsilon_1 u_i = \frac{\Delta R_1 u_i}{4R} \tag{3-3}$$

式中，$k\varepsilon_1 = \Delta R_1 / R$；$\varepsilon_1$ 为测量电路上感受的应变；k 为敏感系数。

在图 3.6（b）中，R_1、R_2 均为相同应变测量片，又互为补偿片。有应变时，一片受拉，另一片受压，此时阻值为 $R_1 + \Delta R_1$ 和 $R_2 - \Delta R_2$，按上述同样的方法，可以计算输出电压为

$$u_o = \frac{\Delta R_1 u_i}{2R} \tag{3-4}$$

图 3.6（c）、图 3.6（d）是全桥测量电路。在图 3.6（c）中，R_1、R_3 为相同应变测量片，有应变时，两片同时受拉或同时受压。R_2、R_4 为补偿片。可以计算输出电压为

$$u_o = \frac{\Delta R_1 u_i}{2R} \tag{3-5}$$

图 3.6（d）是 4 个桥臂均为测量片的电路，且互为补偿，有应变时，必须使相邻两个桥臂上的应变片一个受拉，另一个受压。可以计算输出电压为

$$u_o = \frac{\Delta R_1 u_i}{R} \tag{3-6}$$

3.1.3 压电式力传感器

压电式传感器的工作原理是基于某些晶体受力后在其表面产生电荷的压电效应。它在力的测量中应用十分广泛。具有压电效应的晶体称为压电晶体，也称压电材料或压电元件。

常见用于传感器的压电晶体或元件可分两类，其中一类是单晶压电晶体（如石英晶体）；另一类是人工合成极化的多晶压电陶瓷，如钛酸钡、锆钛酸钡以及新型高分子材料，如聚偏二氟乙烯（PVF_2）等。

1. 压电元件的压电效应

1）正压电效应

当某些晶体沿一定方向受外力作用而变形时，在其相应的两个相对表面产生极性相反的电荷，当外力去掉后，又恢复到不带电状态，这种物理现象称为正压电效应，晶体受力所产生的电荷量与外力的大小成正比，电荷的极性取决于变形的形式（压缩或伸长）。

2）逆压电效应

在某些晶体的极化方向（受力能产生电荷的方向）施加外电场，晶体本身将产生机械变形，当外电场撤去后，变形也随之消失，这种物理现象称为电致伸缩效应或逆压电效应。因此，压电效应属于可逆效应。

2. 压电元件及其晶片连接方法

在压电式力与压力传感器中，压电元件既是敏感元件，又是转换元件。它将被测力或压力转换成电荷或电压输出。压电元件在传感器中的布置形式有多种。图 3.7 为其几种常见形式。图 3.7（a）为单片式。在实际应用中，往往用两片（或两片以上）晶片进行串联或并联。图 3.7（b）为两晶片串联的情况。采用串联方式传感器本身电容小，输出电压大，适用于以电压作为输出信号的场合。图 3.7（c）为两片晶片并联的情况。采用并联方式的传感器本身电容大，输出电荷量大，时间常数大，适用于测量缓慢信号和以电荷作为输出的场合。图 3.7（d）为剪切式，图 3.7（e）为扭转式。

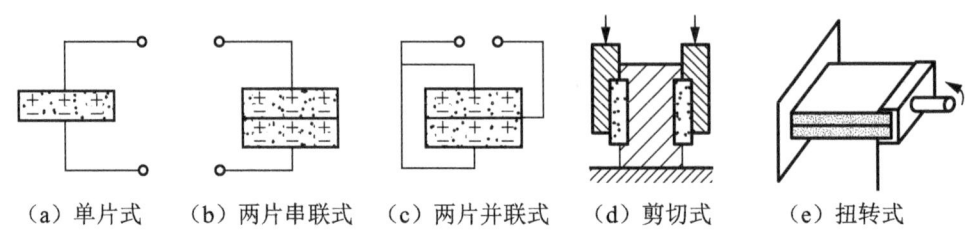

图 3.7　压电元件的连接方式

3. 压电传感器的前置放大器

与压电传感器配套使用的前置放大器用于放大压电元件输出的微弱信号，并把高阻抗变换为低阻抗输出。前置放大器有电压放大器和电荷放大器两种形式。相关电路图可见项目 2。

电压放大器电路输出电压与压电元件的输出电压成正比。但必须注意电缆接线的屏蔽，否则将引入较大的干扰，且更换电缆时，灵敏度将因电缆线电容的变化而改变，需重新标定。电压放大器的输入阻抗应尽可能高。电荷放大器电路的输出电压与压电元件的输入电荷成正比。电荷放大器的电缆电容影响很小，可忽略不计，但价格较高，电路较复杂，调整较困难。

4. 压电式力传感器的类型及结构

压电式力传感器利用压电晶体的纵向和剪切向压电效应，并以压电晶体作为敏感元件与转换元件。在工程中，根据测力的具体情况，压电传感器可分为单分量和多分量两大类，结构如图 3.8 所示。

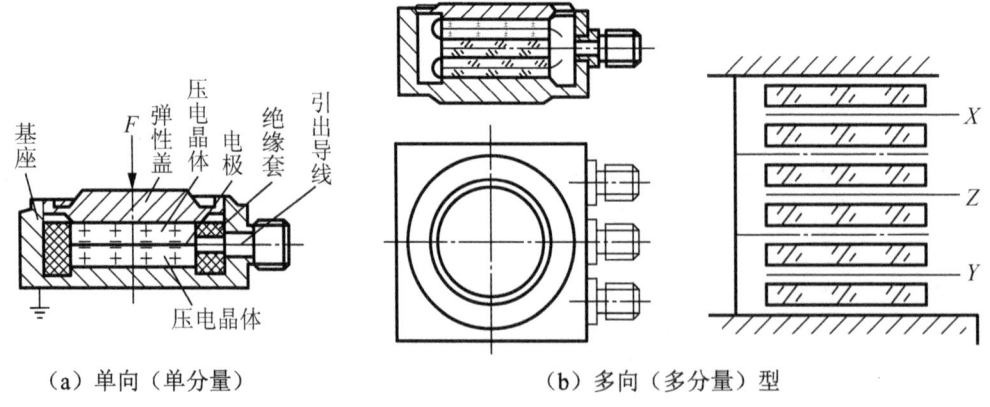

图 3.8　压电式力传感器

压电式单分量测力传感器由石英压电晶体、绝缘套、电极、上盖及基座组成。传感器的上盖为传力元件，它的外缘壁厚为 0.1～0.5mm，当外力作用时，它将产生弹性变形并将力传递到石英晶片上。石英晶片的尺寸为 $\phi 8\text{mm}\times 1\text{mm}$，它被绝缘套定位。该传感器的测力范围为 0～50N，最小分辨率为 0.01N，固有频率为 50～60kHz。

5. 高分子材料压电传感器

采用高分子压电材料制成的传感器具有压电系数大、频率响应宽、机械强度好、质量轻、耐冲击等特点。聚偏二氟乙烯（PVF_2）是一种高聚合物，经处理成薄膜后，具有压电特性，只要在薄膜上施加压力，就有电信号输出，输出的电信号与压力成正比。

如图 3.9 所示，聚偏二氟乙烯（PVF_2）薄膜声压传感器是将 PVF_2 压电薄膜和氧化物半导体场效应管组合在一起的集成器件。当入射的声波作用到 PVF_2 薄膜上时，薄膜由于压电效应产生的电荷直接出现在场效应管的栅极上，引起场效应管沟道电流的变化，将声能转换为电能输出。

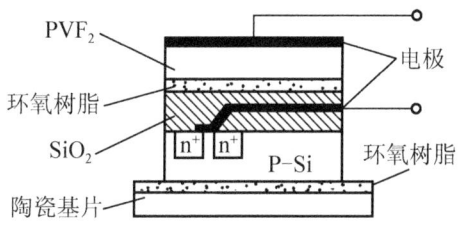

图 3.9　PVF_2 薄膜声压传感器结构图

PVF_2 材料的频率响应在常温下最高可达 500MHz，其声学阻抗为 $4\times 10^7 \text{N}/(\text{m}^2\text{s})$，因此用 PVF_2 薄膜制成的传感器特别适合声压的测量。

3.1.4　压磁式力传感器

1. 压磁效应

在机械力的作用下，铁磁材料内部产生应力或应力变化、磁阻相应也发生变化的现象称为压磁效应。外力是拉力时，在作用力方向铁磁材料磁导率提高，垂直作用力方向磁导率降低；作用力为压力时，则反之。

常用的铁磁材料有硅钢片和坡莫合金。用铁磁材料制成的弹性体称为铁磁体或压磁元件。

压磁元件的整体结构如图 3.10 所示。它把若干片形状相同的硅钢片叠合在一起，并用环氧树脂将片与片之间粘合起来。在压磁元件上开 4 个对称的孔，并分别绕有两个绕组。一般把 1、2 孔的绕组作为一次侧绕组，把 3、4 孔的绕组作为二次侧绕组。

2. 压磁式力传感器的工作原理

根据压磁效应原理，当在一次侧绕组通过交变励磁电流时，铁心中产生磁场，由于压磁元件在未受力时各向同性，磁力线呈轴对称分布，如图 3.11 所示。此时合成磁场强度平行于二次侧绕组的平面，磁力线不与二次侧绕组交链，故二次侧绕组不会感应出电动势。

当压磁元件受外力作用时，由于压磁元件内部引起各向磁导率的变化，磁力线分布呈椭圆形。于是合成磁场强度不再与二次侧绕组平面平行，而有部分与二次侧绕组交链，在二次侧绕组中感应出电动势。而且，所加外力 F 愈大，压磁元件中应力愈大，磁力线交链愈多，二次侧绕组中感应的电动势愈大。经测量电路将电动势转换成电压 U（或电流 I）输出，可得到输出电压 U（或电流 I）与被测力之间的关系。

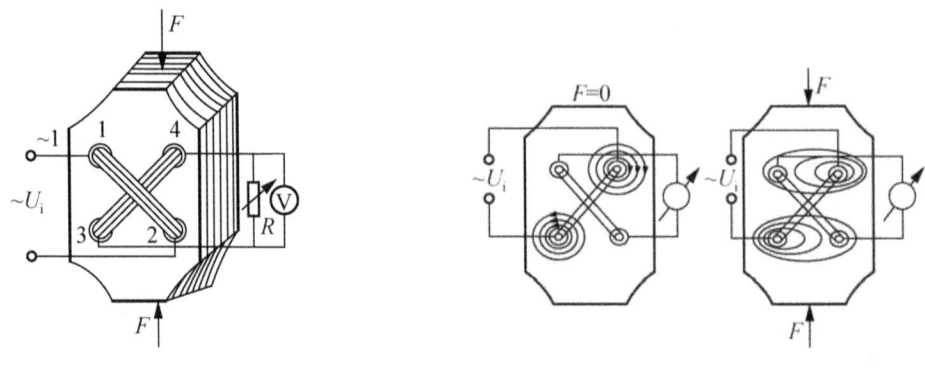

图 3.10　压磁元件　　　　　　　　图 3.11　压磁元件工作原理

3. 压磁式力传感器结构

压磁式力传感器的结构简图如图 3.12 所示。它主要由压磁元件、弹性机架、基座和传力钢球等组成。压磁元件装在由弹簧钢制成的弹性机架内，传力钢球的作用是为了保持作用力点的位置不变。并要求与压磁元件接触的弹性机架表面研磨平，以保持接触良好，受力均匀。要求压磁元件装入机架后，机架对压磁元件有一定的预压力，一般预压力为额定压力的 5%～15%。

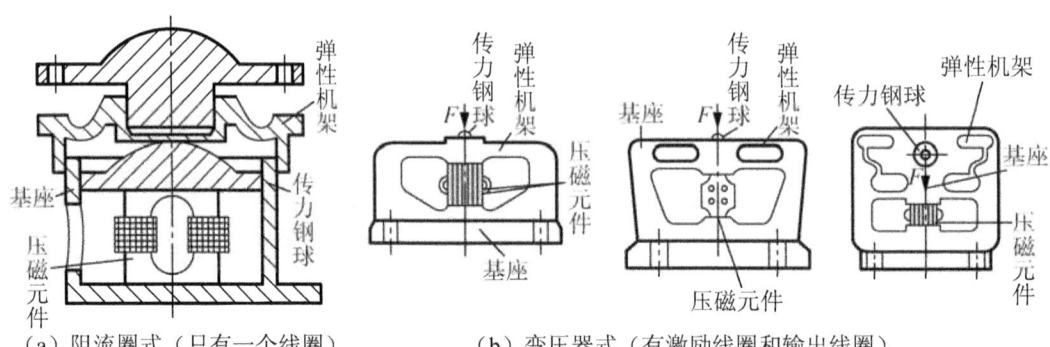

（a）阻流圈式（只有一个线圈）　　　（b）变压器式（有激励线圈和输出线圈）

图 3.12　压磁式力传感器结构简图

机架的上部是弹性梁，当压磁元件与机架采用压配合时，弹性梁的弹性变形对压磁元件产生预压力。梁式结构的侧向刚度较大，可减小侧向力对传感器的影响。

3.2　扭矩传感器

使物体转动的力偶或力矩，简称转矩，因为它使物体产生某种程度的扭转变形，所以又称为扭转力矩，简称扭矩，它是改变物体转动状态的原因，其单位为牛米（N·m）。

扭矩传感器与力传感器一样,要使用弹性元件,它利用弹性体把扭矩转换为角位移,再由角位移转换成电信号输出。只要转轴的尺寸、材料确定,转轴的切应变(应力)和两端面的相对转角只与轴上所承受的扭矩有关,且成正比例关系。一般扭矩测试方法正是基于这种关系,用各种传感器将转轴的切应变或两端面的相对转角变换为电量,再经测量电路进一步变换,实现对扭矩的测量。

3.2.1 电阻应变式扭矩传感器

当轴类零件受扭矩作用时,在其表面产生切应变,此应变可用电阻应变片测量。应变片可以直接贴在需测扭矩的轴类零件上,也可以贴在一根特制的弹性传动轴上,制成一个应变式扭矩传感器。应变片式扭矩传感器的工作原理如图 3.13 所示。

扭矩轴发生扭转时,在相对于轴中心线 45°方向上会产生压缩及拉伸力,从而将力加在旋转轴上。如果在扭转轴的表面贴上 4 个电阻应变片组成桥式电路,便可检测出压缩及拉伸力,则可知扭矩的大小。4 个应变片接成全桥回路,除可提高灵敏度外,还可消除轴向力和弯曲力的影响。

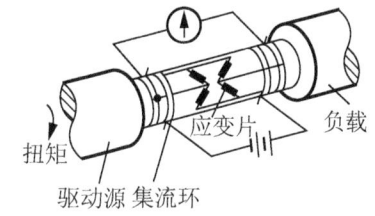

图 3.13 应变片式扭矩传感器工作原理

为了给旋转的应变片输入电压和从电桥中取出检测信号,在扭转轴上安装了集流环,它是将转动中轴体上的电信号与固定测量电路装置相联系的专用部件。4 个集流环中的两个用于接入激励电压,两个用于输出信号。集流环按工作原理分为电刷-滑环式、水银式和感应式等几种。

特别提示

在电刷-滑环式扭矩传感器中,集流环的关键零件是电刷和滑环。一般用途的集流装置,滑环用紫铜制成,电刷用石墨-铜合金制成。对于测量精度要求较高的集流装置,滑环用纯银或蒙乃尔合金制成,电刷用石墨-银合金制成。为使电刷在测量中始终压在集流环上,电刷簧片采用弹性极好的铍青铜制成。

这种集流装置结构简单,坚固耐用,维修方便,但是他的接触电阻易受振动影响而波动,影响到测量精度。

3.2.2 磁致伸缩式扭矩传感器

磁致伸缩式扭矩传感器的工作原理如图 3.14 所示。为了检测扭转轴由于扭转产生的磁场,在离扭转轴表面 1~2mm 处,设置了两个交叉 90°的铁心,在铁心 1 上绕有励磁线圈,在铁心 2 上绕有感应线圈。两个线圈与检测电路组成一个磁桥,设 R_{m_1}、R_{m_2}、R_{m_3}、R_{m_4} 分别为铁心和扭转轴之间的气隙磁阻;R_1、R_2、R_3、R_4 分别为扭转轴表面的磁阻。

当励磁线圈用 50Hz 交流电励磁时,如果扭转轴不受扭矩作用,则轴表面磁场分布是均匀的,$R_1=R_2=R_3=R_4$,桥路是平衡的,在感应线圈中没有感应电势输出。当扭转轴受扭矩作用时,则在正应力 $+\delta$ 作用下,磁阻 R_1、R_4 减小;而在负应力 $-\delta$ 作用下,磁阻 R_2、R_3 增大。这样在整个磁路中就产生了不平衡磁通,在感应线圈中产生大小与扭矩 M 成比例的电势。该电势可由检测仪表测出。

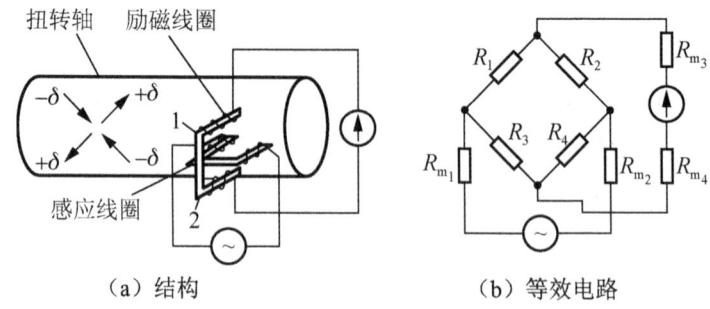

（a）结构　　　　　　　　　（b）等效电路

图 3.14　磁致伸缩式扭矩传感器工作原理

磁致伸缩式扭矩传感器具有工作可靠、坚固耐用、无干扰信号和测量误差小等优点。

3.2.3　磁电式扭矩传感器

磁电式扭矩传感器的工作原理如图 3.15（a）所示。磁电式扭矩传感器是根据磁电转换和相位差原理制成的，它可以将转矩力学量转换成有一定相位差的电信号。

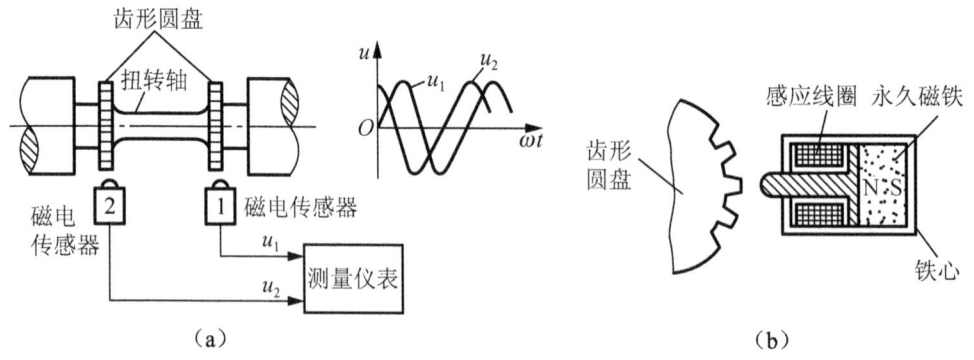

图 3.15　磁电式扭矩传感器的工作原理和结构

在驱动源和负载之间的扭转轴两侧安装了齿形圆盘，它们旁边装有相应的两个磁电传感器。传感器的检测元件由永久磁铁、感应线圈和铁心组成。永久磁铁产生的磁力线与齿形圆盘交链，当齿形圆盘旋转时，圆盘齿凸凹引起磁路气隙的变化，于是磁通量也发生变化并在线圈中感应出交流电压，其频率等于圆盘上齿数与转数的乘积。磁电式扭矩传感器的结构如图 3.15（b）所示。

当扭矩作用在扭转轴上时，两个磁电传感器输出的感应电压 u_1 和 u_2 存在相位差。这个相位差与扭转轴的扭转角成正比。这样传感器就可以把扭矩引起的扭转角转换成相位变化的电信号。

3.2.4　电容式扭矩测量仪

电容式扭矩测量仪是利用机械结构，将轴受扭矩作用后的两端面相对转角变化变换成电容器两极板之间的相对有效面积的变化，引起电容量的变化来测量扭矩。如图 3.16 所示为传感器结构示意图。

当弹性轴传递扭矩时，靠轴套、套管固定在轴两端的两片开孔金属圆盘产生相对转角变化。在靠近圆盘的两侧，另有两块金属圆盘，通过绝缘板和固定在壳体上，构成电容器。其中金属圆盘 3 是信号输入板，它与高频信号电源相接，金属圆盘 4 是信号接收板，信号经高增益放大器后，输出电信号。壳体接地，两片开孔金属圆盘经过轴和轴上的轴承也接地。

金属圆盘 3、4 之间电容量的大小，取决于它们之间的距离以及两片开孔金属圆盘所组成扇形孔的大小。当轴承受扭矩时，两片开孔金属圆盘产生相对角位移，窗孔尺寸变化，使得金属圆盘 3、4 之间的电容发生相应变化。即让输出信号与两片开孔金属圆盘之间的角位移成比例，角位移与弹性轴所承受的扭矩成比例。

电容式扭矩传感器的主要优点是灵敏度高，测量时它需要集流装置传输信号。

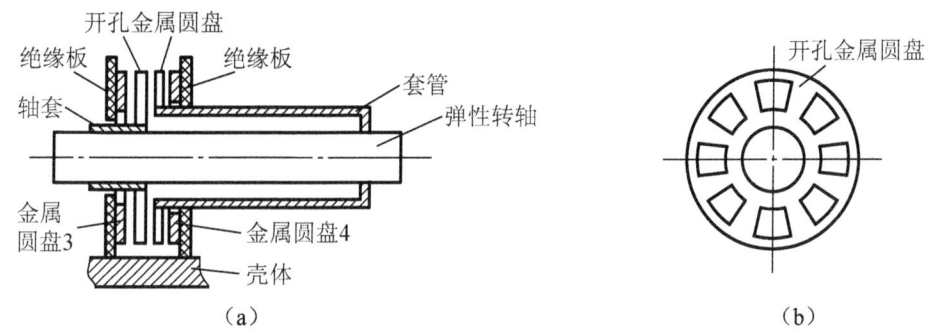

图 3.16 电容式扭矩传感器结构示意图

3.2.5 光电式扭矩测量仪

光电式扭矩传感器的结构如图 3.17 所示，传动轴上装有套管 1、2，套管 1、2 的端部分别固定着金属带孔圆盘 3、4，盘上铣有扇形槽孔。当传动轴上扭矩为零时，带孔圆盘 3、4 上的透光窗孔正好对准，光源透过带孔圆盘 3、4 的透光面积最大，光电元件输出的脉冲电流宽度也最大。此时调整光源电路中的电位器，使微安表指示满刻度。

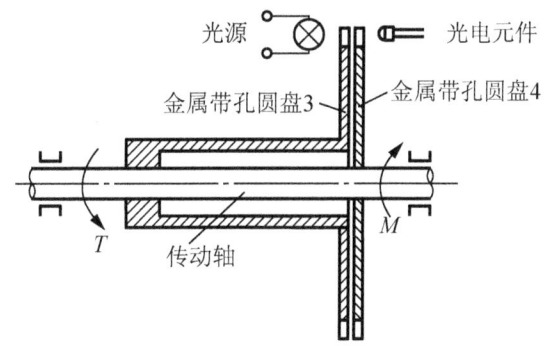

图 3.17 光电式扭矩传感器结构

当传动轴传递扭矩时，由于传动轴的变形，使圆盘重合的透光面积减小，光电元件输出脉冲电流的宽度也相应减小，微安表的指示正好与扭矩值成反比例关系。

这种扭矩传感器的工作转速为 100～800r/min，测量精度为 1%。

3.2.6 钢弦式扭矩传感器

钢弦式扭矩传感器是将扭矩转换成钢弦固有频率变化进行工作。图3.18 所示为钢弦式扭矩传感器的结构图。在弹性被测轴的两截面处，装有套筒1、2，套筒1、2上分别有凸台 A_1、B_1 和 A_2、B_2。A_1、A_2 之间和 B_1、B_2 之间装有钢弦3、4。在初始张力一定时（预紧力），被测轴传递扭矩，产生扭转变形，钢弦 3、4 一个张力增加，一个张力减小，使初始固有频率相同的两根钢弦的固有频率发生了变化。将它们差动连接后，在一定范围内其频率变化和张力变化成正比，而该张力与轴的相对扭转角成正比，因而也和扭矩成正比。故可通过测量钢弦振动频率的方法确定轴所承受的扭矩。

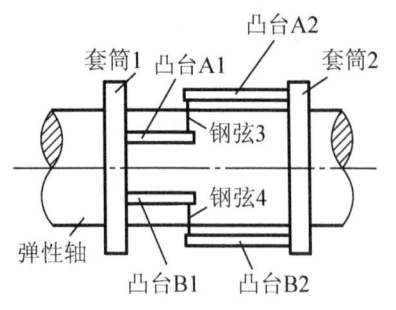

图 3.18 钢弦式扭矩传感器结构

钢弦式扭矩传感器抗干扰能力强，允许导线几百米到几千米，测量精度可达±1%，但结构复杂。

3.3 压力传感器

工程中称液体、气体等介质垂直作用于单位面积上的力为压力，用 P 表示。

$$P = \frac{F}{A} \tag{3-7}$$

式中，F 为垂直作用在面积 A 上的力（N）。

把作用于单位面积上的全部压力称为绝对压力 $P_绝$，而把测量仪表所指示的压力称为表压力 P，当绝对压力高于大气压力 P_0 时称为正压力，绝对压力低于大气压力时称为负压或真空度 P_f，它们之间的关系如下。

$$P_绝 = P_0 + P$$
$$P = P_绝 - P_0 \quad (P > P_0 \text{时})$$
$$P_f = P_0 - P_绝 \quad (P_绝 < P_0 \text{时})$$

在 ISO 国际单位制中，压力单位为帕（Pa，$1\text{Pa}=1\text{N/m}^2$）。

压力是工程上和实验室中常用的一种物理量，其测量范围从超高压到超真空有十几个数量级之分，因此，有多种测量方法和测量仪器。

电量式压力传感器是用各种传感器或测量元件将压力变换成电量或电参数，再经后接相应的测量电路进一步变换，最后由显示或记录仪显示或记录下来，以实现压力测量的装置。常见的测量压力系统所用的压力传感器有电阻式、电容式、电感式和压电式等。

3.3.1 电阻式压力传感器

1. 应变式压力传感器

应变式压力传感器的工作原理是利用应变片将弹性元件在压力作用下产生的应变转

换成电量的变化。应变式压力传感器多采用膜片式或筒式弹性元件，图 3.19 为简易平膜片应变压力传感器的结构图。平膜片在压力 P 的作用下产生形变，引起粘贴在平膜片上应变片电阻值的变化，变化的电阻值通过后接的应变仪变换成电量的变化。

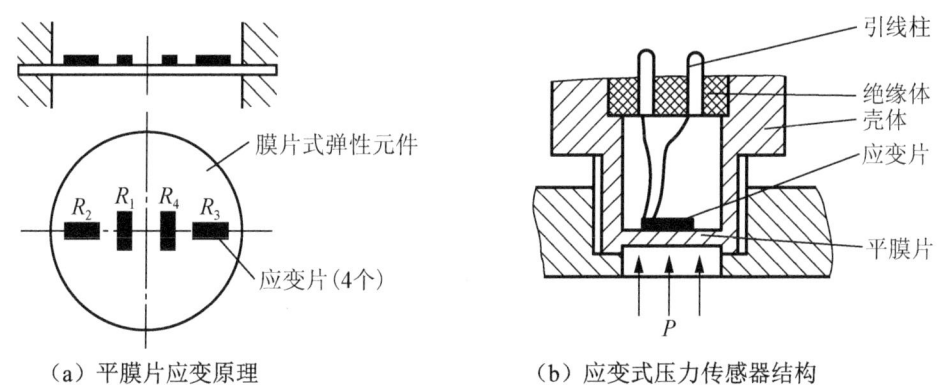

图 3.19　膜片式应变压力传感器结构

应变式压力传感器体积小，质量轻，精度高，测量范围宽，从几帕到 500MPa，频率响应高，同时耐压，抗振，因而在实际中得到广泛应用，主要用来测量流动介质的动态或静态压力，例如动力管道设备的进出口气体或液体的压力、内燃机管道压力等。

2. 压阻式压力传感器

压阻式压力传感器是利用压阻效应将压力变换成电阻变化来实现压力的测量。图 3.20 所示为用于测量喷气发动机工作压力的固态压阻式传感器的结构图，压力通过压力进口中的工作介质传递到硅敏感元件的内侧，由于压阻效应，硅敏感元件的阻值发生变化，再经后接应变仪变换成与压力 P 成比例的电量。

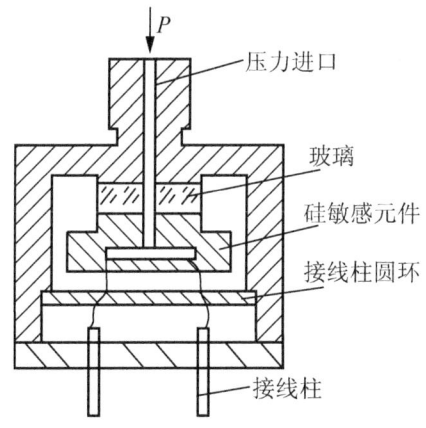

图 3.20　固态压阻式压力传感器

压阻式压力传感器的基片是半导体单晶硅。单晶硅是各向异性材料，取向不同时特性不一样。因此必须根据传感器受力变形情况来加工制作扩散硅敏感电阻膜片。利用半导体压阻效应，可设计成多种类型传感器，其中压力传感器和加速度传感器为压阻式传感器的基本型式。

固态压阻式压力传感器由外壳、硅膜片（硅杯）和引线等组成。硅膜片是核心部分，其外形像杯，故名硅杯，在硅膜上，用半导体工艺中的扩散掺杂法做成四个相等的电阻，经蒸镀金属电极及连线，接成单臂电桥再用压焊法与外引线相连。膜片的一侧是和被测对象相连接的高压腔，另一侧是低压腔，通常和大气相连，也有做成真空的。当膜片两边存在压力差时，膜片发生变形，产生应力应变，从而使扩散电阻的电阻值发生变化，电桥失去平衡，输出相对应的电压，其大小反映了膜片所受压力的差值。

固态压阻式压力传感器的特点是频率响应范围宽，动态响应快，测量范围从几帕到 3×10^9 Pa，特别适合于爆炸、冲击压力的测量。

3. 压阻式集成压力传感器

压阻式压力传感器也可采用集成电路工艺技术制作，随着半导体技术的发展，目前已出现集成化压阻式压力传感器。它是在硅片上制造出 4 个等值的薄膜检测电阻，并将组成的桥路、电压放大器和温度补偿电路集成在一起，构成单块集成化压力传感器。图 3.21 所示为压阻式集成压力传感器电路的原理图。当不受压力作用时，电桥处于平衡状态，无电压输出；当受到压力作用时，电桥失去平衡，电桥输出电压。电桥输出的电压与压力成比例。

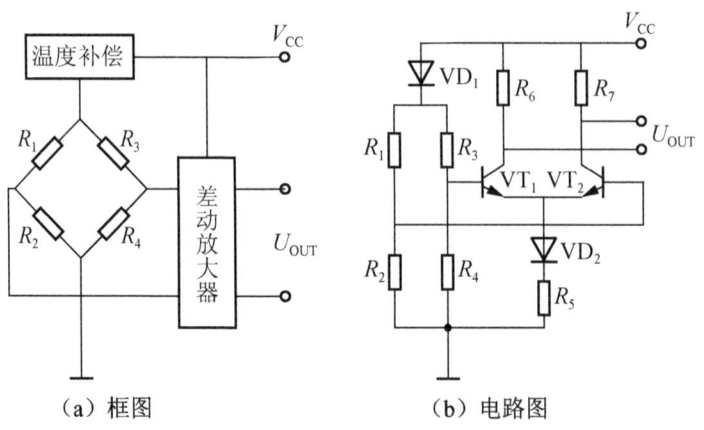

图 3.21　压阻式集成压力传感器电路图

集成压力传感器由于采用了温度补偿电路和差动放大电路，它的灵敏度温度系数几乎为零。MPX2050 和 MPX2100 压阻式集成压力传感器是一种带有热敏电阻温度补偿的硅压阻式压力传感器，其基本元件结构如图 3.22 所示。

用硅压阻式压力传感器基本元件可制成测量压力、真空、差压的仪表传感器，如图 3.23 所示。

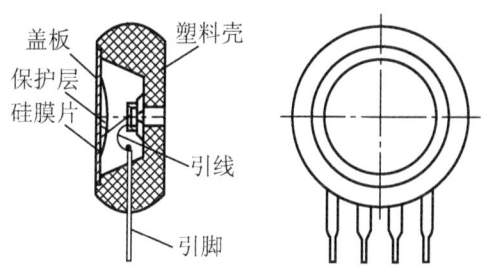
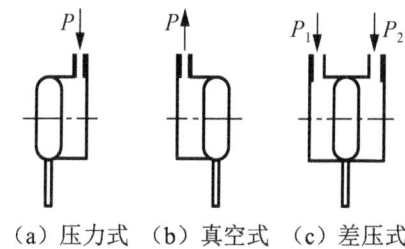

图 3.22 压阻式压力传感器元件结构　　　图 3.23 压力、真空、差压仪表传感器

3.3.2 电容式压力传感器

电容式压力传感器是将压力转换成电容的变化，经电路变换成电量输出。

1. 电容式压力传感器的结构

图 3.24 所示为电容式压力传感器的结构图。

图 3.24（a）是测量低压的单电容压力传感器。膜片作为电容器一个极板，在压力 P 作用下产生位移，改变了与球形极板之间的距离，从而引起电容 C 的变化。

图 3.24（b）是用于测量压差的差动式压力传感器。由一个膜式差动电极和两个在凹形玻璃上电镀成的固定电极组成差动电容器。当被测压力或压力差作用于膜片并产生位移时，两个电容器的电容量一个增大，一个减小。该电容量的变化经测量电路转换成与压力或压力差相对应的电流或电压的变化。

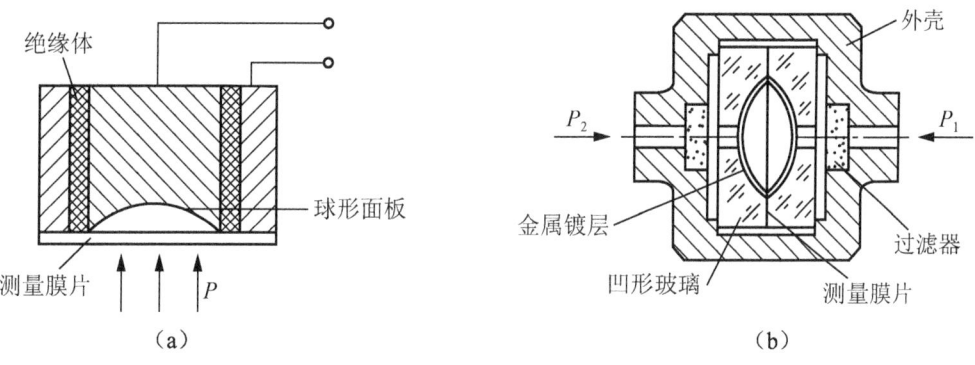

图 3.24 差动式电容压力传感器

2. 电容式压力传感器的测量电路

将电容式压力传感器作为电桥的一个桥臂，采用差动式电容传感器时，将两个电容接入相邻的两臂上，如图 3.25 所示。调节电容 C 使桥路平衡，输出电压 U_o 为零。当传感器电容 C_1、C_2 变化时，电桥失去平衡，输出一个和变化电容成正比例的电压信号。U_i 为交流信号源，其幅度、频率稳定，波形一定。桥路输出信号经放大，相敏整流和低通滤波，最后获得平滑信号输出。

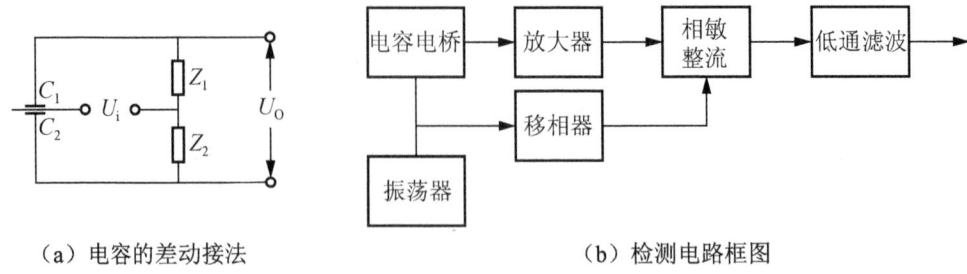

(a) 电容的差动接法　　　　　　　　　　(b) 检测电路框图

图 3.25　电容式压力传感器的桥式测量电路

差动式电容式压力传感器的特点是灵敏度高，非线性误差小，适合测量微压，频率响应好，抗干扰能力较强，因此而被广泛采用。

3.3.3　电感式压力传感器

此种传感器是将压力变化转换成电感变化，通过测量电路再将电感变化转换成电量实现压力测量。

1. 变隙式电感压力传感器

电感式压力传感器大都采用变隙式电感作为检测元件，它和弹性元件组合在一起构成电感式压力传感器。

图 3.26（a）所示为变隙式电感压力传感器的工作原理图。检测元件由线圈、铁心和衔铁组成。衔铁安装在弹性元件上，在衔铁和铁心之间存在着气隙 δ，它的大小随着外力 F 的变化而变化。

变隙式电感油压传感器的结构如图 3.26（b）所示。电感式油压传感器是一种新型的压力传感器，它可以使用在液压传动的机械装置上。该传感器由无定形合金膜片、线圈和铁氧体等构成磁路，它们之间的隔垫使无定形合金膜片和铁氧体之间形成气隙。当液压油从入口进入传感器以后，无定形合金膜片的中间部分将向下产生形变，它不但使气隙发生变化，而且由此产生的应力还会使无定形合金膜片本身的导磁率发生变化，从而使线圈的电感量也发生变化。用检测电路测出这种变化也就测得了油压的大小。

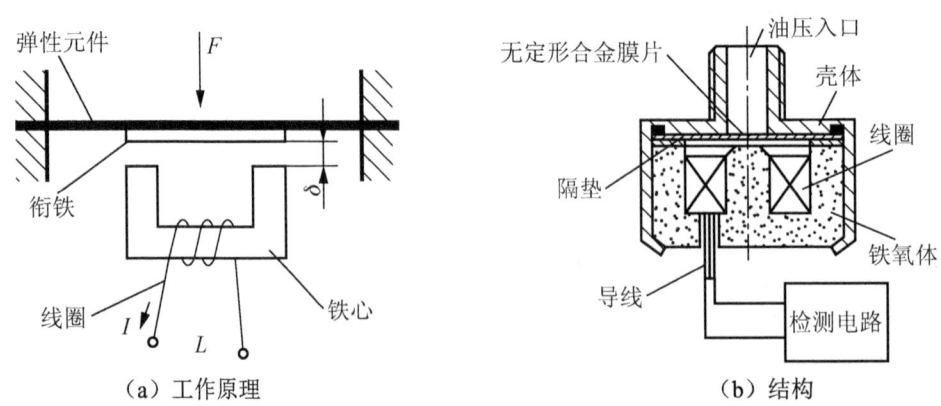

(a) 工作原理　　　　　　　　　　　　　　(b) 结构

图 3.26　变隙式电感油压传感器工作原理及结构

2. 膜盒式电感压力传感器

膜盒式电感式压力传感器的结构简图如图 3.27 所示,其工作原理和膜片电容压力传感器相似,不同的是压力使膜片与铁心之间的距离产生变化,改变了线圈的电感。

图 3.27(a)所示为膜盒与变气隙式自感传感器构成的气体压力传感器,活动衔铁固定在膜盒的自由端,气体压力使膜盒变形,推动衔铁上移引起电感变化,这种传感器适用于测量精度要求不高的场合或报警系统中。

图 3.27(b)所示为差动变压器与膜盒构成的微压力传感器。无压力作用时,固连于膜盒中心的衔铁位于差动变压器线圈的中部,输出电压为 0。当被测压力经接头输入膜盒后,推动衔铁移动,从而使差动变压器输出正比于被测压力的电压。

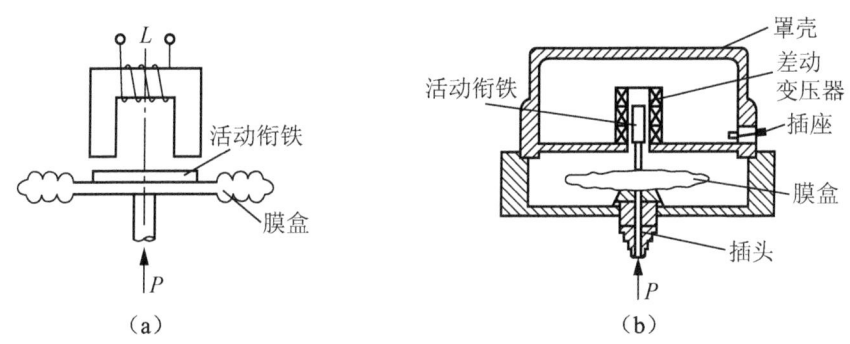

图 3.27 膜盒式电感压力传感器结构图

3. 弹簧管电感压力传感器

图 3.28 所示为 YDC 型压力计的原理图。弹簧管的自由端和差动式变压器的活动衔铁相连,当压力使弹簧管产生位移时,衔铁在变压器中运动,因而差动变压器的两个次级线圈的感应电势发生变化。当它们差接时,就有一个与弹簧管自由端位移成正比的电压输出。测出这个电压输出,通过标定换算出压力的大小。

4. 涡流式压力传感器

涡流式压力传感器属于电感式压力传感器中的一种,它利用涡流效应将压力变换成线圈阻抗的变化,再经测量电路转换成电量。涡流式压力传感器的结构如图 3.29 所示。压力 P 通过测量孔作用在膜片上,改变它

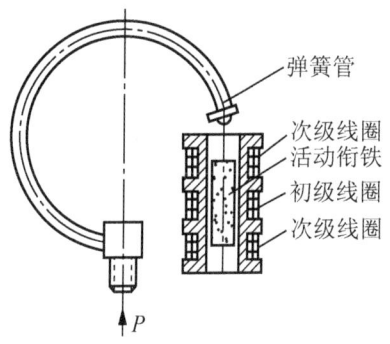

图 3.28 YDC 型压力计的原理图

与线圈之间的距离 d,从而引起线圈阻抗的变化,变化的阻抗再通过后接测量电路转换成电量,实现对压力的测试。

涡流式压力传感器有良好的动态特性,适合在爆炸等极其恶劣的条件下工作,如测量冲击波。

电感式压力传感器类型较多,其特点是频率响应低,适用于静态或变化缓慢压力的测试。

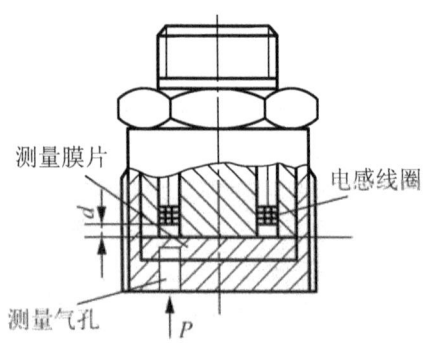

图 3.29 涡流式压力传感器的结构

3.3.4 霍尔式压力传感器

霍尔传感器是基于霍尔效应的一种传感器。霍尔传感器广泛用于加速度、电磁、压力和振动等方面的测量。

1. 霍尔效应

1879 年美国物理学家霍尔首先在金属材料中发现了霍尔效应,但由于金属材料的霍尔效应太弱而没有得到应用。随着半导体技术的发展,利用半导体材料制成的霍尔元件由于其霍尔效应显著而得到广泛的应用。

霍尔效应:置于磁场中的静止载流导体,当其电流方向与磁场方向不一致时,载流导体上平行于电流和磁场方向上的两个面之间产生电动势,这种现象称为霍尔效应。该电动势称为霍尔电动势。

霍尔效应基于这样一个基本原理:带电粒子在磁场中运动时,会受到洛伦兹力的作用。那么反过来,如果强迫一个粒子在磁场中运动,粒子就会带上电荷。如图 3.30(a)所示,在垂直于外磁场 B 的方向上放置一导电板,导电板通以电流 I,方向如图 3.30 所示。导电板中的电流使金属中自由电子在电场力作用下做定向运动。此时,每个电子受洛伦兹力 f_L 的作用,f_L 的大小为

$$f_L = qvB \tag{3-8}$$

式中,q 为电子电荷;v 为电子运动平均速度;B 为磁场的磁感应强度。

f_L 的方向如图 3.30 所示,此时电子除了沿电流反方向做定向运动外,还在 f_L 的作用下漂移,结果使金属导电板内侧面积累电子,而外侧面积累正电荷,从而形成了附加内电场,称为霍尔电场,霍尔电场中的 E_H 为霍尔电动势。

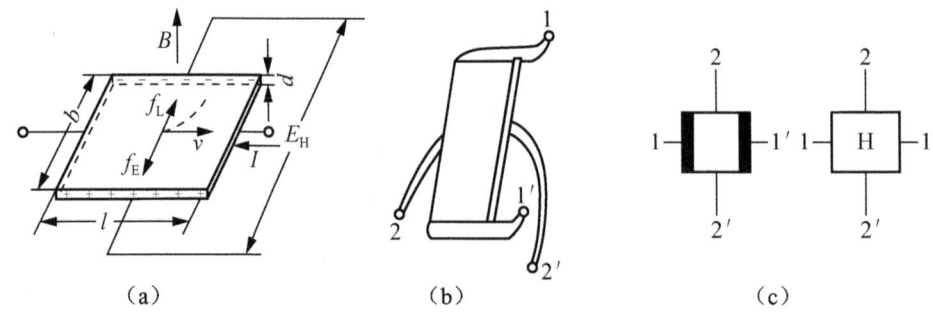

图 3.30 霍尔效应与霍尔元件

霍尔电场的出现，使定向运动的电子除了受洛伦兹力的作用外，还受到霍尔电场力的作用，其力的大小为 qE_H，此力阻止电荷继续积累。随着内、外侧面积累电子和正电荷的增加，霍尔电场力增大，电子受到的霍尔电场力也增大，当电子所受洛伦兹力与霍尔电场作用力大小相等方向相反时，电荷不再向内、外侧面积累，达到平衡状态。

霍尔电动势正比于励磁电流及磁感应强度，其灵敏度与霍尔常数 R_H 成正比，而与霍尔片厚度 d 成反比。

通过以上分析，可知：

（1）霍尔电动势 E_H 的大小与材料性质有关。一般来说，金属材料内电子数 n 较大，导致霍尔常数和霍尔片的灵敏度较小，故不宜作为霍尔元件，因此霍尔元件一般采用半导体材料。

目前常用的霍尔元件材料有锗、硅、砷化铟和锑化铟等半导体材料。其中 N 型锗容易加工制造，其霍尔常数、温度性能和线性度都较好。N 型硅的线性度最好，其霍尔常数、温度性能与 N 型锗相似。锑化铟对温度最敏感，尤其在低温范围内温度常数大，但在室温时其霍尔常数较大。砷化铟的霍尔系数较小，温度系数也较小，输出特性线性度好。

（2）霍尔电动势 E_H 的大小与霍尔元件的尺寸有较大关系，霍尔片厚度越小，灵敏度越高，因此为了提高灵敏度，霍尔元件常制成薄片状。

2. 霍尔元件

利用霍尔效应制成的磁电转换元件称为霍尔元件，也叫霍尔传感器，由半导体材料制成，具有体积小，结构简单，动态特性好和寿命长等优点。

霍尔元件由霍尔片、引线和壳体组成，其结构如图 3.30（b）所示。霍尔片是一块矩形半导体单晶薄片，引出四个引线。1、1′两根引线加励磁电流，称为激励电极或控制电极；2、2′引线为霍尔电压输出引线，称为霍尔电极。霍尔元件壳体由非导磁金属、陶瓷或环氧树脂封装而成。

在电路中，霍尔元件可用两种符号表示，如图 3.30（c）所示。

3. 不同结构的霍尔式压力传感器

弹簧管霍尔式压力传感器的结构原理如图 3.31 所示，弹簧管在压力作用下其末端产生位移，带动了霍尔元件在梯度均匀的磁场中运动。当霍尔元件通过恒定电流时，产生与被测压力成正比的霍尔电动势，完成压力至电量的转换。

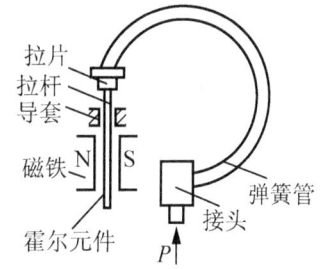

图 3.31 弹簧管霍尔式压力传感器

由于弹簧管的频率响应较低，弹簧管霍尔式压力传感器适用于静态或压力变化缓慢的测量。

图 3.32（a）所示为 HWY-1 型霍尔式微压传感器，当被测压力 P 送到膜盒中使膜盒变形时，膜盒中心处的硬芯及与之相连的推杆产生位移，从而使杠杆绕其支点轴转动，杠杆的一端装上霍尔元件。霍尔元件在两个磁铁形成的梯度磁场中运动，产生的霍尔电动势与其位移成正比，若膜盒中心的位移与被测压力 P 成线性关系，则霍尔电动势的大小即反映压力的大小。完成压力至电量的变换。

图 3.32（b）为 HYD 型霍尔式压力传感器，波登管在压力作用下，自由端的位移使霍

尔元件在梯度磁场中移动，从而产生与压力成正比的霍尔电动势。

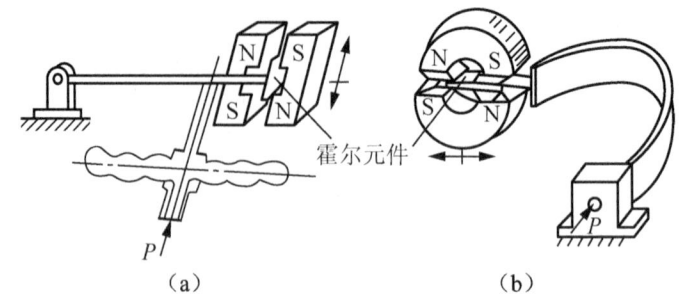

图 3.32　HWY-1 型和 HYD 型霍尔式传感器

3.3.5　压电式压力传感器

压电式压力传感器主要由石英晶体片、膜片、薄壁管和外壳等组成，如图 3.33 所示。石英晶体片由多片叠堆放在薄壁管内并由拉紧的薄壁管对石英晶体片施加预载力。感受到外部压力的是位于外壳和薄壁管之间的膜片，它由挠性很好的材料制成。

图 3.34 为测量低压的膜片式压力传感器和测量高活塞压力的活塞式压力传感器结构图。压电式压力传感器的工作原理是压力通过膜片或活塞，压块作用力在晶片上，晶片上产生了电荷，经后接放大器的变换，由显示或记录仪器显示或记录，实现对压力的测量。

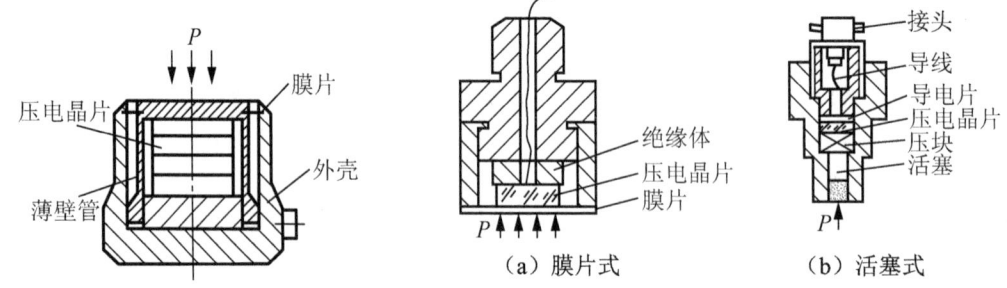

图 3.33　压电式压力传感器结构原理　　　图 3.34　膜片式和活塞式压力传感器结构

由于压电式压力传感器具有频率响应宽、可测压力范围大、体积小、质量轻、安装方便和可测多向压力等特点，因而在实际压力测试中得到广泛应用。

压电式压力传感器适于测动态力和冲击力，但不适合于测静态力。

3.4　力学传感器的应用

3.4.1　压差式液位传感器

压差式液位传感器是根据液面的高度与液压成比例的原理制成的。如果液体的密度恒定，则液体加在测量基准面上的压力与液面到基准面的高度成正比，因此通过压力的测定便可得知液面的高度。

如图 3.35 所示,当储液罐为密封型时,其压差、液位高度及零点的移动关系由下式确定:
高压侧的压力 P_1 为

$$P_1 = P_0 + \rho(h_1 + h_2) \tag{3-9}$$

低压侧的压力 P_2 为

$$P_2 = P_0 + \rho_0(h_3 + h_2) \tag{3-10}$$

压力差 ΔP 为

$$\Delta P = P_1 - P_2 = \rho(h_1 + h_2) - \rho_0(h_3 + h_2) = \rho h_1 - (\rho_0 h_3 - \rho_0 h_2 + \rho_0 h_2)$$

式中,ρ 为液体的密度;ρ_0 为填充液体密度;h_1 为所控最高液面与最低液面之间的高度;h_2 为最小控制液面距测量基准面的高度;P_0 为罐内压力;h_3 为填充液面距最小液位的高度。

只要移动压差式传感器的零点,就可以得到压差与液面高度 h_1 成比例的输出。

图 3.36 所示为压差式液位传感器的结构原理图。它由压差传感器和电路两部分组成。压差传感器实际上是一个差动电容式压力传感器,它由动电极感压膜片、固定电极隔液膜片等组成。当被测的压力差加在高压侧和低压侧的输入口时,该压力差经隔液膜片的传递作用于感压膜片上,感压膜片便产生位移,从而使动电极与固定电极之间的电容量发生变化。用电路将这种变化进行转换及放大,便可获得与压力差成比例的直流电压输出。

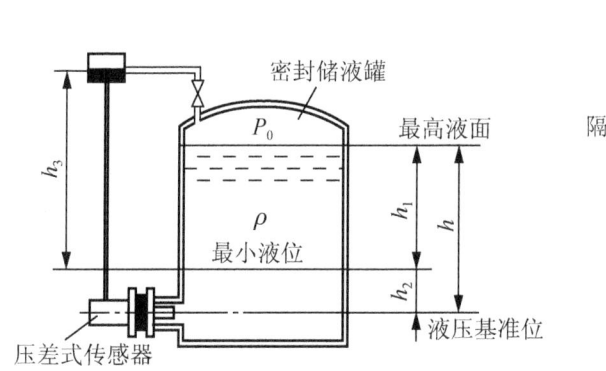

图 3.35 密封罐测压示意图

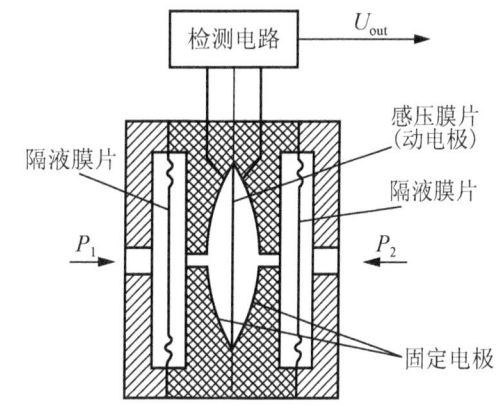

图 3.36 压差式液位传感器结构原理图

这种传感器具有可靠性高、性能稳定、体积小和质量轻等特点,因此,广泛应用于工业生产中的液面测量及液面自动控制。

3.4.2 压电式玻璃破碎报警器

BS-D2 压电式传感器是专门用于检测玻璃破碎的一种传感器,它利用压电元件对振动敏感的特性来感知玻璃撞击和破碎时产生的振动波。传感器把振动波转换成电压输出,输出电压经放大、滤波和比较等处理后提供给报警系统。

BS-D2 压电式玻璃破碎传感器的外形及内部电路如图 3.37 所示。传感器的最小输出电压为 100mV,内阻抗为 15~20kΩ。

报警器的电路框图如图 3.37(c)所示。使用时传感器用胶粘贴在玻璃上,然后通过电缆和报警电路相连。为了提高报警器的灵敏度,信号经放大后,需经带通滤波器进行滤波,要求它对选定的频谱通带内衰减要小,而带外衰减要尽量大。由于玻璃振动的波长在音频和超声波的范围内，这就使带通滤波器成为电路中的关键器件。当传感器输出信号高于设定的阈值时，比较器才会输出报警信号，驱动报警执行机构工作。

玻璃破碎报警器可广泛用于文物保管、贵重商品保管及其他商品柜台等场合。

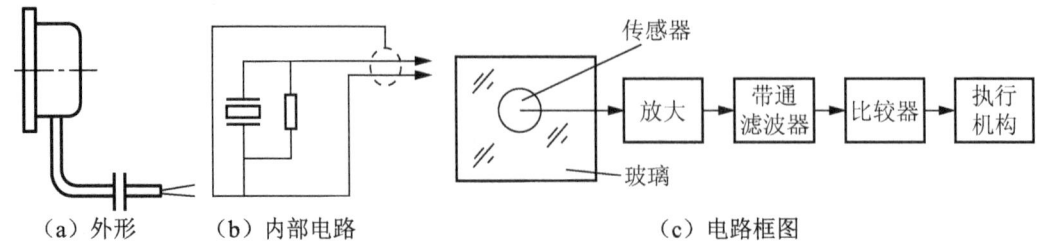

图 3.37 BS-D2 压电式玻璃破碎传感器外形及电路

3.4.3 指套式电子血压计

指套式电子血压计是利用放在指套上的压力传感器，把手指的血压变为电信号，由电子检测电路处理后直接显示出血压值的一种微型测量血压装置。图 3.38（a）所示为指套式血压计的外形图，它由指套、电子电路及压力源三部分组成。指套的外圈为硬性指环，中间为柔性气囊，它直接和压力源相连，旋动调节阀门时，柔性气囊便会被充入气体，使产生的压力作用到手指的动脉上。

电子血压计的电路框图如图 3.38（b）所示。当手指套进手套进行血压测量时，将开关 S 闭合，压电传感器将感受到的血压脉动转换为脉冲电信号，经放大器放大变为等时间间隔的采样电压，A/D 转换器将它们变为二进制代码后输入到幅度比较器和移位寄存器。移位寄存器由开关 S 激励的门控电路控制，随着门控脉冲的到来，移位寄存器存储采样电压值。接着，移位寄存器寄存的采样电压值又送回幅值比较器与紧接其后输入的采样电压值进行比较。它只将幅值大的采样电压值存储下来，也就是把测得的血压最大值（收缩压）存储下来，并通过 BCD 七段译码/驱动器在显示器上显示。

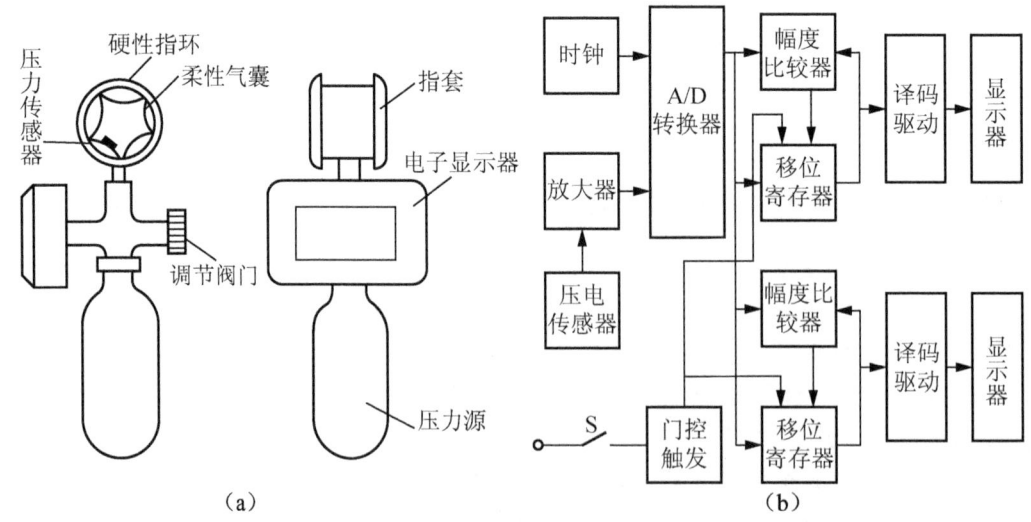

图 3.38 指套式电子血压计外形和电路框图

测量舒张压的过程与收缩压相似，只不过由另一路幅值比较器等电路来完成，将幅值小的一个采样电压存储在移位寄存器中，这就是舒张压的采样电压值，最后由显示器显示出来。

3.4.4 高速定量分装系统

随着技术的进步，由称重传感器制作的电子衡器已广泛地应用到各行各业，实现了对物料的快速、准确的称量，特别是随着微处理机的出现，工业生产过程自动化程度的不断提高，称重传感器已成为过程控制中的一种必需的装置，从以前不能称重的大型罐、料斗等重量计测以及吊车秤、汽车秤等计测控制，到混合分配多种原料的配料系统、生产工艺中的自动检测和粉粒体进料量控制等，都应用了称重传感器，目前，称重传感器几乎运用到了所有的称重领域，如图 3.39 所示为柱式称重传感器。

高速定量分装系统由微机控制称重传感器的称重和比较，并输出控制信号，执行定值称量，控制外部给料系统的运转，实行自动称量和快速分装的任务。系统采用 MCS-51 单片机和 V/F 电压频率变换器等电子器件，用 8031 作为中央处理器，BCD 拨码盘作为定值设定输入器，物料装在料斗里，其重量使传感器弹性体发生形变，输出

图 3.39 柱式称重传感器

与重量成正比的电信号，传感器输出信号经放大器放大后，输入 V/F 转换器进行 A/D 转换，转换成的频率信号直接送入 8031 微处理器中，其数字量由微机进行处理。微机一方面把物重的瞬时数字量送入显示电路，显示出瞬时物重，另一方面则进行称重比较，开启和关闭加料口、放料于箱中等一系列的称重定值控制。

在整个定值分装控制系统中，称重传感器是影响电子秤测量精度的关键部件，选用 GYL-3 应变式称重测力传感器。四片电阻应变片构成全桥桥路，在所加桥压 U 不变的情况下，传感器输出信号与作用在传感器上的重力和供桥桥压成正比，而且，供桥桥压 U 的变化直接影响电子秤的测量精度，所以要求桥压很稳定。毫伏级的传感器输出经放大后，变成了 0～10V 的电压信号输出，送入 V/F 变换器进行 A/D 转换，其输出端输出的频率信号加到 8031 单片机定时器的计数、输入端 T_1 上。在微机内部由定时器 0 作计数定时，定时器 0 的定时时间由要求的 A/D 转换分辨率设定。

定时器的计数值反映了测量电压大小，即物料的重量。在显示的同时，计算机还根据设定值与测量值进行定值判断。测量值与给定值进行比较，取差值提供 PID 运算，当重量不足，则继续送料和显示测量值。一旦重量相等或大于给定值，控制接口输出控制信号，控制外部给料设备停止送料，显示测量终值，然后做出回答，表示该袋装料结束，可对下一袋进行装料称重。

图 3.40 所示为自动称重和装料装置。自动称重和装料装置使每个装料的箱子或袋子沿传送带运动，直到装有料的电子秤下面，传送带停止运动，电磁线圈通电，电子秤料斗翻转，使料全部倒入箱子或袋子中，当料倒完，传送带马达再次通电，将装满料的箱子或袋

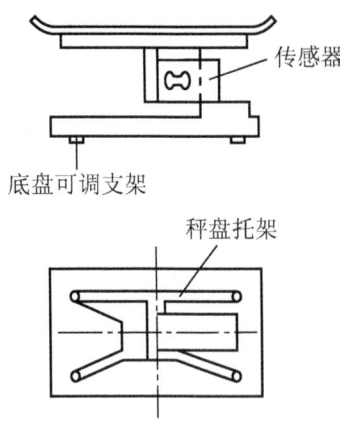

图 3.40 自动称重和装料装置

子移出,并保护传送带继续运行,直到下一次空袋或空箱切断光电传感器的光源,与此同时,电子秤料箱复位,电磁线圈通电,漏斗给电子秤自动加料,重量由微机控制,当电子秤中的料与给定值相等时,电磁线圈断电,弹簧力使漏斗门关上。装料系统开始下一个装料的循环。当漏斗中的料和传送带上的箱子足够多时,这个过程可以持续不断地进行下去。必要时,工作人员可以随时停止传送带,通过拨码盘输入不同的给定值,然后再启动,即可改变箱或袋中的重量。

系统如果选用不同的传感器,改变称重范围,则可以用到水泥、食糖和面粉加工等行业的自动包装中。

3.4.5 CL-YZ-320 型力敏传感器

CL-YZ-320 型力敏传感器是以金属棒为弹性梁的测力传感器。在弹性梁的圆柱面上沿轴向均匀粘贴 4 只半导体应变计,两个对臂分别组成半桥,两个半桥分别用于每个轴向的分力测量,当外力作用于弹性梁的承载部位时,弹性梁将产生一个应变值,通过半导体应变计将此应变值转换成相应的电阻变化量,传感器随之输出相应的电信号。

该传感器采用力敏电阻作为敏感元件,体积小,灵敏度高,广泛用于飞机、坦克、机载等军事及民用领域中的手动操作部件的控制。

CL-YZ-320 型力敏传感器的外形和结构如图 3.41 所示,图中单位是 mm。

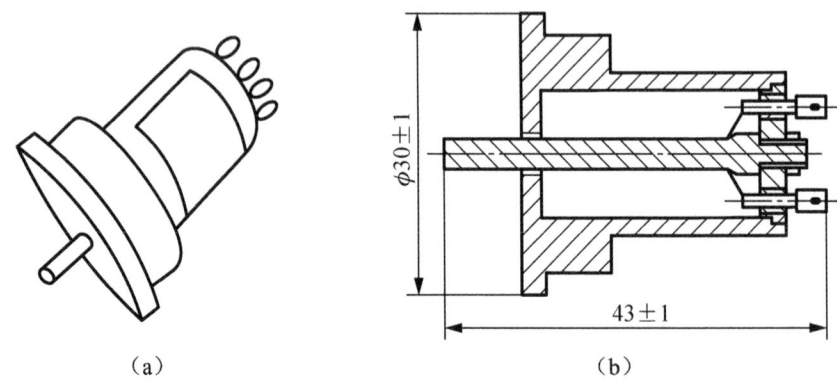

(a)   (b)

图 3.41 力敏传感器外形和结构

3.4.6 基于力/力矩传感器的机器人力控系统

随着机器人技术的发展,机器人位置控制技术和计算机技术的日趋完善,人们已经不再满足于只让机器人从事像点焊、弧焊、喷漆和搬运等不与环境物体接触的工作,而是试图用机器人来完成像装配、浮游物体抓取、边缘跟踪和去毛刺等与环境接触的任务。然而由于外部环境和机器人本体的非理想化,无法消除误差的存在,因而纯位置控制方式下的机器人在从事这类工作的时候将不可避免地产生一些不希望的环境接触力,而且这种不希望的接触力往往又是很大的，以至于损坏工件或机械手本身，致使任务无法正常进行。为此，可以将六自由度腕力传感器与机器人结合，组成力控系统来完成预定作业任务。

1. 系统组成

基于力/力矩传感器的力控制系统由六维力/力矩传感器、微型计算机和 PUMA562 机器人等部分组成。其中，机器人采用美国 Unimation 公司生产的 PUMA562 型通用可编程工业机器人；主控计算机为一台 PC（Pentium 166MHz），主控计算机是实验系统的核心控制单元，腕力传感器获得的数据通过计算机的并行打印口传给计算机，并由其完成计算机力/力矩的任务，然后根据传感器的力/力矩信息或者按预定的策略，计算产生机器人的运动轨迹，最后，通过与机器人连接的智能串行通信接口卡，对机器人进行实时的路径修正。

2. 智能串行通信接口的设计

本系统通过计算机的并行通信口与腕力传感器进行数据交换，计算出力/力矩等信息后，控制机器人进行作业，由于计算机还要承担与机器人的数据交换等通信任务，要在极短的时间段里根据复杂的协议完成通信，给主控计算机带来了巨大的负担。因此，专门设计了智能串行通信接口卡把机器人与主控计算机通讯的任务分离出来，使得主控计算机只需向串行通信电路提供修正数据，抛开了复杂的通信协议，并且在不需要修正时不必传送修正数据，从而提高整个系统的性能。

智能串行通信接口卡插在主控计算机的 I/O 扩展槽内，与主控计算机为并行数据传输，并把数据自动传送给机器人，具体如下。

（1）接收 PUMA 机器人的 ALTER 过程初始化信息块，发送给 PUMA 机器人初始化应答信息块。

（2）接收 PUMA 机器人的正常修正信息块，检测后传送到主控计算机。

（3）接收主控计算机路径修正值，进行超限检测，将正确值送给机器人。

（4）若在一个修正周期中，主控计算机没有送来修正值，串行通信电路会正常应答机器人，不进行修正。

（5）与 PUMA 机器人通信时，自动添加协议的内容，自动按照通信协议接收数据。

利用单片机片内 UART 电路，经电平转换后与 PUMA 机器人控制器的 ACCESSORY 接口，构成标准的 RS-232C 串行通信通道。单片机与 PC 之间采用 74LS373 和 74LS374 组成的双向缓冲八位并行接口，并采用中断和查询相结合的方式控制数据流。这是由于在两者交换数据时，PC 是主动的一方，在 PC 需要输入或输出 PUMA 机器人关节角度数据时，通过对双向缓冲器读或写，将分别向单片机发出 INT0 或 INT1 中断请求。另一方面由于所交换的数据是{DATAS}中的 16 个有效数据字节，故在单片机响应中断后便与 PC 之间进行整块数据的发送或接收，在字节间则采用查询方式。

特别提示

PUMA 机器人、通信电路和 PC 三者之间存在数据流速度的协调性问题，这一问题主要是由 PC 的运算时间不一定正好为 28ms 导致的。如果 PC 在 28ms 内没有新的运算结果输出给通信电路，通信电路则应按上次结果发送；但如果 PC 在 28ms 内进行了多次运算，而且当某些运算结果具有累加性质时，将导致机器人失控。为了避免出现后一种情况，通信电路与 PC 之间建立了同步握手关系，即单片机在收到 PUMA 机器人一组数据后将 P1.7 置 1，而在收到一级 PC 数据后将其清 0，当 PC 查询到该信号为 1 时便与通信电路进行一次数据交换。

3. 串行通信软件设计

主控计算机与机器人进行串行通信的关键在于单片机通信程序，主要功能包括以下几个方面。

（1）接收 PUMA 机器人的串行通信数据，并完成"拆包"工作。

（2）在接收的同时，向 PUMA 机器人发送完整的通信数据，在此期间对欲发送的数据进行"打包"。

（3）与计算机之间进行数据块的并行交换。

（4）对通信过程中的错误进行检验和处理，特别是检验法给 PUMA 机器人的位置修正量，防止其超限，以保证安全性。

（5）过程控制，包括数据协调、通信结束控制等。

通过以上功能的实现，着重解决了以下问题。

计算机将位置修正量输出到单片机内 RAM 中缓冲后，再转送给 PUMA 机器人，故如果在单片机正与 PUMA 机器人通信时，计算机用中断方式请求与单片机传输数据，为了保证这两组数据间完全隔离，特别是防止某组修正量低字节已发给 PUMA 机器人时计算机传来新数据，导致两次数据间的"混叠"，通信程序中采用了两级缓冲方式，即从计算机传来的数据先进入第一级缓冲区，在向 PUMA 机器人发送数据前再将整体移入第二级缓冲区，以后便发送第二级缓冲区中的数据，同理，在接收 PUMA 机器人数据时也采用了两级缓冲方式。

一旦 PUMA 机器人因故停止通信，由定时器 T0 构成的时间监视器将向 P1.6 发出低电平，迫使单片机复位，该时间为 65ms。为此每次收到 PUMA 机器人数据后将定时器 T0 清零。

特别提示

由于填充的字节个数不等，串行接收和发送的数据字节数不完全相等，因而串行接收和发送分别由独立的子程序处理，只有两者都完成才结束本周期的通信。

与计算机进行交换有效数据的 INT0 和 INT1 中断服务子程序，两者连起来的执行时间约为 380ms，串行接收或发送一个字节（共 10 位）的时间为 502ms，因而不可能漏收每一个 PUMA 机器人发来的串行字节。

3.5　综合实训：了解电阻应变式传感器

实训目标

了解电阻应变式传感器。

实训要求

(1) 认识应力、应变和电阻相对变化的关系。
(2) 观察了解箔式应变片的结构及粘贴方式。
(3) 测试应变梁变形的应变输出。
(4) 比较各桥路间的输出关系。

实训原理

本实训说明箔式应变片及直流电桥的原理和工作情况。

应变片是最常用的测力传感元件,如图 3.42 所示。当用应变片测试应力时,应变片要牢固地粘贴在测试体表面,测件受力发生形变,应变片的敏感栅随同变形,其电阻值也随之发生相应的变化。通过测量电路,转换成电信号输出显示。

　　　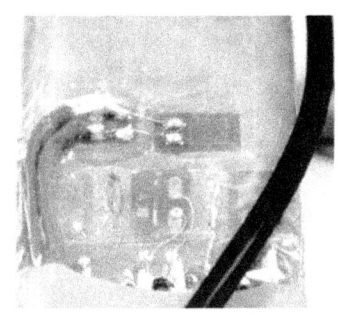　　　

(a) 箔式应变片结构　　(b) 箔式应变片的焊接　　(c) 箔式应变片粘贴在测试体表面

图 3.42　箔式应变片测试应力

电桥电路如图 3.43 所示,它是最常用的非电量电测电路中的一种,当电桥平衡时,桥路对臂电阻乘积相等,电桥输出为零,在桥臂 4 个电阻 R_1、R_2、R_3、R_4 中,电阻的相对变化率分别为 $\Delta R_0/R_1$、$\Delta R_2/R_2$、$\Delta R_3/R_3$、$\Delta R_4/R_4$,当使用一个应变片时,电阻变化率为

$$\sum R = \frac{\Delta R}{R}$$

当两个应变片组成差动状态工作,则有

$$\sum R = \frac{2\Delta R}{R}$$

用 4 个应变片组成两个差动对工作,且 $R_1=R_2=R_3=R_4=R$ 时,有

$$\sum R = \frac{4\Delta R}{R}$$

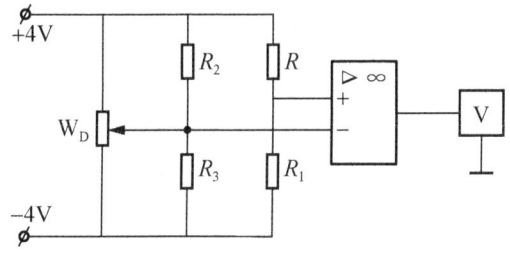

图 3.43　电桥电路

实训所需部件

(1) 直流稳压电源（±4V）　　　　　　　　　　　　一台
(2) 公共电路模块（一）　　　　　　　　　　　　　一块
(3) 贴于主机工作台悬臂梁上的箔式应变计　　　　　一块
(4) 螺旋测微仪　　　　　　　　　　　　　　　　　一台
(5) 数字电压表　　　　　　　　　　　　　　　　　一台

实训步骤

(1) 连接主机与模块电路电源连接线，差动放大器增益置于最大位置（顺时针方向旋到底），差动放大器"+""-"输入端对地用实训线短路。输出端接电压表2V挡。开启主机电源，用调零电位器调整差动放大器使输出电压为零，然后拔掉实训线，调零后模块上的"增益、调零"电位器均不应再变动。

(2) 观察贴于悬臂梁根部的应变片的位置与方向，按如图3.43所示将所需实训部件连接成测试桥路，图中R_1、R_2、R_3分别为固定标准电阻，R为应变计（可任选上梁或下梁中的一个工作片），图中每两个工作片之间可理解为一根实训连接线，注意连接方式，勿使直流激励电源短路。

(3) 将螺旋测微仪装于应变悬臂梁前端永久磁钢上，并调节测微仪使悬臂梁基本处于水平位置。确认接线无误后开启主机，并预热数分钟，使电路工作趋于稳定。调节模块上的W_D电位器，使桥路输出为零。

(4) 用螺旋测微仪带动悬臂梁分别向上和向下位移各5mm，每位移1mm记录一个输出电压值，并记入表3-1中。

表3-1　输出电压记录表1

位移/mm											
电压/V											

根据表中所测数据在坐标图上做出V-X曲线，计算灵敏度$S(S = \Delta V / \Delta X)$。

(5) 依次将图3.41中的固定电阻R_1，换接应变计组成半桥、将固定电阻R_2、R_3换接应变计组成全桥。

(6) 重复实训(3)和(4)步骤，完成半桥与全桥测试实训。所得数据分别记入表3-2和表3-3中。

表3-2　输出电压记录表2

位移/mm											
电压/V											

表3-3　输出电压记录表3

位移/mm											
电压/V											

(7) 在同一坐标上描出V-X曲线，比较3种桥路的灵敏度，并做出定性的结论。

项目3 力学传感器及其应用

实训注意事项

（1）实训前应检查实训连接线是否完好，学会正确插拔连接线，这是顺利完成实训的基本保证。

（2）由于悬臂梁弹性恢复的滞后及应变片本身的机械滞后，所以当螺旋测微仪回到初始位置后桥路电压输出值并不能马上回到零，此时可一次或几次将螺旋测微仪反方向旋动一个较大位移，使电压值回到零后再进行反向采集实训。

（3）实训中操作者用螺旋测微仪产生位移后，应将手离开仪器方能读取测试系统输出电压数，否则虽然没有改变刻度值也会造成微小位移或人体感应使电压信号出现偏差。

（4）因为是小信号测试，所以调零后电压表应置 2V 挡，用计算机数据采集时应选用 200mV 的量程。

习　　题

1．弹性元件的作用是什么？有哪些常用弹性元件？如何使用？

2．电阻应变片是根据什么基本原理来测量应力的？简述图 3.5 所示不同类型的应变片传感器的特点。

3．分析图 3.5 所示电阻应变片基本电桥测量电路的工作原理。为什么说选用电桥测量，不仅可以提高检测灵敏度，还能获得较为理想的补偿效果？

4．根据图 3.6 说明压电元件在传感器中的布置有哪几种常见形式。

5．压磁式力传感器如何根据压磁效应原理检测外力？

6．电容式扭矩传感器的主要优点是什么？电容式扭矩测量仪怎样测量扭矩？

7．简述使用光电式扭矩传感器测量扭矩的原理。

8．试列举两种测量扭矩的方法。现有一台车床进行切削加工，若要测切削力，请设计一个测力系统，并说明各环节的作用。

9．压阻式压力传感器如何将压力变换成电阻变化来实现压力的测量？固态压阻式压力传感器的特点有哪些？

10．根据图 3.26 所示，说明变隙式电感传感器如何测量油压？

11．什么是霍尔效应？常用的霍尔元件材料有哪些？霍尔元件的结构有什么特点？试叙述 HWY-1 型霍尔式微压传感器的工作原理。

12．分析压差式液位传感器工作原理，试设计一个其他形式的液位传感器。

项目 4

温度传感器及其应用

教学目标

了解测量温度的方法;理解测量温度传感器的基本原理;了解各种传感器的组成、分类、特点及标定方法;掌握热电偶定律及相关计算;掌握热敏电阻不同类型的特点及应用场合;掌握集成温度传感器使用方法;了解其他温度传感器工作原理。

教学要求

知识要点	能力要求	相关知识	权重
热电式温度传感器结构、原理	热电偶的测温原理、基本定律、材料和结构	真空镀膜技术、对热电偶冷端的温度处理	40%
电阻式温度传感器结构、原理	金属热电阻传感器和半导体热敏电阻的测温原理、材料和结构	金属材料电阻随温度变化特性、测温机理	20%
非接触式温度传感器结构、原理	电涡流式和辐射式非接触温度传感器的测温原理、材料和结构	光学系统的光谱特性及参数、光电比色测温原理	20%
半导体集成温度传感器结构、原理	半导体温度传感器和集成温度传感器的测温原理、材料和结构	半导体的温度特性	20%

项目4　温度传感器及其应用

温度是反映物体冷热状态的物理参数，是与人类生活息息相关的物理量。

从热平衡角度来理解，温度是描述热平衡系统冷热程度的物理量。从分子物理学角度来理解，温度反映了物体内部分子无规则运动的剧烈程度。从能量角度来理解，温度是描述系统不同自由度间能量分配状况的物理量。因此，人类离不开温度，当然也就需要实现温度检测和控制的器件。

在 2000 多年以前，人类就开始为检测温度进行了各种努力。公元 1600 年，伽利略研制出气体温度计。一百年后，酒精温度计和水银温度计问世。随着现代工业技术发展的需要，相继研制出金属丝电阻、温差电动式元件、双金属式温度传感器。1950 年以后，相继研制成半导体热敏电阻器。最近，随着原材料、加工技术的飞速发展，又陆续研制出各种类型的温度传感器。在目前的社会活动中，工业、农业、商业、科研、国防、医学及环保等部门都与温度有着密切的关系。工业生产自动化流程，温度测量占全部测量的 50%左右。

温度不能直接测量，需要借助于某种物体的某种物理参数随温度冷热不同而明显变化的特性进行间接测量。温度传感器是实现温度测量和控制的重要器件。在种类繁多的传感器中，温度传感器是应用最广泛、发展最快的传感器之一。常用的温度传感器如图 4.1 所示。

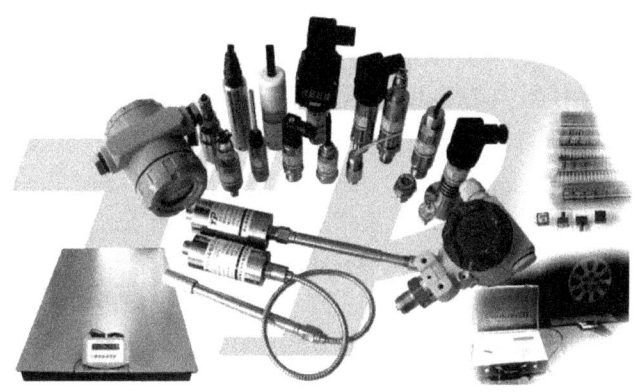

图 4.1　常用的温度传感器

目前温度传感器的主要有以下几个发展方向。

（1）研制超高温与超低温传感器，如+3000℃以上和-250℃以下的温度传感器。

（2）提高温度传感器的精度和可靠性。

（3）研制家用电器、汽车及农畜业所需要的廉价的温度传感器。

（4）发展新型产品，扩展和完善管缆热电偶与热敏电阻；发展薄膜热电偶；研究节省镍材和贵金属以及厚膜铂的热电阻；研制系列晶体管测温元件、快速高灵敏型热电偶及各类非接触式温度传感器。

（5）发展适应特殊测温要求的温度传感器。

（6）发展数字化、集成化和自动化的温度传感器。

4.1 热电式温度传感器

温差热电偶（简称热电偶）属于热电式传感器，是目前温度测量中使用最普遍的传感元件之一，如图4.2所示。

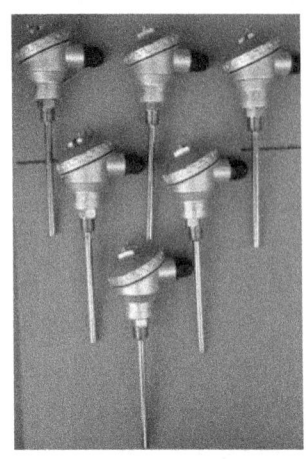

图4.2 温差热电偶

热电偶被越来越广泛地用来测量100℃～1300℃范围内的温度，根据需要还可以用来测量更高或更低的温度。它具有结构简单，测量范围宽、准确度高、热惯性小，输出信号为电信号，便于远传或信号转换等优点。它还能用来测量流体的温度、测量固体以及固体壁面的温度。微型热电偶还可用于快速及动态温度的测量。

4.1.1 热电偶的测温原理

在两种不同的金属所组成的闭合回路中，当两接触处的温度不同时，回路中就要产生热电势。这个物理现象称为热电效应。热电效应这种现象早在1823年首先由西拜克（Seebeck）发现，所以又称西拜克效应。

热电偶式温度传感器的工作原理基于热电效应。当两种不同金属导体 A 和 B 两端相互紧密地连接在一起组成一个闭合电路时，如图4.3（a）所示，一端温度为 T，另一端为 T_0（设 $T>T_0$）。在测量技术中，把上述两种不同材料构成的组合环元件称为热电偶，A、B 不同金属导体为热电极。两个接点中，一个为热端（T），又称工作端；另一个为冷端（T_0），又称自由端或参考端。

由于不同金属导体的两个接触点温度 T 和 T_0 不同，这时在这个回路中将产生一个与温度 T、T_0 以及与导体材料性质有关的电势 $e_{AB}(T,T_0)$，并有电流通过，这种把热能转换成电能的现象称为热电效应。显然可以利用这个热电效应中产生的电势 e_{AB} 来测量温度。

物理学表明，热电动势 e_{AB} 由接触电动势和温差电动势两部分组成，如图4.3(b)、图4.3(c)所示。

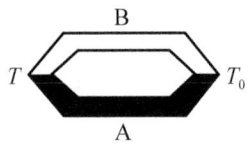
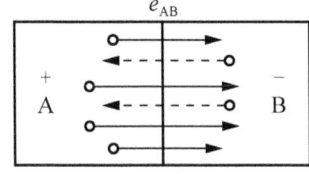
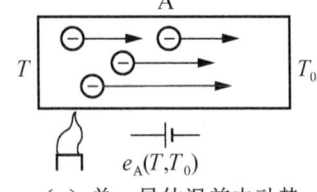

（a）热电效应　　　　（b）两种导体的接触电动势　　　　（c）单一导体温差电动势

图4.3 热电偶的热电效应和热电动势

接触电动势是由于两种不同导体的自由电子密度不同而在接触处形成的电动势。当两种不同金属材料接触在一起时，由于各自的自由电子密度不同，使各自的自由电子透过接触面相互向对方扩散，电子密度大的材料由于失去的电子多于获得的电子，而在接触面附近积累正电荷，电子密度小的材料由于获得的电子多于失去的电子，而在接触面附近积累负电荷，因此在接触面处很快形成一静电性稳定的电位差 e_{AB} [图 4.3（b）]，其值不仅与材料的性质有关，而且还与温度高低有关。

对于单一导体，如果两端温度分别为 T、T_0，（也可用摄氏温度 t、t_0 表示）且 $T>T_0$，如图 4.3（c）所示，则导体中的自由电子，在高温端具有较大的动能，因而向低温端扩散；高温端因失去了自由电子带正电，低温端获得了自由电子带负电，即在导体两端产生了电动势，这个电动势称为单一导体的温差电动势。

由图 4.4 可知，热电偶电路中产生的总热电动势为

$$E_{AB}(T,T_0) = e_{AB}(T) + e_B(T,T_0) - e_{AB}(T_0) - e_A(T,T_0) \tag{4-1}$$

或用摄氏温度表示

$$E_{AB}(t,t_0) = e_{AB}(t) + e_B(t,t_0) - e_{AB}(t_0) - e_A(t,t_0) \tag{4-2}$$

在式（4-1）中，$E_{AB}(T,T_0)$ 为热电偶电路中的总电动势；$e_{AB}(T)$ 为热端接触电动势；$e_B(T,T_0)$ 为 B 导体的温差电动势；$e_{AB}(T_0)$ 为冷端接触电动势；$e_A(T,T_0)$ 为 A 导体的温差电动势。

在总电动势中，温差电动势比接触电动势小很多，可忽略不计，则热电偶的热电动势可表示为

$$E_{AB}(T,T_0) = e_{AB}(T) - e_{AB}(T_0) \tag{4-3}$$

对于已选定的热电偶，当参考端温度 T_0 恒定时，$E_{AB}(T_0)=C$ 为常数，则总的热电动势就只与温度 T 成单值函数关系，即

$$E_{AB}(T,T_0) = e_{AB}(T) - C = f(T) \tag{4-4}$$

这就是热电偶测温的基本公式。

从以上分析可得出：当两接点的温度相同时，热电偶中则无温差电动势，$e_A(T,T_0) = e_B(T,T_0) = 0$，而接触电动势大小相等方向相反，所以 $E_{AB}(T,T_0) = 0$。当两种相同金属组成热电偶时，两接点温度虽不同，但两个温差电动势大小相等、方向相反，而两接点处的接触电动势皆为零，所以回路总电动势仍为零。因此，得以下结论。

（1）如果热电偶两个电极的材料相同，两个接点温度虽不同，不会产生热电动势。

（2）如果两个电极的材料不同，但两接点温度相同，也不会产生热电动势。

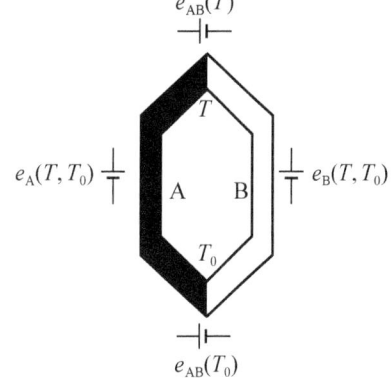

图 4.4 接触电动势和温差电动势示意图

（3）当热电偶两个电极的材料不同，且 A、B 固定后，热电动势 $E_{AB}(T,T_0)$ 便为两接点温度 T 和 T_0 的函数。

特别提示

实际应用中，热电动势与温度之间的关系是通过热电偶分度表来确定的。分度表是在参考端温度为 0℃时，通过实验建立起来的热电动势与工作端温度之间的数值对应关系。

4.1.2 热电偶的基本定律

对热电偶回路的大量研究工作,对电流、电阻和电动势做了准确的测量,已导致了几个基本定律的建立,并通过试验验证了这些定律的正确性。

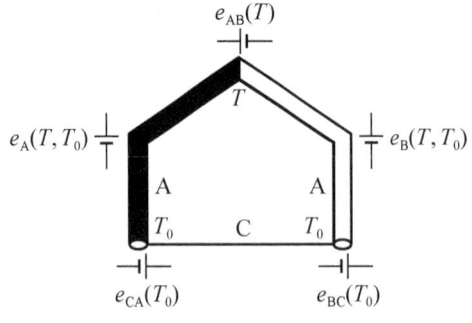

图 4.5 中间导体定律示意图

1. 中间导体定律

在热电偶回路中接入第三种导体、第四种导体……只要接入导体的两端温度相等,且接入导体是匀质的,则无论接入导体的温度分布如何,都不会影响原来热电偶的热电势的大小。

如图 4.5 所示,在热电偶电路中接入第三种导体,只要该导体两端温度相等,则热电偶产生的总热电动势不变。同理加入第四种、第五种导体后,只要其两端温度相等,同样不影响电路中的总热电动势。可得电路总的热电动势为

$$E_{ABC}(T,T_0) = e_{AB}(T) + e_{CA}(T_0) + e_{BC}(T_0)$$

当 $T = T_0$ 时

$$E_{ABC}(T_0) = e_{AB}(T_0) + e_{CA}(T_0) + e_{BC}(T_0) = 0$$
$$e_{CA}(T_0) + e_{BC}(T_0) = -e_{AB}(T_0)$$

所以

$$E_{ABC}(T,T_0) = e_{AB}(T) - e_{AB}(T_0) = E_{AB}(T,T_0) \tag{4-5}$$

利用此定律,我们可采取任何方式焊接导线,可以将毫伏表(一般为铜线)接入热电偶回路,也可通过导线将热电偶回路接至测量仪表对热电势进行测量。只要保证两个结点温度一致,就能正确测出热电动势而不影响热电偶的输出,且不影响测量精度。

2. 中间温度定律

热电偶在接点温度为 T、T_0 时的热电势等于该热电偶在接点温度为 T、T_0' 和 T_0'、T_0 时相应的热电势的代数和。

在热电偶测量电路中,测量端温度为 T,自由端温度为 T_0,中间温度为 T_0',如图 4.6 所示。则

$$E_{AB}(T,T_0) = E_{AB}(T,T_0') + E_{AB}(T_0',T_0)$$

由图 4.4 有

$$E_{AB}(T,T_0') = e_{AB}(T') - e_{AB}(T_0')$$
$$E_{AB}(T_0',T_0) = e_{AB}(T_0') - e_{AB}(T_0)$$
$$E_{AB}(T,T_0') + E_{AB}(T_0',T_0) = e_{AB}(T) - e_{AB}(T_0) = E_{AB}(T,T_0) \tag{4-6}$$

显然,选用廉价的热电偶 C、D 代替 T_0'、T_0 热电偶 A、B,只要在 T_0'、T_0 的温度范围内,C、D 与 A、B 热电偶具有相近的热电动势特性,便可使测量距离加长,测温成本大为降低,而且不受原热电偶自由端温度 T_0' 的影响。这就是在实际测量中,对冷端温度进行

修正，运用补偿导线延长测温距离，消除热电偶自由端温度变化影响的道理。

3. 参考电极定律

如图 4.7 所示，已知热电极 A、B 与参考电极 C 组成的热电偶在结点温度为 (T, T_0) 时的热电动势分别为 $E_{AB}(T,T_0)$、$E_{BC}(T,T_0)$，则相同温度下，由 A、B 两种热电极配对后的热电动势 $E_{AB}(T,T_0)$ 可按下面公式计算为

$$E_{AB}(T,T_0) = E_{AC}(T,T_0) - E_{BC}(T,T_0) \tag{4-7}$$

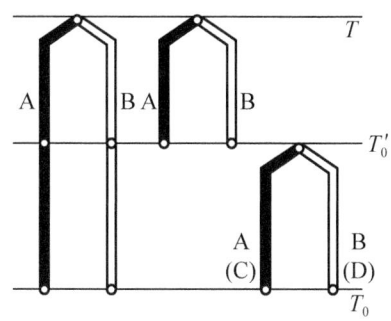
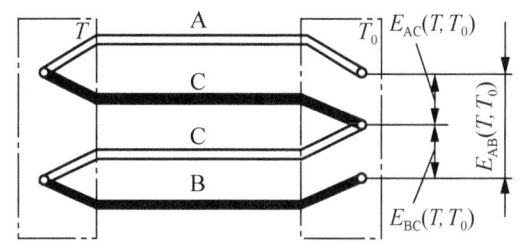

图 4.6　中间温度定律示意图　　　　图 4.7　参考电极定律示意图

参考电极定律大大简化了热电偶选配电极的工作，只要获得有关热电极与参考电极配对的热电动势，那么任何两种热电极配对时的电动势均可利用该定律计算，而不需要逐个进行测定。

【例 4-1】 $E(T,T_0)$ 也可以用 $E(t,t_0)$ 表示，当 t 为 100℃，t_0 为 0℃时，铬合金-铂热电偶的 E（100℃,0℃）=3.13mV，铝合金-铂热电偶 E（100℃,0℃）=-1.02mV，求铬合金-铝合金组成热电偶的热电动势 E_{AB}（100℃,0℃）。

解：设铬合金为 A，铝合金为 B，铂为 C。即

$$E_{AC}（100℃,0℃）=3.13\text{mV}$$
$$E_{BC}（100℃,0℃）=-1.02\text{mV}$$

则

$$E_{AB}（100℃,0℃）=4.15\text{mV}$$

4.1.3　热电偶的材料和结构

1. 热电偶的材料

理论上讲，任何两种不同材料导体都可以组成热电偶，但是选用不同的材料会影响测温的范围、灵敏度、精度和稳定性等。为了准确可靠地进行温度测量，必须对热电偶组成材料严格选择。目前工业上常用的 4 种标准化热电偶材料如下。

B 型：铂铑 30-铂铑 6。测量温度：长期可达 1600℃，短期可达 1800℃。

S 型：铂铑 10-铂。测量温度：长期可达 1300℃，短期可达 1600℃。

K 型：镍铬-镍硅。测量温度：长期可达 1000℃，短期可达 1300℃。

E 型：镍铬-铜镍（我国通常称为镍铬-康铜）。长期测量温度为 600℃。短期测量温度为 800℃。

另外，钨铼系列热电偶灵敏度高，稳定性好，热电特性接近于直线，工作范围为 0～2800℃，但只适合在真空和惰性气体中使用。

组成热电偶的两种材料写在前面的为正极，后面的为负极。

2. 热电偶的结构

热电偶种类很多，其结构及外形也不尽相同，但基本组成大致相同。通常由热电极、绝缘材料、接线盒和保护套等组成。按热电偶结构划分，热电偶可分成普通型、铠装、多点型、微型、薄膜型、表面型、浸入型和测气流温度型等基本类型，这里主要介绍以下几种。

1）普通热电偶

普通型热电偶结构如图 4.8 所示，图中所示的是工业测量上应用最多的普通型热电偶，它一般由热电极、绝缘套管、保护管和接线盒组成。主要用于测量气体、蒸汽和液体等介质的温度。绝缘体一般使用陶瓷套管，其保护套有金属和陶瓷两种。根据测量范围和环境气氛不同，可选择合适的热电偶和保护管。

普通型热电偶根据安装时的连接形式不同可分为固定螺纹连接、固定法兰连接、活动法兰连接和无固定装置等多种形式。根据使用状态可选择密封式、普通型或高压固定螺纹型。

2）铠装热电偶

铠装热电偶是由热电极、绝缘材料和金属套管组合加工而成的坚实组合体，也称为套管热电偶。

铠装热电偶测量端的封装类型如图 4.9 所示。这种热电偶也称缆式热电偶，它是将热电偶丝与电熔氧化镁绝缘物熔铸在一起，外表再套以不锈钢管等材料。根据测量端的不同形式，有碰底型、不碰底型、露头型和帽型等。

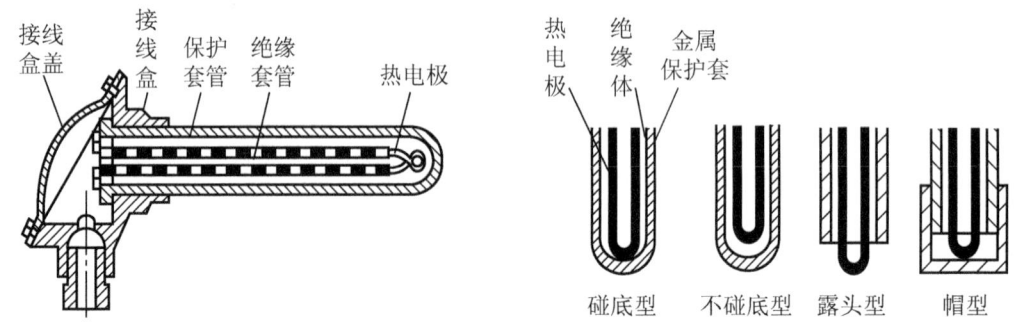

图 4.8　普通型热电偶结构　　　　图 4.9　铠装热电偶结构

铠装热电偶的特点是耐高压、反应时间短、测量结热容量小、热惯性小、动态响应快、挠性好、强度高、抗震性好和坚固耐用。适用于普通热电偶不能测量的空间温度。

3）多点型热电偶

当需要测量多点的温度时，采用很多支普通型热电偶进行测量是很不方便的，有些时候也不允许。这时采用多点式热电偶测量比较方便。多点式热电偶根据被测对象的不同，可制成棒状多点式、树枝状多点式、耙状和梳状多点式结构。棒状三点式热电偶如图 4.10 所示。

4）微型热电偶

微型热电偶又称小热惯性热电偶，特点是响应时间快、热惯性小，可用于瞬态温度变化的测量场合；如用于固体火箭推进剂燃烧波温度分布、燃烧表面温度及温度梯度的测试，将精细（直径 0.03mm）的热电偶嵌入推进剂，其位置如图 4.11 所示，试样由端面燃烧，随着燃烧面的平移，热电偶测量端接近升温区；到达升温区后，有热电势输出。该类热电偶的响应时间可以小于百毫秒，缺点是每次测量要更换一支热电偶。

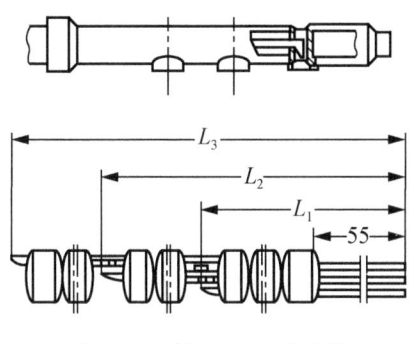

图 4.10 棒状三点式热电偶

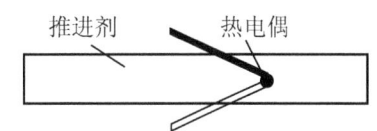

图 4.11 微型热电偶嵌入推进剂中位置

5）薄膜热电偶

用真空镀膜技术等方法，将热电偶材料沉积在绝缘片表面而构成的热电偶称为薄膜热电偶。薄膜热电偶可制成片状和针状两种结构，片状热电偶外形与应变计相似，一般规格为 60mm×60mm×0.2mm。我国目前使用的铁-镍薄膜热电偶如图 4.12 所示。

当测量范围为-200℃～500℃时，热电极材料多采用铜-康铜、镍铬-铜和镍铬-镍硅等，用云母作绝缘基片，主要适用于各种表面温度的测量。当测量范围为 500℃～1800℃时，热电极材料多用镍铬-镍硅、铂铑-铂等，用陶瓷作为基片。

薄膜热电偶主要用于测量固体表面小面积瞬时变化的温度，其特点是热容量小、时间常数小和反应速度快。

6）表面热电偶

表面热电偶是用来测量各种状态（静态、动态和带电物体）的固体表面温度，如测量轧辊、金属块、炉壁、橡胶筒和涡轮叶片等表面温度。

表面热电偶可分为永久性安装和非永久性安装两类。前者主要用于测量静止固体平面、金属圆柱体或球体、管道壁等表面温度；后者则制成探头型与显示仪表装在一起便于携带，称为便携式表面温度计。

7）浸入型热电偶

浸入型热电偶主要用于测量液态金属温度。它可以直接插入液态金属中，常用于钢水、铁水、铜水、铝水和熔融合金温度的测量。

8）测气流温度型热电偶

测量气流温度的热电偶可分成屏罩式热电偶和抽气式热电偶。屏罩式热电偶是在热电偶上装上屏罩，这样可以减小速度和辐射误差，如测量喷气发动机的排气温度。抽气式热电偶是在测量高温气流温度时，采用抽气方法，可以有效地减小热电偶的传热误差。

4.1.4 热电偶的冷端温度补偿

从热电偶测温原理可知，热电偶的输出电动势仅反映出两个结点之间的温度差，只有当热电偶的冷端温度保持不变，热电势才是被测温度的单值函数。工程技术上使用的热电偶分度表和根据分度表刻画的测温显示仪表的刻度都是根据冷端温度为 0℃ 时制作的。为了使输出电动势能正确反映被测温度的真实值，要求参考端温度 T_0 恒为 0℃。

但在实际使用时，由于热电偶的热端（测量端）与冷端离得很近，冷端又暴露于空间，容易受到环境温度的影响，因而冷端温度很难保持恒定。由于热电偶使用的环境不能保证 T_0 恒为 0℃，因此，必须对参考端温度采用一定方法进行处理。常用的方法有恒温法、温度修正法、电桥补偿法、冷端补偿法和电位补偿法等。下面以电位补偿法为例介绍对冷端温度的处理方法。

电位补偿法是在热电偶回路中接入一个自动补偿的电动势，如图 4.13 所示，工作端的温度为 T，参考端在补偿器 C 中，温度为 T_0，补偿器中还接有 R_3 和具有正温度系数的电阻 R_t，外加电源 U 提供一定的电压，为了获得可调电压，电路串联了 R_1 及 R_2，经补偿后的热电动势输出为 $E(T,T_0)$（为了获得一定的热电动势，将两个热电偶串联），当参考端为某一温度时，A 点向热电偶回路提供一个修正电动势，其大小等于 $E(T_C,T_0)$（式中 T_0=0℃）。

当参考端温度增加、工作端温度 T 不变时，热电偶回路中的热电动势减少，但同时 R_t 阻值增大，使得 U_A 电位升高，从而使 $E(T,T_0)$ 保持不变；反之亦然。

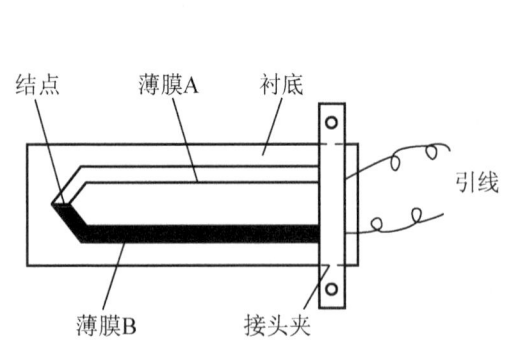

图 4.12　铁-镍薄膜热电偶结构

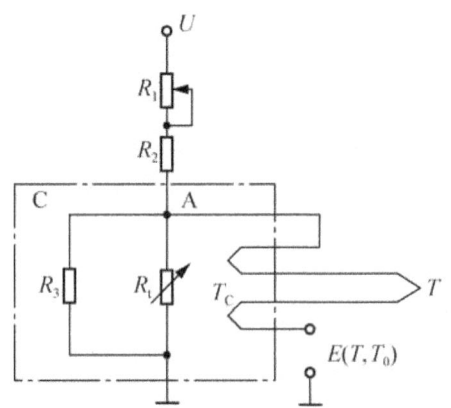

图 4.13　电位补偿法电路

4.2　电阻式温度传感器

电阻式温度传感器分为金属热电阻式和热敏电阻式两大类。

金属热电阻传感器一般称为热电阻传感器，是利用金属导体的电阻值随温度的变化而变化的原理进行测温的。

半导体热敏电阻简称热敏电阻，是一种新型的半导体测温元件，热敏电阻是利用某些金属氧化物或单晶锗、硅等材料，按特定工艺制成的感温元件。

4.2.1　金属热电阻式温度传感器

这种传感器的温度敏感元件是电阻体，热电阻体由金属导体构成。

1. 热电阻的结构和材料

金属热电阻是利用一些金属材料的电阻随温度而变化的性质来测温的。热电阻的结构为了避免通过交流电时产生感抗,或有交变磁场时产生感应电动势,在绕制时要采用双线无感绕制法。由于通过这两股导线的电流方向相反、从而使其产生的磁通相互抵消。其感温元件有石英套管十字骨架结构、麻花骨架结构和杆式结构,如图 4.14 所示。

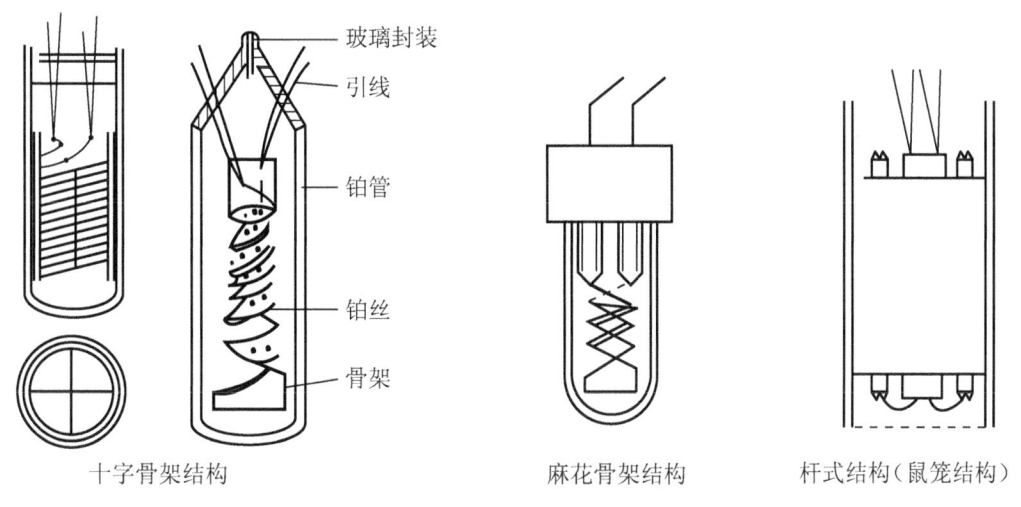

图 4.14　金属热电阻感温元件结构

金属热电阻常用的感温材料种类较多,主要由不同材料的电阻丝绕制而成,最常用的是铂丝。工业测量用金属热电阻材料除铂丝外,还有铜、镍、铁、铁-镍、钨、银等。

工业用铂电阻结构如图 4.15 所示;它由铜铆钉、铂热电阻线、云母支架和银导线等构成。为了改善热传导,将铜制薄片与两侧云母片和盖片铆在一起,并用银丝做成引出线。铂热电阻的结构不论骨架结构如何,都是用直径 0.03~0.07mm 的铂丝双绕在骨架上。

铜热电阻的结构如图 4.16 所示。它由铜引出线、补偿线阻、铜热电阻线和线圈骨架所构成。采用与铜热电阻线串联的补偿线阻是为了保证铜电阻的电阻温度系数与理论值相等。

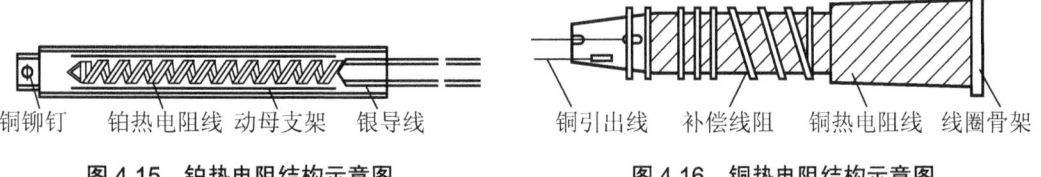

图 4.15　铂热电阻结构示意图　　图 4.16　铜热电阻结构示意图

2. 热电阻传感器的测温原理

热电阻由金属导体构成。其测温机理是在金属导体两端加电压后,使其内部杂乱无章运动的自由电子形成有规律的定向运动,而使导体导电。当温度升高时,由于自由电子获得较多能量,能从定向运动中挣脱出来,从而定向运动被削弱,导电率降低,电阻率增大。

热电阻的温度特性,是指热电阻 R_t 随温度变化而变化的特性,即 R_t-t 之间函数关系。

大多数金属导体其电阻随温度变化的关系为

$$R_t = R_0(1 + \alpha_1 t + \alpha_2 t^2 + \cdots + \alpha_n t^n) \quad (4-8)$$

式中，R_t 为温度 t℃时的电阻值；R_0 为温度 0℃时的电阻值；$\alpha_1, \alpha_2, \cdots, \alpha_n$ 为由材料和制造工艺所决定的系数。

特别提示

在式（4-8）中，最终取几项，由材料、测温精度的要求所决定。

金属导体的电阻随温度的升高而增大，可通过测量电阻值的大小得到所测温度值。通过测量电阻值而获得温度的一般方法是电桥测量法。

铂电阻温度传感器的电桥测量电路如图 4.17 所示。图中 G 为指示电表，R_1、R_2、R_3 为固定电阻，R_a 为零位调节电阻。铂电阻 R_g 通过电阻分别为 r_2、r_3、R_g 的三根导线和电桥连接，r_2 和 r_3 分别接在相邻的两臂，当温度变化时，只要它们的长度和电阻温度系数相同，它们的电阻变化就不会影响电桥的状态，即不产生温度误差。而 R_g 分别接在指示电表和电源回路，其阻值变化也不会影响电桥的平衡状态。

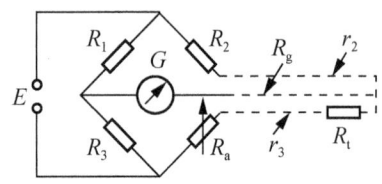

图 4.17 铂电阻温度传感器测量电路

当前工业测温广泛使用铂电阻、铜电阻和镍电阻等作为热电阻传感器的材料。铂电阻温度传感器是利用纯铂丝电阻随温度的变换而变化的原理设计研制成的。可测量和控制-200~850℃范围内的温度，也可作为其他变量（如流量、导电率、pH 等）测量电路中的温度补偿。有时用它来测量介质的温差和平均温度。铂电阻物理化学性能稳定，抗氧化能力强，测温精度高，它具有比其他元件良好的稳定性和互换性。目前，铂电阻上限温度达到 850℃。

铂电阻在-200~0℃范围内的阻温特性是

$$R_t = R_0[1 + \alpha_1 t + \alpha_2 t^2 + \alpha_3(t - 100℃)t^3] \quad (4-9)$$

在 0~850℃范围内的阻温特性是

$$R_t = R_0(1 + \alpha_1 t + \alpha_2 t^2) \quad (4-10)$$

由式（4-9）、式（4-10）可以看出，由于初始值 R_0 不同，即使被测温度 t 为同一值，所得电阻 R_t 值也不同。一般在 $R_0 = 100\Omega$ 或 $R_0 = 50\Omega$ 时，$\alpha_1 = 3.96847 \times 10^{-3}/℃$，$\alpha_2 = -5.847 \times 10^{-7}/℃^2$，$\alpha_3 = -4.22 \times 10^{-12}/℃^3$。

特别提示

我国规定工业用铂热电阻有 $R_0 = 10\Omega$ 和 $R_0 = 100\Omega$ 两种。它们的分度号分别为 Pt_{10} 和 Pt_{100}，其中以 Pt_{100} 为常用。铂热电阻不同分度号亦有相应分度表，即 R_t-t 的关系表，这样在实际测量中，只要测得热电阻的阻值 R_t，便可从分度表上查出对应的温度值。

由于铂是贵重金属，故在精度要求不高的场合和测温范围较小时，普遍使用铜电阻。铜在-50~150℃范围内铜电阻化学、物理性能稳定，阻温特性是近似的线性关系，即

$$R_t = R_0(1+\alpha_1 t + \alpha_2 t^2 + \alpha_3 t^3) \tag{4-11}$$

式中，$\alpha_1 = 4.28\times 10^{-3}/℃$，$\alpha_2 = -2.133\times 10^{-7}/℃^2$，$\alpha_3 = -1.233\times 10^{-9}/℃^3$。由于$\alpha_2$、$\alpha_3$比$\alpha_1$小得多，所以公式可简化为

$$R_t \approx R_0(1+\alpha_1 t)$$

上式中，R_t是温度为t时铜电阻值；R_0是温度为0℃时铜电阻值；α_1是常数；$\alpha_1 = 4.28\times 10^{-3}/℃$。

铜电阻的R_0分度号Cu_{50}为50Ω；Cu_{100}为100Ω。铜易于提纯，价格低廉，电阻-温度特性线性较好。但电阻率仅为铂的几分之一。因此，铜电阻所用阻丝细而且长，机械强度较差，热惯性较大，在温度高于100℃以上或侵蚀性介质中使用时，易氧化，稳定性较差。因此，只能用于低温及无侵蚀性的介质中，不适宜在高温和腐蚀性介质下工作。

此外，还有镍电阻、铟电阻和锰电阻。这些电阻各有其特点，如铟电阻是一种高精度低温热电阻；锰电阻阻值随温度变化大，可在275～336℃温度范围内使用，但质脆易损坏；镍电阻灵敏度较高，但热稳定性较差。

4.2.2 热敏电阻式温度传感器

半导体热敏电阻简称热敏电阻，是一种新型的半导体测温元件，热敏电阻是利用某些金属氧化物或单晶锗、硅等材料，按特定工艺制成的感温元件。热敏电阻的温度系数值远大于金属热电阻，所以灵敏度很高。在同等温度情况下，热敏电阻阻值远大于金属热电阻。连接导线电阻的影响极小，适用于远距离测量。而且材料加工容易、性能好。阻值在1～10MΩ可供自由选择。热敏电阻稳定性好。原料资源丰富，价格低廉。但是热敏电阻的非线性比较严重，而且测量温度的范围也小于金属热电阻。

1. 热敏电阻的类型

按照不同的物理特性，热敏电阻可分为3种类型，即正温度系数（PTC）热敏电阻和负温度系数（NTC）热敏电阻，以及在某一特定温度下电阻值会发生突变的临界温度系数电阻器（CTC）。

正温度系数热敏电阻器（PTC）是电阻值随温度升高而增大的电阻器，简称PTC热敏阻器。正温度系数热敏电阻器的主要材料是掺杂的$BaTiO_3$半导体陶瓷。PTC在测量温度范围内，其阻值随温度增加而增加，最高温度通常不超过140℃。

负温度系数热敏电阻器（NTC）是电阻值随温度升高而下降的热敏电阻，简称NTC热敏电阻器。NTC的材料主要是一些过渡金属氧化物半导体陶瓷，其电阻值随温度的增加而减小，一般用于-50～300℃的温度测量。

NTC热敏电阻在温度测量中使用得最多。与金属热电阻相比，NTC热敏电阻的特点是：

（1）电阻温度系数大，灵敏度高，约为金属热电阻的10倍。

（2）结构简单，体积小，可测点温。

（3）电阻率高，热惯性小，适用于动态测量。

（4）易于维护和进行远距离控制。

(5) 制造简单、使用寿命长。

(6) 互换性差，非线性严重。

突变型负温度系数（CTC）热敏电阻简称 CTC 热敏电阻器。该类电阻器的电阻值在某特定温度范围内随温度升高而降低 3～4 个数量级，即具有很大负温度系数。CTC 热敏电阻的主要材料是二氧化钒（VO_2）并添加一些金属氧化物。

CTC 热敏电阻的特点是：在临界温度附近电阻有急剧变化，因此不适于较宽温度范围内的测量。

2. 热敏电阻的测温机理

热敏电阻温度传感器的感温元件是对温度非常敏感的热敏电阻，所用材料是陶瓷半导体，其导电性取决于电子-空穴的浓度。低温下，电子-空穴浓度很低，故电阻率很大，随着温度的升高，电子-空穴的浓度按指数规律增加，电阻率迅速减小，其阻温特性公式为

$$R_T = R_0 e^{B\left(\frac{1}{T} - \frac{1}{T_0}\right)} \tag{4-12}$$

式中，R_0 为温度在 20℃时的电阻值（Ω）；R_T 为温度在 T 时的电阻值（Ω）；T 为热力学温度（K）；B 为热敏电阻常数（与热敏电阻材料及工艺有关）。

当 T_0 换算为 t_0=20℃时，R_0=965kΩ，t=100℃时，R_0=27.6kΩ，则 $B = -1366\ln(R_T/R_0) = 4855$K。

图 4.18 列出了不同种类热敏电阻的 R_T-t 特性曲线。曲线 1 和曲线 2 为负温度系数（NTC、CTC 型）曲线，曲线 3 和曲线 4 为正温度系数（PTC 型）曲线。由图中可以看出 2、3 特性曲线变化比较均匀，所以符合 2、3 特性曲线的热敏电阻，更适用于温度的测量，而符合 1、4 特性曲线的热敏电阻因特性变化陡峭则更适用于组成温控开关电路。

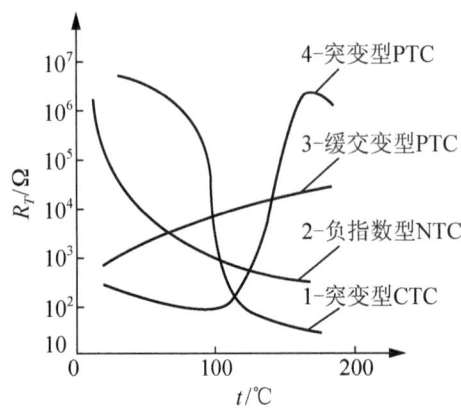

图 4.18　各种热敏电阻的特性曲线

由于热敏电阻与温度较强的非线性关系，使得它的测温范围和精度受到一定限制。为了解决这两方面问题，常利用温度系数很小的金属电阻与热敏电阻串联或并联，使热敏电阻阻值在一定范围内成线性关系。热敏电阻测温也常用电桥测量法。

3. 热敏电阻的结构

根据不同的用途，热敏电阻有多种封装结构，利用它的高稳定性、高可靠性，为客户提供多种便捷服务。

当前使用较多的热敏电阻一般都是锰、镍、钴铁、铜等氧化物，以及碳化硅、硅、锗及有机新材料。热敏电阻的结构组成有多种，图 4.19 所示为柱形热敏电阻，它由电极、钍镁丝、铂丝、电阻体、保护管、银焊点和绝缘柱所构成。除此之外，还有珠状、探头式和片状等热敏电阻，如图 4.20 所示。

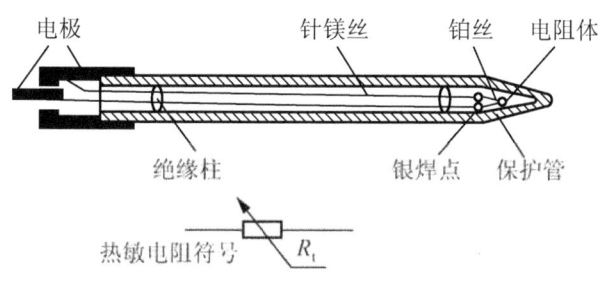

图4.19 热敏电阻符号和柱形热敏电阻结构

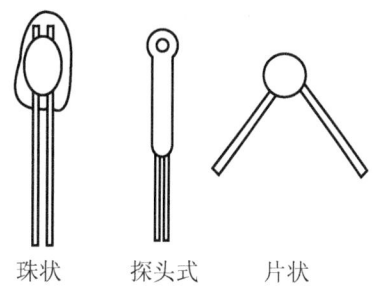

图4.20 其他形状热敏电阻

**特别提示**

近年来研制的热敏电阻具有较好的耐热性和可靠性。硅热敏电阻可具有正温度系数或负温度系数,尽管阻温特性是非线性,但是采用线性化措施之后,可在-30~150℃范围内实现近似线性化。锗热敏电阻广泛用于低温测量。硼热敏电阻在700℃高温时仍能满足灵敏度、稳定性的要求,可用于测量液体的流速、压力等。

总之,热敏电阻的温度系数比金属热电阻大,而且体积小、质量轻,适用于小空间温度测量,又因为它的热惯性小、反应速度快,故适合测量快速变化的温度。由于热敏电阻发展迅速,其性能得到不断改进,稳定性已大为提高,在许多场合下,如-40~350℃范围内,热敏电阻已逐渐取代传统的温度传感器。

4.3 非接触式温度传感器

非接触式温度传感器可分为电涡流式和辐射式。

电涡流式测温传感器是基于电涡流效应。反射式电涡流测温传感器的阻抗 Z、电感 L 和品质因数都是由 ρ、μ、X、f 等多参数决定的多元函数。若只改变其中一个参数,其余参数均保持不变,反射式电涡流传感器便成为测定这个可变参数的传感器。

我们知道,导体的电阻率 ρ 与温度有关。如果保持电涡流传感器线圈与导体间距离、线圈的几何参数和电流频率不变,使电涡流传感器的参数只随导体的电阻率变化而变化,即只随导体的温度变化而变化。那么,只要用测量电路测出电涡流传感器线圈的参数,就可以确定电涡流传感器附近被测导体的温度。

辐射式温度传感器采用热辐射和光电检测的方式测量温度。任何物体受热后都将有一部分热能转变为辐射能,因为这些辐射能被物体吸收后,多转变为热能,使物体升温,所以又称为热辐射。物体温度越高,则辐射到周围空间的能量就愈多。辐射能以波动形式向外辐射,其波长范围极大,一般工程测温中常用的主要是可见光和红外线,亦即波长从0.4~40μm 的电磁辐射。热辐射同其他电磁辐射一样,无须任何媒介即可传播,因此无须直接接触即可在物体之间传递热能,这是实现辐射式测温的基础。

辐射式温度传感器测量温度的工作原理是:当物体受热后,电子运动的动能增加,有一部分热能转变为辐射能,辐射能量的多少与物体的温度有关。当温度较低时,辐射能力很弱；当温度较高时，辐射能力很强；当温度高于一定值之后，可以用肉眼观察到发光，其发光亮度与温度值有一定关系。因此，高温及超高温检测可采用热辐射和光电检测的方法。根据上述原理制成的传感器就属于辐射式非接触温度传感器。

辐射式温度传感器一般包括两部分。

（1）光学系统，用于瞄准被测物体，并把被测物体的辐射能聚焦到辐射接收器上。

（2）辐射接收器，利用各种热敏元件或光电元件将会聚的辐射能转换为电量。

特别提示

辐射式测温法应用很广，通常非接触测温法就是指辐射式测温法。根据辐射式所采用测量方法的差异，非接触式温度传感器可分为全辐射式温度传感器、亮度式温度传感器和比色式温度传感器。下面对此做简要介绍。

4.3.1 全辐射温度传感器

全辐射温度传感器是通过测量被测物体辐射的全光谱积分能量来测量被测物体的温度。由于是对全辐射波长进行测量，所以希望光学系统有较宽的光谱特性，而且辐射接收器也采用没有光谱选择性的热敏元件。

因为实际物体的吸收能力小于绝对黑体（能够全部吸收辐射到其上的能量的物体），所以用全辐射温度传感器测得的温度总是低于物体的真实温度。通常把测得的温度称为"辐射温度"，其定义为：非黑体的总辐射能 E_T 等于绝对黑体的总辐射能量时，黑体的温度即为非黑体的辐射温度 T_r，则物体真实温度 T 与辐射温度 T_r 的关系为

$$T = T_r \sqrt[4]{\frac{1}{\varepsilon_T}} \tag{4-13}$$

式中，ε_T 为温度 T 时物体的全辐射发射系数。

全辐射温度传感器的结构示意图如图 4.21 所示。它由辐射感温器及显示仪表组成。测温工作过程为被测物的辐射能量经物镜聚焦到热电堆的靶心铂片上，将辐射能转变为热能，再由热电堆变成热电动势，由显示仪表显示出热电动势的大小，由热电动势的数值可知所测温度的大小。这种传感器适用于远距离、不能直接接触的高温物体，其测温范围为 100～2000℃。

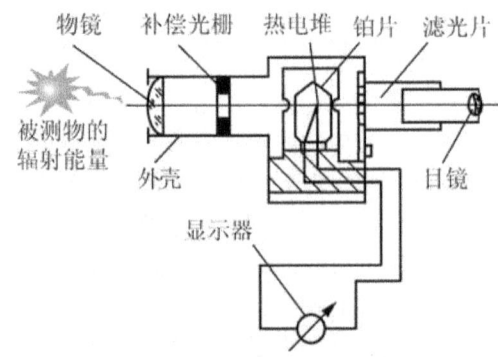

图 4.21 全辐射温度传感器结构示意图

4.3.2 亮度式温度传感器

当被测物体温度升高时，其辐射的单色亮度迅速增加。例如，辐射体温度由 1200K 上升到 1500K 时，总辐射能量增加 2.5 倍，而波长为 0.66μm 的红光单色亮度增加 10 倍以上。亮度式温度传感器利用物体的单色辐射亮度随温度变化的原理，并以被测物体光谱的一个狭窄区域内的亮度与标准辐射体的亮度进行比较来测量温度。由于实际物体的单色辐射发射系数小于绝对黑体，因而实际物体的单色亮度小于绝对黑体的单色亮度。故传感器测得的温度值小于被测物体的真实温度 T，将测得的温度称为亮度温度。

若以 T_L 表示被测物体的亮度温度，则物体的真实温度 T 与亮度温度 T_L 之间的关系为

$$\frac{1}{T} - \frac{1}{T_L} = \frac{\lambda}{C_2} \ln \varepsilon_{\lambda T} \tag{4-14}$$

式中，$\varepsilon_{\lambda T}$ 为单色辐射发射系数；C_2 为第二辐射常数，$C_2=0.014388 \mathrm{m \cdot K}$；$\lambda$ 为波长（m）。

图 4.22（a）所示为最简单的单光路直流方案。被测辐射经简单光学系统直接聚焦在光敏元件上，输出信号经放大后由显示仪表直接指示出温度来。如果采用较灵敏的光电池作为敏感元件，则可不必放大，直接用毫伏表显示。这种方案简单，反应速度快，但缺点是对光敏元件、放大显示部分都要求较高，对直流放大一般稳定性较差。

图 4.22（b）所示为单光路机械调制方案，与前者相比，由于采用了交流放大，故有利于防止放大线路的漂移。但由于是单光路系统，故对光敏元件和放大器稳定性要求较高。由于采用了调制，所以可测量的温度最高变化频率受到调制频率的限制。

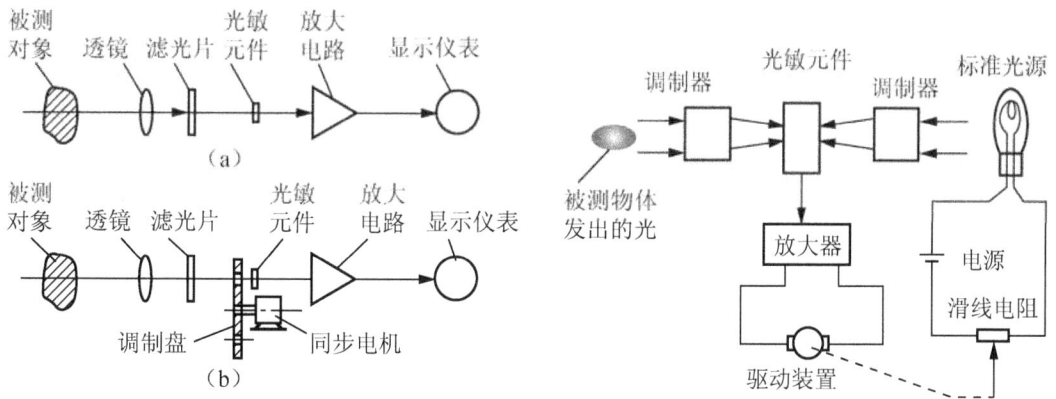

图 4.22 光路亮度测量温度方案系统　　图 4.23 光电亮度传感器原理示意图

亮度式温度传感器的形式很多，较常用的有灯丝隐灭式亮度传感器和各种光电亮度传感器。灯丝隐灭式亮度温度传感器以其内部高温灯泡灯丝的单色亮度作为标准，并与被测辐射体的单色亮度进行比较来测温。依靠人眼可比较被测物体的亮度，当灯丝亮度与被测物体亮度相同时，被测物体的温度等于灯丝的温度，而灯丝的温度则由通过它的电流大小来确定。由于这种方法的亮度依靠人的目测实现，故误差较大。光电亮度式温度传感器可以克服此缺点，它利用光电元件进行亮度比较，从而可实现自动测量。

光电亮度式温度传感器的实现自动测量的方法是：如图 4.23 所示，将被测物体与标准光源的辐射经调制后射向光敏元件，当两光束的亮度不同时，光敏元件产生输出信号，经放大后驱动与标准光源相串联的滑线电阻活动触点向相应方向移动，以调节流过标准光源

的电流，从而改变它的亮度，当两束光的亮度相同时，光敏元件无信号输出，这时滑线电阻触点的位置即代表被测温度值。这种传感器量程较宽，有较高的测量精度，一般用于测量700℃～3200℃范围的浇铸、轧钢、锻压、热处理时的温度。

4.3.3 光电比色温度传感器

比色温度传感器以测量两个波长的辐射亮度之比为基础，由于是比较两个波长的亮度，故称为"比色测温法"。

通常，将波长选在光谱的红色和蓝色区域内。在用此法测温时，仪表所显示的值为"比色温度"，以 T_p 表示。比色温度的定义为：非黑体辐射的两个波长 λ_1 和 λ_2 的亮度 $L_{\lambda_1 T}$ 和 $L_{\lambda_2 T}$ 之比值等于绝对黑体相应的亮度 $L^*_{\lambda_1 T}$ 和 $L^*_{\lambda_2 T}$ 之比值时，绝对黑体的温度被称为该黑体的比色温度，它与非黑体的真实温度 T 的关系为

$$\frac{1}{T} - \frac{1}{T_p} = \frac{\ln\left(\varepsilon_{\lambda_1}/\varepsilon_{\lambda_2}\right)}{C_2\left(\dfrac{1}{\lambda_1} + \dfrac{1}{\lambda_2}\right)} \tag{4-15}$$

式中，ε_{λ_1} 为对应于波长 λ_1 的单色发射系数；ε_{λ_2} 为对应于波长 λ_2 的单色发射系数；C_2 为辐射常数。

由式（4-15）可知，如果两个波长的单色发射系数相等，则物体的真实温度 T 与比色温度相同。通常 ε_{λ_1} 与 ε_{λ_2} 非常接近，故比色温度与真实温度相差很小。

一般灰体的发射系数不随波长而变，故它们的比色温度等于真实温度。对待测辐射体的两测量波长按工作条件和需要选择，通常 λ_1 对应为蓝色，λ_2 对应为红色。对于很多金属，由于单色发射系数随波长的增加而减小，故比色温度高于真实温度。

光电比色温度传感器是根据两个波长的亮度比随温度变化的原理来实现测量的，其工作原理如图 4.24 所示。

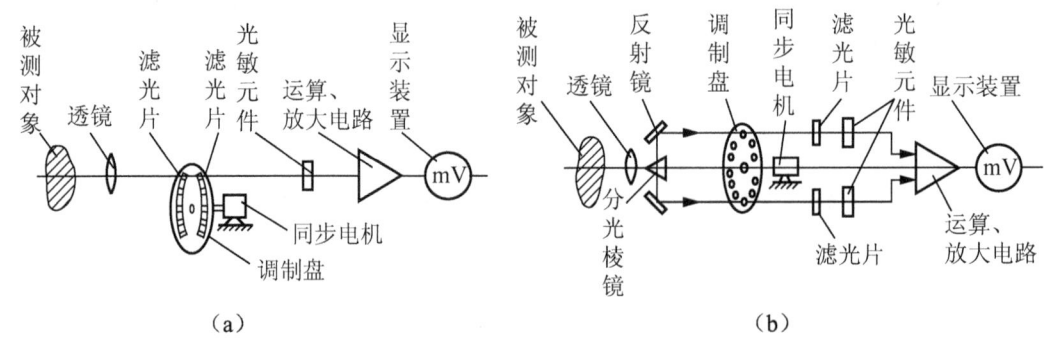

图 4.24 光电比色温度传感器

图 4.24（a）所示为单光路调制系统，由被测对象辐射来的射线经光学系统聚焦在光敏元件上，在光敏元件之前放置开孔的旋转调制盘，这个圆盘由电机带动，把光线调制成交变的。在圆盘的开孔上附有两种颜色的滤光片，一般多选红色、蓝色。这样使红光、蓝光交替地照在光敏元件上，使光敏元件输出相应的红光和蓝光信号，再将这个信号放大并经运算后送到显示仪表。

图 4.24（b）所示为双光路系统，被测辐射光源射来的光线经棱镜分成两路平行光，经反射镜反射同时通过（或不通过）调制盘小孔，再分别通过滤光片投射到相应的光敏元件上，产生两种颜色的光电信号，经放大运算电路处理后送显示仪表。

特别提示

光电比色温度传感器可用于连续自动检测钢水、铁水、炉渣和表面没有覆盖物的高温物体温度，其量程为 800～2000℃，测量精度为 0.5%。它的优点是反应速度快、测量范围大、测量温度接近于实际值。

4.4 半导体集成温度传感器

4.4.1 半导体温度传感器

半导体温度传感器以半导体 P-N 结的温度特性为理论基础。

当 P-N 结的正向压降或反向压降保持不变时，正向电流和反向电流都随着温度的变化而变化，而当正向电流保持不变时，P-N 结的正向压降随温度的变化而近似于线性变化，大约以-2mV/℃的斜率随温度变化。因此，利用 P-N 结的这一特性，可以对温度进行测量。

半导体温度传感器利用二极管与晶体管作为感温元件。二极管感温元件利用 P-N 结在恒定电流下，其正向电压与温度之间的近似线性关系来实现，由于它忽略了高次项非线性的影响，其测量误差较大。若采用晶体管代替二极管作为感温元件，能较容易地解决这一问题。

1. 半导体温度传感器的测温原理

图 4.25 是用晶体管的 be 之间 P-N 结压降差制作的温度传感器，把 NPN 晶体管的 bc 结短接，利用 be 结作为感温器件，即通常的晶体管，晶体管形式更接近理想 P-N 结，其线性更接近理论推导值。在忽略基极电流情况下，它们的集电极电流应当相等（考虑各晶体管的温度均为 T），VT_1 与 VT_2 的结压降差就是电阻 R_1 上的压降，即

$$\Delta U_{be} = U_{be1} - U_{be2} = \frac{kT}{q}\ln\gamma \tag{4-16}$$

式中，γ 为 VT_2 与 VT_4 结面积相差的倍数；k 玻耳兹曼常数，$k=1.38\times10^{-23}$J/K；q 为电子电荷量，$q=1.6\times10^{-19}$C；T 为被测物体的热力学温度（K）。

可见，ΔU_{be} 正比于绝对温度 T。由于 I 又与温度 T 成正比，因此，可以通过测量 I_2 的大小，实现对温度的测量，这就是半导体温度传感器的基本测温原理。图 4.26 为各种结构的晶体管温度传感器。

2. 半导体温度传感器的特点

（1）采用半导体二极管作为温度传感器，有简单、价廉的优点，用它可制成半导体温度计，测温范围在 0～50℃之间。

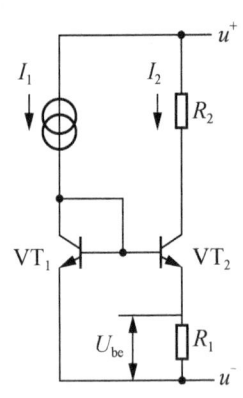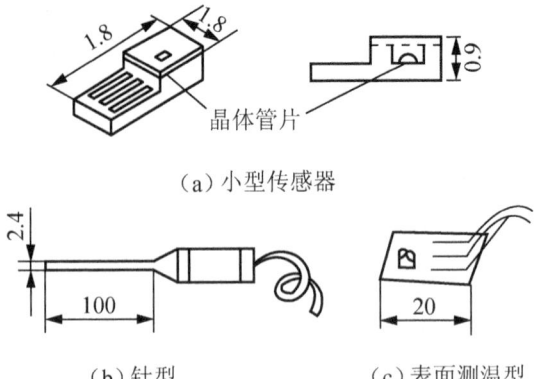

图 4.25　半导体温度传感器测温原理　　图 4.26　晶体管温度传感器结构示意图

（2）用晶体管制成的温度传感器测量精度高，测温范围较宽，在-50～150℃之间，因而可用于工业、医疗等领域的测温仪器或系统。

（3）各种结构的晶体管温度传感器具有很好的长期稳定性。

4.4.2　集成温度传感器

集成温度传感器具有体积小、线性好和反应灵敏等优点，所以应用十分广泛。集成温度传感器是把感温元件（常为 P-N 结）与有关的电子线路集成在很小的硅片上封装而成。由于 PN 结不能耐高温，所以集成温度传感器通常测量 150℃以下的温度。集成温度传感器按输出量的不同可分为电流型、电压型和频率型三大类。电流型输出阻抗很高，可用于远距离精密温度遥感和遥测，而且不用考虑接线引入损耗和噪声。电压型输出阻抗低，易于同信号处理电路连接。频率输出型易与微型计算机连接。按输出端个数分，集成温度传感器可分为三端式和两端式两大类。

1. 集成温度传感器基本工作原理

图 4.27 为集成温度传感器原理示意图，其中 VT_1、VT_2 为差分对管，由恒流源提供的 I_1、I_2 分别为 VT_1、VT_2 的集电极电流，则 ΔU_{be} 为

$$\Delta U_{be} = \frac{kT}{q}\ln\left(\frac{I_1}{I_2}\gamma\right) \tag{4-17}$$

式中，γ 为 VT_1 与 VT_2 发射极面积之比；k 为玻耳兹曼常数，$k=1.38\times10^{-23}$ J/K；q 为电子电荷量，$q=1.6\times10^{-19}$ C；T 为被测物体的热力学温度（K）。

由式（4-17）可知，只要 I_1/I_2 为恒定值，则 ΔU_{be} 与温度 T 为单值线性函数关系。这就是集成温度传感器的基本工作原理。

2. 电压输出型集成温度传感器

图 4.28 所示电路为电压输出型温度传感器。VT_1、VT_2 为差分对管，调节电阻 R_1，可使 $I_1=I_2$，当对管 VT_1、VT_2 的 β 值大于或等于 1 时，电路输出电压 U_0 为

$$U_0 = I_2 R_2 = \frac{\Delta U_{be}}{R_1} R_2 \tag{4-18}$$

由此可得

$$\Delta U_{be} = \frac{U_0 R_1}{R_2} = \frac{KT}{q}\ln\gamma \qquad (4\text{-}19)$$

由式（4-19）可知，R_1、R_2 不变，则 U_0 与 T 成线性关系；若 $R_1=940\Omega$，$R_2=30\mathrm{k}\Omega$，$\gamma=37$，则电路输出温度系数为 10mV/K。

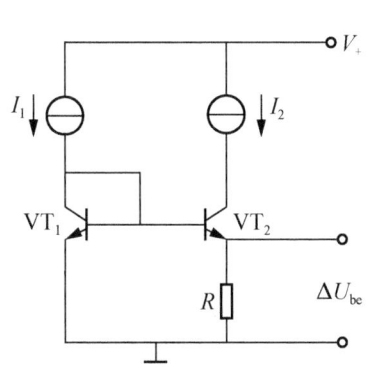

图 4.27　集成温度传感器基本原理示意图　　图 4.28　电压输出型原理电路示意图

3. 电流输出型集成温度传感器

电流输出型集成温度传感器原理电路如图 4.29 所示。对管 VT_1、VT_2 作为恒流源负载，VT_3、VT_4 作为感温元件，VT_3、VT_4 发射极面积之比为 γ，此时电流源总电流为

$$I_T = 2I_1 = \frac{2\Delta U_{be}}{R} = \frac{2kT}{qR}\ln\gamma \qquad (4\text{-}20)$$

由式（4-20）可得知，当 R、γ 为恒定量时，I_T 与 T 成线性关系。若 $R=358\Omega$，$\gamma=8$，则电路输出温度系数为 1μA/K。

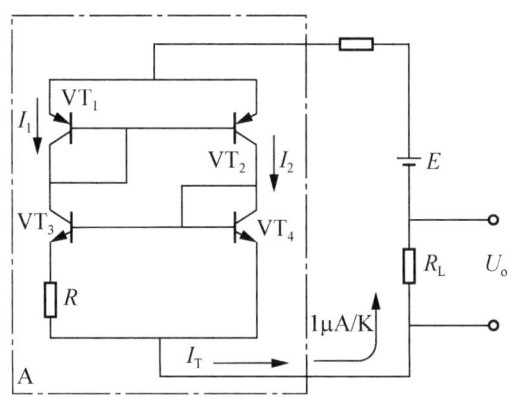

图 4.29　电流输出型原理电路图

特别提示

除上面介绍的测温方法外，值得一提的还有光导纤维测温法。光导纤维测温是光导纤维检测技术最成熟、应用最广的领域。用光导纤维制成的温度传感器同前面所讲的温度传

感器相比，有独特的优点。光导纤维测温可用于检测常规温度计难以检测的对象，如大型超高压变压器内部温度测量；要求防爆及具有强磁场干扰场合下的温度测量，还可适用于那些安装位置狭小，直接瞄准困难场合的温度测量。

光纤温度传感器按光纤的作用可分为功能型（传感器型）和非功能型（传光型）两类。按照传感器与被测对象关联方式可分为接触和非接触式两种。光纤传感器的相关内容可见项目7的介绍。

4.5 温度传感器的应用

温度的测量方式通常按感温元件是否与被测物接触而分为接触式测量和非接触式测量两大类。

接触式测量的特点是：传感器直接与被测物体接触进行温度测量，由于被测物体的热量传递给传感器，降低了被测物体温度，测量精度较低。采用这种方式测得物体真实温度的前提条件是被测物体的热容量足够大。接触式测量应用的温度传感器具有结构简单，工作稳定可靠及测量精度高等优点。如膨胀式温度计、热电阻传感器等。

非接触式测量的特点是：利用被测物体热辐射发出的红外线测量物体的温度，传感器可进行遥测。其优点是传感器不从被测物体上吸收热量，不会干扰被测对象的温度场，连续测量不会产生消耗，而且测量温度高，测量反应快等。但其制造成本较高，测量精度却较低。如红外高温传感器、光纤高温传感器等。此外，还有微波测温温度传感器、噪声测温温度传感器、温度图测温温度传感器、热流计、射流测温计、核磁共振测温计、穆斯保尔效应测温计、约瑟夫逊效应测温计和低温超导转换测温计等。这些温度传感器有的已获得应用，有的尚在研制中。

温度传感器的使用应满足以下条件。
(1) 传感器特性与温度之间的关系要适中，并容易检测和处理，且随温度成线性变化。
(2) 除温度以外，传感器特性对其他物理量的灵敏度要低。
(3) 传感器特性随时间变化要小，重复性好，没有滞后和老化。
(4) 灵敏度高，坚固耐用，体积小，对检测对象的影响要小。
(5) 机械性能好，耐化学腐蚀，耐热性能好。
(6) 能大批量生产，价格便宜，无危险性，无公害等。

4.5.1 双金属温度传感器的室温测量

双金属温度传感器的特点结构简单，价格便宜，刻度清晰，使用方便和耐振动等。常用于驾驶室、船舱和粮仓等室内温度测量。图4.30所示为盘旋形双金属温度计，它采用膨胀系数不同的两种金属片牢固粘合在一起组成的双金属片作为感温元件，其一端固定，另一端为自由端。当温度变化时，该双金属片由于两种金属膨胀系数不同而产生弯曲，自由端的位移通过传动机构带动指针指示出相应的温度。

项目 4 温度传感器及其应用

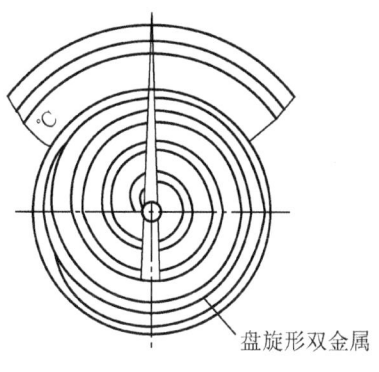
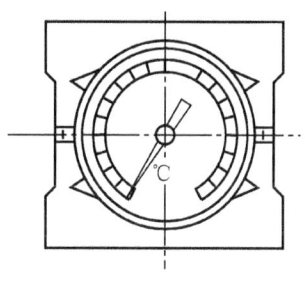

图 4.30 盘旋形双金属温度计

4.5.2 双金属温度传感器在电冰箱中的应用

电冰箱压缩机温度保护继电器内部的感温元件是一片碟形的双金属片，如图 4.31（a）、图 4.31（b）所示。由图 4.31（c）、图 4.31（d）可以看出在双金属片上固定着两个动触头。正常时，这两个动触头与固定的两个静触头组成两个常闭触点。在碟形双金属片的下面还安放着一根电热丝。该电热丝与这两个常闭触点串联。整个保护继电器只有两根引出线，在电路中，它与压缩机电动机的主电路串联。流过压缩机电动机的电流必定流过它的常闭触点和电热丝。

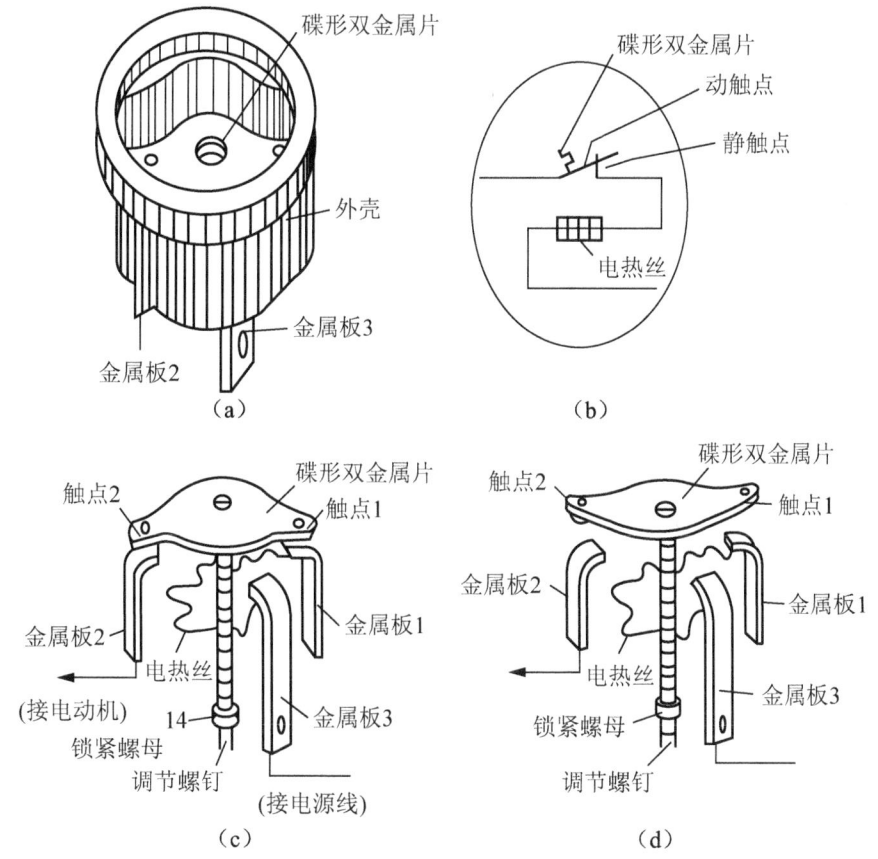

图 4.31 电冰箱压缩机温度保护继电器的内部结构

4.5.3 CPU 上的过热报警器

PC 上的中央处理器（CPU）在夏季高温季节常会出现过热现象，过热报警器可在 CPU 出现过热时发出报警声，提醒用户及时采取降温措施，以免烧坏 CPU 芯片，如图 4.32 所示。

该电路是采用普通的锗二极管作为温度传感器，将其安装在 CPU 芯片的散热器上。锗二极管 VD_1 被反向偏置，在常温下，它的阻值较大，使 VT_1 导通，IC 第 4 脚复位端处于低电位。于是接成多谐振荡器的 555 不起振，扬声器 B 不发声响。当 CPU 芯片散热器的温度超过电位器 R_{P1} 调定的温度值时，VD_1 的结电阻阻值可减小到足以使 VT_1 截止的程度，IC 因复位端处于高电平而起振，使扬声器发出报警声。声音的频率由 R_2、R_3 和 C_1 的时间常数来确定。

4.5.4 热敏电阻在空调器控制电路中的应用

热敏电阻在空调器中应用十分广泛，这里列举春兰牌 KFR-20GW 型冷热双向空调中热敏电阻的应用，如图 4.33 所示。

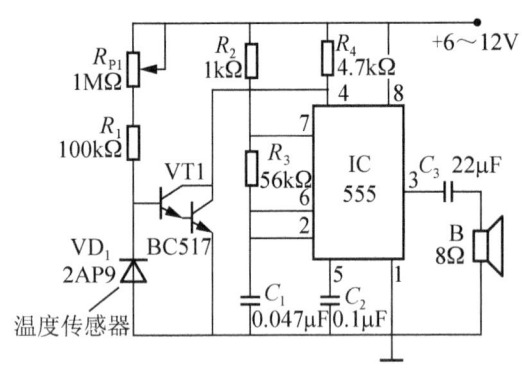

图 4.32 CPU 上的过热报警器电路

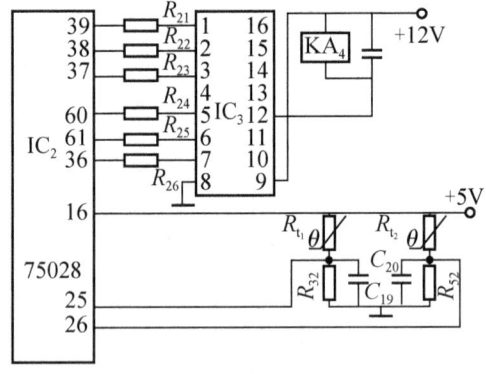

图 4.33 热敏电阻在空调控制电路中的应用

负温度系数的热敏电阻 R_{t_1} 和 R_{t_2} 分别是化霜传感器和室温传感器。室内温度变化会引起 R_{t_2} 阻值的变化，从而使 IC_2 第 26 脚的电位变化。当室内温度在制冷状态低于设定温度或在制热状态高于设定温度时，IC_2 第 26 脚电位的变化量达到能启动单片机的中断程序，使压缩机停止工作。

在制热运行时，除霜由单片机自动控制。化霜开始条件为-8℃，化霜结束条件为 8℃。

随着室外温度的下降，室外传感器 R_{t_1} 的阻值增大，IC_2 第 25 脚的电位随之降低。在室外温度降低到-8℃时，IC_2 的 25 脚转为低电平。单片机感受到这一电平变化，便使 60 脚输出低电平，继电器 KA_4 释放，电磁四通换向阀线圈断电，空调器转为制冷循环。同时，室内外风机停止运转，以便不向室内送入冷气。压缩机排出的高温气态制冷剂进入室外热交换器，使其表面凝结的霜溶化。

化霜结束，室外热交换器温度升高到 8℃，R_{t_1} 的阻值减小到使 IC_2 第 25 脚变为高电平，单片机检测到这一信号变化，则 IC_2 的 60 脚重新输出高电平，继电器 KA_4 通电吸合，电磁四通换向阀线圈通电，恢复制热循环。

4.5.5 K型热电偶的测温电路

K型（镍铬-镍硅，分度号：K）热电偶的测温电路如图4.34所示。电路中采用K型热电偶专用集成电路AD595。

该芯片内包括仪器放大器、热电偶冷端温度补偿电路和热电偶断线检测电路。

LED_1用于指示热电偶是否断线。为了避免LED_1的电流使AD595发热产生温度误差，接入了由晶体管VT等组成的缓冲电路。AD538及运算放大器$A_1 \sim A_4$等组成线性化电路，进行线性补偿，为了减少非线性误差，分量程进行线性补偿。

该电路总测量范围为0～1200℃，在每个测量范围段，大约都具有10mV/℃的灵敏度，其输出电压和温度具有良好的线性关系。

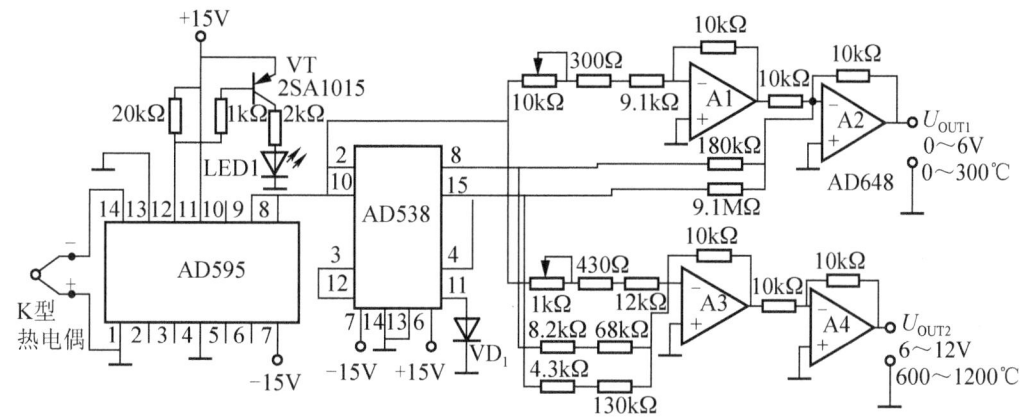

图4.34 K型热电偶的测温电路

4.5.6 集成温度传感器的应用

1. 单线半导体集成温度传感器DS18B20

DALLAS半导体公司生产的单线半导体集成温度传感器DS18B20是一种新的"一线器件"。其体积更小、适用电压范围更大、更经济，是世界上第一片支持"一线总线"接口的温度传感器。一线总线独特而且经济的特点，使用户可轻松地组建传感器网络，为测量系统的构建引入全新概念。测量温度范围为-55～125℃，在-10～85℃范围内，精度为±0.5℃。现场温度直接以"一线总线"的数字方式传输，大大提高了系统的抗干扰性。适合于恶劣环境的现场温度测量，如：环境控制、设备或过程控制、测温类消费电子产品等。新的产品支持3～5.5V的电压范围，使系统设计更灵活、方便。而且新一代产品更便宜，体积更小。

DS18B20的体积结构和管脚排列如图4.35所示。

引脚中的DQ为数字信号输入/输出端；GND为电源地；V_{DD}为外接供电电源输入端（在寄生电源接线方式时接地）。

DS18B20可以程序设定9～12位的分辨率，可选更小的封装方式，更宽的电压适用范围。分辨率设定及用户设定的报警温度存储在EEPROM中，掉电后依然保存。性能价格比也非常出色。

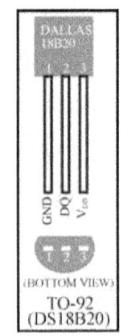

(a) 体积结构　　　　　　　　　　　(b) 引脚排列

图 4.35　DS18B20 的体积结构和引脚排列

DS18B20 的特点有：①单线接口：仅需一根口线与 MCU 连接；②无须外围元件；③由总线提供电源；④测温范围为-55～125℃，精度为±0.5℃；⑤九位温度读数；⑥A/D 转换时间为 200ms；⑦用户可以任意设置温度上、下限报警值，且能够识别具体报警传感器。

图 4.36 所示为 DS18B20 的内部框图，它主要包括寄生电源、温度传感器、64 位激光 ROM 单线接口、存放中间数据的高速暂存器（内含便笺式 RAM），用于存储用户设定的温度上下限值的 TH 和 TL 触发器存储与控制逻辑、8 位循环冗余校验码（CRC）发生器等七部分。

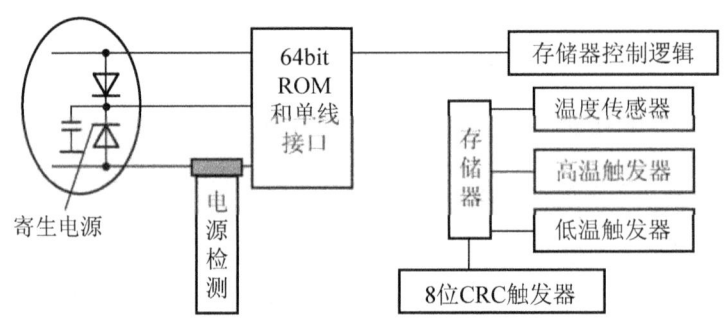

图 4.36　DS18B20 的内部框图

DS18B20 测量温度时使用特有的温度测量技术，如图 4.37 所示。

DS18B20 的测温工作过程是：用一个高温度系数的振荡器确定一个门周期，内部计数器在这个门周期内对一个低温度系数的振荡器的脉冲进行计数来得到温度值。计数器被预置到对应于-55℃的一个值。如果计数器在门周期结束前到达 0，则温度寄存器（同样被预置到-55℃）的值增加，表明所测温度大于-55℃。

同时，计数器被复位到一个值，这个值由斜坡式累加器电路确定，斜坡式累加器电路用来补偿感温振荡器的抛物线特性。然后计数器又开始计数直到 0，如果门周期仍未结束，将重复这一过程。

斜坡式累加器用来补偿感温振荡器的非线性，以期在测温时获得比较高的分辨力。这是通过改变计数器对温度每增加一摄氏度所需计数的的值来实现的。因此，要想获得所需的分辨力，必须同时知道在给定温度下计数器的值和每一摄氏度的计数值。

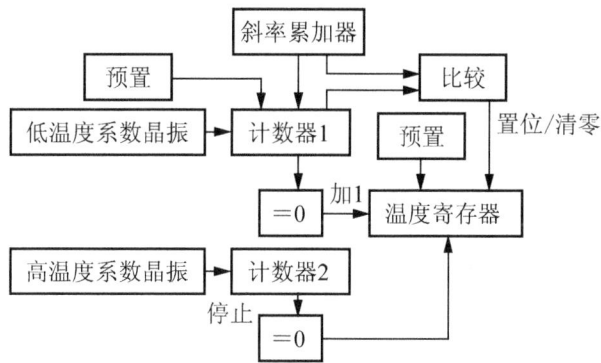

图 4.37 DS18B20 温度测量原理

DS18B20 内部对此计算的结果可提供 0.5℃的分辨力。温度以 16bit 带符号位扩展的二进制补码形式读出。数据通过单线接口以串行方式传输。DS18B20 测温范围-55～125℃，以 0.5℃递增。如用于华氏温度，必须有一个转换因子查找表。

由于单线数字温度传感器 DS18B20 具有在一条总线上可同时挂接多片的显著特点，可同时测量多点的温度，而且 DS18B20 的连接线可以很长，抗干扰能力强，便于远距离测量，因而得到了广泛应用。

挂接多片 DS18B20 的电路如图 4.38 所示。通过实验发现此种方法可挂接数十片 DS18B20，距离可达到 50m，而用一个口时仅能挂接 10 片 DS18B20，距离仅为 20m。同时，由于读、写在操作上是分开的，故不存在信号竞争问题。

继"一线总线"的早期产品后，DS18B20 开辟了温度传感器技术的新概念。DS18B20 和 DS18B22 使电压、特性及封装有更多的选择，让我们可以构建适合自己的经济的测温系统。

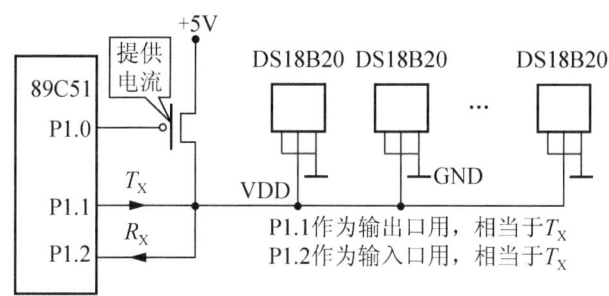

图 4.38 挂接多片 DS18B20 的电路

2. 单片集成电路温度传感器 AD590

AD590 单片集成两端感温电流源传感器，它的主要特性如下。

（1）流过器件的电流（mA）数值上等于器件所处环境的热力学温度（开尔文）。

（2）AD590 的测温范围为-55～150℃。

（3）AD590 的电源电压范围为 4～30V。电源电压可在 4～6V 范围变化，电流变化 1mA，相当于温度变化 1K。AD590 可以承受 44V 正向电压和 20V 反向电压，因而器件反接也不会被损坏。

（4）输出功率为 710mW。

（5）精度高。AD590 共有 I、J、K、L、M 五挡，其中 M 挡精度最高，在-55～150℃范围内，非线性误差为±0.3℃。

AD590 温度传感器用于测量热力学温度、摄氏温度、两点温度差、多点最低温度、多点平均温度的具体电路，广泛应用于不同的温度控制场合。由于 AD590 精度高、无须辅助电源、线性好，常用于测温和热电偶的冷端补偿。

国产的 AD590 只需要一种电源（4.5～24V）即可实现温度到电流的线性变换，然后在终端使用一只取样电阻，即可实现电流到电压的转换。它使用方便，并且电流型比电压型的测量精度高。

温度传感器的应用范围很广，它不仅广泛应用于日常生活中，而且也大量应用于自动化和过程检测控制系统。温度传感器的种类很多，根据现场使用条件，选择恰当的传感器类型才能保证测量的准确可靠，并同时达到增加使用寿命和降低成本的目的。AD590 温度传感器不但实现了温度转换为线性化电量测量，而且精确度高、互换性好、应用简单方便，因此，可把输出的电信号经 AD 卡转换为数字信号，由计算机采集 V_i-t 的数据，以发挥其实时和准确的特点。把 AD590 用于改进一部分物理实验，如空气比热容的测量、金属比热容的测量及液氮汽化热的测量等，都取得了良好的效果。

总之，与汞温度计、铜-康热电偶温度计及半导体热敏电阻温度计相比，AD590 具有线性好、测温不需参考点及消除电源波动等优点，因此在常温范围内可以取代它们，广泛应用于科技和工业领域中。

4.6　综合实训：了解热电偶的原理及现象

实训目标

了解热电偶的原理及现象。

实训要求

掌握热电偶的温度测量原理。

实训原理

本实训说明热电偶的温度测量原理。

热电偶被越来越广泛地用于测量 100～1300℃范围内的温度，根据需要还可以用来测量更高或更低的温度。热电偶具有结构简单，测量范围宽、准确度高、热惯性小，输出信号为电信号，便于远传或信号转换等优点。热电偶还能用来测量流体的温度、测量固体以及固体壁面的温度。微型热电偶还可用于快速及动态温度的测量。

1. 热电偶的测温原理

在两种不同的金属所组成的闭合回路中,当两接触处的温度不同时,回路中就要产生热电势。这个物理现象称为热电效应。

热电偶式温度传感器的工作原理基于热电效应。当两种不同金属导体 A 和 B 两端相互紧密地连接在一起组成一个闭合电路时,一端温度为 T,另一端为 T_0(设 $T>T_0$)。在测量技术中,把上述两种不同材料构成的组合环元件称为热电偶,A、B 不同金属导体为热电极。两个接点中,一个为热端(T),又称工作端;另一个为冷端(T_0),又称自由端或参考端。

由于不同金属导体的两个接触点温度 T 和 T_0 不同,这时在这个回路中将产生一个与温度 T、T_0 以及与导体材料性质有关的电势 $e_{AB}(T, T_0)$,并有电流通过,这种把热能转换成电能的现象称为热电效应。显然可以利用这个热电效应中产生的电势 e_{AB} 来测量温度。

物理学表明,热电动势 e_{AB} 由接触电动势和温差电动势两部分组成。

接触电动势是由于两种不同导体的自由电子密度不同而在接触处形成的电动势。当两种不同金属材料接触在一起时,由于各自的自由电子密度不同,使各自的自由电子透过接触面相互向对方扩散,电子密度大的材料由于失去的电子多于获得的电子,而在接触面附近积累正电荷,电子密度小的材料由于获得的电子多于失去的电子,而在接触面附近积累负电荷,因此在接触面处很快形成一静电性稳定的电位差 e_{AB},其值不仅与材料的性质有关,而且还与温度高低有关。

热电偶测温的特点如下。

(1)如果热电偶两个电极的材料相同,两个接点温度虽不同,不会产生热电动势。

(2)如果两个电极的材料不同,但两接点温度相同,也不会产生热电动势。

(3)当热电偶两个电极的材料不同,且电极的材料固定后,热电动势 $E_{AB}(t, T_0)$ 便为两电极材料的接点温度 t 和 T_0 的函数。根据热电偶中间温度定律,热电偶的热电势与温度之间的关系式为

$$E_{AB}(t, T_0) = E_{AB}(t, t_n) + E_{AB}(t_n, T_0)$$

式中,t 为热电偶的热端(工作端或称测温端)温度;t_n 为热电偶的冷端(自由端即热电势输出端)温度,也就是室温;T_0 为 0℃。

① 热端温度为 t,冷端温度为室温时,热电势:$E_{AB}(t, t_n) =$(F/V 显示表 E 值)/100,100 为差动放大器的放大倍数。

② 实际应用中,热电动势与温度之间的关系是通过热电偶分度表来确定的。分度表是在参考端温度为 0℃时,通过实验建立起来的热电动势与工作端温度之间的数值对应关系。热端温度为室温,冷端温度为 0℃时,铜-康铜的热电势 $E_{AB}(t_n, T_0)$:可以查热电偶自由端为 0℃时的热电势和温度的关系表即铜-康铜热电偶分度表,得到室温(温度计测得)时的热电势。

2. 热电偶的结构

热电偶种类很多,其结构及外形也不尽相同,但基本组成大致相同。通常由热电极、绝缘材料、接线盒和保护套等组成。按热电偶结构划分,热电偶可分成普通型、铠装、多

点型、微型、薄膜型、表面型、浸入型和测气流温度型等基本类型。

普通型热电偶外形如图 4.39 所示,它是工业测量上应用最多的热电偶,它一般由热电极、绝缘套管、保护管和接线盒组成。主要用于测量气体、蒸汽和液体等介质的温度。绝缘体一般使用陶瓷套管,其保护套有金属和陶瓷两种。根据测量范围和环境气氛不同,可选择合适的热电偶和保护管。

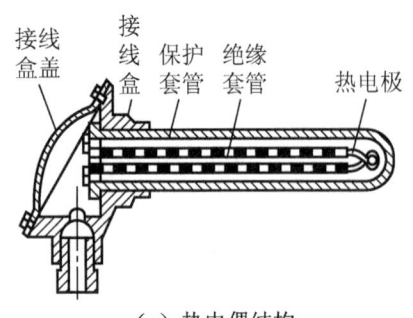
(a)热电偶结构

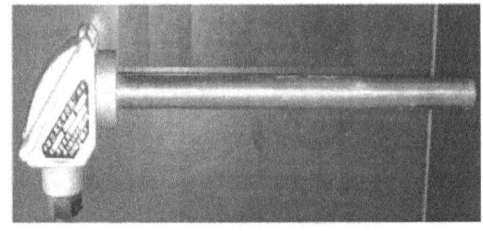
(b)热电偶外形

图 4.39 普通型热电偶的结构和外形

普通型热电偶根据安装时的连接形式可分为固定螺纹连接、固定法兰连接、活动法兰连接和无固定装置等多种形式。根据使用状态可选择密封式、普通型或高压固定螺纹型。

1)所需部件

-15V 不可调直流稳压电源、差动放大器、F/V 表、加热器、热电偶、汞温度计(自备)、主副电源。

2)旋钮初始位置

F/V 表切换开关置 2V 挡,差动放大器增益最大。

实训步骤

(1)了解热电偶原理:两种不同的金属导体互相焊接成闭合回路时,当两个接点温度不同时回路中就会产生电流,这一现象称为热电效应,产生电流的电动势称为热电势。通常把两种不同金属的这种组合称为热电偶。

(2)了解热电偶在实训仪上的位置及符号,实训仪所配的热电偶是由铜-康铜组成的简易热电偶,分度号为 T。

(3)按如图 4.40 所示接线,开启主、副电源,调节差动放大器调零旋钮,使 F/V 表显示零,记录下自备温度计的室温。

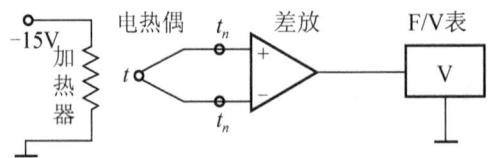

图 4.40 热电偶连接示意图

(4)将-15V 直流电源接入加热器的一端,加热器的另一端接地,观察 F/V 表显示值的变化,待显示值稳定不变时记录下 F/V 表显示的读数 E。

(5) 用自备的温度计测出下梁表面加热器处的温度，并记录到表 4-1 中。（注意：温度计的测温探头要触及热电偶处附近的梁体即可）

表 4-1 热电偶测得温度值与自备温度计测得温度值比较表

	被测量值						
热电偶/N 热电势/mV							
热电偶所测温度/℃							
温度计所测温度/℃							
所测温度差/℃							

(6) 计算：热端温度为 t，冷端温度为 0℃时的热电势 $E_{AB}(t, T_0)$，根据计算结果，查分度表 4-2 得到温度 t。

表 4-2 铜-康铜热电偶分度表（自由端温度 0℃）

温度/℃	0	1	2	3	4	5	6	7	8	9
	热电动势/mV									
0−	−0.000	−0.039	−0.077	−0.116	−0.154	−0.193	−0.231	−0.269	−0.307	−0.345
0+	0.000	0.039	0.078	0.117	0.156	0.195	0.234	0.273	0.312	0.351
10	0.391	0.430	0.470	0.510	0.549	0.589	0.629	0.669	0.709	0.749
20	0.789	0.830	0.870	0.911	0.951	0.992	1.032	1.073	1.114	1.155
30	1.196	1.237	1.279	1.320	1.361	1.403	1.444	1.486	1.528	1.569
40	1.611	1.653	1.695	1.738	1.780	1.822	1.865	1.907	1.950	1.992
50	2.035	2.078	2.121	2.164	2.207	2.250	2.294	2.337	2.380	2.424
60	2.467	2.511	2.555	2.599	2.643	2.687	2.731	2.775	2.819	2.864
70	2.908	2.953	2.997	3.042	3.087	3.131	3.176	3.221	3.266	3.312
80	3.357	3.402	3.447	3.493	3.538	3.584	3.630	3.676	3.721	3.767
90	3.813	3.859	3.906	3.952	3.998	1.044	4.091	4.137	4.184	4.231
100	4.277	4.324	4.371	4.418	4.465	4.512	4.559	4.607	4.654	4.701

(7) 热电偶测得温度值与自备温度计测得温度值相比较。

特别提示

本实训仪所配的热电偶为简易热电偶、并非标准热电偶，只需要了解热电势现象。

(8) 实训完毕关闭主、副电源，尤其是加热器-15V 电源（自备温度计测出温度后马上拆去-15V 电源连接线）其他旋钮置原始位置。

实训思考

(1) 为什么差动放大器接入热电偶后需再调差放零点？

(2) 即使采用标准热电偶按本实训方法测量温度也会有很大误差，为什么？

习 题

1. 温度测量的方法有哪些？它们的原理有何不同？各适用于什么场合？
2. 热电偶主要分几种类型？各有何特点？
3. 为什么对热电偶的参考端温度要采用温度补偿？一般有哪些处理方法？
4. 为什么金属热电阻式传感器要采用双线无感绕制法？
5. 什么是热敏电阻的正温度系数与负温度系数？
6. 根据图 4.18 列出的不同种类热敏电阻的 R_T-t 特性曲线，叙述热敏电阻的测温原理。
7. 全辐射式温度传感器依据的是什么测温原理？
8. 亮度式温度传感器主要有几种形式？各有什么特点？
9. 请叙述光电比色温度传感器的工作过程。
10. 半导体温度传感器是如何实现温度测量的？

项目 5

气敏、湿度传感器及其应用

教学目标

了解常用气敏、湿度元件的种类;掌握气敏传感器、湿度传感器、水分传感器的工作原理及类型与结构的特点、适用范围;熟悉气敏、湿度元件的工作机理和几种应用实例;能正确选用气敏、湿度和水分传感器。

教学要求

知识要点	能力要求	相关知识	权重
气敏传感器结构、原理	气敏传感器使用条件、分类、半导体、半导瓷气敏电阻、非电阻型、接触燃烧式、红外线吸收式、热导率变化式气敏传感器工作原理	检测气体的种类形式、半导体特性、平衡电桥、电解质特性	40%
湿度传感器结构、原理	湿度定义、湿度传感器的分类及特性、电解质型、半导体陶瓷型、有机高分子、单晶半导体型湿敏传感器工作原理	气体湿度、离子晶体、金属氧化物、高分子材料特性	20%
水分传感器结构、原理	含水量的检测方法、水分传感器的工作原理、线性探头结构	物料介电常数、红外光谱、微波原理、土壤电阻值	20%
气敏、湿度元件应用实例	气敏电阻检漏报警器、矿灯瓦斯报警器、半导体式煤气传感器、热敏电阻式绝对湿度传感器等应用	电器原理图的电路原理和信号波形	20%

项目导读

气敏传感器是一种将检测到的气体成分和浓度转换为电信号的传感器。其作用是把气体（多数为空气）中的特定成分检测出来，并将它转换为电信号，以便提供有关待测气体的存在及浓度大小的信息。

在现代社会的生产和生活中，会接触到各种各样的气体，需要进行检测和控制。比如化工生产中气体成分的检测与控制；煤矿瓦斯浓度的检测与报警；环境污染情况的监测；煤气泄漏；火灾报警；燃烧情况的检测与控制等。如图 5.1 所示的 GQQ0.1 型（原型号 KGQ-1 型）烟雾传感器，它主要用于对煤矿井下橡胶、煤尘等因摩擦起热或其他原因产生的烟雾进行监测。传感器采用了先进的气敏型探头，经过特殊电路处理后，具有灵敏、可靠、无误动和无拒动等特点。当接上电源后，其传感器绿灯亮，待稳定 10 分钟后，绿灯灭红灯亮，表示检测探头热稳定时间结束，传感器进入检测状态。当有少量烟雾进入烟室后，红灯闪亮，同时控制三级管导通，输出低电平，烟雾故障指示亮，使继电器闭合。实现烟雾保护或自动灭火。同时扬声器发出"＊号皮带冒烟"的语言报警。主机实现保护并闭锁，此时要重新启动，需在故障排除，并按一下停止按钮解锁后，再按动启动按钮，皮带机才能运行。

图 5.1　GQQ0.1 型烟雾传感器

气敏传感器最早用于可燃性气体泄漏报警，用于防灾，保证生产安全。应用逐渐推广，用于有毒气体的检测、容器或管道的检漏、环境监测（防止公害）、锅炉及汽车的燃烧检测与控制（可以节省燃料，并且可以减少有害气体的排放）、工业过程的检测与自动控制（测量分析生产过程中某一种气体的含量或浓度）。近年来，在医疗、空气净化、家用燃气灶和热水器等方面，气敏传感器也得到了普遍的应用。

气敏传感器使用时必须满足下列条件。

（1）能够检测爆炸气体的允许浓度、有害气体的允许浓度和其他基准设定浓度，并能及时给出报警、显示和控制信号。

（2）对被测气体以外的共存气体或物质不敏感。

（3）性能长期稳定性好。

（4）响应迅速、重复性好。

（5）维护方便、价格便宜等。

特别提示

被测气体的种类繁多，它们的性质也各不相同。所以不可能用一种方法来检测所有气体，其分析方法也随气体的种类、浓度、成分和用途而异。实际检测气体时，对各种检测方法存在选择问题。一般情况下，要检测的气体种类是已知的。因此，检测方法的选择范围自然就缩小了。另外，其使用场所以工厂和家庭为主，只是在选择标准方面有些不同。对家庭用产品，希望操作简单，可靠性与稳定性好，并以较少或无须维修为好。而作为工业产品，由于使用场地的建筑结构和安装的机械设备等原因，要注意气体按较复杂的立体方式活动；对检测的环境要求严格，由于现场存在大量粉尘和油雾，而且温度、湿度和风速等变化很大，因此，必须选择能适应这些条件的检测方法、传感器的安装位置和数量等。

5.1 气敏传感器

5.1.1 气敏传感器的分类

气敏传感器从结构上可分为两大类，即干式与湿式。凡构成气敏传感器的材料为固体的均称为干式气敏传感器；凡利用水溶液或电解液感知待测气体的称为湿式气敏传感器。图5.2所示为气敏传感器的分类情况。

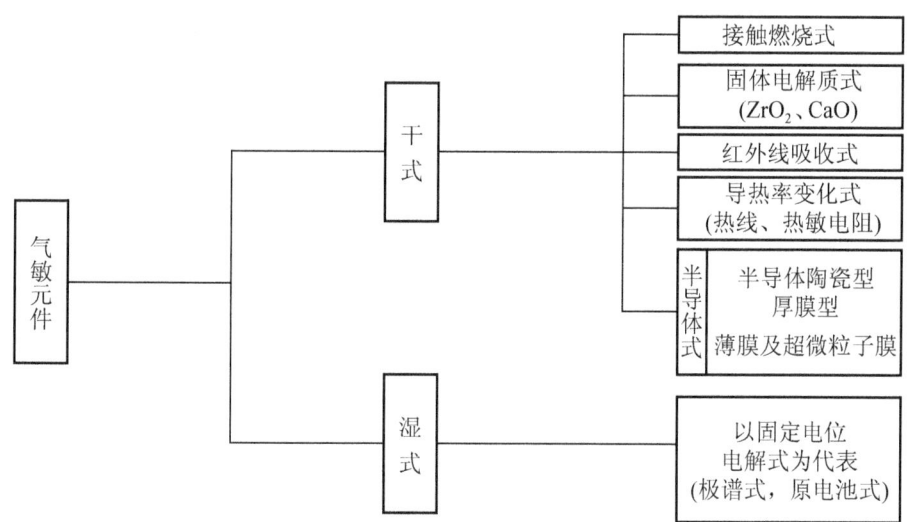

图5.2　气敏传感器的分类

气敏传感器通常在大气工况中使用，而且被测气体分子一般要附着于气敏传感器的功能材料表面且与之起化学反应。因而气敏传感器也可归于化学传感器之内，由于这个原因，气敏传感器必须具备较强的抗环境影响的能力。

气敏传感器的种类繁多，这里分析常见的几种。

5.1.2 半导体式气敏传感器

半导体式气敏传感器是利用半导体气敏元件同气体接触，造成半导体性质变化，来检测气体的成分或浓度的气敏传感器。半导体气敏传感器大体可分为电阻式和非电阻式两大类。电阻式半导体气敏传感器是用 SnO_2、ZnO 等金属氧化物材料制作的敏感元件，利用其阻值的变化来检测气体的浓度。气敏元件有多孔质烧结体、厚膜以及目前正在研制的薄膜等。非电阻式半导体气体传感器是一种半导体器件,它们与气体接触后,如二极管的伏安特性或场效应管的电容-电压特性等将会发生变化,根据这些特性的变化来测定气体的成分或浓度。

1. 半导体气敏传感器的结构

人们早在 20 世纪 30 年代就已发现 Cu_2O 的导电率随水蒸气的吸附而发生改变。其后又发现其他许多金属氧化物,如 SnO_2、ZnO、WO_3、V_2O_5、CdO 和 Fe_2O_3 也都有气敏效应,具有代表性的是 SnO_2 系和 ZnO 系气敏元件。20 世纪 60 年代研制成功了 SnO_2 气敏元件。这些金属氧化物都是利用陶瓷工艺制成的具有半导体特性的材料,因此称之为半导体陶瓷,简称半导瓷。

SnO_2 气敏半导瓷对许多可燃性气体,如氢气、一氧化碳、甲烷、丙烷、乙醇和丙酮等都有较高的灵敏度。掺加少量贵金属,如 Pt(铂)、Mo(钼粉、钼酸)和 Ga(镓)等杂质作为激活剂的 SnO_2 元件可在常温下工作,对可燃性气体的灵敏度有明显增加。

半导体气敏元件按结构可将其分成烧结型、薄膜型和厚膜型三种。

1)烧结型气敏元件

这类器件以半导瓷 SnO_2 为基本材料(其粒度在 1μm 以下)添加不同杂质,采用传统制陶方法进行烧结。烧结时埋入加热丝和测量电极,制成管心,最后将加热丝和测量电极焊在管座上,加特制外壳构成器件。烧结型器件的结构如图 5.3(a)所示。

烧结型器件的一致性较差,机械强度也不高。但它价格便宜,工作寿命较长,目前仍得到广泛应用。

2)薄膜型气敏元件

薄膜型气敏元件的结构如图 5.3(b)所示。采用蒸发或溅射方法在石英基片上形成一层氧化物半导体薄膜。实验测定,证明 SnO_2 和 ZnO 薄膜的气敏特性最好。但这种薄膜为物理性附着系统,器件之间的性能差异仍较大。

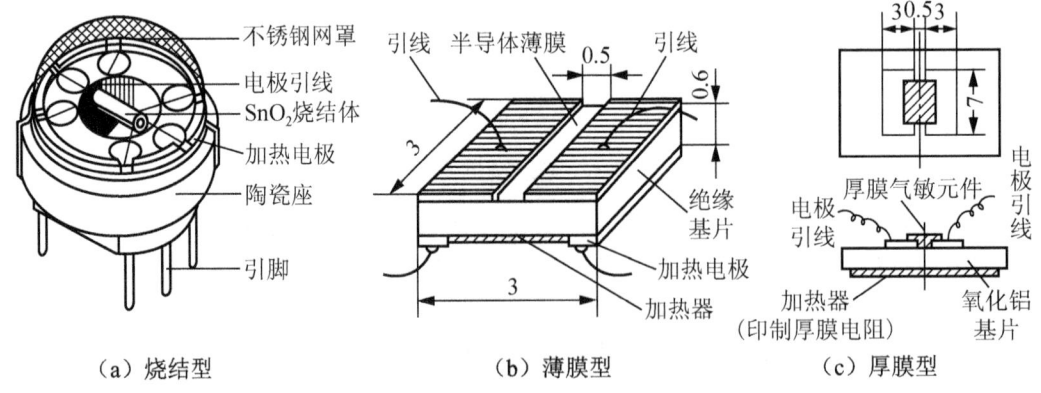

(a)烧结型　　　　　　(b)薄膜型　　　　　　(c)厚膜型

图 5.3 半导体气敏传感器的结构

3)厚膜气敏元件

为解决器件一致性问题,出现了厚膜器件。厚膜气敏元件是用 SnO_2 和 ZnO 等材料与 3%~15%(质量)的硅凝胶混合制成能印刷的厚膜胶,把厚膜胶用丝网印刷到事先安装了铂电极的 Al_2O_3 基片上,以 400~800℃烧结 1h 制成,其结构原理如图 5.3(c)所示。

厚膜工艺制成的元件一致性较好，机械强度高，适于批量生产，是一种有前途的器件。

以上三类气敏元件都附有加热器。使用时，加热器能使附着在探测部分的雾、尘埃等烧掉，同时加速气体的吸附，从而提高了器件的灵敏度和响应速度，一般加热到 200～400℃，具体温度视所掺杂质不同而异。

2. 表面控制型的半导体陶瓷气敏元件

半导瓷气敏材料 SnO_2 是 N 型半导体。这类器件表面电阻的变化，取决于表面原来吸附气体与半导体材料之间的电子交换。通常器件工作在空气中，在空气中的 O_2 这样的电子兼容性大的气体，接受来自半导体材料的电子而吸附负电荷，其结果表现为 N 型半导体材料的表面空间电荷区域的传导电子减少，使表面电导率减少，从而使器件处于高阻状态。一旦器件与被测气体接触，就会与吸附的 O_2 起反应，将被氧束缚的几个电子释放出来，使敏感膜表面的电导增加，从而使器件电阻减少。它的导电原理可以用图 5.4 的吸附效应解释。

图 5.4（a）为烧结体 N 型半导瓷的模型。这种材料为多晶体。晶粒间有较高电阻，晶粒内部电阻较小。导电通路的等效电路如图 5.4（b）、图 5.4（c）所示。图中 R_n 为颈部等效电阻，R_b 为晶粒的等效体电阻，R_s 为晶粒的等效表面电阻。其中 R_b 的阻值较低，它不受吸附气体影响。R_n 和 R_s 则受吸附气体所控制，且 $R_n \gg R_b$，$R_s \gg R_b$。由于 R_s 被 R_b 所短路，因而图 5.4（b）可简化为图 5.4（c），只有颈部等效电阻 R_n 串联而成的等效电路。由此可见，半导瓷气敏电阻的阻值将随吸附气体的数量和种类而改变。

这类半导瓷气敏电阻工作时通常都需要加热。器件在加热到稳定状态的情况下，当有气体吸附时，吸附分子首先在表面自由扩散，其间一部分分子蒸发，一部分分子固定在吸附处。此时：

（1）如果材料的功函数小于吸附分子的电子亲和力，则吸附分子将从材料夺取电子而变成负离子吸附。

（2）如果材料的功函数大于吸附分子的离解能，吸附分子将向材料释放电子而成为正离子吸附。

（3）O_2 和氮氧化合物倾向于负离子吸附，称为氧化型气体。氧化型气体吸附到 N 型半导体上，将使载流子减少，从而使材料的电阻率增大。

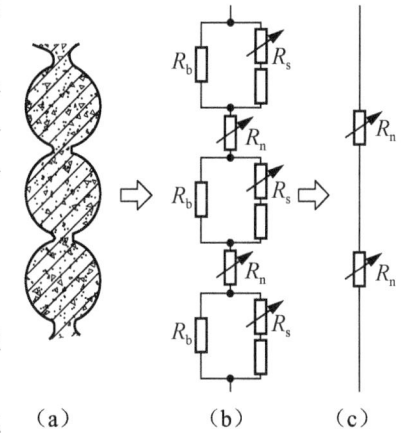

图 5.4 气敏半导瓷吸附效应模型

（4）H_2、CO（煤气）、LPG（液化石油气）碳氢化合物和酒类倾向于正离子吸附，称为还原型气体。还原型气体吸附到 N 型半导体上，将使载流子增多，材料电阻率下降。

根据这一特性，可以从阻值变化的情况得知吸附气体的种类和浓度。图 5.5 所示为气体吸附到 N 型半导体时所产生的器件阻值的变化情况。

特别提示

这种类型的传感器多数是以可燃性气体为检测对象，但如果吸附能力强，即使是非可燃性气体也能作为检测对象。目前常用的材料为氧化锡和氧化锌等较难还原的氧化物,也有用有机半导体材料的。这类器件目前已商品化的有 SnO_2 和 ZnO 等气敏传感器。它们与半导体单晶相比,具有工艺简单,使用方便,价格便宜,对气体浓度变化响应快,即使在低浓度下灵敏度也很高等优点。其缺点是稳定性差,老化较快,并需要进一步提高其气体识别的能力及稳定性。

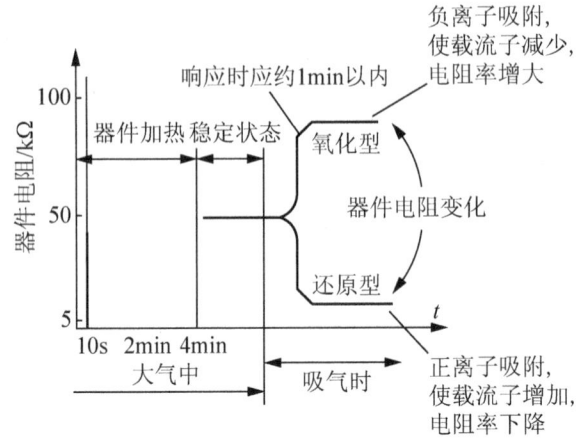

图 5.5　N 型半导体吸附气体时的器件阻值变化

3. 体电阻控制型的气敏传感器

体电阻控制型气敏传感器是利用体电阻的变化来检测气体的半导体器件。在采用反应性强容易还原的氧化物作为材料的传感器中,即使是在温度较低的条件下,也可因可燃性气体而改变其体内的结构组成(晶格缺陷),并使敏感元件的阻值发生变化。即使是难还原的氧化物,在反应性强的高温范围内,其体内的晶格缺陷也会受影响。像这类体感应气体的传感器,关键的问题是不仅要保持敏感元件的稳定性,而且要能在气体感应时也保持氧化物半导体材料本身的晶体结构。

很多氧化物半导体由于化学计量比偏离,即组成原子数偏离整数比的情况,如 $Fe_{1-x}O$、$Cu_{2-x}O$ 等和 SnO_{2-x}、ZnO_{1-x}、TiO_{2-x} 等。前者为缺金属型氧化物,后者为缺氧型氧化物,统称为非化学计量化合物。它们是不同价态金属的氧化物构成的固溶体,其中 x 值由温度和气相氧分压决定,由于氧的进出使晶体中晶格缺陷(结构组成)发生变化,电导率随之发生变化。缺金属型为生成阳离子空位的 P 型半导体,氧分压越高,电导率越大。与此相反,缺氧型氧化物为生成晶格间隙阳离子或生成氧离子缺位的 N 型半导体,氧分压越高,电导率越小。

体电阻控制型气敏器件,因须与外界氧分压保持平衡,或受还原性气体的还原作用,致使晶体中的结构缺陷发生变化,体电阻也随之变化。这种变化是可逆的,当待测气体脱离后气敏器件又恢复原状。这类传感器以 $\alpha-Fe_2O$、$\gamma-Fe_2O_3$ 和 TiO_2 传感器为代表。其检测对象主要有:液化石油气(主要是丙烷)、煤气(主要是 CO、H_2)和天然气(主要是甲烷)。

例如,利用 SnO_2 气敏器件可设计酒精探测器,当酒精气体被检测到时,气敏器件电阻值降低,测量电路有信号输出,使电表显示或指示灯发亮。这一类气敏器件工作时要提供加热电压。

**特别提示**

上述两种电阻型半导体气体传感器的优点是:价格便宜、使用方便、对气体浓度变化响应快和灵敏度高;其缺点是:稳定性差、老化快、对气体识别能力不强和特性的分散性大等。为了解决这些问题,目前正从提高识别能力、提高稳定性、开发新材料、改进工艺及器件结构等方面进行研究。

4. 非电阻型气敏传感器

非电阻型气敏传感器目前主要有二极管、场效应晶体管 FET 及电容型几种。

二极管气敏传感器是利用一些气体被金属与半导体的界面吸收,对半导体禁带宽度或金属的功函数产生影响,而使二极管整流特性发生性质变化而制成的。如果二极管的金属与半导体的界面吸附了气体,而这种气体又对半导体的禁带宽度或金属的功函数有影响,则其整流特性就会变化。在掺铟的硫化镉上,薄薄地蒸发一层钯膜的钯/硫化镉二极管传感器,可用来检测氢气。钯/氧化钛(Pd/Ti)、钯/氧化锌(Pd/ZnO)和铂/氧化钛(Pt/Ti)之类的二极管敏感元件亦可应用于对氢气(H_2)的检测。

在氢气浓度急剧增大的同时,正向偏置条件下的电流也急剧增大。所以在一定的偏压下,通过测电流值就能知道氢气的浓度。电流值之所以增大,是因为吸附在钯表面的氧气由于氢气浓度的增大而解吸,从而使肖特基势垒层降低的缘故。

图 5.6 所示为 MOS 结构的钯-MOS 二极管敏感元件,利用其电容-电压($C-U$)特性可检测气体,这种敏感元件以钯、铂等金属来制薄膜(厚 0.05~0.2μm,二氧化硅的厚度为 0.05~0.1μm)。同在空气中相比,在氢气中的 $C-U$ 特性有明显的变化,这是因为在无偏置的情况下钯的功函数在氢气中低的原因。半导体材料的偏置电压 U 随氢气浓度的变化而变化,所以可以利用这一特性使之成为敏感元件。

MOS 场效应晶体管气敏传感器如图 5.7 所示。它是一种二氧化硅层做得比普通的 MOS 场效应晶体管薄 0.01μm,而且金属栅采用钯薄膜 0.01μm 的钯-MOS 场效应晶体管。其漏极电流 I_D 由栅压控制。将栅极与漏极短路,在源极与漏极之间加电压,I_D 可由下式表示:

$$I_D = \beta(U_G - U_T)^2 \quad (\beta \text{ 是常数}) \tag{5-1}$$

式中,U_T 为 I_D 流过时的最小临界电压值。

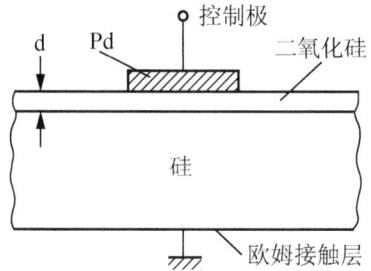
图 5.6 钯-MOS 二极管敏感元件

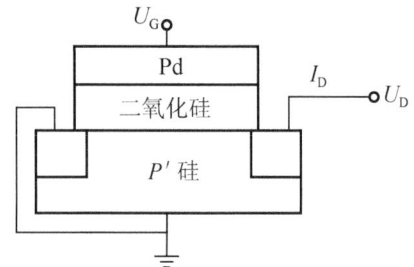
图 5.7 钯-MOS 场效应晶体管敏感元件

在钯-MOS 场效应管中，U_T 会随空气中所含 H_2 浓度的增高而降低，所以可以利用这一特性来检测氢气。

钯-MOS 场效应管气敏传感器不仅可以检测 H_2，而且还能检测氨等容易分解出 H_2 的气体。初期的 FET 型气敏传感器以测 H_2 为主，近年来已制成 H_2S、NH_3、CO 和 C_2H_5OH 等 FET 气敏传感器。最近又发展了 ZrO_2、LaF 固体电解质膜及锑酸质子导电体厚膜型的 FET 气敏传感器。

特别提示

为了使场效应管传感器获得快速的气体响应特性，有必要使其工作在 120℃～150℃ 的温度范围内，不过，使用硅半导体的气敏传感器，还存在着长期稳定性较差的问题，有待今后解决。

5.1.3 接触燃烧式气敏传感器

一般将在空气中达到一定浓度、触及火种可引起燃烧的气体称为可燃性气体。如甲烷、乙炔、甲醇、乙醇、乙醚、一氧化碳及氢气等均为可燃性气体。

接触燃烧式气敏传感器结构与电路原理如图 5.8 所示。接触燃烧式气敏传感器是将白金等金属线圈埋设在氧化催化剂中构成。使用时对金属线圈通以电流，使之保持在 300～400℃ 的高温状态，同时将元件接入电桥电路中的一个桥臂，调节桥路使其平衡。一旦有可燃性气体与传感器表面接触，燃烧热量进一步使金属丝升温，造成器件阻值增大，从而破坏电桥的平衡。其输出的不平衡电流或电压与可燃气体浓度成比例，检测出这种电流和电压就可测得可燃气体的浓度。

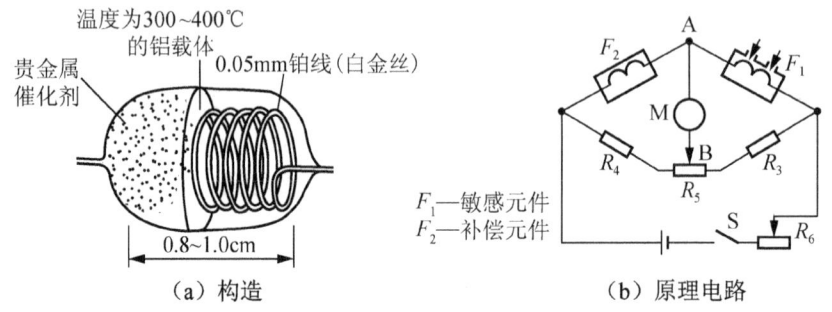

（a）构造　　　　　　　　　　　（b）原理电路

图 5.8 接触燃烧气敏元件构造及原理电路

电路原理如图 5.8（b）所示。F_1 是气敏元件；F_2 是温度补偿元件，F_1，F_2 均为白金电阻丝。F_1、F_2 与 R_3、R_4 组成单臂电桥。不存在可燃性气体时，电桥处于平衡状态；当存在可燃性气体时，F_1 的电阻产生增量 ΔR，电桥失去平衡，输出与可燃性气体特征参数（如浓度）成比例的电信号。

特别提示

接触燃烧式气敏传感的优点是对气体选择性好，线性好，受温度，湿度影响小，响应快；其缺点是对低浓度可燃性气体灵敏度低，敏感元件受到催化剂侵害后其特性锐减，金属丝易断。

5.1.4 固体电解质式气敏传感器

这类传感器内部不是依赖电子传导，而是靠阴离子或阳离子进行传导，因此，把利用这种传导性能好的材料制成的传感器称为固体电解质传感器。

5.1.5 红外线吸收式气敏传感器

图 5.9 所示为电容麦克型红外线吸收式气敏传感器结构图。它包括两个构造形式完全相同的光学系统：其中一个红外光入射到比较槽，槽内密封着某种气体；另一个红外光入射到测量槽，槽内通入被测气体。两个光学系统的光源同时（或交替地）以固定周期开闭。

当测量槽的红外光照射到某种被测气体时，根据气体种类的不同，将对不同波长的红外光具有不同的吸收特性。同时，同种气体浓度不同时，对红外光的吸收量也彼此相异。因此，通过测量槽红外光光强变化就可知道被测气体的种类和浓度。因为采用两个光学系统，所以检出槽内的光量差值将随被测气体种类不同而不同。同时，这个差值对于同种被测气体而言，也会随气体浓度的增加而增加。由于两个光学系统以一定周期开闭，因此光量差值以振幅形式输入到检测器。

检测器是密封存有一定气体的容器。两种光量振幅的周期性变化，被检测器内气体吸收后，温度周期性变化，而温度的周期性变化量最终体现为竖隔薄膜两侧的压力变化而以电容量的改变量输出至放大器。

图 5.10 所示的量子型红外光敏元件取代了图 5.9 所示的检测器，它可以直接把光量变为电信号；同时光学系统与气体槽也都因合二为一，从而大大简化了传感器的构造。这种构造的另一个特点是可以通过改变红外滤光片而提高量子型红外光敏元件的灵敏度和适合其红外光谱响应特性。也可以通过改换滤光片来增加被测气体种类和扩大测量气体的浓度范围。

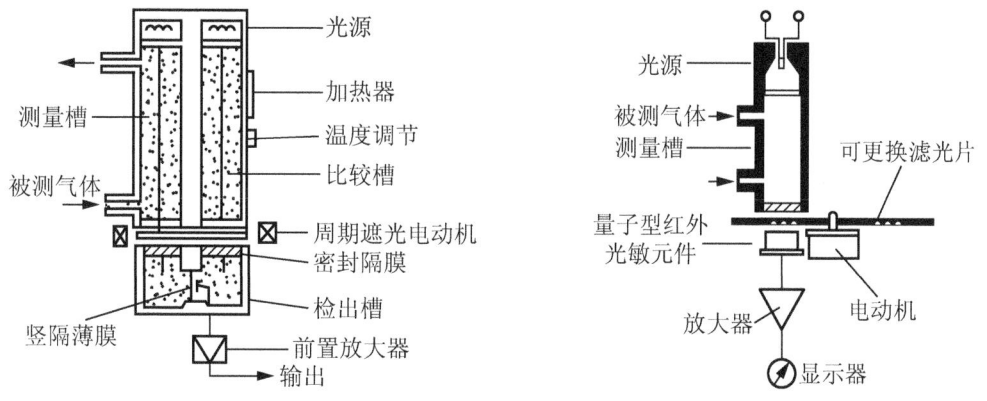

图 5.9 电容麦克型红外线吸收式气敏传感器结构　　图 5.10 量子型红外线光敏元件气敏传感器

5.1.6 热导率变化式气敏传感器

每种气体都有固定的热导率，混合气体的热导率也可以近似求得。因为以空气为比较基准的校正容易实现，所以，用热导率变化法测气体浓度时，往往以空气为基准比较被测气体。

其基本测量电路与接触燃烧式传感器相同[图5.7（b）]其中F_1、F_2可用不带催化剂的白金线圈制作，也可用热敏电阻。F_2内封入已知的比较气体，F_1与外界相通，当被测气体与其相接触时，由于热导率相异而使F_1的温度变化，F_1的阻值也发生相应的变化，电桥失去平衡，电桥输出信号的大小与被测气体种类或浓度有确定的关系。

特别提示

热导率变化式气敏传感器因为不用催化剂，所以不存在催化剂影响而使特性变坏的问题，它除了用于测量可燃性气体外，也可用于无机气体及其浓度的测量。

1. **热线式气敏传感器**

图5.11所示为典型的热线热导率式气敏传感器及其测量电路。由于热线式的灵敏度较低，所以其输出信号小。这种传感器多用于油船或液态天然气运输船。

2. **热敏电阻气体传感器**

这种气敏传感器用热敏电阻作电桥的两个臂组成单臂电桥。图5.12所示为其测量电路原理图。当热敏电阻通以10mA的电流加热到150℃～200℃时，F_1一旦接触到甲烷等可燃性气体，由于热导率不同而产生温度变化，而产生电阻值变化使电桥失去平衡，电桥输出的大小反映气体的种类或浓度。

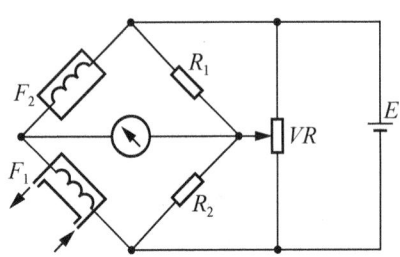
图5.11 热线式气敏元件典型电路

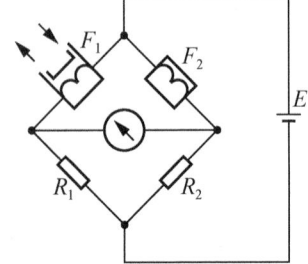
图5.12 热敏电阻式气敏传感器原理电路

5.1.7 湿式气敏传感器

由湿式气敏元件构成的定电位电解气敏传感器，是湿式方法测量气体参数的典型方法。由于此方法用电极与电解液，因此是一种电化学方法。

固定电位电解气敏传感器的工作原理是当被测气体通过隔膜扩散到电解液中后，不同气体会在不同固定电压作用下发生电解，通过测量电流的大小，就可测得被测气体的参数。这种传感器使用和维护比较简单，低浓度时气体选择性好，而且体积小，质量轻。

固定电位电解气敏传感器的工作方式有两种，图5.13（a）所示为极谱方式，其固定电压由外部供给；图5.13（b）所示为原电池方式，其固定电解电压由原电池供给。原电池方式采用的比较电极多用 Pb, Cd, Zn 或其氧化物、氯化物为原材料。根据不同气体选择不同电位的灵活性来看,原电池方式使用不太方便。

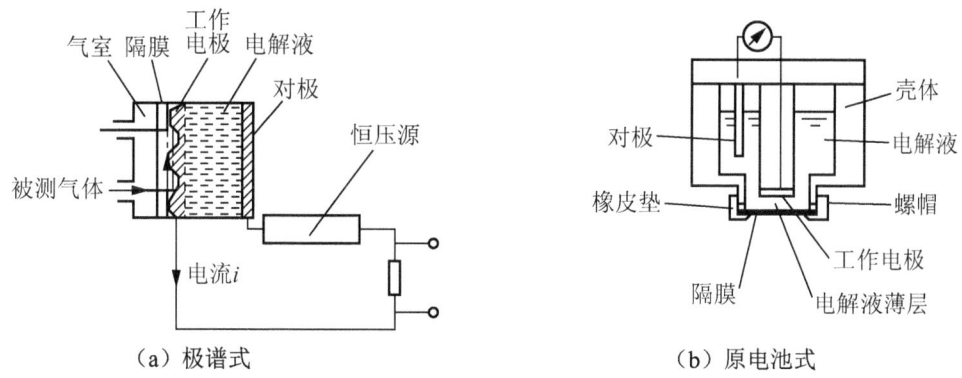

图 5.13 固定电位电解气敏传感器构造

5.2 湿度传感器

湿度与科研、生产、人们生活和植物生长有密切关系,环境的湿度具有与环境温度同等重要的意义。随着现代工农业技术的发展及生活水平的提高,湿度的检测与控制成为生产和生活中必不可少的手段。例如,大规模集成电路生产车间,当其相对湿度低于30%时,容易产生静电而影响生产;一些粉尘大的车间,当湿度小而产生静电时,容易产生爆炸;纺织厂为了减少棉纱断头,车间要保持相当高的湿度(60%~75%);一些仓库(如存放烟草、茶叶和中药材等)在湿度过大时易发生变质或霉变现象。在农业上,先进的工厂式育苗、食用菌的培养与生产,水果及蔬菜的保鲜等都离不开湿度的检测与控制。

特别提示

目前,人们对湿度的重视程度远不及对温度的重视。因此湿度测量技术的研究及其测量仪器远不如温度测量技术与仪器那样精确与完善。所以,由于对湿度监测不够精确,致使大批精密仪器与机械装置锈蚀,谷物发霉等,每年因此造成巨大损失。

5.2.1 湿度的定义

湿度是指物质中所含水蒸气的量,目前的湿度传感器多数是测量气体中的水蒸气含量。湿度通常用绝对湿度、相对湿度和露点(或露点温度)来表示。

1. 绝对湿度

绝对湿度是指单位体积的气体中含水蒸气的质量,也可称为水气浓度或水气密度,其表达式为

$$\rho_v = \frac{m_V}{V} \tag{5-2}$$

式中，ρ_v为待测气体的绝对湿度；m_v为待测气体中的水汽质量；V为待测气体的总体积。

2. 相对湿度

相对湿度为待测气体中水汽分压与相同温度下水的饱和水汽压的比值的百分数。这是一个无量纲量，常表示为%RH，其表达式为

$$\varphi = \frac{P_V}{P_W} \times 100\% \text{RH} \tag{5-3}$$

式中，φ为待测气体的相对湿度；P_V为某温度下待测气体的水汽分压；P_W为与待测气体温度相同时水的饱和水汽压。

显然，绝对湿度给出了水分在空间的具体含量，相对湿度则给出了大气的潮湿程度，故使用更广泛。

3. 露点

在一定大气压下，将含水蒸气的空气冷却，当降到某一温度时，空气中的水蒸气达到饱和状态，开始从气态变成液态而凝结成露珠，这种现象称为结露，此时的温度称为露点或露点温度。如果这一特定温度低于 0℃，水汽将凝结成霜，此时称其为霜点。通常对两者不予区分，统称为露点，其单位为℃。

5.2.2 湿度传感器的分类及特性

湿敏元件是指对环境湿度具有响应或将湿度转换成相应可测信号的元件。

湿敏元件多种多样，如氯化锂湿敏元件、半导体陶瓷湿敏元件、热敏电阻湿敏元件及高分子膜湿敏元件等。它们是利用湿敏材料吸收空气中的水分而导致本身电阻值发生变化的原理制成的。随着现代工业技术的发展，纤维、造纸、电子、建筑、食品和医疗等部门提出了高精度高可靠测量和控制湿度的要求，因此，各种湿敏元件不断出现。利用湿敏元件进行湿度测量和控制具有灵敏度高、体积小、寿命长，可以进行遥测和集中控制等优点。

湿度传感器是由湿敏元件及转换电路组成的，具有把环境湿度转变为电信号的能力。湿度传感器种类繁多，按输出的电学量可分为电阻型、电容型和频率型等；按探测功能可分为绝对湿度型、相对湿度型和结露型等。湿度传感器按材料可分为以下几种。

电解质型：以氯化锂为例，它在绝缘基板上制作一对电极，涂上氯化锂盐胶膜。氯化锂极易潮解，并产生离子导电，随湿度升高而电阻减小。

半导体陶瓷型：一般以金属氧化物为原料，通过陶瓷工艺，制成一种多孔陶瓷。利用多孔陶瓷的阻值对空气中水蒸气的敏感特性而制成。

有机高分子型：先在玻璃等绝缘基板上蒸发梳状电极，通过浸渍或涂覆，使其在基板上附着一层有机高分子感湿膜。有机高分子的材料种类很多，工作原理也各不相同。

单晶半导体型：所用材料主要是单晶硅，利用半导体工艺制成。制成二极管湿敏器件和 MOSFET 湿度敏感器件等。其特点是易于和半导体电路集成在一起。

湿度传感器主要特性有以下几点。

（1）感湿特性。感湿特性为湿度传感器特征量（如电阻值、电容值和频率值等）随湿度变化的关系，常用感湿特征量和相对湿度的关系曲线来表示，如图 5.14 所示。

（2）湿度量程。湿度量程为湿度传感器技术规范规定的感湿范围，全量程为0～100%。

（3）灵敏度。灵敏度为湿度传感器的感湿特征量（如电阻和电容值等）随环境湿度变化的程度，也是该传感器感湿特性曲线的斜率。由于大多数湿度传感器的感湿特性曲线是非线性的，因此常用不同环境下的感湿特征量之比来表示其灵敏度的大小。

（4）湿滞特性。湿度传感器在吸湿过程和脱湿过程中吸湿与脱湿曲线不重合，而是一个环形线，这一特性就是湿滞特性，如图5.15所示。

（5）响应时间。响应时间为在一定环境温度下，当相对湿度发生跃变时，湿度传感器的感湿特征量达到稳定变化量的规定比例所需的时间。一般以相应的起始湿度和终止湿度这一变化区间的90%的相对湿度变化所需的时间来计算。

（6）感湿温度系数。当环境湿度恒定时，温度每变化1h，引起湿度传感器感湿特征量的变化量为感湿温度系数。

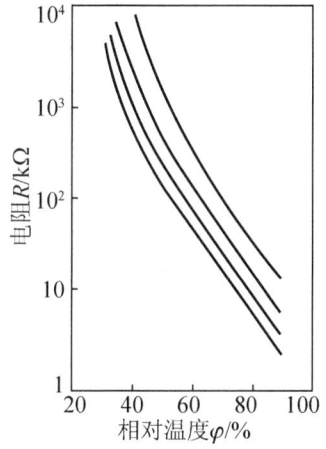

图5.14　湿度传感器的感湿特性　　　　图5.15　湿度传感器的湿滞特性

（7）老化特性。老化特性为湿度传感器在一定温度、湿度环境下存放一定时间后，其感湿特性将发生变化的特性。

综上所述，一个理想的湿度传感器应具备的性能和参数如下。

（1）使用寿命长，长期稳定性好。
（2）灵敏度高，感湿特性曲线的线性度好。
（3）使用范围宽，湿度温度系数小。
（4）响应时间短。
（5）湿滞回差小。
（6）能在有害气氛的恶劣环境中使用。
（7）器件的一致性和互换性好，易于批量生产，成本低廉。
（8）器件感湿特征量应在易测范围以内。

5.2.3　电解质型湿度传感器

电解质型湿度传感器以氯化锂为代表，氯化锂湿敏电阻是利用吸湿性盐类潮解，离子导电率发生变化而制成的测湿元件,它属于水分子亲和力型湿敏传感器。它的结构是在条状绝缘基片的两面,用化学沉积或真空蒸镀的方法做上电极,再沉渍一定配方的氯化锂-聚乙烯醇混合溶液,经一定时间的老化处理,即可制成湿敏电阻传感器元件。

氯化锂是典型的离子晶体。高浓度的氯化锂溶液中,Li 和 Cl 仍以正、负离子的形式存在;而溶液中的离子导电能力与溶液的浓度有关。实践证明,溶液的当量电导随着溶液浓度的增高而下降。

当溶液置于一定温度的环境中时,若环境的相对湿度高,溶液将因吸收水分而浓度降低;反之,环境的相对湿度低,则溶液的浓度高。因此氯化锂湿敏元件的电阻值将随环境相对湿度的改变而变化,从而实现对湿度的电测量。

氯化锂湿敏电阻的结构如图 5.16 所示。它是在聚碳酸酯基片(绝缘基板)上制成一对梳状金电极,然后浸涂溶于聚乙烯醇的氯化锂胶状溶液,其表面再涂上一层多孔性保护膜——感湿膜而成。氯化锂是潮解性盐,这种电解质溶液形成的薄膜能随着空气中水蒸气的变化而吸湿或脱湿。感湿膜的电阻随空气相对湿度变化而变化,当空气中湿度增加时,感湿膜中盐的浓度降低。

相对湿度计的电气原理框图如图 5.17 所示。测量探头由氯化锂湿敏电阻 R_1 和热敏电阻 R_2 组成,并通过三线电缆接至电桥上。热敏电阻 R_2 用做温度补偿,测量时先对指示装置的温度补偿进行适当修正,将电桥校正至零点,就可以从刻度盘上直接读出相对湿度值。电桥由分压电阻 R_5 组成两个臂,R_1 和 R_3 或 R_2 和 R_4 组成另外两个臂。电桥由振荡器供给交流电压。电桥的输出经放大器放大后,通过整流电路送给电流表指示。

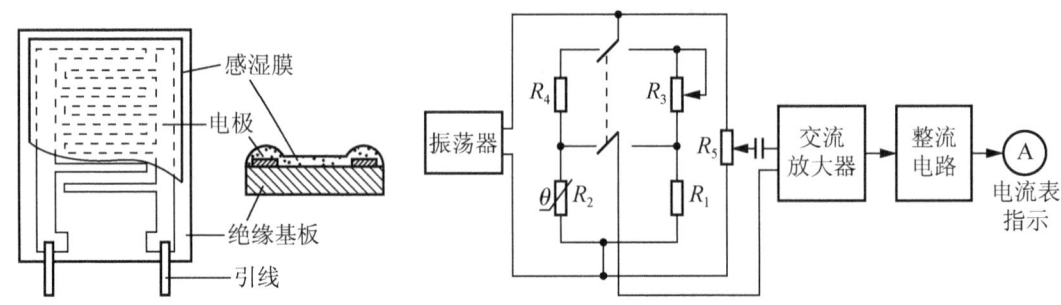

图 5.16　氯化锂湿敏电阻结构　　　　　图 5.17　相对湿度计原理框图

5.2.4　半导体陶瓷型湿度传感器

半导体陶瓷型湿度传感器是湿度传感器中最大的一类,品种繁多。按其制作工艺可分为:涂覆膜型、烧结体型、厚膜型、薄膜型及 MOS 型等。制造半导体陶瓷湿敏元件的材料,主要是不同类型的金属氯化物。由于它们的电阻率随湿度的增加而下降,故称为负特性湿敏半导瓷。还有一类材料(如 Fe_3O_4 半导瓷)的电阻率随着湿度的增加而增大,称为正特性湿敏半导瓷。

半导体湿敏元件具有较好的热稳定性,较强的抗沾污能力,能在恶劣、易污染的环境中测得准确的湿度数据,而且有响应快、使用温度范围宽(可在 150℃ 以下使用)、可加热清洗等优点,实用中占有很重要的地位。

1. 涂覆膜型

此类湿度敏感元件是把感湿粉料（金属氧化物）调浆，涂覆在已制好的梳状电极或平行电极的滑石瓷、氧化铝或玻璃等基板上。四氧化三铁、五氧化二钒及三氧化二铝等湿敏元件均属此类。其中比较典型且性能较好的是四氧化三铁（Fe_3O_4）湿敏元件。

涂覆膜型 Fe_3O_4 湿敏元件，一般采用滑石瓷作为元件的基片。在基片上用丝网印刷工艺印刷梳状金电极。将纯净的黑色 Fe_3O_4 胶粒，用水调制成适当黏度的浆料，然后用笔涂或喷雾在已有金电极的基片上，经低温烘干后，引出电极即可使用。元件构造如图 5.18 所示。

图 5.19 是 Fe_3O_4 湿敏元件的响应速度曲线。Fe_3O_4 湿敏元件是能在感湿体湿度范围内进行测量的元件，并且具有一定的抗污染能力，体积小。主要的缺点是响应时间长，吸湿过程（60%～98%RH）需要 2min，脱湿过程（98%～12%RH）需 5～7min，同时在工程应用中长期稳定性不够理想。

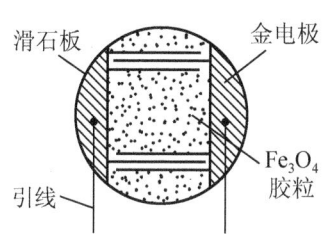

图 5.18 Fe_3O_4 湿敏元件构造

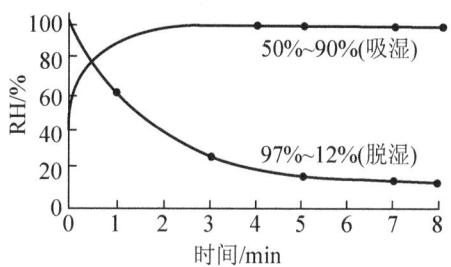

图 5.19 Fe_3O_4 湿敏元件的响应速度

2. 烧结体型

这类元件的感湿体是通过典型的陶瓷工艺制成的。即将颗粒大小处于一定范围的陶瓷粉料外加利于成型的结合剂和增塑剂等，用压力轧膜，流延或注浆等方法成型，然后在适合的烧成条件下，于规定的温度和气氛下烧成，待冷却清洗，检选合格产品送去被复电极，装好引线后，就可得到满意的陶瓷湿敏元件。这类元件的可靠性、重现性等均比涂覆元件好，而且是体积导电，不存在表面漏电流，元件结构也简单。这是一类十分有发展前途的湿敏元件。

烧结体型湿敏元件中较为成熟，且具有代表性的是铬酸镁-二氧化钛（$MgCr_2O_4$-TiO_2）陶瓷湿敏元件、五氧化二钒-二氧化钛（V_2O_5-TiO_2）陶瓷湿敏元件、羟基磷灰石（$Ca_{10}(PO_4)_6(OH)_2$）陶瓷湿敏元件及氧化锌-三氧化二铬（ZnO-Cr_2O_3）陶瓷湿敏元件等。

1）铬酸镁-二氧化钛陶瓷湿敏元件（MCT 型）

铬酸镁（$MgCr_2O_4$）属于 P 型半导体，其特点是感湿敏灵敏度适中，电阻率低，阻值湿度特性好。$MgCr_2O_4$-TiO_2 湿度传感器是以 $MgCr_2O_4$ 为基础材料，加入一定比例的 TiO_2（20%～35%）mol/L 制成的。感湿材料被压制成 4mm×4mm×0.5mm 的薄片，在 1300℃ 左右烧成。该湿敏元件的结构如图 5.20 所示。

在 $MgCr_2O_4$-TiO_2 陶瓷片的两面，设置高孔金电极，并用掺金玻璃粉将引出线与金电极烧结在一起。在半导体陶瓷片的外面，安放一个由镍铬丝烧制而成的加热清洗线圈（又称 Kathal 加热器），此清洗线圈主要是通过加热排除附着在感湿片上的有害气体及油雾、灰尘，恢复对水汽的吸附能力。元件安放在一种高度致密的、疏水性的陶瓷基片上。为消除底座上测量电极 2 和 3 之间由于吸湿和沾污而引起的漏电，在电极 2 和 3 的四周设置了金短路环。

该类湿敏元件的感湿机理一般认为是：利用陶瓷烧结体微结晶表面对水分子进行吸湿或脱湿使电极间电阻值随相对湿度或指数变化。

$MgCr_2O_4$-TiO_2 半导体陶瓷湿敏元件的感湿特性曲线如图 5.21 所示，为了比较，图中给出了国产 SM-1 型和日本的松下-Ⅰ型、松下-Ⅱ型的感湿特性曲线。

该类湿敏元件的特点是体积小，测湿范围宽，一片即可测（1%～100%）RH；可用于高温（150℃），最高承受温度可达 600℃；能用电加热反复进行清洗，除掉吸附在陶瓷上的油雾、灰尘、盐、酸、气溶胶或其他污染物，以保持精度不变；响应速度快（一般不超过 20s）；长期稳定性好。

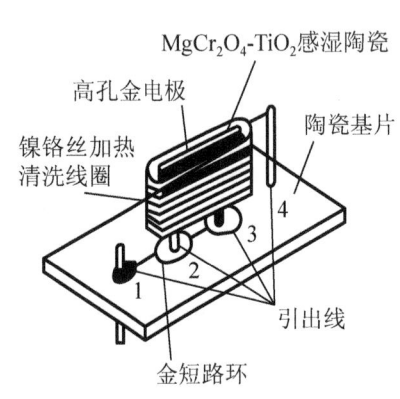

图 5.20 $MgCr_2O_4$-TiO_2 湿敏元件结构

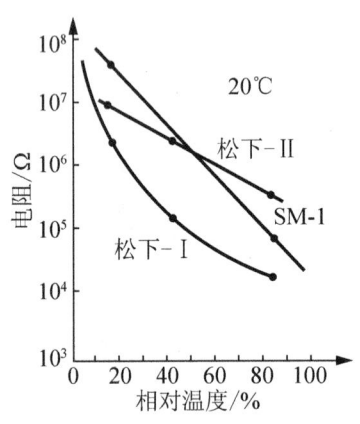

图 5.21 $MgCr_2O_4$-TiO_2 湿敏元件感湿特性曲线

2）五氧化二钒-二氧化钛陶瓷湿敏元件

V_2O_5-TiO_2 陶瓷湿敏元件系陶瓷多孔质烧结体，是利用体积吸附水汽现象的湿敏元件，元件内部的两根白金丝电极包埋在线卷内，通过测定电极间的电阻检测湿度。这类元件的特点是：测湿范围宽，能够耐高温，响应时间短；但这类元件容易发生漂移，漂移量与相对湿度成比例。

3）羟基磷灰石陶瓷湿敏元件

羟基磷灰石陶瓷湿敏元件 $[Ca_{10}(PO_4)_6(OH)_2]$ 是目前国外研究得比较多的磷灰石系陶瓷湿敏元件。羟基的存在有利于提高元件的长期稳定性，当在 54%RH 和 100%RH 湿度下，以每 5min 加热 30s（450℃）的周期进行 4000 次热循环试验后，其误差仅为 ±3.5%RH。

4）氧化锌-五氧化二铬陶瓷湿敏元件

上面介绍的几种烧结型陶瓷湿敏元件均需要加热清洗去污。这样在通电加热及加热后，延时冷却这段时间内元件不能使用，因此，测湿是断续的。这在某些场合下是不允许的。为此，已研制出不用电热清洗的陶瓷湿敏元件，氧化锌-五氧化二铬陶瓷湿敏元件（ZnO-Cr_2O_3）就是其中的一种。

该湿敏元件的电阻率几乎不随温度改变，老化现象很少，长期使用后电阻率变化只有百分之几。元件的响应速度快，0～100%RH 时，约 10s，湿度变化±20%时，响应时间仅 2s；吸湿和脱湿时几乎没有湿滞现象。

3. 薄膜型

1）氧化铝薄膜湿敏元件

该湿敏元件测湿的原理主要是多孔的三氧化二铝（Al_2O_3）薄膜易于吸收空气中的水蒸气，从而改变了其本身的介电常数，这样由三氧化二铝做电介质构成的电容器的电容值，将随空气中水蒸气分压而变化。测量电容值，即可得出空气的相对湿度。

图 5.22 所示为湿度传感器的结构。图中，多孔导电层 A 是用蒸发金膜制成的对面电极，它能使水蒸气浸透氧化铝层；B 为湿敏部分；C 为绝缘层（高分子绝缘膜）；D 为导线。

多孔三氧化二铝电容式湿敏元件的优点是体积小，温度范围宽，从-111～20℃及从 20～60℃，元件响应快，在低湿下灵敏度高，没有"冲蚀"现象；缺点是对污染敏感而影响精度，高湿时精度较差，工艺复杂，老化严重，稳定性较差。采用等离子法制作的元件，稳定性有所提高，但尚需进一步在应用中考核。

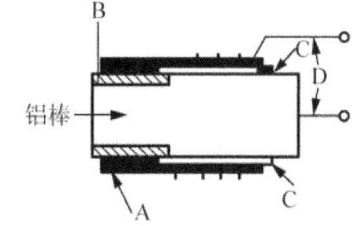

图 5.22　多孔氧化铝湿度传感器的结构

2）钽电容湿敏元件

目前以铝为基础的湿敏元件在有腐蚀剂和氧化剂的环境中使用时，都不能保证长期的稳定性。但以钽作为基片，利用阳极氧化法形成氧化钽多孔薄膜是一种介电常数高、电特性和化学特性较稳定的薄膜。以此薄膜制成电容式湿敏元件可大大提高元件的长期稳定性。

电容式湿敏元件就是采用氧化钽为感湿材料。它是在钽丝阳极上氧化一层氧化钽薄膜；膜上还有一层含防水剂的二氧化锰层，作为一对电极的导电层；考虑到对油烟、类尘等应用环境的适应性，还装有活性炭纸过滤器，使之适用于测量腐蚀性气体的湿度。

5.2.5　有机高分子湿度传感器

随着高分子化学和有机合成技术的发展，用高分子材料制作化学感湿膜的湿敏元件日益增多，并已成为目前湿敏元件生产中一个重要分支。有机高分子湿度传感器常用的有高分子电阻式湿度传感器，高分子电容式湿度传感器和结露传感器等。

1. 高分子电阻式湿度传感器

这种传感器的工作原理是由于水吸附在有极性基的高分子膜上，在低湿下，因吸附量少，不能产生电荷离子，所以电阻值较高。当相对湿度增加时，吸附量也增加，大量的吸附水就成为导电通道，高分子电解质的正负离子对主要起到载流子作用，这就使高分子湿度传感器的电阻值下降。利用这种原理制成的传感器称为电阻式高分子湿度传感器。

2. 高分子电容式湿度传感器

这种传感器是根据高分子材料吸水后，元件的介电常数随环境的相对湿度的改变而变化，引起电容变化而制成的，元件的介电常数是水与高分子材料两种介电常数的总和。当含水量以水分子形式被吸附在高分子介质膜中时，由于高分子介质的介电常数（3～6）远远小于水的介电常数（81），所以介质中水的成分对总介电常数的影响比较大，使元件对湿度有较好的敏感性能。高分子电容式湿度传感器结构如图 5.23 所示。它是在绝缘衬底上制作一对平板金（Au）电极，然后在上面涂敷一层均匀的高分子感湿膜作电介质，在表层以镀膜的方法制作多孔浮置电极（Au 膜电极），形成串联电容。

3. 结露传感器

结露传感器利用掺入碳粉的有机高分子材料吸湿后的膨润现象。其原理基于高分子材料吸收水分后，导电粒子的间隔扩大，电阻增大，在高湿下，高分子材料的膨胀引起其中所含碳粉间距变化而产生电阻突变。利用这种现象可制成具有开关特性的湿度传感器。其特性如图 5.24 所示。

结露传感器的感湿作用不在薄膜电阻的表面上，而在膜的内部，湿度影响了内部电子的传导。因此结露传感器的优点是：①实际使用时，传感器特性并不因表面的垃圾和尘埃以及其他气体的污染而受影响；②可以用于高湿状态；③具有快速开关特性，工作点变动小。

此外，由于具有新型的吸湿性树脂和均匀感湿膜，因而在结露状态及各种环境之下，结露传感器长期使用具有可靠性。

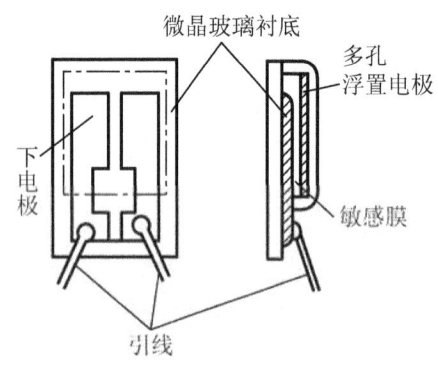

图 5.23 高分子电容式湿度传感器的结构

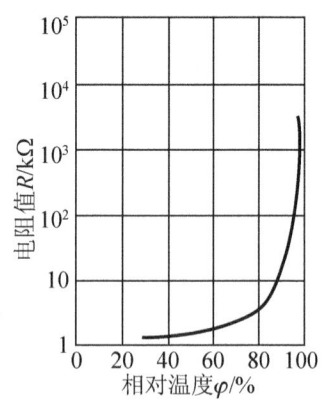

图 5.24 结露传感器的特性曲线

特别提示

结露传感器是一种特殊的湿度传感器，它与一般的湿度传感器不同之处在于它对低湿不敏感，仅对高湿敏感。故结露传感器一般不用于测湿，而作为提供开关信号的结露信号器，用于自动控制或报警。例如，用于检测磁带录像机、照相机结露及小汽车玻璃窗除露等。近年来，结露传感器的应用使磁带录像机（VTR）转轴、汽车的车窗玻璃、建材及其他精密机器等的结露问题得到了解决。

5.2.6 单晶半导体型湿度传感器

此类传感器品种也很多，现以硅 MOS 型 Al_2O_3 湿度传感器为例说明其结构与工艺。传统的 Al_2O_3 湿度传感器的缺点是气孔形状大小不一，分布不匀，所以一致性差，存在着湿滞大、易老化、性能漂移等缺点。硅 MOS 型 Al_2O_3 湿度传感器是以多孔 Al_2O_3 为感湿薄膜，利用 MOS-FET 的栅极可以控制半导体界面电荷，而使湿敏元件的电容量随相对湿度变化的原理制成的。

硅 MOS 型 Al_2O_3 湿敏元件的结构如图 5.25 所示。该传感器是在 Si 单晶片上用热氧化法生长成厚度为 800×10^{-10}m 的 SiO_2 膜作 MOS-FET 的栅极。在栅极上用蒸发和阳极氧化的方法制成多孔 Al_2O_3 膜，其厚度为 1μm 以下，平均孔径大于 1000×10^{-10}m。然后再蒸上 300×10^{-10}m 厚的多孔 Au 膜，使感湿膜具有良好的导电性和足够的透水性。

硅 MOS 型 Al_2O_3 湿敏元件的感湿特性如图 5.26 所示。该传感器具有响应速度快、化学稳定性好和耐高低温冲击等优点。

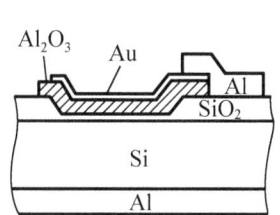

图 5.25 MOS 型 Al_2O_3 湿敏元件的结构

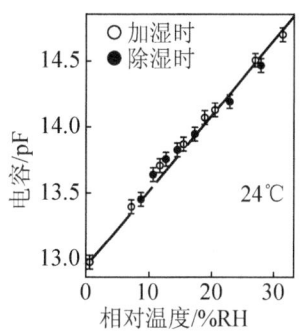

图 5.26 MOS 型 Al_2O_3 湿敏元件的感湿特性

5.3 水分传感器

水分是存在于物质中水的数量，以百分比表示。该项指标是掌握物质保存状态和质量管理的指标。在进行物质材料的交易、制造和检查中必须迅速或连续地进行测定，故有必要开发研究将水分量（即含水量）转换成电信号进行测定和表示等的各种检测用传感器及其装置。

水分传感器（水分计）有直流电阻型、高频电阻型、电容率型、气体介质型、近红外型、中子型和核磁共振型等，可根据被测物质的种类、使用目的选用。

5.3.1 含水量的检测方法

通常将空气或其他气体中的水分含量称为"湿度"，将固体物质中的水分含量称为"含水量"。固体物质中所含水分的质量与总质量之比的百分数，就是含水量的值。固体中的含水量可用下列方法检测。

1. 称重法

将被测物质烘干前后的质量 m_H 和 m_D 测出，含水量 W 的百分数为

$$W = \frac{m_H - m_D}{m_H} \times 100\% \tag{5-4}$$

这种方法很简单，但烘干需要时间，检测的实时性差。而且有些产品不能采用烘干法。

2. 电阻法

固体物质吸收水分后电阻变小，利用固体物质的电阻值随含水量的不同而不同的特性，用测定电阻率或电导率的方法便可判断含水量。例如，将专门的电极安装在生产线上，测量纸页的电阻值，便可间接地测得纸页的水分。

纸页电阻的测量头如图5.27所示。图中三个电极是用不锈钢制造的电极，它们之间用聚四氟乙烯绝缘，被测纸页在电极下面，这样可以测量纸页表面的电阻值 R_x。但要注意被测物质的表面水分可能与内部含水量不一致，当纸页表面水分低于纸页内部水分时，这种测量方法将产生较大误差，最好将电极设计成测量纵深部位电阻的形式，测量纸页的穿透电阻。电极还可装在抄纸机的两辊之间，在生产过程中测量纸页的水分。

电阻 R_x 的测量可以采用电桥法。如图5.28所示，将 R_x 作为自动平衡电桥的一个桥臂。当纸页水分变化时（即 R_x 变化时），电桥产生不平衡电压，经电子放大器放大后，驱动可逆电动机转动，带动滑动电阻器 R_P 的滑动触点，直到电桥重新平衡为止。可逆电动机还同时带动记录笔移动，记下纸页水分的变化。记录仪的刻度要按不同种类的纸进行标定。

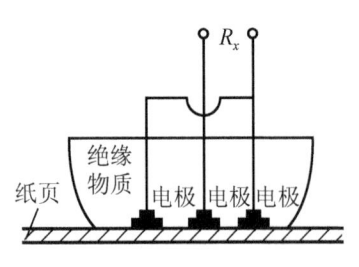

图5.27 纸页电阻的测量头

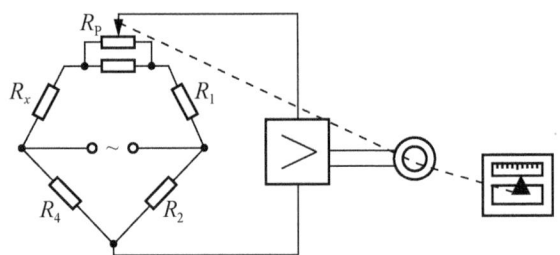

图5.28 电桥法测量纸页水分原理图

3. 电容法

水的介电常数远大于一般干燥固体物质，干燥固体物质吸收水分以后，其介电常数将大大增加，因此用电容法测物质的介电常数从而得到含水量的方法相当灵敏。

根据物料介电常数与水分的关系，通过测量以物料为电介质的电容器的电容值即可确定物料的水分。造纸厂的纸张含水量便可用电容法测量。例如，图5.29所示为用于测量纸页湿度的共面式平板电容传感器示意图。

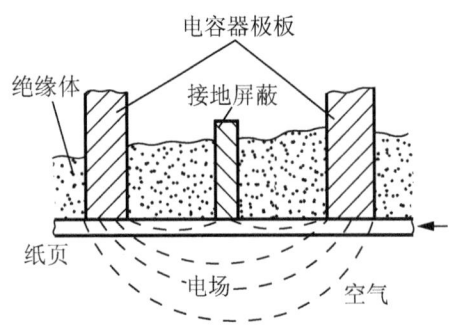

图5.29 共面式平板电容传感器

这种传感器的突出特点是将两个极板安置在同一平面上，以纸页作为电介质构成所谓共面式平板电容器。在两极板间形成一个电场，其电力线穿过纸页的情况如图中虚线所示。

电容器的两个极板可以与纸页直接接触（甚至可以加一定压力），中间也可以有一定距离。为了防止极板的边缘效应，极板可以制成同心圆环形式。此外，极板还可制成方形或将极板放置在纸页两侧等。

使用电容法时，极板间的电力线贯穿被测介质内部，所以表面水分引起的误差较小。

至于电容值的测定,可用交流电桥电路、谐振电路及伏安法等。

4. 红外吸收法

在近红外光谱区某些波长的红外辐射能量可以被水分子选择性地吸收,而在这些波长之外的红外辐射能量几乎不被水分子吸收。因此我们可利用易被水吸收和不被水吸收的两种波长的红外辐射轮流交替地透过被测固体,取其透过被测固体的辐射强度的比值来测定被测固体的水分。如水分对波长为 1.94μm 的红外射线吸收较强,并且可用几乎不被水分吸收的 1.81μm 波长作为参照。由上述两种波长的滤光片对红外光进行轮流切换,根据被测物对这两种波长能量吸收的比值便可判断含水量。

造纸工业中的红外水分测定仪就是依据上述原理测定纸张中的水分的,这种方法常用于造纸工业的连续生产线中。检测元件可用硫化铅光敏电阻,但应使光敏电阻处在10℃～15℃的某一温度下,为此要用半导体致冷器维持恒温。

5. 微波吸收法

在微波范围内,某些物质会强烈地吸收微波能量而引起衰减,特别是水分对微波能量的吸收最为显著。如水分对波长为 1.36cm 附近的微波有显著吸收现象,而植物纤维对此波段的吸收率为水的几十分之一,当物料中的含水量增加时,微波能量的衰减也将成比例增加。因此,利用湿物料对微波的吸收衰减原理,可构成测木材、烟草、粮食和纸张等物质中含水量的仪表,测出这些固体物料中的含水量。波导式微波水分测试仪就是一个实例。

特别提示

微波法要注意被测物料的密度和温度对检测结果的影响,这种方法的设备稍复杂一些。而且微波波长不同,对水的衰减灵敏度也不同,在选择微波的波长时,要从被测物料的材质和大小、被测物含水量的高低等方面综合考虑。例如,测量纸张水分时,选用波长在 1.36cm 附近的微波。因为在这个波段范围内,水对微波的吸收要比纤维等其他材料大几十倍,从而可以排除其他物质对微波吸收所带来的干扰。

5.3.2 水分传感器的工作原理

依据直流电阻原理制成的水分传感器利用了被测物质的电学性质,高分子物质的电阻 R 与其含水率 M 之间的关系如图 5.30 所示。在区域 I 范围内,随着水分的增加,电阻 R 呈对数减少。因此,通过测定电阻值,就能测定水分含量。

图 5.31 所示为水分传感器的等效电路,它由静电容 C 与电阻 R 并联构成。在被测物上流过直流或高频电流,可以测定 C 或 R,或 C 和 R。由于这些数值随含水量的不同而变化,故可以间接测定出水分含量。

图 5.32 所示为实用化的直接测直流电阻 R 的电路原理。为了测定试样的电阻,从而得到水分含量,必须通过标准试样预先进行水分分级,求出其电阻值,再用干燥法求出与水分含量的关系曲线。由于电阻与试样的温度密切相关,所以应对测定结果进行温度修正。图中所用探头的形状应根据被测的物质状态进行设计。

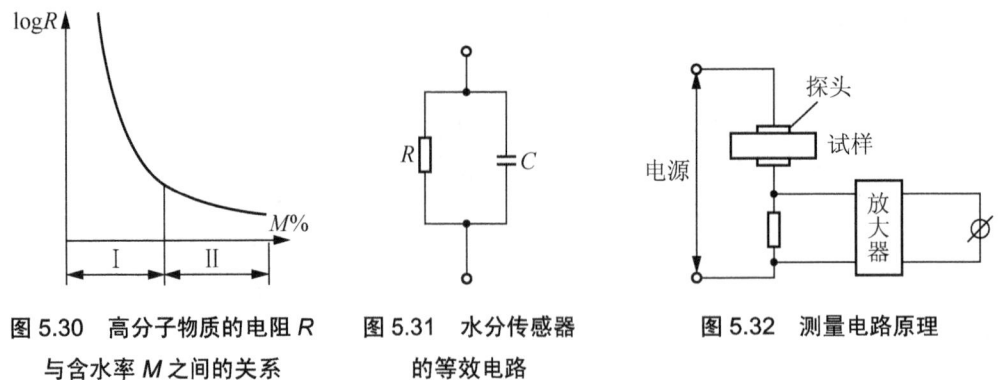

图 5.30 高分子物质的电阻 R 与含水率 M 之间的关系

图 5.31 水分传感器的等效电路

图 5.32 测量电路原理

5.3.3 水分传感器的探头结构

图 5.33 为具有线性的各种探头结构。探头可利用钉子敲入试样，或将其接触于试样表面。图 5.33（a）与图 5.33（b）用于木材。后一种方法的优点是探头安装方便，但只能给出接触层附近的电阻，当试样内水分成梯度变化时，就难以获得体内准确的水分。图 5.33（c）、图 5.33（d）和图 5.33（e）可用于谷物等粒状、粉状物质。对图 5.33（c）、图 5.33（d），是加压使电极之间距离均匀，并使各粒子紧密接触，以供测定。图 5.33（e）为棒状电极，可用于粉状、粒状等不能采样的场合，例如，用于麻袋内的咖啡、可可等水分含量的测定。

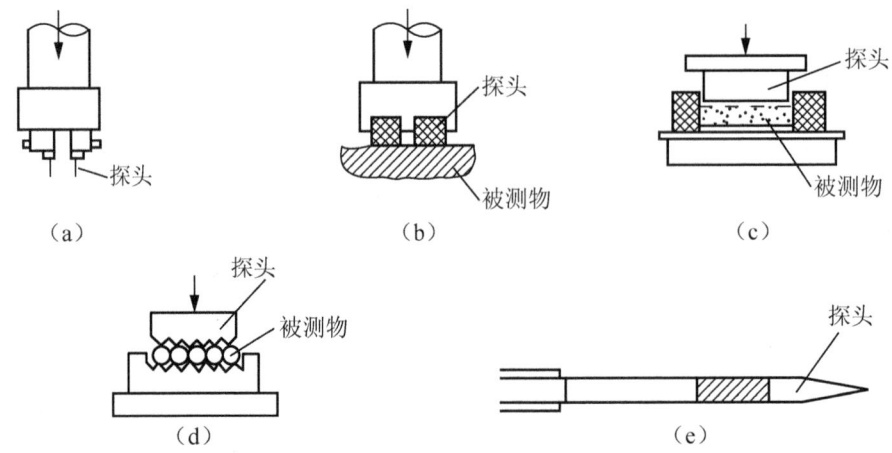

图 5.33 各种探头形状

5.3.4 直流电阻式水分计的结构原理

电阻式水分计的原理框图如图 5.34 所示。微型计算机储存了温度修正以及各种试样水分与电阻值相关的特性，通过转换开关进行各种试样的水分测定。

这种水分计的探头，可以是图 5.33（a）或图 5.33（b），后者的前端用导电橡胶。导电橡胶的前端，可保证对凹凸表面的试样保持紧密接触。来自温度传感器的温度数据和来自探头的水分信号，以及前述预先存储的各种校正数据，在中央处理机中进行计算，最后得出经过温度修正的水分值。

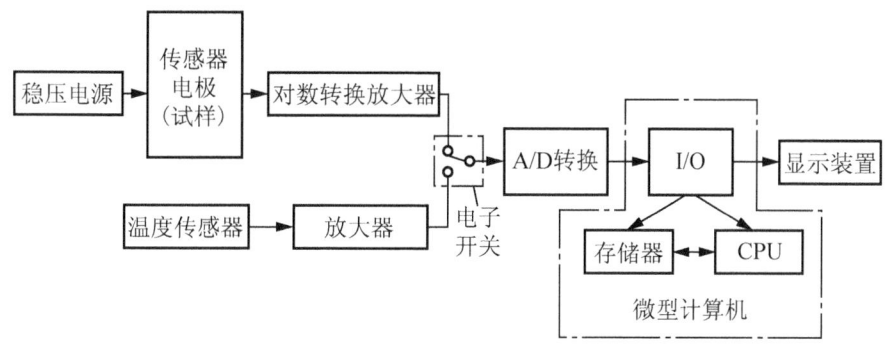

图 5.34 电阻式水分计的原理框图

5.3.5 土壤水分传感电路

土壤的电阻值与其湿度有关,潮湿的土壤电阻仅有几百欧姆,干燥时土壤电阻可增大到几千欧姆以上,因此,可以利用土壤电阻值的变化来判断土壤是否缺水。

在图 5.35 所示的土壤缺水告知电路中,采用一对金属探板作为土壤水分传感器。平时将它埋在需要监视的土壤中。为了防止在土壤中的极板发生极化现象,采用交变信号与土壤电阻组成分压器。

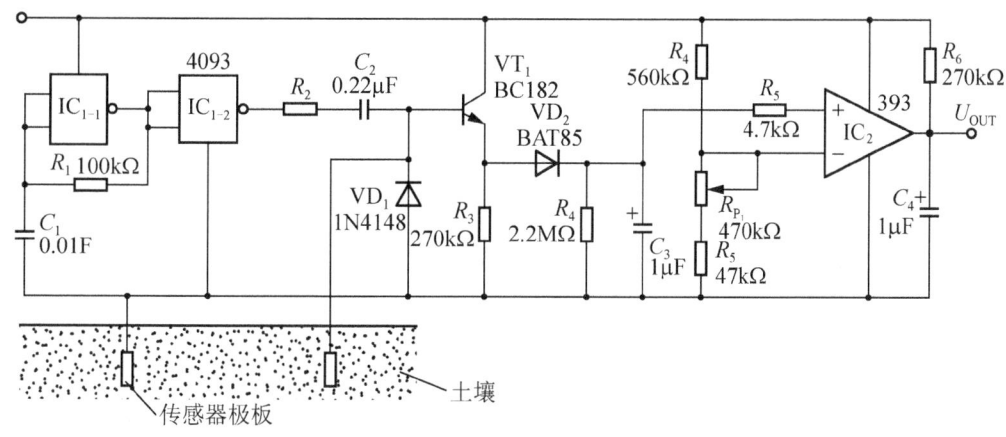

图 5.35 土壤水分传感电路原理

电路中由 IC_{1-1}、R_1 和 C_1 组成一个振荡器,IC_{1-2} 为振荡器的缓冲电路。R_2 与传感器测得的电阻形成的分压由 VD_1 削去负半部分。经 VT_1 缓冲并由 VD_2、R_4 和 C_3 整流,经 R_5 加至 IC_2 比较器的同相端,与 R_{P_1} 设定的基准电压进行比较。当土壤潮湿时,其阻值变小,C_3 两端电压较低,比较器 IC_2 输出电压 U_{OUT} 为低电位。当土壤缺水干燥时,C_3 两端电压高于基准设定电压时,比较器 IC_2 输出电压 U_{OUT} 为高电位。U_{OUT} 可对指示报警电路进行控制,达到土壤缺水告知的目的。

5.4 气敏和湿度传感器应用实例

5.4.1 气敏电阻检漏报警器

气敏电阻检漏报警器的原理如图 5.36 所示。通常,气敏电阻在预热阶段,即使环境空气新鲜，测量极也会输出较高幅度的电压值。所以，在预热开关 S_1 闭合之前，应将开关 S_2 断开。一般情况下，气敏电阻加热丝 f-f 通电预热 15min 后，才合上 S_2，此时如果气敏电阻接触到可燃性气体，f-f 与 A 极之间的阻值会下降，A 端对地电位升高，VT_1 导通，晶闸管 VD_2 导通，报警指示灯 HL 亮。在 VD_2 导通的瞬间，由 VT_3、TI 及 C_2、C_3、R_{P2} 等元件组成的音频振荡器开始工作，喇叭发出警报声。

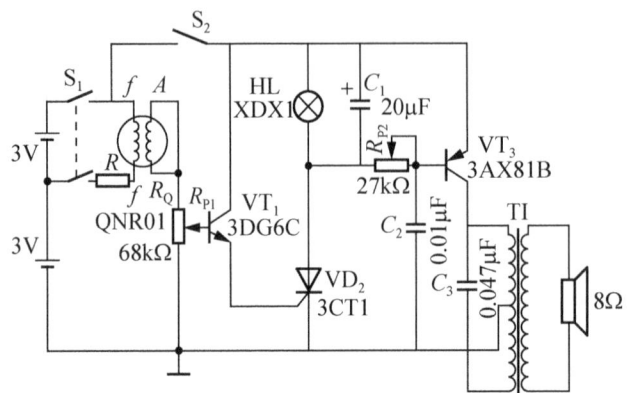

图 5.36　气敏电阻检漏报警器原理图

5.4.2　矿灯瓦斯报警器

如图 5.37 所示为矿灯瓦斯报警器电器原理图。瓦斯探头由 QM-N5 型气敏元件 R_Q 及 4V 矿灯蓄电池等组成。R_P 为瓦斯报警设定电位器。

当瓦斯超过某一设定点时，R_P 输出信号通过二极管 VD_1 加到 VT_2 基极上，VT_2 导通，VT_3、VT_4 开始工作。VT_3、VT_4 为互补式自激多谐振荡器，它们的工作使继电器吸合与释放，信号灯闪光报警。工作时开关 S_1、S_2 合上。

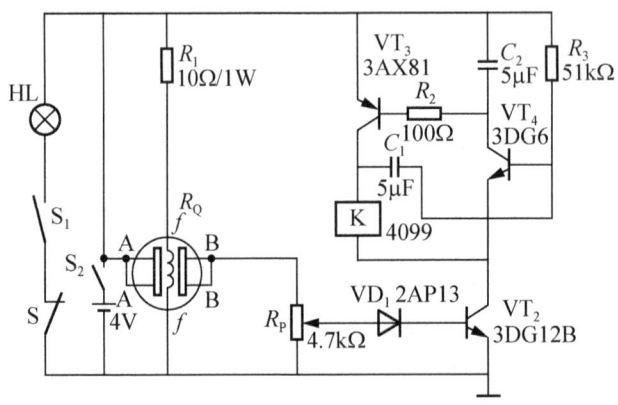

图 5.37　矿灯瓦斯报警器电器原理图

5.4.3　半导体式煤气传感器

半导体式煤气传感器由金属氧化物半导体的烧结体或烧结膜等感应体和加热用的加热器两部分构成。保持在 200～400℃的感应体当接触到煤气时，电导率会根据其中半导体导电类型（N 或 P 型）和还原性气体浓度而变化。最常用的感应体材料是 SnO_2（二氧化锡）；最近又研制出实用化的不用贵金属催化剂的微粒 $\alpha-F_2O_3$（三氧化二氟），其他氧化锡材料还在改进，新材料 In_2O_3 也在研制。城市煤气传感器的构造如图 5.38 所示。

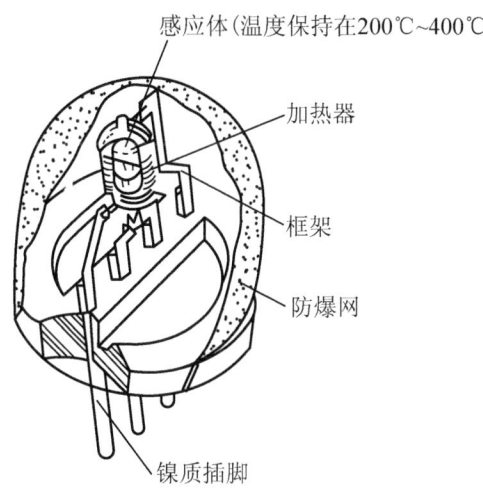

图 5.38 煤气传感器的构造

煤气传感器的检测电路如图 5.39（a）所示。V_H 为加热器电压，通常对液化石油气（LPG）和城市煤气都施加 4V 左右电压。煤气泄漏报警器的电路框图如图 5.39（b）所示，图中，当煤气浓度达限定值时，传感器有电信号输出，并通过比较电路控制晶闸管 VT（H）导通，报警发声器 BZ 发出警报信号。

煤气传感器除了用作煤气泄漏报警外，还可用于集中管理的防灾系统。另外接触燃烧式气体（煤气）传感器还常作为工业测量和矿山瓦斯报警器用。

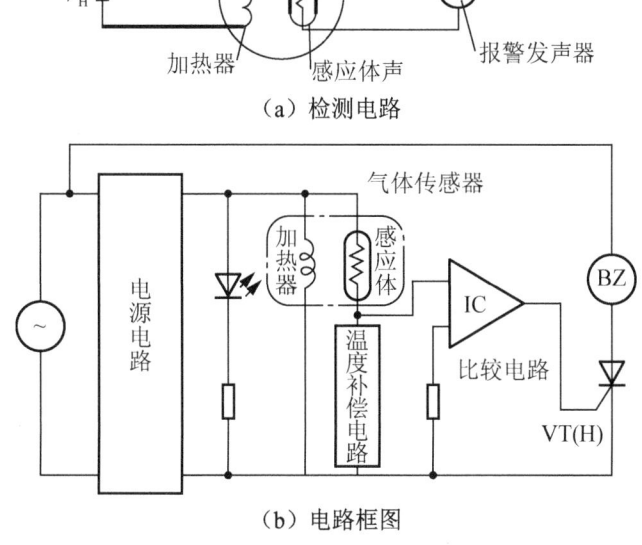

图 5.39 煤气传感器的检测电路和电路框图

5.4.4 热敏电阻式湿敏传感器

湿度传感器有多种,其工作原理、特征及性能均不尽相同。这里主要介绍优点较多的热敏电阻式绝对湿度传感器的工作原理。

给两个珠形热敏电阻通以电流,自身加热至 200℃ 左右,一个封入干燥空气中(封闭式),另一个作为湿敏元件(开启式),共同组成湿度传感器,其结构及电桥电路构成原理如图 5.40、图 5.41 所示。

先在干燥空气中调整电桥元件,使电桥输出为零。当暴露在湿空气中时,由于相应空气中含有水蒸气,传感元件的电阻 R_1 发生变化,从而电桥的平衡被破坏。此不平衡电压为绝对湿度的函数。

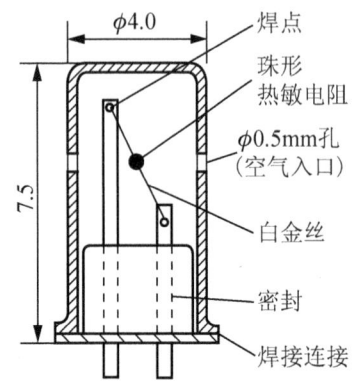

图 5.40 热敏电阻湿度探测元件结构

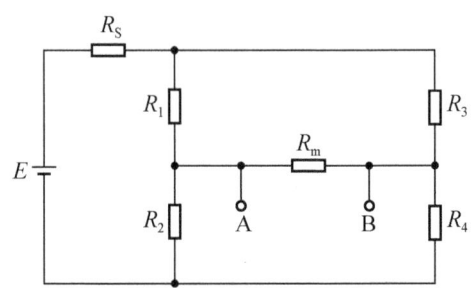

图 5.41 热敏电阻湿度传感器电路构成原理

此电路的特点是:①灵敏度高且响应速度快(90%响应,约 12s);②无滞后现象;③不像干湿球温度计需要水和纱布及其他维修保养;④可连续测量(不需要加热清洗);⑤抗风、油、尘埃能力强。

使用这种绝对湿度传感器的湿度调节器,可制造出精密的恒湿槽。图 5.42 所示为恒温恒湿槽的构成简图。用此恒温恒湿槽记录的数据如图 5.43 所示,它可以调节到 $\pm 0.2 \text{g/m}^3$。能够获得如此良好灵敏度的湿度调节是由于传感器的反应速度极快。系统中采用干燥空气除湿,是因为冷却器等除湿系统不能适应剧烈变化。

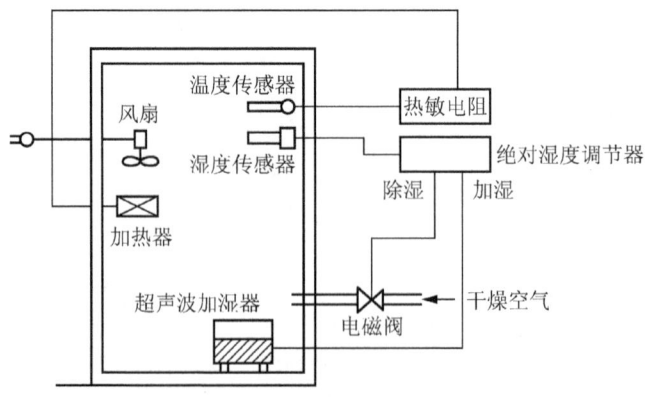

图 5.42 恒温恒湿槽的构成简图

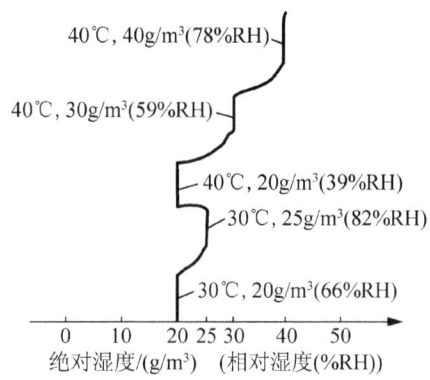

图 5.43 恒温恒湿槽湿度调节实验数据

5.4.5 金属氧化物陶瓷湿敏传感器

各种湿敏元件所用材料中，金属氧化物系陶瓷材料所具有的热稳定性受人注目，用它制作的湿度传感器，具有耐久性好、测量范围广、价廉和易变换电信号等特点。陶瓷湿度传感器是以稳定的 Al_2O_3 原料为主体湿敏体，用独特的陶瓷加热器作为清洗机构，组成了一个全固态器件，所以是一种小型、耐污垢和可靠性高的传感器。

把 Al_2O_3 为主体的金属氧化物多孔烧结体作为基体，利用其微粒结晶的表面感知水分这一特性，构成电阻体，于是陶瓷的面电阻与吸附成指数变化。在恶劣条件下使用，当污垢增多时，可通过陶瓷加热器的加热进行清洗（约 500℃，1min）。经常进行加热清洗，能保证良好的测量精度。

图 5.44 所示为陶瓷湿度传感器的结构。在多孔烧结的湿敏体上烧结 Ru_2O_2 电极与陶瓷加热器。为增加机械强度，附有不锈钢保护器。

这种湿敏传感元件的特点是：①可以连续测量（5%～99%）RH，不确定度在 ±2.0%RH 以内；②反应迅速；③工作温度在 −10～100℃ 之间；④不影响环境气体的流速；⑤滞后现象少；⑥抗机械冲击强；⑦加热清洗周期长，不易污垢；⑧小型化；⑨传感器电阻比一般的传感器低一个数量级，较容易在电路上使用；⑩环境适应性强。

图 5.45 所示为用陶瓷湿度传感器制成的简单湿度检测电路。湿度传感器与热敏电阻串联，接稳幅振荡电源，由传感器上分压确定其电阻变化。为了获得线性输出，经过 A_1 放大的信号用 A_2、VT_r、A_3 对数型放大器进行线性化处理，可获得

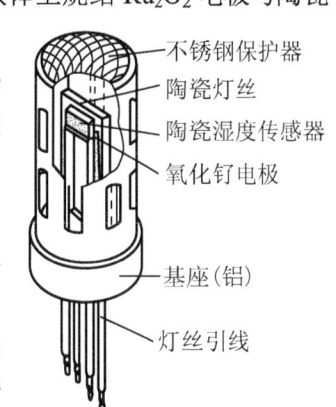

图 5.44 陶瓷湿度传感器结构

10mV 的电压输出。在 20%～90%RH，温度曲线与湿度-电阻曲线的关系几乎平行。由此可选出补偿温度关系的热敏电阻。这种简易电路可达 ±2%RH 以内的温度补偿。

陶瓷湿度传感器具有测量湿度范围广、耐久性和可靠等优点，常用于空调机的湿度控制系统等。

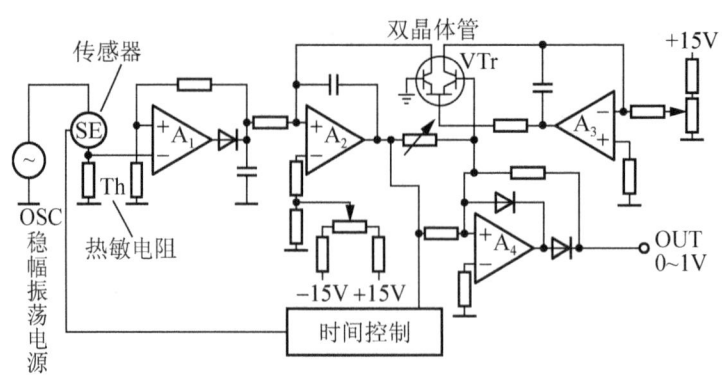

图 5.45 湿度检测电路

5.4.6 结露传感器的应用

结露传感器有许多应用，以下介绍用于磁带录像机方面的例子。

结露传感器的结构与外观如图 5.46 所示。在印刷了梳状电极的氧化铝等绝缘基板上，涂敷了一层吸湿性树脂和分散性碳粉构成的感湿膜电阻，即可构成湿敏元件。

在磁带录像机中，磁带一方面要保持与磁带转筒以及其他驱动机构相互接触，一方面要对图像信号进行录放。当环境湿度过大时，走带机构的磁鼓、导带杆、主导轴等金属零件上就会由于结露而附着水分，导致磁带和机械传动装置之间的摩擦阻力加大，进而造成磁带速度不稳，甚至停止。为了保护磁头及磁带，录像机中应安装结露传感器及保护装置，用以在环境湿度过大时提供结露指示（LED 亮），并使录像机自动进入结露停机保护状态。

在家庭用磁带录像机的应用中，结露传感器在通常的湿度状态下，其电阻值在 $2k\Omega$ 左右，录像机正常工作。如若机器内部的湿度上升而产生结露现象时，传感器的电阻值便增大，当增大到 $50k\Omega$ 以上时，结露传感器的工作电路便发挥作用。此时除显示出结露状态外，还将强制性地使机器停止运转。

如图 5.47 所示，该电路由 $VT_1 \sim VT_4$ 组成，在结露时，VL 亮（结露信号），并输出控制信号使录像机进入停机保护状态。

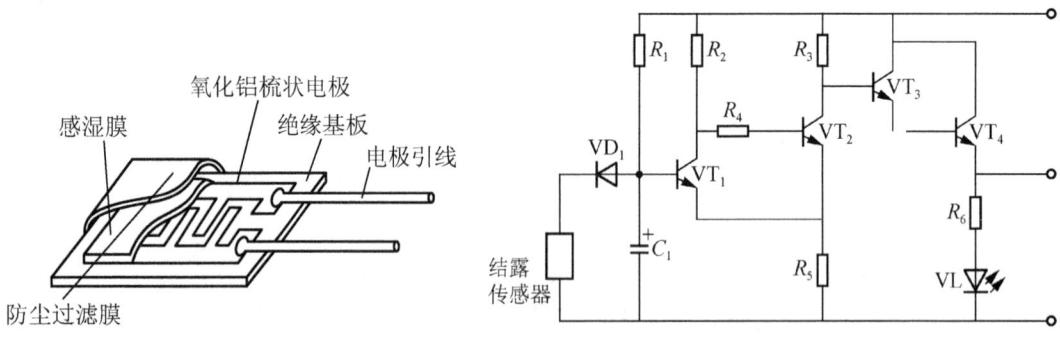

图 5.46 结露传感器的结构与外观　　图 5.47 录像机结露报警电路

在低湿时，结露传感器的电阻值为 $2k\Omega$ 左右，VT_1 因其基极电压低于 0.5V 而截止，VT_2 集电极电位低于 1V。VT_3 及 VT_4 接成达林顿电路，VT_3 的基极接于 VT_2 的集电极，所以 VT$_3$ 及 VT$_4$ 也截止，结露指示灯不亮，输出的控制信号为低电平。

在结露时，结露传感器的电阻值大于 50kΩ，VT$_1$ 饱和导通，VT$_2$ 截止；从而使 VT$_3$ 及 VT$_4$ 导通，结露指示灯亮，输出的控制信号为高电平。

结露传感器串联二极管 VD$_1$ 是为了进行温度补偿，VT$_1$ 基极接电容 C_1 则是为了在消露时电路跳回低湿工作状态稍有延时。

结露传感器除用于家庭磁带录像机之外，还可用于各种机器的结露检测。

5.5 综合实训：检测电容式传感器的性能

实训目标

检测电容式传感器的性能。

实训要求

（1）验证差动平行变面积式电容传感器的工作原理。

（2）掌握差动平行变面积式电容传感器的位移实训技术。

（3）观察和了解差动平行变面积式电容传感器的动态实训。

实训原理

本实训说明差动平行变面积式电容传感器的原理和工作情况。

差动平行变面积式电容传感器是常用的测位移传感元件，如图 5.48 所示。

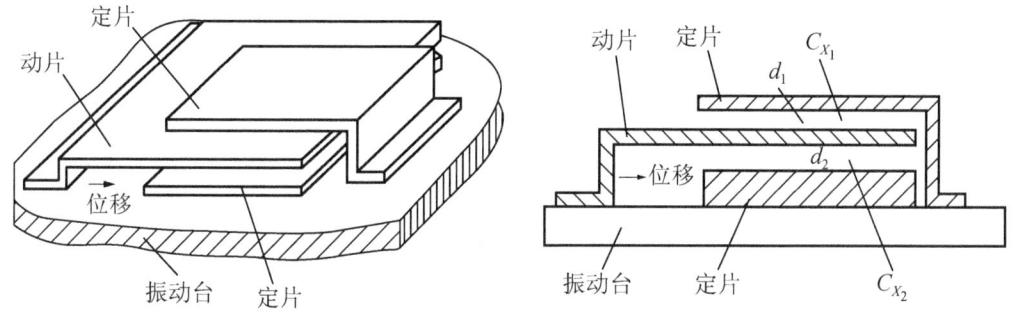

（a）差动平行变面积式电容器结构外形　　（b）差动平行变面积式电容器截面图

图 5.48　差动平行变面积式电容器

将差动平行变面积式电容传感器的两组电容片 C_{X_1} 与 C_{X_2} 作为双 T 电桥的两臂，当两片电容之间发生位移时，则电容量 C_{X_1} 与 C_{X_2} 发生变化，桥路输出电压也发生变化，于是桥路输出电压的大小可以表示位移的大小。

实训所需部件

（1）电容传感器　　　　　　　　　　　　　　一台

（2）电容传感器实训模块　　　　　　　　　　一块

（3）激振器 I　　　　　　　　　　　　　　　一台

（4）测微仪　　　　　　　　　　　　　　　　一台

实训步骤

（1）观察电容传感器结构。传感器由一组动片和两组定片组成，连接主机与实训模块的电源线及传感器接口，按如图 5.49 所示接好实训线路，增益不宜太大。

（2）打开主机电源，用测微仪带动传感器动片位移至两组定片中间，此时模块电路输出为零。

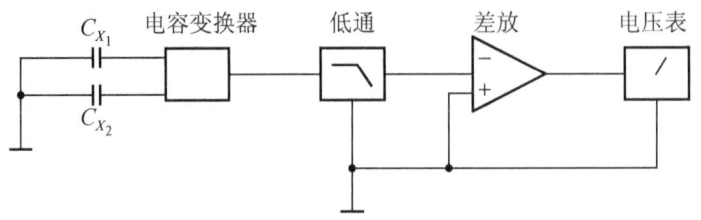

图 5.49　差动电容实训图

（3）向左和向右位移动片，每次 0.5mm，直至动片定片完全重合为止，将数据记入表 5-1 中，做出 V-X 曲线，求出灵敏度。

表 5-1　位移和信号数据

X/mm																	
V_0/V																	

（4）移开测微仪，在平台上用外力移动的方法带动电容动片位移，比较两种实训方法的结果，并分析原因。

（5）开启"激振器 I"开关，振动台带动动片在定片中振动，用示波器观察输出波形。

注意事项

（1）电容动片与定片之间距离须相等，必要时可进行调整，实训时电容不能发生擦片现象，否则信号会发生突变。

（2）电容动片是由悬臂梁带动的，由于钢梁弹性恢复滞后，实训时虽然测微仪刻度回到初始位置，但实训模块输出电压并不一定回到零位，此时可反复几次反方向旋动测微仪，使输出电压过零后再回到初始位置，开始反方向的实训。

习　题

1．简要说明气敏传感器有哪些种类，并说明它们各自的工作原理和特点。
2．简要说明在不同场合分别应选用哪种气体传感器较适宜。
3．半导瓷气敏传感器为何都附有加热器？
4．相对湿度与绝对湿度的含义是什么。
5．什么样的金属氧化物制成的半导体瓷湿敏元件呈现正感湿特性及负感湿特性，说明它们的感湿原理。

6. 叙述半导体陶瓷型湿度传感器中的涂覆膜型和烧结体型等湿敏元件的工作原理和特点。

7. 试述高分子膜湿度传感器的测湿原理。它能测量绝对湿度吗？为什么？

8. 说明含水量检测与一般的湿度检测有何不同。

9. 为什么磁带录像机多使用结露传感器？

10. 分析图 5.46 所示录像机结露报警电路工作原理，并选择电路器件。

项目 6

光电传感器及其应用

教学目标

本项目的学习，重点在于熟悉光电效应及光电器件工作原理；了解光电传感器在机电一体化系统中的作用；掌握光电传感器的类型和各种光电传感器的工作原理；熟悉光电传感器的使用范围及应用；分析光电传感器的具体应用过程。

教学要求

知 识 要 点	能 力 要 求	相 关 知 识	权重
光电效应及光电器件结构、原理	光电效应、光电管、光导型光电器件、光伏型光电器件、光电耦合器件结构原理	雪崩效应、光伏作用、光敏元件结构原理和电路形式	40%
红外传感器结构、原理	红外线特点、红外线传感器类型、结构原理	新能源、遥感技术、光电磁效应、热释电效应	20%
激光传感器结构、原理	激光传感器的分类、激光形成、特性、应用	光的衍射、度量相干性、多普勒原理	20%
光纤传感器结构、原理	光纤传感器的分类、光纤传感器结构和传光原理、光纤参数、常用光纤传感器	光纤模式、调制和解调	20%

项目6 光电传感器及其应用

> **项目导读**

光电传感器是以光电器件作为转换元件，将光能转换为电能的一种传感器。

光电传感器的物理基础是光电效应，可用于检测直接引起光量变化的非电量，也可用于检测能转换成光量变化的其他非电量。用光电器件测量非电量时，首先要将非电量的变化转换为光量的变化，然后通过光电器件的作用，就可以将非电量的变化转换为电量的变化了。

光电传感器具有响应快、性能可靠、结构简单和能实现非接触测量等优点，与其他传感器技术相比，这种传感器技术有很多优点。例如，光电传感器的敏感范围远远超过了电感、电容、磁力、超声波传感器的敏感范围。此外，光电传感器的体积很小，而敏感范围很宽，加上机壳有很多样式，几乎可以到处使用。最后，随着技术的不断发展，光电传感器在价格方面可以同用其他技术制造的传感器竞争，因而在自动检测和控制领域获得了广泛应用。近年来，新的光电器件不断涌现，远红外线、激光光源、光导纤维等光电传感器相继出现和成功应用，为光电传感器的进一步应用开创了新的一页。常用的光电传感器如图6.1所示。

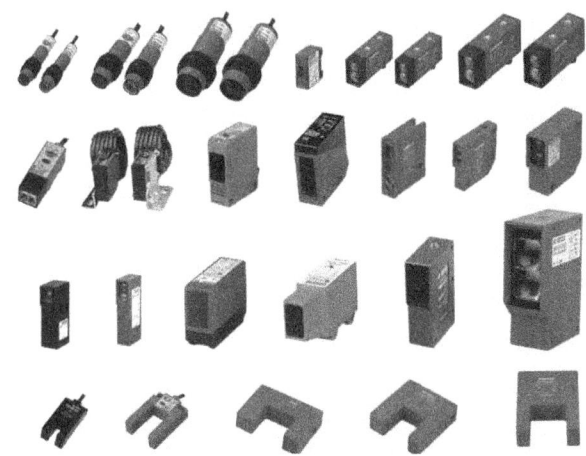

图6.1 常用的光电传感器

6.1 光电效应及光电器件

基于光电效应原理工作的光电转换元件称为光电器件或光敏元件。光电效应一般分为外光电效应、内光电效应和光生伏特效应，相对应的光电器件也有以下3种类型：光电发射型、光导型和光伏型。

6.1.1 光电效应

光电式传感器是将光信号转化为电信号的一种传感器。它的理论基础是光电效应。物体材料吸收光子能量而发生相应电效应的物理现象称为光电效应。光电效应所敏感的光波长是在可见光附近,包括红外波长和紫外波长。这类效应大致可分为外光电效应、内光电效应和光生伏特效应 3 类。

1. 外光电效应

在光线作用下使物体的电子逸出物体表面的现象,称为纤光电效应。

外光电效应也称光电发射,向外发射的电子称为光电子,能产生光电效应的物质称为光电材料。

根据爱因斯坦假说,光是一粒一粒运动着的粒子流,这些光粒子称为光子。每个光子的能量为 hf,f 是光的频率,h 为普朗克常数($h \approx 6.626 \times 10^{-34}$ J·s)。光子打在光电材料上,单个光子把它的全部能量交给光电材料中的一个自由电子,其中一部分能量消耗于该电子从物体表面逸出时所做的功,即逸出功 A,另一部分能量转换为逸出电子的初动能。设电子质量为 m,电子逸出物体表面时初速度为 v,则根据能量守恒定律有

$$hf = \frac{1}{2}mv^2 + A \quad (6-1)$$

这个方程称为爱因斯坦的光电效应方程。能使光电材料产生光电子发射光的最低频率称为红限频率,由上式可知红限频率 f_0 的值为

$$f_0 = A/h \quad (6-2)$$

不同的物质具有不同的红限频率。当入射光的频率低于红限频率时,不论入射光多么强,照射时间多么久,都不能激发出光电子;当入射光频率高于红限频率时,不管它多么微弱,也会使被照射的物体激发电子。光越强,单位时间里入射的光子数就越多,激发出的电子数目越多,因此光电流就越大,光电流与入射光强度成正比关系。从光开始照射到释放光电子这一过程几乎在瞬间发生,所需时间不超过 10^{-9}s。

利用外光电效应所做成的光电器件有真空光电管、光电倍增管等。

2. 内光电效应

在光线作用下能使物体电阻率改变的现象,称为内光电效应。

绝大多数的高电阻率半导体,受光照射吸收光子能量后,产生电阻率降低而易于导电的现象,这种现象称为光电导效应。这里没有电子自物质内部向外发射,仅改变物质内部的电阻。为与外光电效应对应,光电导效应也被称为内光电效应。

内光电效应的物理过程是当光照射到半导体材料上时,材料中处于价带的电子受到能量大于或等于禁带宽度的光子轰击,吸收光子能量,使其越过禁带跃入导带,从而形成自由电子。与此同时价带也会相应地形成自由空穴,即激发出电子-空穴对,使材料中导带内的电子和价带内的空穴浓度增加,从而使电导率变大。使半导体材料的导电性能增强,光线越强,阻值越低。

如图 6.2 所示,为了使电子从键合状态过渡到自由状态,即实现能级的跃迁,入射光的能量必须大于光电材料的禁带宽度 E_g,即入射光的频率应高于由 E_g 决定的红限频率 f_0

$$f_0 = \frac{E_g}{h} \quad (6-3)$$

式中,h 为普朗克常数。

基于内光电效应原理工作的光电器件有各类半导体光敏电阻、光敏二极管和光敏晶体管。

3. 光生伏特效应

在光线作用下能使物体产生一定方向的电动势的现象,称为光生伏特效应。

光照射引起 PN 结两端产生电动势,此电动势称为光生电动势。当 PN 结两端没有外加电压时,在 PN 结势垒区仍然存在着内建结电场,其方向是从 N 区指向 P 区,如图 6.3 所示。

当光照射到 PN 结上时,若光子的能量大于半导体材料的禁带宽度,则在 PN 结内产生电子-空穴对,在结电场作用下,空穴移向 P 区,电子移向 N 区,电子在 N 区积累,空穴在 P 区积累使 PN 结两边的电位发生变化,PN 结两端出现一个因光照射而产生的电动势。光电池就是基于这种光生伏特效应,直接将光能转变为电动势的光电器件(有源传感器)。

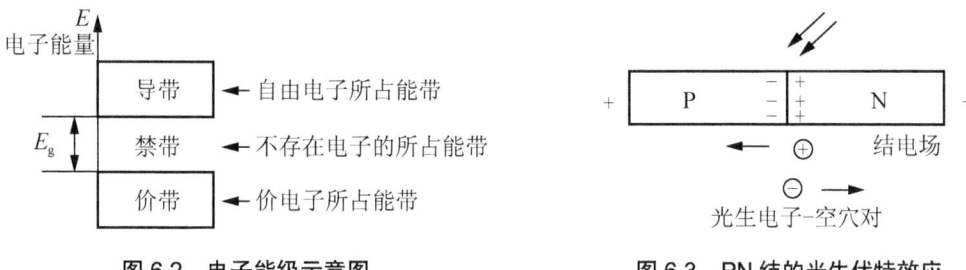

图 6.2　电子能级示意图　　　　图 6.3　PN 结的光生伏特效应

特别提示

由于光生伏特效应发生在物体内部,有的教材也把光生伏特效应归为内光电效应中的一种。

6.1.2　光电发射型光电器件

1. 光电管

光电管种类很多,最典型的是真空光电管和充气光电管,两者结构相同,都在光电管玻璃泡内装有两个电极:阴极和阳极。阴极涂有光电发射材料接电源的负极,阳极接电源的正极。当入射光 Φ 透过玻璃管壳照射到光电管阴极时便打出电子,电子被阳极吸引,光电管内就形成电流,在外电路的串联负载电阻 R_L 上产生正比于光电流的压降,如图 6.4 所示,这样就实现了光电转换作用。

真空光电管和充气光电管的区别在于前者玻璃管内抽成真空,后者玻璃泡内充有少量惰性气体。由于光电子在飞向阳极的途中与惰性气体的原子碰撞而使气体电离,产生更多的自由电子,增加了光电流,使灵敏度增加。但充气光电管的光电流与入射光强不成比例,而且稳定性较差,温度影响大,容易衰减。一般充气光电管当入射光频率大于 8000Hz 时,光电流将有下降趋势,频率越高,下降得越多。在要求温度影响小和灵敏度稳定的场合,一般多采用真空光电管。

国产 GD-4 型的光电管,阴极是用锑铯材料制成的。它对可见光范围的入射光灵敏度比较高,转换效率为 25%~30%。它适用于白光光源,因而被广泛地应用于各种光电式自动检测仪表中。对红外光源，常用银氧铯阴极，构成红外传感器。对紫外光源，常用锑铯阴极和镁镉阴极。另外，锑钾钠铯阴极的光谱范围较宽，灵敏度也较高，与人的视觉光谱特性很接近，是一种新型的光电阴极；但也有些光电管的光谱特性和人的视觉光谱特性有很大差异，因而在测量和控制技术中，这些光电管可以担负人眼所不能胜任的工作，如坦克和装甲车的夜视镜等。

2. 光电倍增管

当入射光很微弱时，普通光电管产生的光电流很小，只有零点几微安，很不容易探测，这时常用光电倍增管对电流进行放大。光电倍增管在光电阴极和阳极之间装了若干个"倍增极"或称为"次阴极"。倍增极上涂有在电子轰击下能发射更多电子的材料，倍增极的形状和位置设计成正好使前一级倍增极发射的电子继续轰击后一级倍增极。在每个倍增极间均依次增大加速电压，如图6.5（a）所示。

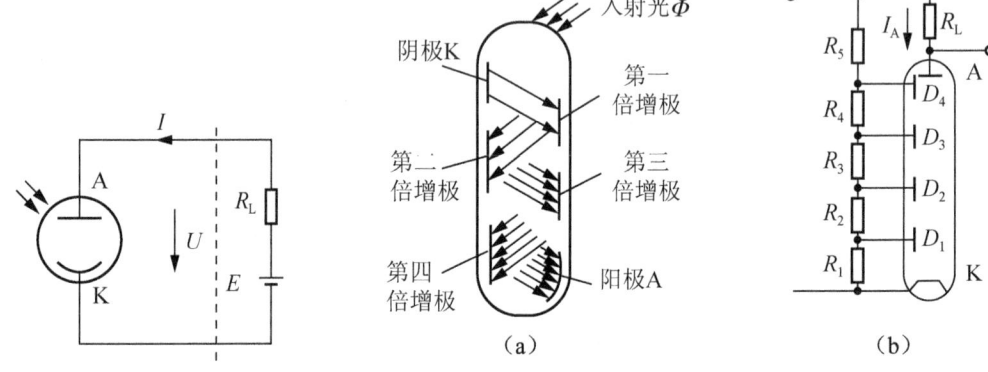

图 6.4　光电管基本电路　　　　图 6.5　光电倍增管的结构及电路

设每极的倍增率为 δ（一个电子能轰击产生出 δ 个次级电子），若有 n 个次阴极，则总的光电流倍增系数 M 将为 $(C\delta)^n$，（这里 C 为各次阴极电子收集效率），即光电倍增管阳极电流 I 与阴极电流 I_0 的关系为

$$I = I_0 M = I_0 (C\delta)^n \tag{6-4}$$

即倍增系数与所加的电压有关。常用光电倍增管的基本电路如图6.5（b）所示，各倍增极电压由电阻分压获得，流经负载电阻 R_L 的放大电流造成的压降，便给出了输出电压。一般阳极与阴极之间的电压在1000~2500V之间，两个相邻倍增电极的电位差在50~100V之间。所加电压越稳定越好，以减少倍增系数的波动引起的测量误差。由于光电倍增管的灵敏度高，所以适合在微弱光源下使用，不能接受强光刺激，否则易于损坏。

6.1.3　光导型光电器件

1. 光敏电阻

光敏电阻又称光导管，它几乎都是用具有光导效应的半导体材料制成的光电器件。制作光敏电阻的材料有金属硫化物、硒化物和碲化物等半导体材料。

光敏电阻没有极性，纯粹是一个电阻器件，使用时既可加直流电压，也可以加交流电压。当受到光照时，其电阻值下降，光线越强，阻值也变得越低，光照停止，阻值又恢复原值。把光敏电阻连接到外电路中，如图 6.6 所示，在外加电压（直流偏压或交流电压）作用下，电路中的电流在负载电阻 R_L 上产生的压降将随光线强度变化而变化，这样就将光信号转换为电信号。

光敏电阻在不受光照时的电阻值称为暗阻，受光照时的电阻值称为亮阻，我们希望暗阻越大越好，亮阻越小越好，这样光敏电阻的灵敏度就高。实际的光敏电阻的暗阻一般在兆欧数量级，亮阻在几千欧以下，暗阻和亮阻之比，一般在 $10^2 \sim 10^6$ 之间。

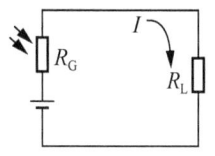

图 6.6 光敏电阻基本电路

光敏电阻的结构如图 6.7 所示。管芯是一块安装在绝缘衬底上带有两个欧姆接触电极的光电导体。作为光电导层，它是涂于玻璃底板上的一薄层半导体物质，在光电导层薄膜上蒸镀金或铟等金属形成梳状电极，这种梳状电极，由于在间距很近的电极之间有可能采用大的灵敏面积，所以提高了光敏电阻的灵敏度。电极接出引线并用带有玻璃的外壳严密地封装起来，以减少潮湿对灵敏度的影响。为了防止周围介质的影响，在半导体光敏层上覆盖了一层漆膜，漆膜的成分应使它在光敏层最敏感的波长范围内透射率最大。

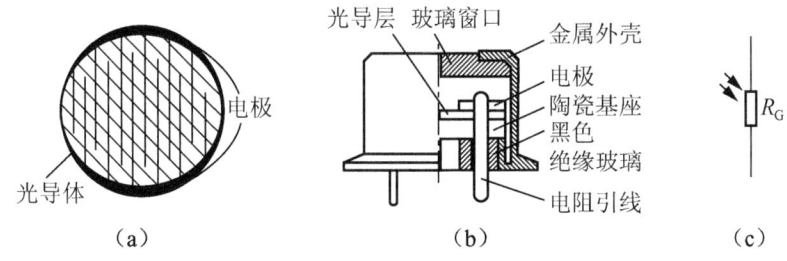

图 6.7 光敏电阻的结构和符号

光导体吸收光子而产生的光电效应，只限于光照的表面薄层，虽然产生的载流子也有少数扩散到内部去，但扩散深度有限，因此光电导体一般都做成薄层。金属电极与引出线端相连接，光敏电阻就通过引出线端接入电路。在外加电压的作用下，用光照射就能改变电路中电流的大小。

光敏电阻的电路符号如图 6.7（c）所示。

特别提示

光敏电阻具有很高的灵敏度，有很好的光谱特性，光谱响应可从紫外区到红外区范围内。光敏电阻体积小、质量轻、性能稳定、价格便宜，因此应用比较广泛。

2. 普通光敏二极管

普通光敏二极管按结构可分为同质结与异质结，其中最典型的是同质结硅光敏二极管。按材料可分为硅、锗、砷化镓、锑化铟光敏二极管等许多种。锗光敏二极管有 A、B、C、D 四类；国产硅光敏二极管按衬底材料的导电类型不同，分为 2CU1A～D 系列、2DU1～4 系列。2CU 系列以 N-Si 为衬底，2DU 系列以 P-Si 为衬底。2CU 系列的光敏二极管只有两条引线，而 2DU 系列光敏二极管有三条引线。

普通光敏二极管的电路符号如图6.8（a）所示。

光敏二极管的外形与一般二极管一样，只是它的管壳上开有一个嵌着玻璃的窗口，如图6.8（b）所示，以便于光线射入，为增加受光面积，PN结的面积做得较大。普通光敏二极管不受光照射时处于截止状态，受光照射时处于导通状态。光敏二极管在电路中工作时，一般加上反向电压，如图6.8（c）所示。

当光不照射时，只有少数载流子在反向偏压的作用下，渡越光敏二极管的阻挡层形成微小的反向电流（即暗电流），此时反向电阻很大，反向电流很小，一般为nA数量级，称为光敏二极管的暗电流。

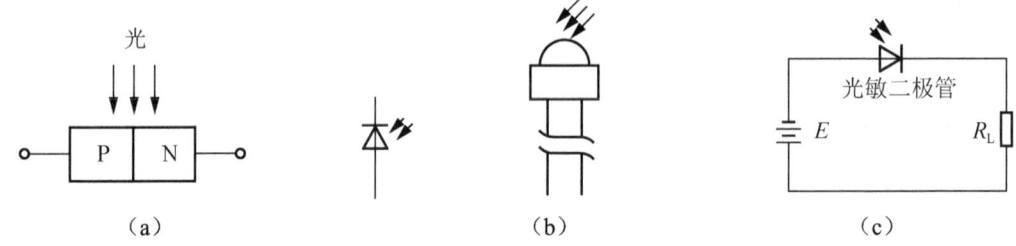

图6.8　光敏二极管的符号和结构及基本电路

受光照射时，PN结附近受光子轰击，吸收其能量而产生电子-空穴对，从而使P区和N区的少数载流子浓度大大增加，因此在外加反向偏压和内电场的作用下，P区的少数载流子电子渡越阻挡层进入N区，N区的少数载流子空穴渡越阻挡层进入P区，从而使通过PN结的反向电流大为增加，这就形成了光电流。光照射的反向电流基本上与光强成正比，光线越强，光电流越大。

光敏二极管的光电流与照度之间成线性关系，所以适合检测等方面的应用。

3. PIN结光敏二极管

PIN结光敏二极管也是光敏二极管中的一种。它的结构特点是，在P型半导体和N型半导体之间夹着一层（相对）很厚的本征半导体，如图6.9所示。这样，PN结的内电场就基本上全集中于I层本征半导体中，从而使PN结双电层的间距加宽，结电容变小。

PIN结光敏二极管最大的特点是：频带宽，可达10GHz。另一个特点是因为I层本征半导体很厚，在反偏压下运用可承受较高的反向电压，线性输出范围宽。由耗尽层宽度与外加电压的关系可知，增加反向偏压会使耗尽层宽度增加，从而结电容要进一步减小，使频带宽度变宽。

PIN结光敏二极管的不足是：I层本征半导体电阻很大，管子的输出电流小，一般多为零点几微安至数微安。目前有将PIN管与前置运算放大器集成在同一硅片上并封装于一个管壳内的商品出售。

4. 雪崩光敏二极管

雪崩光敏二极管（APD）是利用PN结在高反向电压下产生的雪崩效应来工作的一种二极管。

这种管子工作电压很高（一般为100～200V），接近于反向击穿电压。结区内电场极强，光生电子在这种强电场中可得到极大的加速，同时与晶格碰撞而产生电离雪崩反应。因此，它有很高的内增益，可达到几百。当电压等于反向击穿电压时，电流增益可达 10^6，即产生所谓的雪崩。这种管子响应速度特别快，带宽可达 100GHz，是目前响应速度最快的一种光敏二极管。

噪声大是雪崩光敏二极管子的一个主要缺点。由于雪崩反应是随机的，所以它的噪声较大，特别是工作电压接近或等于反向击穿电压时，噪声可增大到放大器的噪声水平，以致无法使用。但由于 APD 的响应时间极短，灵敏度很高，它在光通信中的应用前景广阔。

5. 光敏晶体管

光敏晶体管除了具有光敏二极管能将光信号转换成电信号的功能外，还有对电信号放大的功能。光敏晶体管的外形与一般晶体管相差不大，一般光敏晶体管只引出两个极—发射极和集电极，基极不引出，管壳同样开窗口，以便光线射入。为增大光照，基区面积做得很大，发射区较小，入射光主要被基区吸收。

光敏晶体管可以看作是一个 bc 结为光敏二极管的晶体管，有 PNP 型和 NPN 型两种，其结构和符号如图 6.10（a）所示。其结构与一般晶体管相似，具有电流增益，只是它的发射极一边做得很大，以扩大光的照射面积，且其基极不接引线。

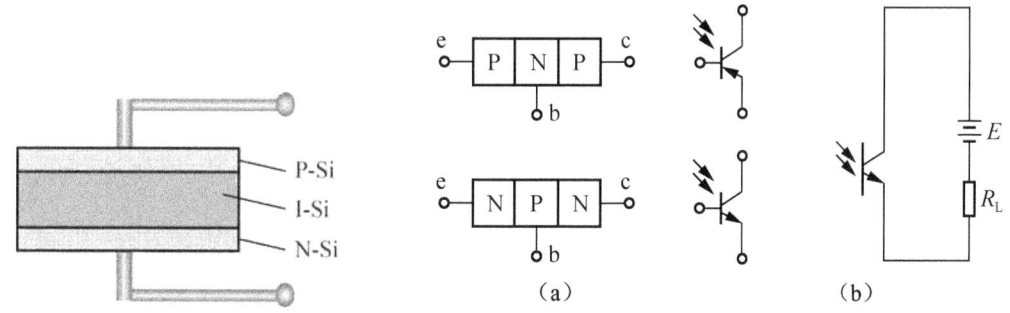

图 6.9 PIN 管结构示意图　　　图 6.10 光敏晶体管结构符号和基本电路

当光敏晶体管的集电极加上正电压，基极开路时，集电极处于反向偏置状态，如图6.10（b）所示的基本电路。集电极相对发射极为正电压，而基极-集电极处于反向偏置状态。

无光照射时，光敏晶体管由热激发产生少数载流子。电子从基极进入集电极，空穴从集电极移向基极，在外电路中有暗电流流过。

当光线照射在光敏晶体管集电结的基区时，会产生电子-空穴对，bc 结区出现光生载流子。由于集电极处于反向偏置状态，使内电场增强。在内电场作用下，光生电子漂移到集电极，在基极区留下空穴，使基极与发射极间的电压升高，促使发射极有大量电子经基极被集电极收集而形成放大的光电流。集电极输出电流为 bc 结光生电流的 β 倍。

特别提示

使用光敏二极管和光敏晶体管时，应注意保持光源与光敏管的合适位置，使入射光恰好聚焦在管芯所在的区域。光敏晶体管灵敏度很大，为避免灵敏度改变，使用中必须保持光源与光敏晶体管的相对位置不变。

6.1.4 光伏型光电器件

基于光生伏特效应，直接将光能转变为电动势的光电器件主要是光电池。由于它可把太阳能直接变为电能，又称为太阳能电池，如图 6.11 所示。

图 6.11 太阳能电池板

光电池是发电式有源元件。和光敏二极管一样，其基本结构也是一个 PN 结。当光照射在 PN 结上时，在结的两端出现电动势。光电池和光敏二极管相比，重要的不同点是结面积大，因此它的频率特性特别好。光生电动势与光敏二极管相同，但输出电流普遍比光敏二极管大。

光电池的工作原理是基于"光生伏特效应"。它实质上是一个大面积的 PN 结，当光照射到 PN 结的一个面，例如 P 型面时，若光子能量大于半导体材料的禁带宽度，那么 P 型区每吸收一个光子就产生一对自由电子和空穴，电子空穴对从表面向内迅速扩散，在结电场的作用下，最后建立一个与光照强度有关的电动势。

硅光电池的结构如图 6.12 所示。它是在一块 N 型硅片上用扩散的办法掺入一些 P 型杂质（如硼）形成 PN 结。当光照到 PN 结区时，如果光子能量足够大，将在结区附近激发出电子-空穴对，在 N 区聚积负电荷，P 区聚积正电荷，这样 N 区和 P 区之间出现电位差。若将 PN 结两端用导线连接起来，电路中有电流流过，电流的方向由 P 区流经外电路至 N 区。若将外电路断开，就可测出光生电动势。

光电池的表示符号、基本电路及等效电路如图 6.13 所示。

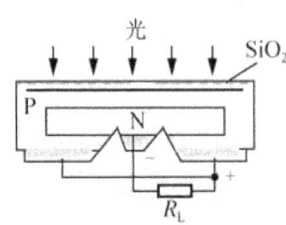

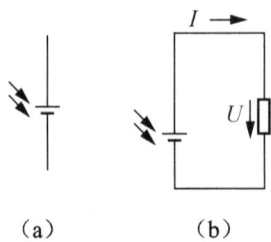

图 6.12 硅光电池的结构   图 6.13 光电池的表示符号、基本电路及等效电路

光电池的命名方式是：把光电池的半导体材料的名称冠于光电池之前，例如，硒光电池、砷化镓光电池、硅光电池等。目前，应用最广、最有发展前途的是硅光电池。

硅光电池价格便宜，转换效率高，寿命长，适于接收红外光。硒光电池光电转换效率低（0.02%）、寿命短，适于接收可见光（响应峰值波长 $0.56\mu m$），最适宜制造照度计。砷化镓光电池转换效率比硅光电池稍高，光谱响应特性则与太阳光谱最吻合，且工作温度最高，更耐受宇宙射线的辐射。因此，砷化镓光电池在宇宙飞船、卫星、太空探测器等电源方面的应用具有发展前途。

光电池主要有两个方面的应用。

（1）将光电池作为光伏器件使用，利用光伏作用直接将太阳能转换成电能，即太阳电池。这是全世界范围内人们所追求、探索新能源的一个重要研究课题。太阳电池已在宇宙开发、航空、通信设施、太阳电池地面发电站、日常生活和交通事业中得到广泛应用。目前太阳电池发电成本尚不能与常规能源竞争,但是随着太阳电池技术不断发展,成本会逐渐下降,太阳电池定将获得更广泛的应用。

(2) 将光电池作为光电转换器件使用,需要光电池具有灵敏度高、响应时间短等特性,但不需要像太阳电池那样的低光电转换效率。这一类光电池需要特殊的制造工艺,主要用于光电检测和自动控制系统中。

6.1.5 光电耦合器

光电耦合器是由一个发光元件和一个光敏元件同时组合而成的光电转换元件。

1. 光电耦合器的结构

光电耦合器将发光器件与光敏元件集成封装在一个外壳内,一般有金属封装和塑料封装两种。发光元件为发光二极管,受光元件为光敏晶体管或光敏晶闸管。它们以光为媒介,实现输入电信号耦合到输出端,图6.14所示为光电耦合器的外形,图6.15所示为其结构示意图。金属密封型采用金属外壳和玻璃绝缘的结构,在其中部对接,采用环焊以保证发光二极管和光敏晶体管对准,以此来提高灵敏度。塑料密封型采用双列直插式塑料封装的结构。管心先装于管脚上,中间再用透明树脂固定,具有集光作用,故此种结构灵敏度较高。

图 6.14 光电耦合器的外形

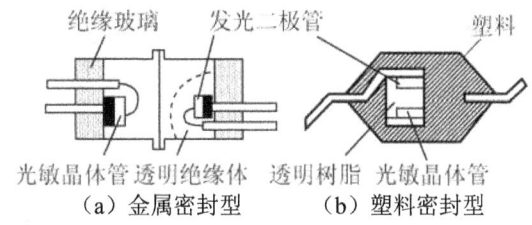

图 6.15 光电耦合器结构示意图

光电耦合器的典型结构又可分为三种,如图6.16所示。图6.16(a)为窄缝透射式,可用于片状遮挡物体的位置检测或码盘、转速测量;图6.16(b)为反射式,可用于反光体的位置检测,对被测物不限制厚度;图6.16(c)为全封闭式,用于电路的隔离。

光电耦合器中的发光二极管由半导体 PN 结构成，在半导体 PN 结中，P 区的空穴由于扩散而移动到 N 区，N 区的电子则扩散到 P 区，所注入 P 区里的电子和 P 区里的空穴复合，注入 N 区里的空穴和 N 区里的电子复合，这种复合的同时，伴随着以光子形式放出能量，因而有发光现象。制作发光二极管的材料，其禁带宽度 E_g 至少应大于 1.8 eV。而普通二极管是用锗或硅制造的，这两种材料的禁带宽度 E_g 分别为 0.67eV 和 1.12eV，显然不能作为发光二极管使用。

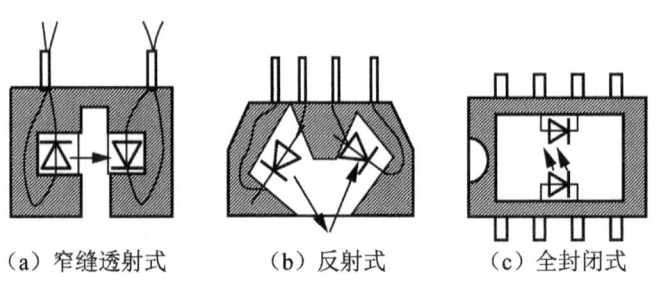

（a）窄缝透射式　　（b）反射式　　（c）全封闭式

图 6.16　光电耦合器的典型结构

2. 光电耦合器件的特点

光电耦合器件的特点：①强弱电隔离，输入/输出极之间绝缘电阻很高，耐压达 2000V 以上；②对系统内部噪声有很强的抑制作用，能避免输出端对输入端地线等的干扰，发光二极管是电流驱动元件，动态电阻很小，对系统内部的噪声有旁路作用（滤除噪声）。

3. 光电耦合器的组合形式

光电耦合器的组合形式常应用于自动控制电路中的强弱电隔离，其组合形式有多种，如图 6.17 所示。图 6.17（a）所示的组合形式结构简单、成本低，通常用于 50kHz 以下工作频率的装置内。图 6.17（b）所示的组合形式采用高速开关管构成的高速光电耦合器，适用于较高频率的装置中。图 6.17（c）所示的组合形式采用了放大晶体管构成的高传输效率的光电耦合器，适用于直接驱动和较低频率的装置中。图 6.17（d）所示的组合形式采用功能器件构成高速、高传输效率的光电耦合器。

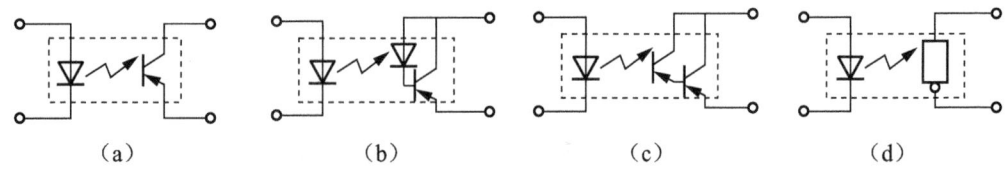

（a）　　（b）　　（c）　　（d）

图 6.17　光电耦合器的组合形式

4. 光电耦合器件的各项参数

对于光电耦合器的特性，应注意以下各项参数：①电流传输比；②输入/输出间的绝缘电阻；③输入/输出间的耐压；④输入/输出间的寄生电容；⑤最高工作频率；⑥脉冲的上升时间和下降时间。

6.2 红外传感器

红外传感器是能将红外辐射能变换成电能的光敏器件。

6.2.1 红外线的特点

红外线也称红外光或红外辐射,它是一种电磁波,其波长范围在电磁波谱中的位置如图 6.18 所示。由图可见,它是波长位于可见光和微波之间的一种不可见光。红外光的最大特点是具有光热效应,能辐射热量,处于光谱中最大光热效应区。可见光所具有的一切特性,红外光也都具有,即红外光也是按直线前进,也服从反射定律和折射定律,也有干涉、衍射和偏振等现象。

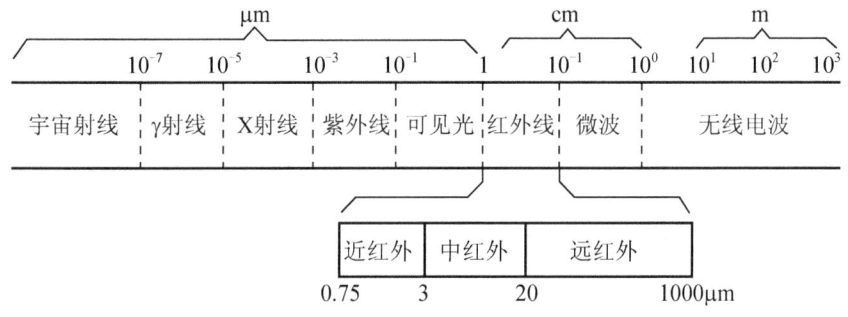

图 6.18 电磁波谱

自然界中的任何物体,只要其本身温度高于绝对零度(-273.15℃),就会不断地辐射红外线,物体温度越高,发射的红外辐射就越多。例如,人体、火焰甚至冰都会放射出红外线,只是其发射的红外线的波长不同而已。人体的温度为 36~37℃,所放射的红外线波长为 9~10μm(属于远红外线区),加热到 400~700℃的物体,其放射出的红外线波长为 3~5μm(属于中红外线区)。红外线传感器可以检测到这些物体发射出的红外线,用于测量、成像或控制。

用红外线作为检测媒介,来测量某些非电量,比可见光作为媒介的检测方法要好。红外线检测的特点如下。

(1)可昼夜测量。红外线(指中、远红外线)不受周围可见光的影响,故可在昼夜进行测量。

(2)不必设置光源。由于待测对象发射出红外线,故不必设置光源。

(3)适用于遥感技术。大气对某些特定波长范围的红外线吸收甚少(2~2.6μm,3~5μm,8~14μm 三个波段称为"大气窗口"),故适用于遥感技术。

 特别提示

红外线检测技术广泛应用于工业、农业、水产、医学、土木建筑、海洋、气象、航空、宇航等各个领域。红外线应用技术从无源传感发展到有源传感(利用红外激光器)、红外

图像技术,从以宇宙为观察对象的卫星红外遥感技术,到观察很小的物体(如半导体器件)的红外显微镜,应用非常广泛。

6.2.2 红外线传感器的类型

红外线传感器按其工作原理可分为两类,即光电型及热电型,其分类体系如图 6.19 所示。

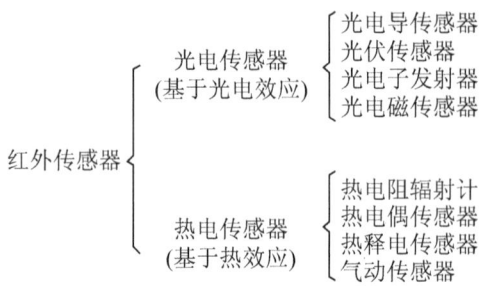

图6.19 红外传感器分类体系

热电型红外线光敏元件的特点:灵敏度较低、响应速度较慢、响应的红外线波长范围较宽,价格比较便宜和可在室温下工作。光电型红外线光敏元件的特性则与热电型正好相反,一般必须在冷却(77K)条件下使用。

1. 光电红外传感器

光电红外传感器可以是电真空器件(光电管、光电倍增管),也可以是半导体器件。其主要性能要求是高响应度、低噪声和快速响应。光敏红外传感器的光谱响应如图6.20所示,它表示光敏和热敏红外传感器对不同波长 λ 的光照敏感程度,其相对灵敏度用 R_λ 表示,光谱响应最敏感的波长 λ_p 称为光谱响应峰值。使用不同材料制成的红外传感器有着不同的光谱特性。

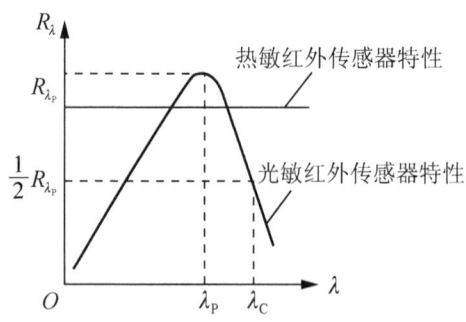

图6.20 红外传感器的两种光谱响应

半导体型光电红外传感器可分为光电导型、光伏型、光电磁型以及红外场效应传感器、红外多元列阵传感器等。

光电导型红外传感器是基于光电导效应的光敏器件,通常由硫化铅、硒化铅、砷化铟和砷化锑等半导体材料制成。

光伏型红外传感器是基于光生伏特效应的半导体器件。凡是本征激发的并能做成 PN 结的半导体都能制成光伏型传感器。光伏型传感器可以具有和光电导型相等的探测率，而响应时间却短得多，从而扩大了使用范围。

光电磁传感器是利用某些材料的光电磁效应而工作的。所谓光电磁效应（PEM 效应），是指光生载流子的扩散运动在磁场作用下产生偏转的一种物理效应，由许多个单元探测器所组成的红外多元列阵传感器，与单元传感器相比具有高分辨率、高信噪比和大视场等特点。此外，用于红外成像的电荷转移器件（红外 CCD）也是一种很有发展前途的光敏红外传感器。

2. 热电红外传感器

与光电红外传感器相比，热电红外传感器的响应速度较慢，响应时间较长，但具有宽广的、比较平坦的光谱响应，其响应范围能扩展到整个红外区域，如图 6.18 所示，所以热电红外传感器仍有相当广泛的应用。

热电红外传感器分为室温传感器和低温传感器，前者在工作时不需冷却，使用方便。热敏电阻、热电偶和热电堆均可用做室温传感器。其中热敏电阻型红外传感器在工业中得到了广泛应用。热敏电阻在工作时，首先由于辐射照射而温度升高，然后才由于温度升高而改变其电阻值。正因为有个热平衡过程，所以往往具有较大的热惯性。为了减小热惯性，总是把热敏电阻做成薄片，并在它的表面涂上一层能百分之百地吸收入射辐射的黑色涂层。采用适当的黑涂料，在 1～5μm 的常用红外波段内，其响应度基本上与波长无关。

3. 热释电传感器

热释电传感器属于热电红外传感器中的一种，是目前用得最广的红外线传感器，其外形如图 6.21 所示。

图 6.21　热释电红外传感器

1）热释电效应

若使某些强介电常数物质的表面温度发生变化，随着温度的上升或下降，在这些物质表面上就会产生电荷的变化，这种由于温度变化产生的电极化现象被称为热释电效应。热释电效应是热电效应的一种。这种现象在钛酸钡（$BaTiO_3$）之类的强介电常数物质材料上表现得特别显著。目前性能最好的室温传感器就是利用这些材料的热释电效应来探测辐射能量的器件。

有些热释电晶体的自发极化方向可用外电场来改变，这些晶体称为铁电体，如 $BaTiO_3$

等。铁电体具有电畴结构，当红外辐射照射到已极化的铁电薄片上时，引起薄片的温度升高，表面电荷减少，这相当于释放一部分电荷。释放的电荷可用放大器转变成输出电压，如红外辐射继续进行，薄片的温度升高到新的平衡值，表面电荷达到新的平衡浓度，不再释放电荷，也无输出信号，即在稳定状态下，输出信号下降到 0，这与其他传感元件根本不同。另外，当温度升高到居里点时，自发极化也很快消失，所以设计时要使铁电薄片具有最有利的温度变化。

在钛酸钡一类的晶体上，上下表面设置电极，在上表面加以黑色膜。若有红外线间歇地照射，其表面温度上升 ΔT，其晶体内部的原子排列将产生变化，引起自发极化电荷 ΔQ。设元件的电容为 C，则在元件两电极上产生的电压为

$$U = \Delta Q / C \tag{6-5}$$

特别提示

要指出的是，热释电效应产生的电荷不是永存的，只要它出现，很快便被空气中的各种离子所结合。因此，用热释电效应制成的传感器，往往在其元件前面要加机械式的周期性遮光装置，以使此电荷周期性出现。只有当测量移动物体时才可不用周期性遮光装置。

2）热释电红外线光敏元件的材料

热释电红外线光敏元件的材料较多，其中以陶瓷氧化物及压电晶体用得最多。例如，钛酸钡（$BaTiO_3$），其陶瓷材料性能较好，用它制成的红外传感器已用于人造卫星地平线检测及红外辐射温度检测。钽酸锂（$LiTaO_3$）、硫酸三甘肽（LATGS）及钛锆酸铅（PZT）制成的热释电型红外传感器目前用途极广。

近年来开发的具有热释电性能的高分子薄膜聚偏二氟乙烯（PVF_2），已用于红外成像器件、火灾报警传感器等。

3）热释电红外传感器（压电陶瓷及陶瓷氧化物）

热释电红外传感器的结构及等效电路如图 6.22 所示。传感器的敏感元件是 PZT（或其他材料），在上下两面做上电极，并在表面上加一层黑色氧化膜以提高其转换效率。它的等效电路是一个在负载电阻上并联一个电容的电流发生器，其输出阻抗极高，而且输出电压信号又极其微弱，故在管内附有场效应晶体管 FET 放大器（即图 6.22 中的 VF）及厚膜电阻，以达到阻抗变换的目的。在顶部设有滤光镜（T0-5 封装），而树脂封装的滤光镜则设在侧面。

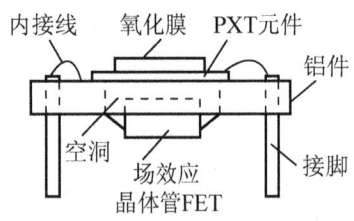
（a）热释电红外传感器基本结构

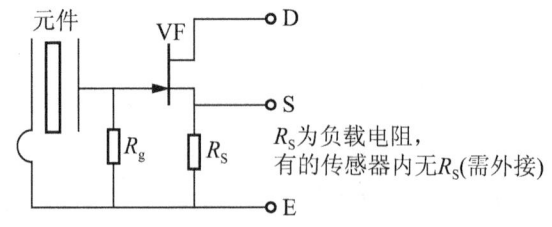
（b）热释电红外传感器等效电路

图 6.22 热释电红外传感器的结构及等效电路

4）PVF_2 热释电红外传感器

PVF_2 是聚偏二氟乙烯的缩写，是一种经过特殊加工的塑料薄膜，具有压电效应，同时

也具有热释电效应,是一种新型传感器材料。PVF$_2$热释电红外传感器的热释电系数虽然比钽酸锂、硫酸三甘肽等要低,但它具有不吸湿、化学性质稳定、柔软、易加工及成本低的特点,是制造红外线监测报警装置的好材料。

5) 菲涅耳透镜

菲涅耳透镜是一种由塑料制成的特殊设计的光学透镜,它用来配合热释电红外线传感器,以达到提高接收灵敏度的目的。实验证明,传感器不加菲涅耳透镜,其检测距离仅2m(检测人体走过)左右,而加菲涅耳透镜后,其检测距离为10m以上,甚至更远。

透镜的工作原理是移动物体或人发射的红外线进入透镜,产生一个交替的"盲区"和"高灵敏区",这样就产生了光脉冲。透镜由很多"盲区"和"高灵敏区"组成,则物体或人体的移动就会产生一系列的光脉冲进入传感器,从而提高了接收灵敏度。物体或人体移动的速度越快,灵敏度就越高。目前一般配上透镜可检测10m左右,而采用新设计的双重反射型,则其检测距离可达20m以上。菲涅耳透镜呈圆弧状,其透镜的焦距正好对准传感器的敏感元件中心,如图6.23所示。

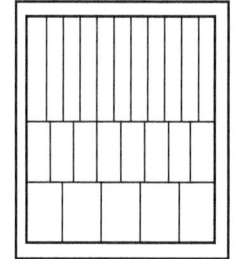
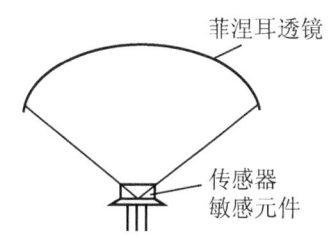

图 6.23 菲涅耳透镜的应用

由于热释电信号正比于器件温升随时间的变化率,所以热释电传感器的响应速度比其他热传感器快得多,它既可工作于低频,也可工作于高频。热释电传感器的探测率超过所有的室温传感器。热释电传感器的应用日益广泛,不仅用于光谱仪、红外测温仪、热像仪、红外摄像管等方面,而且在快速激光脉冲监测和红外遥感技术中也得到了实际应用。

6.3 激光传感器

激光传感器是利用激光技术进行测量的传感器。激光传感器由激光器、激光检测器和测量电路组成。激光传感器能把被测物理量(如长度,流量,速度等)转换成光信号,然后应用光电转换器把光信号变成电信号,通过相应电路的过滤、放大,整流得到输出信号,从而算出被测物理量,因此广义上也可将激光测量装置称为激光传感器。激光传感器实际上是以激光为光源的光电式传感器。

激光传感器具有以下优点:能实现无接触远距离测量;结构、原理简单可靠;适合各种恶劣的工作环境,抗光、抗电干扰能力强;分辨率较高(如在测量长度时能达到几纳米);示值误差小;稳定性好,宜用于快速测量。虽然高精密激光传感器已上市多年,但由于其价格一直较高,故不能获得广泛应用。现在,由于其产品价格大幅度下降,使其成为远距离检测场合一种最经济有效的方法。激光传感器的测量过程如图6.24所示。

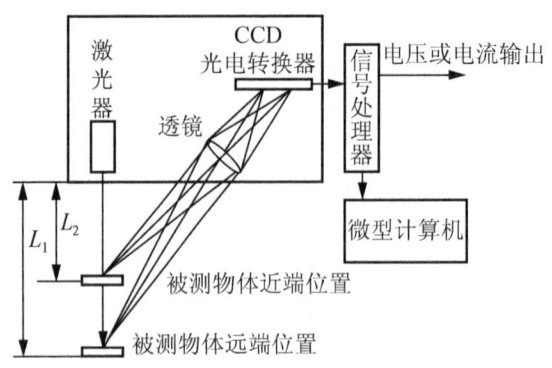

图 6.24 激光传感器的测量过程

6.3.1 激光传感器的分类

1. 按工作物质分类

激光传感器按工作物质可分为 4 类。

1）固体激光传感器

固体激光传感器的工作物质是固体。常用的有红宝石激光器、掺钕的钇铝石榴石激光器（即 YAG 激光器）和钕玻璃激光器等。它们的结构大致相同，特点是小而坚固、功率高，钕玻璃激光器是目前脉冲输出功率最高的器件，已达到数十兆瓦。

2）气体激光传感器

气体激光传感器的工作物质为气体。现已有各种气体原子、离子、金属蒸气和气体分子激光器。常用的有二氧化碳激光器、氦氖激光器和一氧化碳激光器，其形状如普通放电管，特点是输出稳定、单色性好、寿命长，但功率较小、转换效率较低。

3）液体激光传感器

液体激光传感器又可分为螯合物激光器、无机液体激光器和有机染料激光器，其中最重要的是有机染料激光器，它的最大特点是波长连续可调。

4）半导体激光传感器

半导体激光传感器是一种较新的激光器，其中较成熟的是砷化镓激光器。其特点是效率高、体积小、质量轻、结构简单，适宜于在飞机、军舰、坦克上以及步兵随身携带。可制成测距仪和瞄准器，也可用于工业上的表面准直度、厚度检测，如图 6.25 所示。但输出功率较小、定向性较差、受环境温度影响较大。

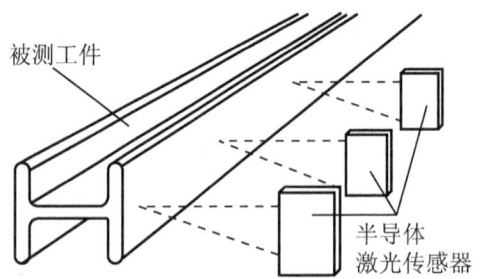

图 6.25 工业上的表面准直度激光检测

2. 按所用激光的不同特性分类

激光传感器按照它所应用的激光的不同特性可分为以下几类。

1）激光干涉传感器

这类传感器是应用激光的高相干性进行测量。通常是将激光器发出的激光分为两束：一束作为参考光；另一束射向被测对象，然后再使两束光重合（若就频率而言是使两者混合），重合（或混合）后输出的干涉条纹（或差频）信号，即反映了检测过程中的相位（或频率）变化，据此可判断被测量的大小。

激光干涉传感器可应用于精密长度计量和工件尺寸、坐标尺寸的精密测量，还可用于精密定位，如精密机械加工中的控制和校正，感应同步器的刻划，集成电路制作等定位。

2）激光衍射传感器

光束通过被测物产生衍射现象时，其后面的屏幕上形成光强有规则分布的光斑。这些光斑条纹称为衍射图样。衍射图样与衍射物（即障碍物或孔）的尺寸以及光学系统的参数有关，因此根据衍射图样及其变化就可确定衍射物也就是被测物的尺寸。

光的衍射现象虽早已被发现，但由于过去一直未找到一种理想的单色光源，而使衍射原理在检测技术中的应用受到一定程度的限制。激光因其良好的单色性，而在小孔、细丝和狭缝等小尺寸的衍射测量中得到了广泛的应用。

3）激光扫描传感器

激光束以恒定的速度扫描被测物体（如圆棒），由于激光方向性好、亮度高，因此光束在物体边缘形成强对比度的光强分布，经光电器件转换成脉冲电信号，脉冲宽度与被测尺寸（如圆棒直径）成正比，从而实现了物体尺寸的非接触测量。激光扫描传感器适用于柔软的不允许有测量力的物体、不允许测头接触的高温物体以及不允许表面划伤的物体等。由于扫描速度可高达95m/s，因此允许测量快速运动或振幅不大、频率不高、振动着的物体的尺寸，因此经常用于加工中（即在线）非接触主动测量。激光传感器的工业测量应用如图6.26所示。

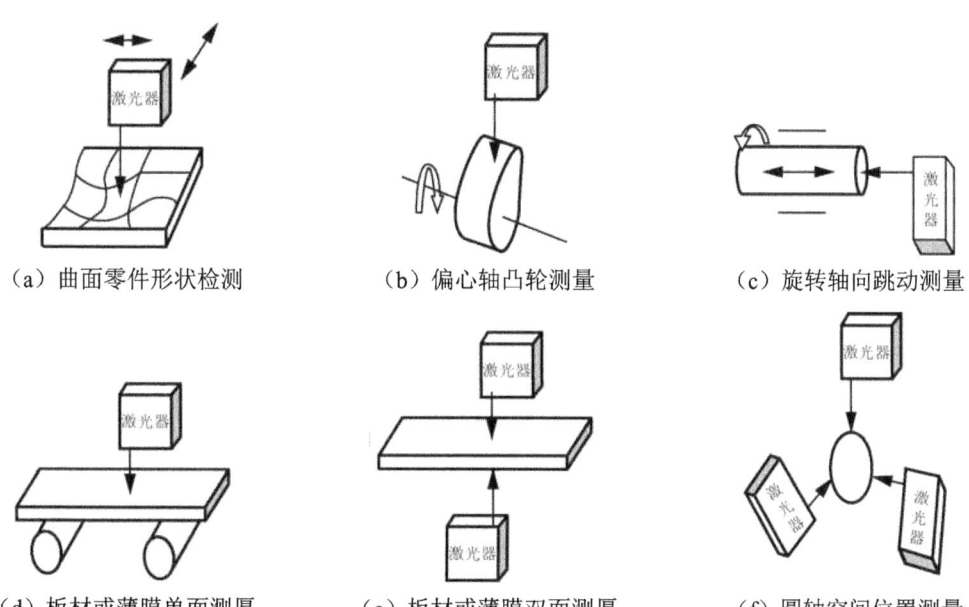

（a）曲面零件形状检测　　（b）偏心轴凸轮测量　　（c）旋转轴向跳动测量

（d）板材或薄膜单面测厚　　（e）板材或薄膜双面测厚　　（f）圆轴空间位置测量

图6.26　激光传感器的工业应用

激光传感器除了在长度等测量中的一些应用外,还可测量物体或微粒的运动速度,测量流速、振动、转速、加速度、流量等,并有较高的测量精度。

6.3.2 激光的产生

激光与普通光不同,需要用激光器产生。

激光器的工作物质在正常状态下,多数原子处于稳定的低能级 E_1,如无外界的作用,原子可长期保持此状态。但在适当频率的外界光线的作用下,处于低能级的原子吸收光子能量受激发而跃迁到高能级 E_2,这个过程称为光的受激吸收。光子能量 ε 与原子能级跃迁的关系为

$$\varepsilon = E_2 - E_1 = h\upsilon \tag{6-6}$$

式中,h 为普朗克常数;υ 为光子频率。

反之,在频率为 υ 的光的诱发下,处于能级 E_2 的原子会跃迁到低能级释放能量而发光,称为受激辐射。受激辐射发出的光子与外来光子具有完全相同的频率、传播方向和偏振方向。一个外来光子诱发出一个光子,在激光器中得到两个光子,这两个光子又可诱发出两个光子,得到四个光子,这些光子进一步诱发出其他光子。这个过程称为光放大。

如果通过光的受激吸收,使介质中处于高能级的粒子比处于低能级的粒子多(即粒子数反转分布),则光放大作用大于光吸收作用,就能使受激辐射过程占优势。光在这种工作物质内被增强,这种工作物质就称为增益介质。若增益介质通过提供能量的激励源装置形成粒子数反转状态,这时大量处于低能级的原子在外来能量作用下将跃迁到高能级,从而使频率为 υ 的诱发光得到增强。

为了使受激辐射的光具有足够的强度,还须设置一个光学谐振腔。光学谐振腔内设有两个面对面反射镜:一个为全反射镜;另一个为半反半透镜。当沿轴线方向行进的光遇到反射镜后,就被反射折回,如此在两反射镜间往复运行并不断对有限容积内的工作物质进行受激辐射,产生雪崩式的放大,从而形成了强大的受激辐射光,简称激光。激光形成后,通过半反半透镜输出。

可见,激光的形成必须具备以下 3 个条件。

(1) 具有能形成粒子数反转状态的工作物质—增益介质。
(2) 具有供给能量的激励源。
(3) 具有提供反复进行受激辐射场所的光学谐振腔。

6.3.3 激光的特性

激光与普通光源发出的光相比,它除了具有一般光的特征(如反射、折射、干涉、衍射、偏振等)外,还具有以下重要特性。

1. 高方向性(即高定向性,光速发散角小)

从激光的形成过程可知,激光只能沿着谐振腔的轴向传播,激光束的平行度很高,发散角很小(一般激光光束的立体角可小至 10^{-6} 的数量级),这样的光束即使照射到 1km 远处,其光斑直径也仅约 10cm。

2. 高亮度

由于激光束的发散角小，光能在空间高度集中，从而提高了亮度，一台较高水平的红宝石激光器的亮度，比普通光源中以亮度著称的高压脉冲氙灯的亮度高 37 亿倍，把这种高亮度的激光束会聚后能产生几百万度的高温。

3. 高单色性

光的颜色不同实际上是其波长（或频率）不同。单色光即所谓波长（或频率）单一的光。但实际上单色光的频率也并非是单一的，而具有一定的谱线宽度 $\Delta\lambda$，谱线宽度愈窄（$\Delta\lambda$ 愈小），表明光的单色性愈好。普通光源中最好的单色光源是氪灯，其光波波长为 $\lambda = 608.7\mathrm{nm}$，$\Delta\lambda = 0.00047\mathrm{nm}$，而氦氖激光器产生的激光波长 $\lambda = 632.8\mathrm{nm}$，$\Delta\lambda < 10^{-8}\mathrm{nm}$。由此可见激光的单色性要比普通光源所发之光好得多。

4. 高相干性

两束光交叠时，产生明暗相间的条纹（单色光）或彩色条纹（自然光）的现象称为光的干涉。只有频率和振动方向相同，周相相等或周相差恒定的两束光才具有相干性。

普通光源主要依靠自发辐射发光，各发光中心彼此独立。因此，一束普通光是由频率、振动方向、相位各不相同的光波组成的，这样两束光交叠时，当然不会产生干涉现象。

激光是由受激辐射产生的，各发光中心是相互关联的，能在较长时间内形成稳定的相位差，振幅也是恒定的，所以具有良好的相干性。

特别提示

为度量相干性，引入了时间相干性与空间相干性的概念。时间相干性是指光源在不同时刻发出的光束间的相干性。激光由于单色性好，因而具有良好的时间相干性。空间相干性是指光源的不同部分发出的光波间的相干性，满足设计要求的激光器发出的激光，可以有几乎无限的空间相干性。

6.3.4 激光传感器的应用

利用激光的高方向性、高单色性和高亮度等特点，可实现激光传感器的无接触远距离测量，例如激光传感器常用于长度、距离、振动、速度、方位等物理量的测量，还可用于探伤和大气污染物的监测等。

1. 激光测长

精密测量长度是精密机械制造工业和光学加工工业的关键技术之一，如图 6.27 所示。现代长度计量多是利用光波的干涉现象来进行的，其精度主要取决于光单色性的好坏。激光是最理想的光源，它比以往最好的单色光源（氪$_{-86}$灯）还纯 10 万倍。因此激光测长的量程大、精度高。由光学原理可知单色光的最大可测长度 L、波长 λ 和谱线宽度 $\Delta\lambda$ 之间的关系为

$$L = \lambda^2 / \Delta\lambda \qquad (6\text{-}7)$$

用氪$_{-86}$灯可测最大长度为 38.5cm，对于较长物体就需分段测量而使精度降低。若用氦氖气体激光器，则最大可测几十千米。一般测量数米之内的长度，其精度可达 0.1μm。

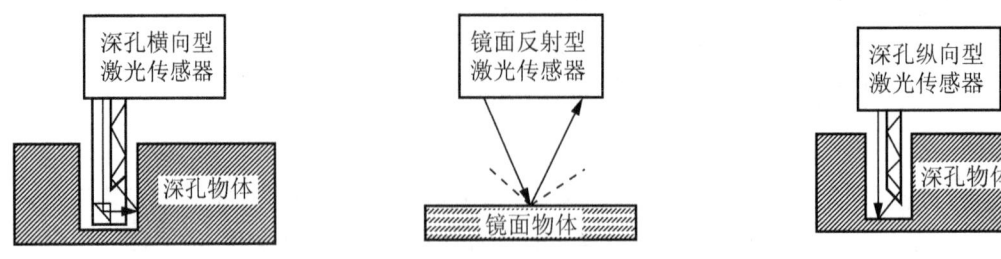

图 6.27 激光传感器的精密测量

2. 激光测距

激光测距的原理与无线电雷达相同，将激光对准目标发射出去后，测量它的往返时间，再乘以光速即得到往返距离。由于激光具有高方向性、高单色性和高功率等优点，这些对于测远距离、判定目标方位、提高接收系统的信噪比、保证测量精度等都是很关键的，因此激光测距仪日益受到重视。1969 年美国人登月后置反射镜于月面，也使用激光测量地月之距，误差只有 15cm。

在激光测距仪基础上发展起来的激光雷达不仅能测距，而且还可以测目标方位、运动速度和加速度等，已成功地用于人造卫星的测距和跟踪，例如，采用红宝石激光器的激光雷达，测距范围为 500～2000km，误差仅几米。目前常采用红宝石激光器、钕玻璃激光器、二氧化碳激光器以及砷化镓激光器作为激光测距仪的光源。

3. 激光测振

激光测振基于多普勒原理测量物体的振动速度。多普勒原理是指：若波源或接收波的观察者相对于传播波的媒质而运动，那么观察者所测到的频率不仅取决于波源发出的振动频率而且还取决于波源或观察者运动速度的大小和方向。所测频率与波源的频率之差称为多普勒频移 f_d。在振动方向与运动方向一致时多普勒频移为

$$f_d = v/\lambda \tag{6-8}$$

式中，v 为振动速度；λ 为波长。

在激光多普勒振动速度测量仪中，由于光往返的原因，$f_d = 2v/\lambda$。这种测振仪在测量时由光学部分将物体的振动转换为相应的多普勒频移，并由光检测器将此频移转换为电信号，再由电路部分进行适当处理后送往多普勒信号处理器将多普勒频移信号变换为与振动速度相对应的电信号，最后记录于磁带中。这种测振仪采用氦氖激光器，用声光调制器进行光频调制，用石英晶体振荡器及功率放大电路作为声光调制器的驱动源，用光电倍增管进行光电检测，用频率跟踪器来处理多普勒信号。它的优点是使用方便，不需要固定参考系，不影响物体本身的振动，测量频率范围宽、精度高、动态范围大。缺点是测量过程受其他杂散光的影响较大。

4. 激光测速

激光测速也是基于多普勒原理的一种激光测速方法，用得较多的是激光多普勒流速计

（激光流量计），它可以测量风洞气流速度、火箭燃料流速、飞行器喷射气流流速、大气风速和化学反应中粒子的大小及汇聚速度等。

6.4 光纤传感器

光导纤维简称光纤，它是 20 世纪 70 年代发展起来的一种新兴的光电技术材料。光纤的最初研究是为了通信，它用于传感器始于 1977 年。由于光纤传感器具有灵敏度高、电绝缘性能好、抗电磁干扰、耐腐蚀、耐高温、体积小、质量轻、防燃防爆、适于远距离传输、便于与计算机连接以及与光纤传输系统组成遥测网等优点，可广泛用于位移、速度、加速度、压力、温度、液位、流量、水声、电流、磁场、放射性射线等物理量测量，发展极为迅速，到目前为止，已相继研制出数十种不同类型的光纤传感器。

6.4.1 光纤传感器的分类

光纤传感器从构成光纤的材料看，可分为玻璃光纤和塑料光纤两大类，从性能和可靠性考虑，当前大都采用玻璃光纤。

光纤传感器从其传输模式看，可分为单模光纤和多模光纤。单模光纤和多模光纤结构上有不同之处。一般纤芯的直径只有传输光波波长几倍的光纤是单模光纤，纤芯的直径比光波波长大很多倍的是多模光纤。两者断面结构明显不同，如图 6.28 所示。多模光纤的断面是纤芯粗、包层薄，制造、连接容易；单模光纤的整个面是纤芯细、包层厚、传输性能好。但制造、连接困难。

光纤传感器按折射率的分布，可分为阶跃型光纤和缓变型（梯度型）光纤，如图 6.29 所示。图 6.29（a）所示为阶跃型光纤，纤芯的折射率沿径向为定值 n_1，包层的折射率为定值 n_2；图 6.29（b）所示为缓变型光纤，折射率在中心轴上最大，沿径向逐渐变小。光射入缓变型光纤后会自动向轴心处会聚，故也称为自聚焦光纤。

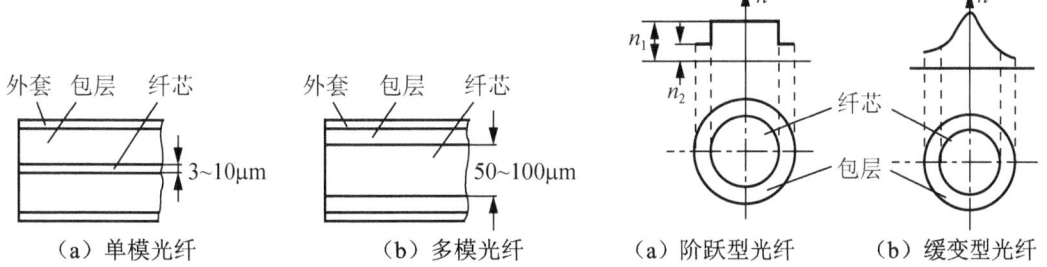

图 6.28　单模和多模光纤结构　　　　图 6.29　阶跃型和缓变型光纤

光纤传感器按照光纤的使用方式，可分为功能型传感器和非功能型传感器。功能型传感器是利用光纤本身的特性随被测量发生变化。例如，将光纤置于声场中，则光纤纤芯的折射率在声场作用下发生变化，将这种折射率的变化作为光纤中光的相位变化检测出来，就可以知道声场的强度。由于功能型传感器是利用光纤作为敏感元件，所以又称为传感型光纤传感器。非功能型传感器是利用其他敏感元件来感受被测量变化，光纤仅作为光的传输介质。因此也称为传光型光纤传感器或称混合型光纤传感器。

6.4.2 光纤传感器结构和传光原理

每根光纤由一个圆柱形的纤芯、包层、涂覆层和护套组成，如图6.30所示。纤芯位于光纤的中心，是直径约 5~7μm、由玻璃或塑料制成的圆柱体，光主要在纤芯中传输。围绕着纤芯的圆筒形部分称为包层，直径约 100~200μm，是用较纤芯折射率小的玻璃或塑料制成的。在包层外面通常有一层尼龙护套，直径约 1mm。一方面增强光纤的机械强度，起保护作用；另一方面用颜色区分各种光纤。

构成光纤传感器除光导纤维之外，还必须有光源和光探测器两个重要器件。为了保证光纤传感器的性能，对光源的结构与特性有一定要求。一般要求光源的体积尽量小，以利于它与光纤耦合；光源发出的光波长应合适，以便减少光在光纤中传输的损失；光源要有足够亮度，以便提高传感器的输出信号。另外还要求光源稳定性好、噪声小、安装方便和寿命长。常用的光探测器有光敏二极管、光敏晶体管和光电倍增管等。在光纤传感器中，光探测器性能好坏既影响被测物理量的变换准确度，又关系到光探测接收系统的质量。它的线性度、灵敏度、带宽等参数直接关系到传感器的总体性能。

光是一种电磁波，众所周知，光是直线传播的。然而入射到光纤中的光线却能限制在光纤中，而且随着光纤的弯曲而走弯曲的路线，并能传送到很远的地方去。当光纤的直径比光的波长大很多时，可以用几何光学的方法来说明光在光纤中的传播。

空气中的折射率为 n_0，当光从光密（折射率大）介质射向光疏（折射率小）介质，而入射角 α 大于临界角 θ 时，光线产生全反射，即光不再离开光密介质。光纤由于其圆柱形纤芯的折射率 n_1 大于包层的折射率 n_2，因此如图6.31所示，在角 2θ 之间的入射光，除了在玻璃中吸收和散射之外，大部分在界面上产生多次反射，以锯齿形的路线在光纤中向前传播。

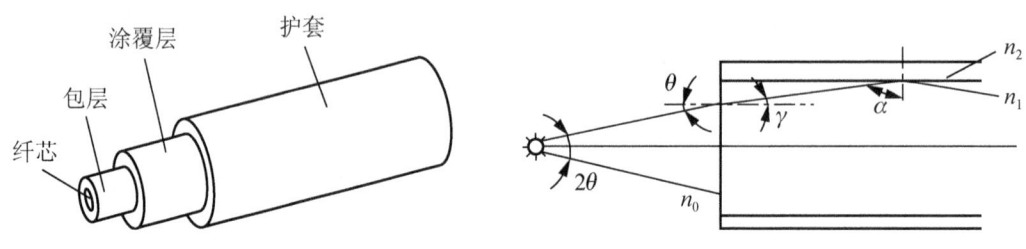

图6.30 光导纤维的基本结构　　　图6.31 光导纤维中光的传输特性

由于光纤纤芯的折射率 n_1 大于包层的折射率 n_2，所以在光纤纤芯中传播的光只要满足入射角 α 大于临界角 θ 等条件，光线就能在纤芯和包层的界面上不断地产生全反射，呈锯齿形路线从光纤的一端以光速传播到另一端，在光纤的末端以入射角相等的出射角射出光纤，这就是光纤传光的原理。

6.4.3 光纤的主要参数

1. 数值孔径

数值孔径反映了纤芯的集光能力，是标志光纤接收性能的重要参数。其意义：无论光源发射功率有多大，只有 2θ 张角之内的光功率能被光纤接收。角 2θ 与光纤内芯和包层材料的折射率有关，一般希望有大的数值孔径，以利于耦合效率的提高，但数值孔径越大，光信号畸变就越严重，所以要适当选择。

2. 光纤模式

光纤模式简单地说就是光波沿光纤传播的途径和方式。在光纤中传播的模式很多，这对信息的传播是不利的，因为同一个光信号采用很多模式传播，就会使这一光信号分裂为不同时间到达接收端的多个小信号，从而导致合成信号畸变。因此希望模式数量越少越好，尽可能在单模方式下工作。

3. 传播损耗

由于光纤纤芯材料的吸收、散射以及光纤弯曲处的辐射损耗等影响，光信号在光纤的传播不可避免地会有损耗。

假设从纤芯左端输入一个光脉冲，其峰值强度（光功率）为 I_0，当它通过光纤时，其强度通常按指数式下降，即光纤中任一点处的光强度为

$$I(L) = I_0 e^{-\alpha L} \tag{6-9}$$

式中，I_0 为光进入纤芯始端的初始光强度；L 为光沿光纤的纵向长度；α 为强度衰减系数。

6.4.4 常用光纤传感器

实际的光纤传感器不是一根光纤而是多股光纤，标准的光纤由 600 根直径为 0.762mm 的光纤组成。光纤传感器的种类很多，工作原理也各不相同，但都离不开光的调制和解调两个环节。光调制就是把某一被测信息加载到传输光波上，这种承载了被测量信息的调制光再经光探测系统解调，便可获得所需检测的信息。原则上说，只要能找到一种途径，把被测信息叠加到光波上并能解调出来，就可构成一种光纤传感器，如图 6.32 所示。实现对被测对象的检测。

光调制技术在光纤传感器中是非常重要的技术，各种光纤传感器都不同程度地利用了光调制技术。

按照调制方式分类，光调制可以分为强度调制、相位调制、偏振调制、频率调制和波长调制等。所有这些调制过程都可以归结为将一个携带信息的信号叠加到载波光波上。而能完成这一过程的器件称为调制器。调制器能使载波光波参数随外加信号变化而改变，这些参数包括光波的强度（幅值）、相位、频率、偏振和波长等。常用的光调制有强度调制、相位调制、频率调制及偏振调制等几种，为了便于说明，下面将这些方法结合在典型传感器实例中介绍。

1. 光纤压力传感器

光纤传感器中光强度调制的基本原理可简述为以被测对象所引起的光强度的变化，图 6.33 所示为一种按光强度调制原理制成的光纤压力传感器结构。这种压力传感器的工作原理如下。

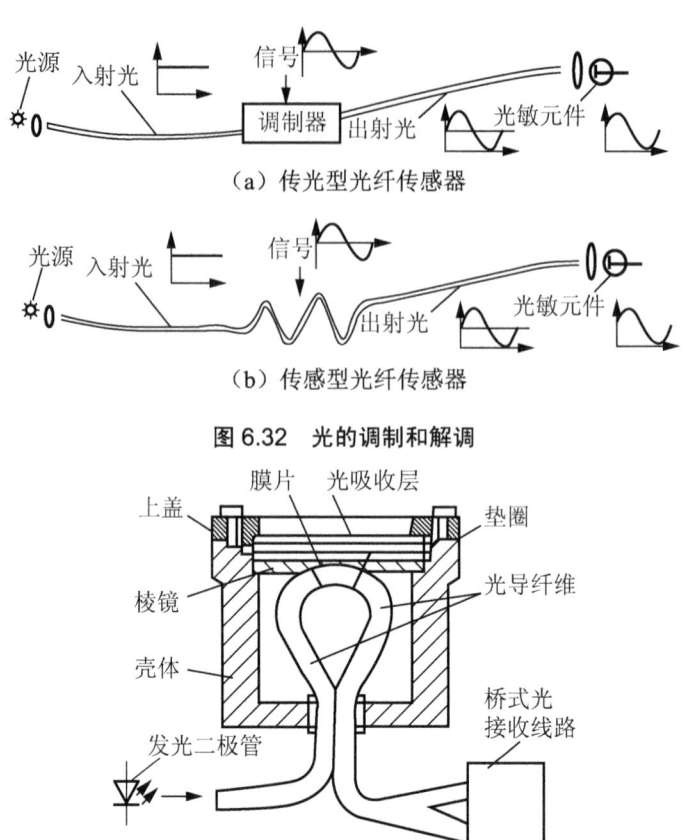

(a) 传光型光纤传感器

(b) 传感型光纤传感器

图 6.32 光的调制和解调

图 6.33 光纤压力传感器结构

当被测力作用于膜片时，膜片感受到被测力向内弯曲，使光纤与膜片间的气隙减小，棱镜与光吸收层之间的气隙发生改变。气隙发生改变引起棱镜界面上全内反射的局部破坏，造成一部分光离开棱镜的上界面，进入吸收层并被吸收，致使反射回接收光纤的光强减小。接收光纤内反射光强度的改变可由桥式光接收器检测出来。桥式光接收器输出信号的大小只与光纤和膜片间的距离和膜片的形状有关。

光纤压力传感器的响应频率相当高，如直径为 2mm，厚宽为 0.65mm 的不锈钢膜片，其固有频率可达 128kHz。因此在动态压力测量中也是比较理想的传感器。

特别提示

光纤压力传感器在工业中具有广泛的应用前景，它与其他类型的压力传感器相比，除不受电磁干扰、响应速度快、体积小、质量轻及耐热性好等优点外，由于没有导电元件，因此特别适合于防爆要求的场合使用。

2. 光纤血流传感器

这种传感器是利用频率调制原理，也就是利用光学的多普勒效应，即由于观察者和目标的相对运动，使观察者接收到的光波频率发生变化。在这里光纤只起传输作用。按照这种原理制成的光纤血流计,如图 6.34 所示。其中氩氖激光器发出的光波频率为 f,激光由分束器分为两束:一束作为测量光束,通过光纤探针进到被测血液中,经过血流的散射,一部分光按原路返回,得到多普勒频移信号 $f+\Delta f$;另一束作为参考光进入频移器,在此得到频移的新参考光信号 $f-f_0$。将新参考光信号与多普勒频移信号进行混频后得到测量的光信号,再利用光敏二极管接收该混频光信号,并变换成光电流送入频率分析器,最后在记录仪上得到对应于血流速度的多普勒频移谱。

多普勒频移谱图如图 6.35 所示。其中,I 表示输出的光电流,f_0 表示最大频移;Δf 的符号由血流方向确定。

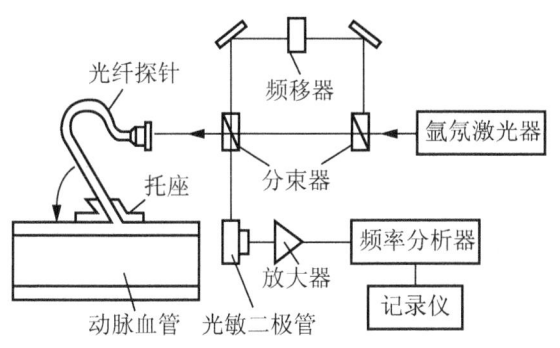

图 6.34 光纤血流传感器

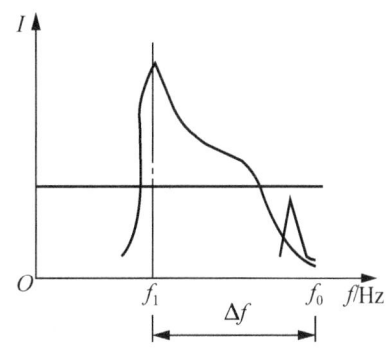

图 6.35 多普勒频移谱图

在很多工业控制和监测系统中人们发现,有时很难用或根本不能用以电为基础的传统传感器。如在易爆场合,是不可能用任何可能产生电火花的仪表设备的;在强磁电干扰环境中,也很难以传统的电传感器精确测量弱电磁信号。光纤传感器在此以其特有的性能出现在传感器家族中。光源、光的传输、光电转换和电信号的处理是组成光纤传感器的基本要素。光纤传感器避开了电信号的转换,利用被测量对光纤内传输的光进行调制,使传输光的某一特性如强度、相位、频率或偏振态发生改变,从而被检测出来。

6.5 光电传感器应用实例

6.5.1 自动照明灯

自动照明灯适用于医院、学生宿舍及公共场所。它白天不亮而晚上自动亮,应用电路如图 6.36 所示。VD 为触发二极管,触发电压为 30V 左右。

在白天,光敏电阻的阻值低,其分压低于 30V(A 点),触发二极管截止,双向晶闸管无触发电流,呈断开状态。晚上天黑,光敏电阻阻值增加,A 点电压大于 30V,触发极 G 导通,双向晶闸管 VT 呈导通状态,电灯亮。R_1、C_1 为保护双向晶闸管的电路。

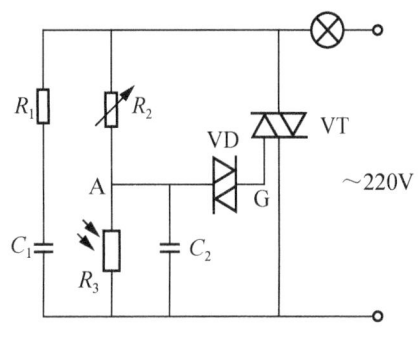

图 6.36 自动照明灯电路

6.5.2 光电式数字转速表

图 6.37 所示为调制条纹的光电式数字转速表的工作原理图。在电动机的转轴上涂上黑白相间的双色条纹,当电动机轴转动时,反光与不反光交替出现,所以光敏元件间断的接收光的反射信号,输出电脉冲。再经过放大整形电路,输出整齐的方波信号,由数字频率计测出电动机的转速。

图 6.38 所示为调制光亮的光电式数字转速表原理图。在电动机轴上固定一个调制盘,当电动机转轴转动时将发光二极管发出的恒定光调制成随时间变化的调制光。同样经光敏元件接收,放大整形电路整形,输出整齐的脉冲信号,转速可由该脉冲信号的频率来测定。

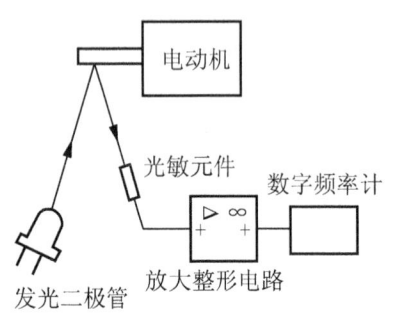

图 6.37 调制条纹的光电式数字转速表的工作原理图

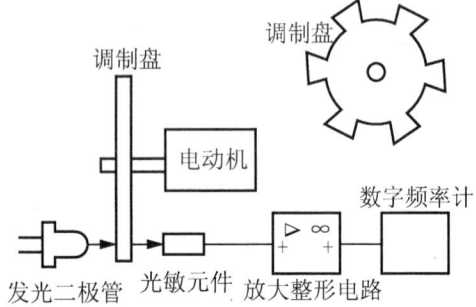

图 6.38 调制光亮的光电式数字转速表原理图

转速 n(单位 r/min)与频率 f 的关系为

$$n = \frac{60f}{N} \tag{6-10}$$

式中,N 为孔数或黑白条纹数目。

光电脉冲放大整形电路原理图如图 6.39 所示。当有光照时,光敏二极管产生光电流,使 R_{P_2} 上压降增大到晶体管 VT_1 导通,作用到由 VT_2 和 VT_3 组成的射极耦合触发器,使其输出 U_o 为高电位。反之,U_o 为低电位。该脉冲信号 U_o 可送到频率计进行测量。

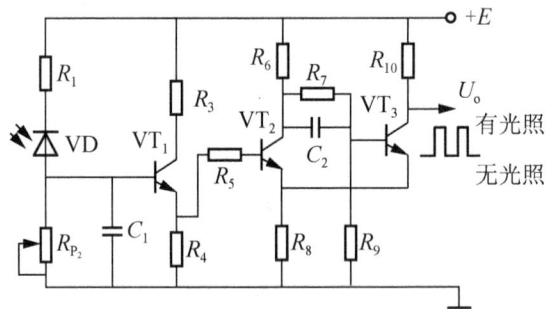

图 6.39 光电脉冲放大整形电路原理图

6.5.3 手指光反射测量心率方法

手指光反射测量心率的示意图如图 6.40 所示,光发生器向手指发射光,光检测器放在手指的同一边,接收手指反射的光。医学研究表明,当脉搏跳动时,血流流经血管,人体生物组织的血液量会发生变化，该变化会引起生物组织传输和反射光的性能发生变化。由于手指反射的光的强度及其变化会随血液脉搏的变化而变化，由光检测器检测到手指反射的光，并对其强度变化速率进行记数，即可测得被测人的心率。

手指光反射测量心率电路图如图 6.41 所示。光发生器采用超亮度 LED 管，光检测器使用光敏电阻。它们安装在一个小长条的绝缘板上，两元件相距 10.5mm 组成光传感器。当食指前端接触光传感器时，从光传感器输出可得到约 100μV 的电压变化，该信号经电容器 C 加到放大器的输入端，经放大、信号变换处理，便可从显示器上直接看到心率的测量结果。

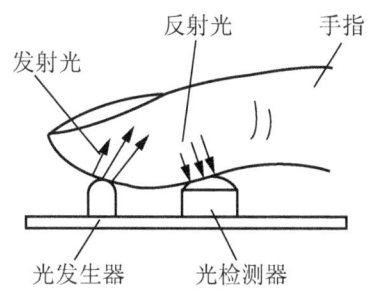

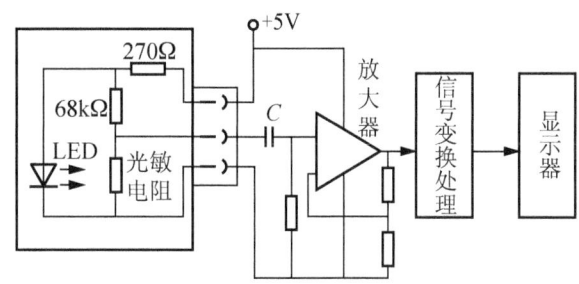

图 6.40　手指光反射测量心率示意图　　　　图 6.41　手指光反射测量心率电路图

6.5.4　条形码扫描笔

现在越来越多的商品的外包装上印有条形码符号。条形码是由黑白相间、粗细不同的线条组成的，它上面带有国家或地区、厂家、商品型号、规格、价格等许多信息。对这些信息的检测是通过光电扫描笔来实现数据读入的。

扫描笔的前方为光电读入头，它由一个发光二极管和一个光敏晶体管组成，如图 6.42 所示。当扫描笔头在条形码上移动时，若遇到黑色线条，发光二极管发出的光线将被黑线吸收，光敏晶体管接受不到反射光，呈现高阻抗，处于截止状态。当遇到白色间隔时，发光二极管所发出的光线，被反射到光敏晶体管的基极，光敏晶体管产生光电流而导通。

整个条形码被扫描笔扫过之后，光敏晶体管将条形码变成了一个个电脉冲信号，该信号经放大、整形后便形成了脉冲列，脉冲列的宽窄与条形码线的宽窄及间隔成对应关系，如图 6.43 所示。脉冲列再经计算机处理后，完成对条形码信息的识读。

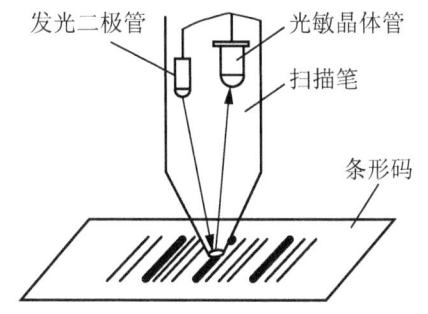

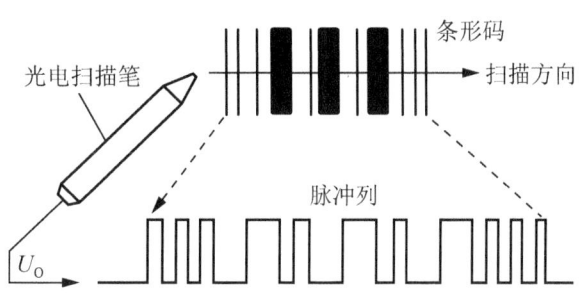

图 6.42　条形码扫描笔笔头结构　　　　　　图 6.43　扫描笔输出的脉冲列

6.5.5 激光传感器的测距应用

激光传感器测距具有精度高、测量范围大、测试时间短、非接触、易数字化、效率高等优点。激光干涉测距技术，目前已广泛地应用于精密长度测量，如磁尺、感应同步器、光栅的检定；精密机床位移检测与校正；集成电路制作中的精密定位等。

常用的激光干涉测距传感器分为单频激光干涉传感器和双频激光干涉传感器。这里简单介绍单频激光干涉传感器的距离检测应用。

单频激光干涉测距传感器由单频氦氖激光器作为光源的迈克逊干涉系统，其光路系统如图 6.44 所示，氦氖激光器发出激光束经平行光管形成平行光束，经反射镜 3 反射至分光镜上，分光镜将光束分为两路：一路透过分光镜经反射镜 4、固定角锥棱镜返回；另一路反射至可动角锥棱镜返回，这两路返回光束在分光镜处汇合，形成干涉。

当被测件随工作台每移动 $\lambda/2$（λ 为激光波长），干涉条纹明暗变化一个周期。采用相位板得到两路相位差 90°的干涉条纹信号，经反射镜 1、2 反射到物镜，会聚在各自的光电器件上，产生两路相位差 90°的电信号，它们可用于后续电路的细分和辨向，经电路处理得到测量结果。半圆光阑使由反射镜 3 返回的激光束不能进入激光器，以免引起激光管不稳定。作为应用实例，图中标有被检线纹尺。

单频激光干涉测距传感器的精度高，分辨力高，测量 1m 长度时，其精度可达 10^{-7} 量级，测 10m 可达 1μm 精度，但对环境条件要求高。

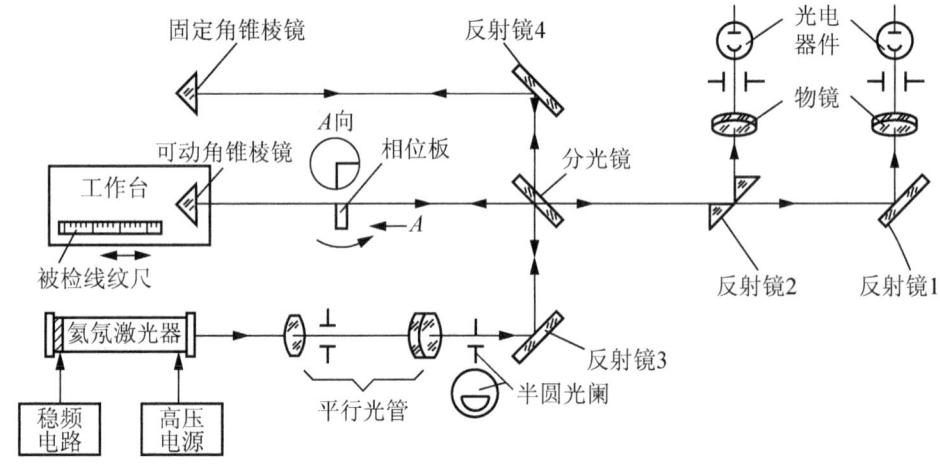

图 6.44 单频激光干涉测距传感器的光路系统

6.6 综合实训：光电传感器（反射型）测转速

实训目标

光电传感器（反射型）测转速。

实训要求

了解光电传感器测转速的原理及运用。

基本原理

反射型光电传感器由红外发射二极管、红外接收管、达林顿输出管及波形整形电路组成。发射管发射红外光经电动机反面反射，接收管接收到反射信号，经放大，波形整形输出方波，再经 F/V 转换后测出频率。

图 6.45 所示为反射型光电传感器的工作原理图。在电动机的转轴上涂上黑白相间的双色条纹圆圈，当电动机轴转动时，反光与不反光交替出现，所以光敏元件间断的接收光的反射信号，输出电脉冲。再经过放大整形电路，输出整齐的方波信号，由数字频率计测出电动机的转速。

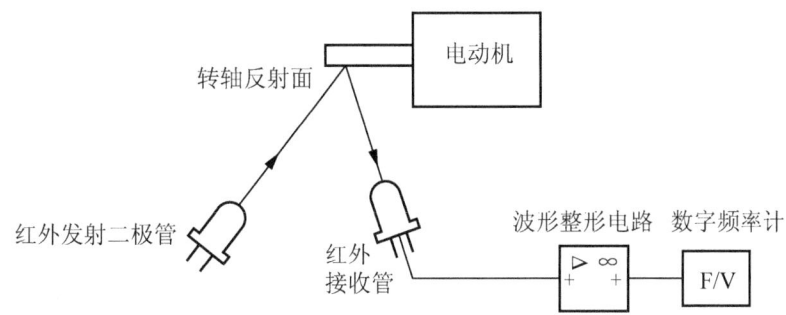

图 6.45　反射型光电传感器的工作原理图

所需单元及部件

（1）电机控制单元　　　　　　　　　　　　　1 台
（2）小电机　　　　　　　　　　　　　　　　1 台
（3）F/V 表　　　　　　　　　　　　　　　　1 只
（4）光电传感器　　　　　　　　　　　　　　1 只
（5）+5V 电源　　　　　　　　　　　　　　　1 台
（6）可调±2～±10V 直流稳压电源　　　　　　1 台
（7）主副电源　　　　　　　　　　　　　　　1 台
（8）示波器　　　　　　　　　　　　　　　　1 台

实训步骤

（1）在传感器的安装顶板上，松开小电机前面轴套的调节螺钉，连轴拆去电涡流传感器，换上光电传感器。将光电传感器控头对准小电机上小的白圆圈（反射面），调节传感器高度，离反射面 2～3mm 为宜。

（2）传感器的 3 根引线分别接入传感器安装顶板上的 3 个插孔中（棕色接+5V，黑色接地，蓝色接 V_0）。再把 V_0 和地接入数显表（F/V 表）的 V_i 和地端。

（3）合上主、副电源，将可调整±2～±10V 的直流稳压电源的切换开关切换到±10V，在电机控制单元的 V_+ 处接入+10V 电压，调节转速旋钮使电机转动。

（4）将 F/V 表的切换开关切换到 2k 挡测频率，F/V 表显示频率值。可用示波器观察 F_0 输出口的转速脉冲信号（$V_{p-p}>2V$）。

（5）根据测到的频率及电机上反射面的数目算出此时的电机转速 n。并将转速分别填

入表 6-1 中。即 $n=$F/V 表显示值 $\div 2\times 60$（r/min）

（6）实训完毕，关闭主、副电源。

表 6-1 测试频率及电机转速

n/s										
n/min										

实训思考

反射型光电传感器测转速产生误差大、稳定性差的原因是什么？

6.7 综合实训：光纤位移测量

实训目标

光纤位移测量。

实训要求

（1）通过实训进一步了解光纤位移传感器工作原理。

（2）通过观察反射式光纤传感器的结构，判断这种传感器测量精度的水平。

（3）初步掌握反射式光纤传感器的使用方法。

实训原理

反射式光纤位移传感器工作原理图及输出特性曲线如图 6.46 所示，光纤采用 Y 型结构，两束多模光纤合并于一端组成光纤探头，一束作为接收，另一束为光源发射，红外二极管发出的红外光经光源光纤照射至被测物，由被测物反射的光信号经接收光纤传输至光电转换器件转换为电信号，反射光的强弱与反射物和光纤探头的距离成一定的比例关系，通过对光强的检测就可得知位置量的变化。

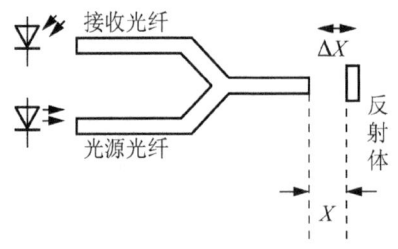
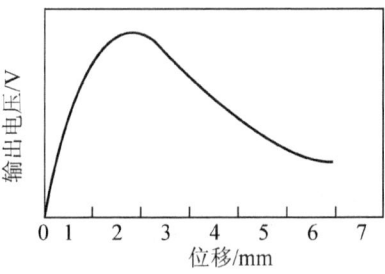

图 6.46 反射式光纤位移传感器工作原理图及输出特性曲线

实训所需部件

（1）光纤（光电转换器）　　　　　　　　　　1 个

（2）光电传感器模块　　　　　　　　　　　　1 块

（3）光纤光电传感器实训模块　　　　　　　　1 块

（4）支架　　　　　　　　　　　　　　　　　1 个
（5）电压表和示波器　　　　　　　　　　　　10 台
（6）螺旋测微仪　　　　　　　　　　　　　　2 台
（7）反射镜片　　　　　　　　　　　　　　　1 片

实训步骤

（1）观察光纤结构。本实训仪所配的光纤探头为半圆形结构，由数百根导光纤维组成，一半为光源光纤，另一半为接收光纤。

（2）连接调节设备。连接主机与实训模块电源线及光纤变换器探头接口，光纤探头装上通用支架（原装电涡流探头），探头支架，探头垂直对准反射片中央（镀铬圆铁片），螺旋测微仪装上支架，以带动反射镜片位移。

（3）按图 6.47 接线，因光电转换器内部已安装好，所以可将电信号直接经差动放大器放大。F/V 显示表的切换开关置 2V 挡。

（4）开启主机电源，光电转换器的 V_0 端接电压表，首先旋动测微仪使探头紧贴反射镜片（如两表面不平行可略微扳动光纤探头角度使两平面吻合），此时输出 $V_0 \approx 0$，然后旋动测微仪，使反射镜片离开探头，每隔 0.2mm 记录数值并记入表 6-2 中。

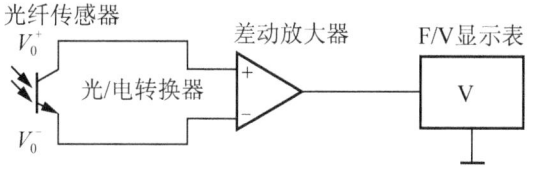

图 6.47　反射式光纤位移传感器接线图

反射镜片位移距离如再加大，就可观察到光纤传感器输出特性曲线的前坡与后坡波形，做出 V-X 曲线，通常测量用的是线性较好的前坡范围。

注意事项

（1）光纤请勿成锐角曲折，以免造成内部断裂，端面尤其要注意保护，否则光通量衰耗加大造成灵敏度下降。

（2）每台仪器的光电转换器（包括光纤）与转换电路都是单独调配的，请注意与仪器编号配对使用。

（3）实训时注意增益调节，输出最大信号以 3V 左右为宜，避免过强的背景光照射。

表 6-2　反射镜片位移距离与输出电压

X/mm	0	0.2	0.4	0.6	0.8	1.0	1.2	1.4	1.6	1.8	2.0	2.2	2.4	2.6	2.8	3.0	3.2	3.4	3.6	3.8	4.0
V/V																					

习　题

1. 光电效应有哪几种？与之对应的光电元件有哪些？请简述其特点。
2. 光电传感器可分为哪几类？请分别举出几个例子加以说明。

3．某光敏晶体管在强光照时的光电流为 2.5mA，选用的继电器吸合电流为 50mA，直流电阻为 200Ω。现欲设计两个简单的光电开关，其中一个有强光照时使继电器吸合，另一个相反，有强光照时使继电器释放。请分别画出两个光电开关的电路图（只允许采用普通晶体管放大光电流），并标出电源极性及选用的电压值。

4．造纸工业中经常需要测量纸张的"白度"以提高产品质量，试设计一台自动检测纸张"白度"的测量仪，要求：（1）画出传感器简图。（2）画出测量电路简图。（3）简要说明其工作原理。

5．红外线传感器有哪两种类型？这两种类型有何区别？

6．什么叫热释电效应？热释电传感器有哪些优点？

7．什么是激光传感器？激光传感器有哪几种类型？

8．激光传感器有哪些优点？能够实现哪些应用？

9．光纤的结构有什么特点？请分析光纤传感器的传光原理。

10．光纤压力传感器和光纤血流传感器如何实现信号的传递？

项目 7

视觉传感器及其应用

教学目标

了解视觉传感器在机电一体化系统中的作用；熟悉视觉传感器的类型；掌握各种视觉传感器的工作原理；分析固态半导体视觉传感器单个像素的光电变换过程；了解人工视觉的概念；熟悉视觉传感器的使用范围及应用；正确选用视觉传感器。

教学要求

知识要点	能力要求	相关知识	权重
光导视觉传感器结构、原理	光导视觉传感器的构成、成像原理及特点	光电转换、电子束扫描	40%
CCD 视觉传感器结构、原理	CCD 电荷耦合器件、CCD 视觉传感器的信号传递、结构、彩色图像传感器	光生电荷、信息存储、像素原理	20%
CMOS 视觉传感器结构、原理	CMOS 结构特点、电路原理、CMOS 型光电变换器件、CMOS 视觉传感器	图像数据、场效应管、感光元件、数字信号处理	20%
人工视觉原理	人工视觉系统的硬件构成、人工视觉的物体识别、新型人工视觉系统的研究	人工视觉原理、图像信息处理、识别、成像原理	20%

项目导读

视觉传感器以光电变换为基础，是利用光敏元件将光信号转换为电信号的传感器件，它的敏感波长在可见光波长附近，包括红外线波长和紫外线波长。

视觉传感器的历史非常悠久，早在1873年，科学家约瑟·美（Joseph May）及伟洛比·史密夫（Willoughby Smith）就发现了硒元素结晶体感光后能产生电流，这是电子影像发展的开始。以后陆续有组织和学者研究电子影像，发明了几种不同类型的视觉传感器。其中重要的发明有20世纪50年代诞生的光学倍增管（Photo Multiplier Tube，PMT）和20世纪70年代出现的电荷耦合装置（Charge Coupled Device，CCD）。

20世纪末，又有3种新型的视觉传感器问世，它们分别是互补金属氧化物半导体（Complementary Metal Oxide Semiconductor，CMOS）、接触式视觉传感器（Contact Image Sensor，CIS）和LBCAST传感器系统（Lateral Buried Charge Accumulator, Sensing Transistor Array）。

例如，德国倍加福公司生产的位置测量系统——PM系列传感器，如图7.1所示，它在多线圈高精度测量的基础上，综合了电感式传感器技术和创新的微控制器技术。并且由于采用了多线圈系统同步测量，从而具有很高的可重复性、正确性，其测量精度可达125μm并且由于该系统是基于电感工作原理，目标物可以是任何金属。传感器和目标物之间的检测距离可以达到6mm。基于系统安全性的考虑，当目标物离开检测区域时，传感器内部集成的安全功能保证在此状态下传感器有安全信号输出。另外传感器集成的温度补偿功能，使得传感器能很好地应用在恶劣的环境，能完成要求苛刻的测量任务。

图7.1　PM系列传感器

现在，视觉传感器不只局限于对光的探测，它还可以作为探测元件组成其他传感器，对许多非电量进行检测，只要将这些非电量转换为光信号的变化即可。视觉传感器是目前产量最多、应用最广的传感器之一，它被广泛应用在微光电视摄像、信息存储和信息处理等方面。它在机电控制和非电量电测技术中占有非常重要的地位。

视觉传感器在机电一体化系统中的主要用途大致如下。

（1）组成测试仪器，可进行物体形状、尺寸缺陷、工件损伤等的检测。

（2）作为光学信息处理装置的输入环节，可用于传真技术、光学文字识别技术以及图像识别技术、传真。如光电式摄像机、半导体摄像机和扫描仪等。

（3）作为自动流水线装置中的敏感器件，可用于机床、自动售货机、自动搬运车以及自动监视装置等方面。

（4）作为机器人的视觉系统，监控机器人的运行。

视觉传感器一般由以下部分组成。

（1）照明系统，为了从被测物体得到光学信息而需要照明，这是充分发挥传感器性能的重要条件。照明光源可用钨丝灯、闪光灯等。

（2）接收系统，由透镜和滤光片组成，具有聚成光学图像或抽出有效信息的功能。

（3）光电转换，将光学图像信息转换成电信号。

（4）扫描系统，将二维图像的电信号转换为时间序列的一维信号。

通常，将接收部分、光电变换部分、扫描部分制成一体，构成视觉传感器。

7.1 光导视觉传感器

7.1.1 光导视觉传感器的构成

光导视觉传感器主要用于光导式摄像机，这种摄像机是由接收部分、光电转换部分和扫描部分组成的二维视觉传感器。其光导摄像管是一种利用物质在光的照射下发射电子的外光电效应而制成的真空或充气的光电器件。光导摄像管兼有光电转换功能和扫描功能，一般有真空光电管和充气光电管两类，或称电子光电管和离子光电管。

国产 GD-4 型的光电管，阴极是用锑铯材料制成的。它对可见光范围的入射光灵敏度比较高，光电转换效率为 25%～30%。它适用于白光光源，因而被广泛地应用于各种光电式自动检测仪表中。对红外光源，常用银氧铯阴极，构成红外传感器。对紫外光源，常用锑铯阴极和镁镉阴极。另外，锑钾钠铯阴极的光谱范围较宽，灵敏度也较高，与人的视觉光谱特性很接近，是一种新型的光电阴极。

但也有些光电管的光谱特性和人的视觉光谱特性有很大差异，因而在测量和控制技术中，这些光电管可以担负人眼所不能胜任的工作，如坦克和装甲车的夜视镜等。

7.1.2 光导视觉传感器的成像原理

光导视觉传感器的成像原理如图 7.2 所示。经透镜成像的光信号在光导摄像管的靶面上作为模拟量而被记忆下来。从阴极发射的电子束依次在靶面（光电转换面）上扫描，将图像的光信号转换成时间序列的电信号输出。

光电靶面上每一个像素均可看作由电容 C、光照时导电性增强的光电基元 G_L、不照射时也导电的暗电流基元 G_D 等并联的电路。其等效电路如图 7.3 所示。

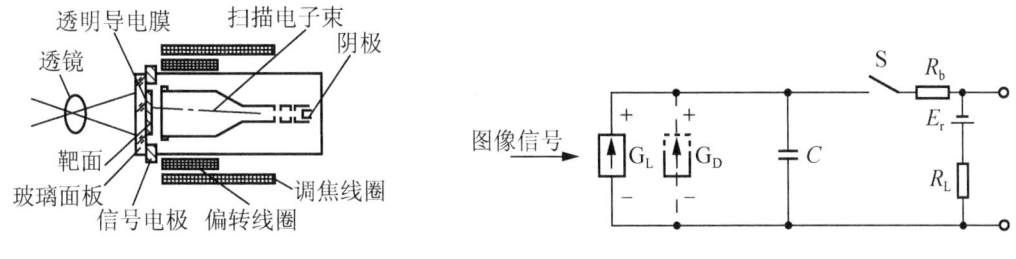

图 7.2 光导摄像管的构成原理　　　　图 7.3 单个像素的等效电路

当光导摄像管的电子束扫描到某一个像素时，开关 S 闭合，电容 C 在瞬间被 E_r 充电（时间常数非常小），扫描移动到邻近像素时，S 打开。当 S 打开时，如有光照在 G_L 上，将产生电荷，它同 C 上的电荷中和一部分。下次扫描到该点时 S 再次闭合，已被中和了的

C 又被充电,充电电流 I_C 流过 R_L。

负载电阻 R_L 上的电压 $I_C R_L$ 同该点受光照射的强度有关,$I_C R_L$ 即为图像信号的输出。

7.1.3 光导视觉传感器与固态视觉传感器的比较

光导视觉传感器是利用光电器件的光电转换功能,将其感光面上的光像信号转换为与光像成相应比例关系的电信号"图像"的一种功能器件。光导摄像管就是一种光导视觉传感器。

而固态视觉传感器是指在同一个半导体衬底上布设的若干光敏单元与移位寄存器构成的集成化、功能化的光电器件。光敏单元简称为"像素"或"像点",它们本身在空间上、电气上是彼此独立的。固态视觉传感器利用光敏单元的光电转换功能将投射到光敏单元上的光学图像转换成电信号"图像",即将光强的空间分布转换为与光强成比例的、大小不等的电荷包空间分布。然后利用移位寄存器的功能将这些电荷包在时钟脉冲控制下实现读取与输出,形成一系列幅值不等的时序脉冲序列。

图7.4所示为光导摄像管与固态视觉传感器之间基本原理的比较。

如图7.2和图7.4(a)所示,当入射光像信号照射到光导摄像管中间电极表面时,其上将产生与各点照射光量成比例的电位分布,若用阴极(电子枪)发射的电子束扫描中间电极,负载电阻 R_L 上便会产生变化的放电电流。由于光量不同而使负载电流发生变化,这正是我们所需的输出电信号。所用电子束的偏转或集束,是由磁场或电场控制实现的。

而图7.4(b)所示的固态视觉传感器的输出信号的产生,无须外加扫描电子束,它可以直接由自扫描半导体衬底上诸像素而获得。这样的输出电信号与其相应的像素的位置对应,无疑更准确些,且再生图像失真度极小。

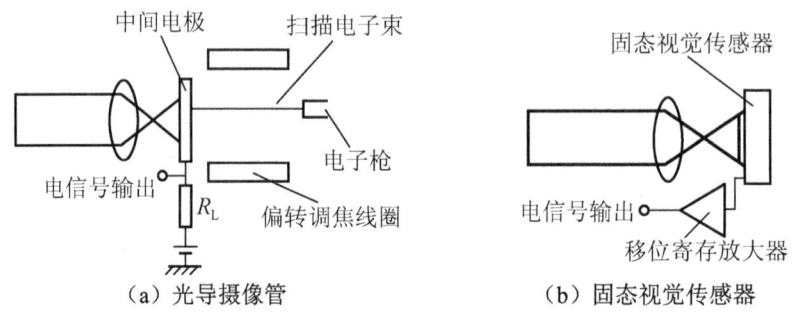

(a)光导摄像管　　　　　　(b)固态视觉传感器

图7.4　光导摄像管与固态视觉传感器原理比较

显然,光导摄像管等视觉传感器,由于扫描电子束偏转畸变或聚焦变化等原因所引起的再生图像的失真,往往是很难避免的。而失真度极小的固态视觉传感器,非常适合于测试技术及图像识别技术。

此外,固态视觉传感器与光导摄像管相比,还有体积小、质量轻、坚固耐用、抗冲击、耐振动、抗电磁干扰能力强以及耗电少等许多优点;又因为固态视觉传感器所用的敏感器件为电荷耦合器件(CCD)、电荷注入器件(CID)、斗链式器件(BBD)和金属氧化物半导体器件(CMOS)等电荷转移器件,它们大都可以在半导体集成元件的流水线上进行生产(如CMOS、BBD用标准MOS工艺流程就能制造),所以,可以推断固态视觉传感器的成本较低。

特别提示

并非在所有方面固态视觉传感器都优于光导摄像管,例如,在分辨率及图像质量方面,固态视觉传感器还是赶不上电视光导摄像管。

7.2 CCD 视觉传感器

如前所述,固态视觉传感器是一种与光导视觉传感器结构原理有区别的光电器件,它是由光敏元件阵列和电荷转移器件集合而成。固态视觉传感器的核心是电荷转移器件 CTD,其中最常用的是电荷耦合器件 CCD(Charge Coupled Device)。

CCD 是美国贝尔实验室于 1969 年发明的,是固态视觉传感器中的一种。它是在 MOS 集成电路基础上发展起来的,与计算机晶片 CMOS 技术相似,也可作为计算机记忆体及逻辑运算晶片。CCD 能进行图像信息的光电转换、存储、延时和按顺序传送。能实现视觉功能的扩展,能给出直观真实、多层次且内容丰富的可视图像信息。

CCD 的感光能力好,集成度高、功耗小、结构简单、耐冲击、寿命长、性能稳定,模拟、数字输出容易,与微机连接方便。又由于 CCD 的体积小、造价低,所以被广泛应用于扫描仪、数码照相机、彩信手机及数码摄像机等电子图像产品中,如图 7.5 所示。

图 7.5 CCD 传感器及其应用

7.2.1 CCD 电荷耦合器件

CCD 电荷耦合器件是一种特殊的半导体材料,能够把光学影像转化为数字信号,其图像信号的保存和信号读出的工作原理均与光导摄像管类似。CCD 上植入的微小光敏物质称为像素(Pixel),一块 CCD 上包含的像素数越多,其提供的画面分辨率也就越高。

CCD 由大量独立的 MOS 电容器组成,并按照矩阵形式排列。其结构如图 7.6 所示。在 P 型或 N 型硅衬底上生成一层很薄的优质二氧化硅(厚度约为 120nm),再在二氧化硅薄层上依次沉积金属或掺杂多晶硅形成铝条电极,称为栅极。该栅极和 P 型或 N 型硅衬底就形成了规则的 MOS 电容器阵列。再加上两端的输入及输出二极管就构成了 CCD 电荷耦合器件芯片。

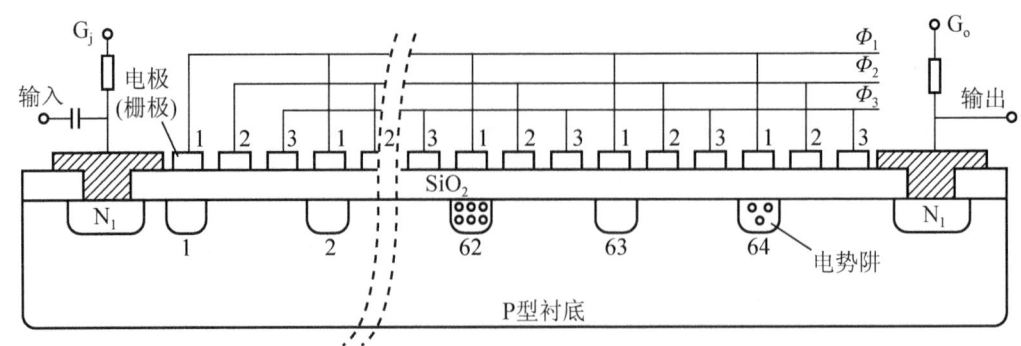

图 7.6 CCD 电荷耦合器件的基本结构

MOS 电容器和一般电容器不同的是，其下极板不是一般导体而是半导体。假定该半导体是 N 型硅，其中多数载流子是电子，少数载流子是空穴。若在栅极上加负电压，则带负电的电子被排斥离开二氧化硅界面，带正电的空穴被吸引到紧靠二氧化硅的界面。从而在电极下形成电荷耗尽区，而在二氧化硅的界面上得到一个存储少数载流子的陷阱，形成电荷包（也称电势阱），电子一旦进入就不能离开。所加偏压越大，该电势阱就越深。可见 MOS 电容器具有存储电荷的功能。

在电极 ϕ_1 上加电脉冲时，电极下的电荷耗尽层扩大形成电势阱。在光照射时产生的信号电荷（电子）便储存在电势阱中。如果在 ϕ_2 电极上加电脉冲，ϕ_1 电极下的电势阱消失，信号电荷转送到 ϕ_2 电极下所形成的电势阱中。

每一个 MOS 电容器实际上就是一个光敏元件（像素）。当光照射到 MOS 电容器的 P 型硅衬底上时，会产生电子空穴对（光生电荷），电子被栅极吸引存储在电势阱中。入射光强，则光生电荷多，入射光弱，则光生电荷少。无光照的 MOS 电容器则无光生电荷。若停止光照，由于电势阱的作用，电荷在一定时间内也不会消失，可实现对光照图像信号的记忆。

如果衬底是 P 型硅，则在栅极上加正电压，可达到同样的目的。

一个个的 MOS 电容器可以被设计排列成一条直线，称为线阵；也可以排列成二维平面，称为面阵。一维的线阵接收一条光线的照射，二维的面阵接收一个平面的光线的照射。CCD 摄像机、照相机就是通过透镜把外界的影像投射到二维 MOS 电容器面阵上，产生 MOS 电容器面阵的光电转换和记忆，如图 7.7 所示。

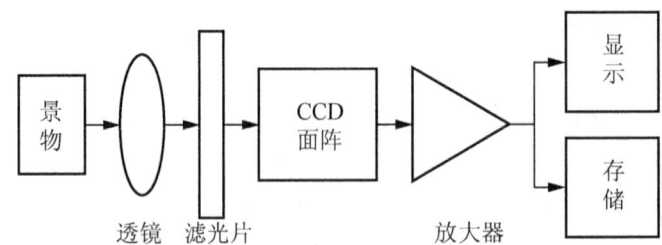

图 7.7 MOS 电容器面阵的光电转换

在 CCD 芯片上同时集成了扫描电路，它们能在外加时钟脉冲的控制下，产生三相时序脉冲信号，由左到右，由上到下，将存储在整个面阵的光敏元件下面的电荷逐位、逐行快速地以串行模拟脉冲信号输出。输出的模拟脉冲信号可以转换为数字信号存储，也可以输入视频显示器显示出原始的图像。对于实用化器件，为了改善特性，CCD 视觉传感器的构造要复杂些。

7.2.2 CCD 视觉传感器的信号传递

CCD 视觉传感器中的图像信号电荷转移控制方法，类似于步进电动机的步进控制方式。也有两相、三相等控制方式之分。这里以三相控制方式为例说明控制图像信号电荷定向转移的过程，如图 7.8 所示。

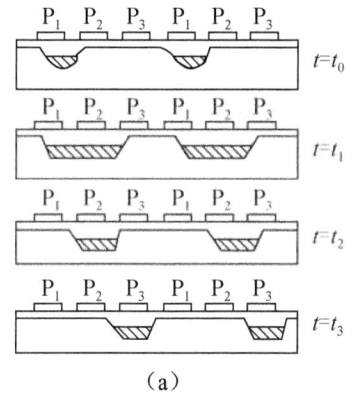
（a）

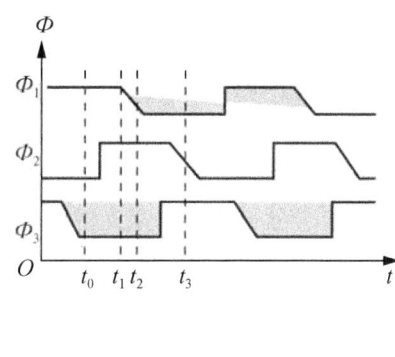
（b）

图 7.8　图像信号电荷的定向转移

三相控制是在线阵列的每一个像素上有三个金属电极 P_1、P_2、P_3，依次在其上施加三个相位不同的控制脉冲 Φ_1、Φ_2、Φ_3，如图 7.6（b）所示。线阵或面阵 MOS 电容器上记忆的电荷信号的输出是采用转移栅极的办法来实现的。在前面图 7.6（b）中可以看到，每一个光敏元件（像素）对应有三个相邻的栅电极 1、2、3，所有栅电极彼此之间离得很近，所有的 1 电极相连加以时钟脉冲 Φ_1，所有的 2 电极相连加以时钟脉冲 Φ_2，所有的 3 电极相连加以时钟脉冲 Φ_3，三种时钟脉冲时序彼此交叠。若是一维的 MOS 电容器线阵，在时序脉冲的作用下，三个相邻的栅电极依次为高电平，将电极 1 下的电荷依此吸引转移到电极 3 下。再从电极 3 下吸引转移到下一组栅电极的电极 1。这样持续下去，就完成了电荷的定向转移，直到传送完整个一行的各像素，在 CCD 的末端就能依次接收到原存储在各个 MOS 电容器中的电荷。完成一行像素传送后，可再进行光照，再传送新的一行像素的信息。

如果是二维的 MOS 电容器面阵，完成一行像素传送后，可开始面阵上第二行像素的传送，直到传送完整个面阵上所有行的 MOS 电容器中的电荷为止，也就完成了一帧像素的传送。完成一帧像素传送后，可再进行光照，再传送新的一帧像素的信息。这种利用三相时序脉冲转移输出的结构称为三相驱动（串行输出）结构，还有两相、四相等其他驱动结构。

当 P_1 极施加高电压时，在 P_1 下方产生电荷包（$t=t_0$）；当 P_2 极加上同样的电压时，由于两电势下面势阱间的耦合,原来在 P_1 下的电荷将在 P_1、P_2 两电极下分布($t=t_1$);当 P_1 回到低电位时,电荷包全部流入 P_2 下的势阱中($t=t_2$)。然后,P_3 的电位升高,P_2 回到低电位,电荷包从 P_2 下转到 P_3 下的电势阱($t=t_3$)。以此控制,使 P_1 下的电荷转移到 P_3 下。随着控制脉冲的分配,少数载流子便从 CCD 的一端转移到最终端。终端的输出二极管搜集了少数载流子,送入放大器进行成像处理,便实现了图像信号电荷的定向移动。

7.2.3　CCD 视觉传感器的结构

1. 一维 CCD 线阵结构

在一维 CCD 线阵中,MOS 电容器实质上是一种光敏元件与移位寄存器合二为一的结构,称为光积蓄式结构,这种结构最简单。但是因光生电荷的积蓄时间比转移时间长得多,所以再生图像往往产生"拖尾"现象,图像容易模糊不清。另外,直接采用 MOS 电容器感光虽然有不少优点,但它对蓝光的透过率差,灵敏度低。目前,实用的线型 CCD 视觉传感器为分离式双读结构,如图 7.9(b)所示。单、双数光敏元件中的信号电荷分别转移到上、下方的移位寄存器中,然后,在控制脉冲的作用下,自左向右移动,在输出端交替合并输出,这样就形成了原来光敏信号电荷的顺序,如图 7.9 所示。

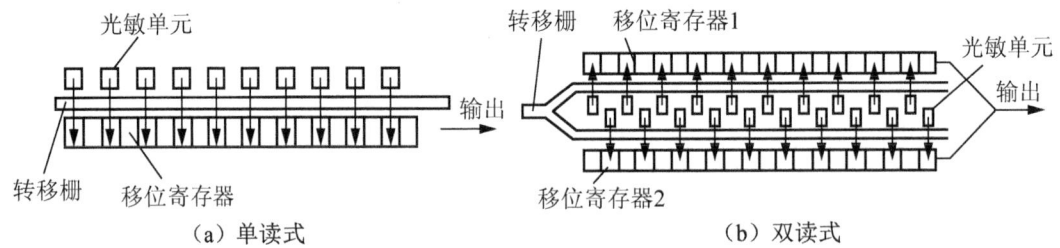

图 7.9　光敏元件与移位寄存器分离式结构

这种结构采用光敏二极管阵列作为感光元件,光敏二极管在受到光照时,便产生相应于入射光量的电荷,再经过电注入法将这些电荷引入 CCD 电容器阵列的陷阱中,便成为用光敏二极管感光的 CCD 图像传感器。它的灵敏度极高,在低照度下也能获得清晰的图像,在强光下也不会烧伤感光面。CCD 电容器阵列陷阱中的电荷,仍然采用时序脉冲控制转移输出。CCD 电容器阵列在这里只起移位寄存器的作用。

图 7.10 为分离式双读结构的 2048 位 MOS 电容器线阵 CCD 电荷耦合器件示意图。图中模拟信号传输移位寄存器被分别配置在光敏元件线阵的两侧,奇偶数号位的光敏元件分别与两侧的移位寄存器的相应小单元对应。由于这种结构为双读式结构,它与长度相同的单读式相比较,可以获得高出两倍的分辨率。同时,又因为 CCD 移位寄存器的级数仅为光敏单元数的一半,可以使 CCD 特有的电荷转移损失大为减少,较好地解决了因转移损失造成的分辨率降低的问题。在同一效果的情况下,双读式可以缩短器件尺寸。由于这些优点,双读式已经发展成为线阵固态图像传感器的主要结构形式。

2. 二维 CCD 面阵结构

二维 CCD 电荷耦合器件面阵结构主要由双读式结构线阵构成,共有感光区、信号存储区和输出转移 3 部分。它有多种类型。常见的有行转移（LT）、帧转移（FT）和行间转移（ILT）3 种典型结构形式。

行转移（LT）的原理如图 7.11 所示。它由感光部分的 PN 结光敏二极管 PD、MOS 开关、CCD 垂直移位寄存器、CCD 水平移位寄存器等组成。图 7.11 中无光照的垂直移位寄存器和光敏区相互交叉排列。在 Φ_{T_1} 电极下面的势阱中积累的电荷构成场 A，在 Φ_{T_2} 电极下面的势阱中积累的电荷构成场 B。场 A 和场 B 一起构成完整的一帧图像信号。

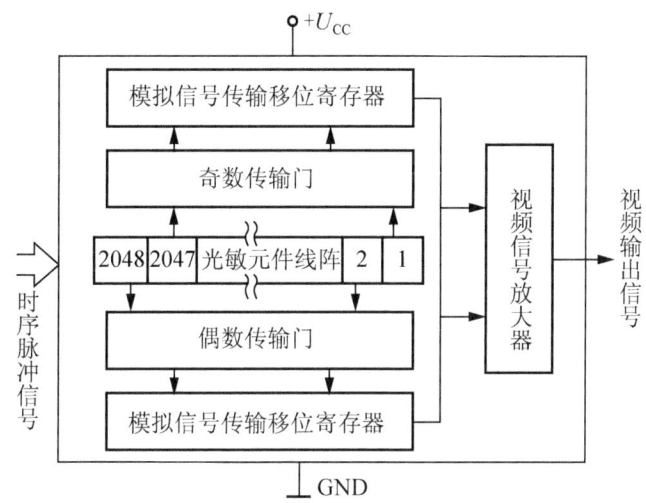

图 7.10　分离式线阵 CCD 示意图

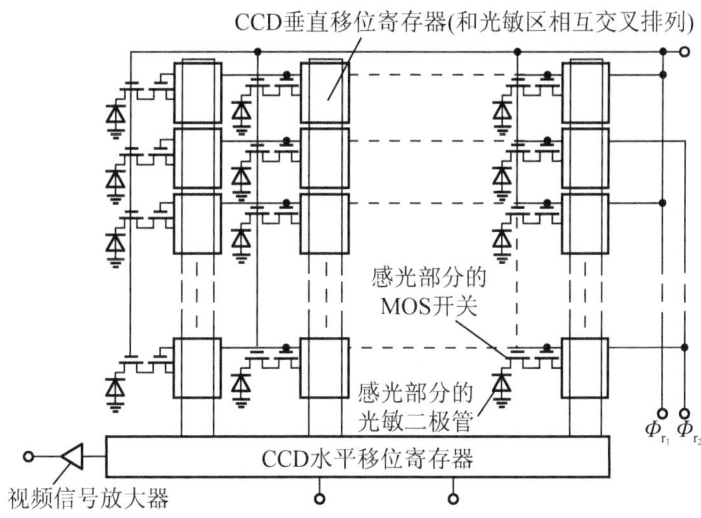

图 7.11　二维 CCD 面阵行转移（LT）结构原理图

场 A 的电荷作为图像信号先被转移到垂直移位寄存器，然后依次传送到水平移位寄存器被读取。场 A 读出后，场 B 的转移开始，并按同样的方式被读取，从而得到时间序列的图像信号。图中光敏二极管的 PN 结起电容 C 的作用，MOS 开关起开关 S 的作用。

输出电荷经由放大器放大变成一连串模拟脉冲信号。每一个脉冲反映一个光敏元件的受光情况,脉冲幅度反映该光敏元件受光的强弱,脉冲的顺序可以反映光敏元件的位置(即光点的位置)。这就起到了光图像转换为电图像的传感器的作用。

帧转移(FT)方式是在光敏元件和移位寄存器组成的光敏区以外另设信号电荷暂存区,光敏区的光生电荷积蓄到一定数量后,在极短的时间内迅速送到有光屏蔽的暂存区。这时,光敏区又开始下一帧信号电荷的生成与积蓄过程,而暂存区利用这个时间将上一帧信号电荷,一行一行地移往读出寄存器读出。当暂存区的信号电荷全部读出后,在时钟脉冲的控制下,下一帧信号电荷的由光敏区向暂存区的迅速转移,如图7.12所示。

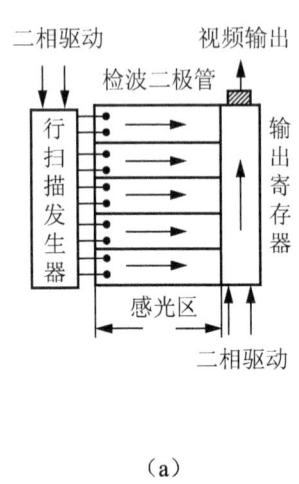
(a)

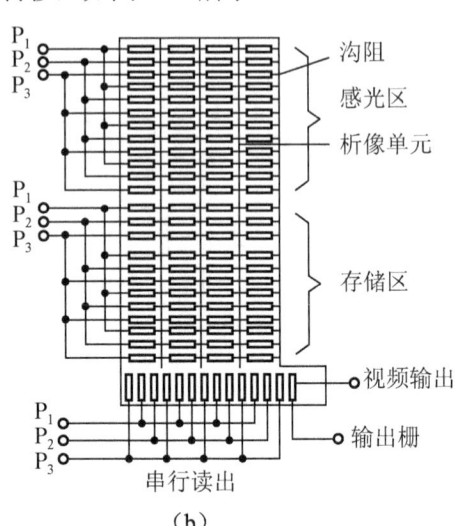
(b)

图7.12 面阵CCD视觉传感器结构

图7.12(a)所示结构由行扫描电路、垂直输出寄存器、感光区和输出二极管组成。行扫描电路将光敏元件内的信息转移到水平(行)方向上,由垂直方向的寄存器将信息转移到输出二极管,输出信号由信号处理电路转换为视频图像信号。但这种结构易于引起图像模糊。

图7.12(b)所示的结构增加了具有公共水平方向电极的不透光的信息存储区。在正常垂直回扫周期内,具有公共水平方向电极的感光区所积累的电荷同样迅速下移到信息存储区。在垂直回扫结束后,感光区回复到积光状态。在水平消隐周期内,存储区的整个电荷图像向下移动,每次总是将存储区底部一行的电荷信号移到水平读出器,该行电荷在读出移位寄存器中向右移动以视频信号输出。当整帧视频信号自存储移出后,就开始下一帧信号的形成。

图7.13所示为面阵CCD视觉传感器中感光元件与存储元件相隔排列的方框图。即一列感光单元,一列不透光的存储单元交替排列。在感光区光敏元件积分结束时,转移控制栅打开,电荷信号进入存储区。随后,在每个水平回扫周期内,存储区中整个电荷图像一次一行地向上移到水平读出移位寄存器中。接着这一行电荷信号在读出移位寄存器中向右移位到输出器件,形成视频信号输出。这种结构的器件操作简单,感光单元密度高,电极

简单，图像清晰，但由于增加了存储器单元使得设计复杂。

CCD 视觉传感器的集成度很高，在一块硅片上可以制造出紧密排列的许多 MOS 电容器光敏元件。线阵的光敏元件数目从 256 个到 4096 个或更多。面阵的光敏元件的数目可以是 500×500 个（25 万个像素）、2048×2048 个（约 400 万个像素）甚至更多。当被测景物的一幅图像由透镜成像在 CCD 面阵上时，被图像照亮的光敏元件接收光子的能量产生电荷，电荷被存储在光敏元件下面的陷阱中。电荷数量在 CCD 面阵上的分布反映了图像的模样。

目前，视觉传感器的分辨率已经跨入亿万像素领域内，全球首款突破亿万像素的视觉传感器芯片尺寸约为 4 英寸×4 英寸，分辨率为 10560×10560 像素（11100 万像素），如图 7.14 所示。随着这款 11100 万像素视觉传感器芯片的研制成功，预计在不久以后将有对应的数码照相机成品诞生并进行测试。当然，初期这款超高分辨率图像传感芯片可能优先应用于科研、物理或天文领域的专业应用，但可以肯定的是，随着技术的不断成熟和成本的下降，面向消费端的亿万像素数码相机产品也为期不会太远了。

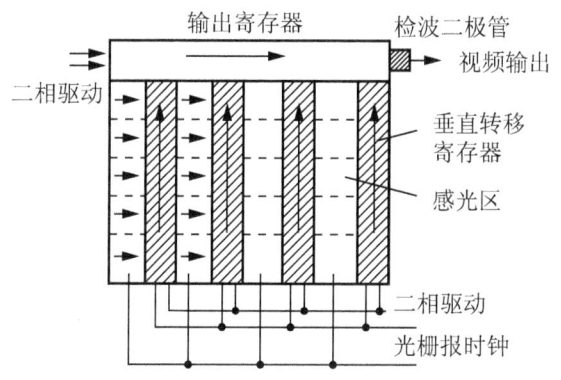

图 7.13 感光元件与存储元件相隔排列结构

图 7.14 11100 万像素 CCD 视觉传感器

7.2.4 CCD 的彩色图像传感器

CCD 电荷耦合器件单位面积的光敏元件位数很多，一个光敏元件形成一个像素，因而用 CCD 电荷耦合器件做成的视觉传感器具有成像分辨率高、信噪比大、动态范围大的优点，可以在微光下工作。

CCD 视觉传感器中的光敏二极管产生的光生电荷只与光的强度有关，而与光的颜色无关。每个感光元件对应图像传感器中的一个像点，由于感光元件只能感应光的强度，无法捕获色彩的信息。

彩色图像传感器则采用三个光敏二极管组成一个像素的方法。在 CCD 视觉传感器的光敏二极管阵列的前方，加上彩色矩阵滤光片，被测景物的图像的每一个光点由彩色矩阵滤光片分解为红、绿、蓝三个光点，分别照射到每一个像素的三个光敏二极管上，各自产生的光生电荷分别代表该像素红、绿、蓝三个光点的亮度。在这方面，不同的传感器厂家有不同的解决方案，最常用的做法是覆盖 RGB 红绿蓝三色滤光片，以 1∶2∶1 的构成由四个像点构成一个彩色像素（即红蓝滤光片分别覆盖一个像点，剩下的两个像点都覆盖绿色滤光片），采取这种比例的原因是人眼对绿色较为敏感。而四色 CCD 技术则将其中的一个绿色滤光片换为翡翠绿色（英文 Emerald，有些媒体称为 E 通道），由此组成新的 R、G、B、E 四色方案。不管是哪一种技术方案，都要四个像点才能够构成一个彩色像素。

每一个像素的红、绿、蓝光点的光生电荷经输出和传输后，可在显示器上重新组合，显示出每一个像素的原始彩色。这就构成了 CCD 的彩色图像传感器。

CCD 彩色图像传感器具有高灵敏度和好的彩色还原性。CCD 彩色图像传感器的输出信号具有以下特点。

（1）与影像的实时位置相对应，即能输出影像时间系列信号，也就是"所见即所得"。
（2）串行的各个脉冲可以表示不同信号，即能输出影像亮暗点阵分布模拟信号。
（3）能够精确反映焦点面信息，即能输出焦点面影像精确信号。

将不同的光源、光学透镜、光导纤维或滤光片及反射镜等光学元件灵活地与这三个特点相组合，就可以获得 CCD 视觉传感器的各个用途，如图 7.15 所示。

CCD 视觉传感器进行非电量测量是以光为媒介的光电变换。因此，可以实现危险地点、人或机械不可到达场所的测量与控制。

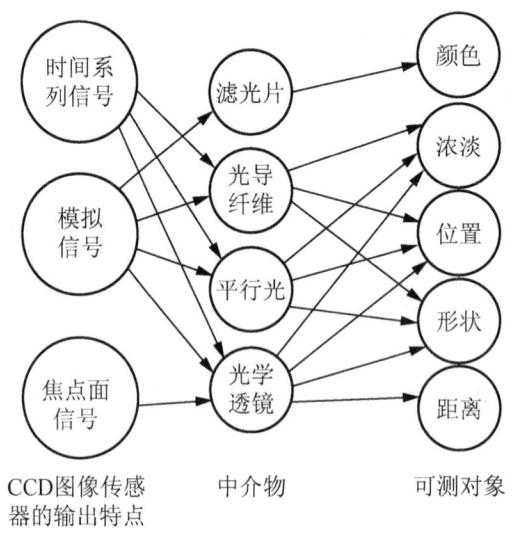

图 7.15　CCD 视觉传感器的用途

7.3　CMOS 视觉传感器

CMOS 视觉传感器也是固态视觉传感器中的一种。CMOS 是指互补金属氧化物（PMOS 管和 NMOS 管）共同构成的互补型金属氧化物半导体，CMOS 视觉传感器是按一定规律排列的互补型金属-氧化物-半导体场效应管（MOSFET）组成的电路阵列。

CMOS 技术已发展了数十年，它本是计算机系统内一种重要的芯片，保存计算机系统最基本的资料。计算机中的 CPU 和内存便是由 CMOS 组成的，其特点是低功耗。后来发现 CMOS 经过加工也可以作为数码摄影中的视觉传感器，如图 7.16 所示，宾得和尼康数码照相机中应用了 CMOS 传感器，但直到 1998 年它才被用于制作成视觉传感器。

（a）宾得 K7 用 1460 万像素 CMOS 传感器　　（b）尼康 D300s 用 1230 万有效像素 CMOS 传感器

图 7.16　CMOS 传感器在数码相机中的应用

7.3.1　CCD 和 CMOS 的比较

1. 结构上的区别

CCD 与 CMOS 两种视觉传感器在"内部结构"和"外部结构"上都是不同的。CMOS 和 CCD 虽然同为半导体。但 CCD 是集成在半导体单晶材料上，而 CMOS 是集成在被称为金属氧化物的半导体材料上。

CCD 器件的成像点为 X-Y 纵横矩阵排列，每个成像点由一个光敏二极管和其控制的一个电荷存储区组成。CCD 仅能输出模拟电信号，输出的电信号还需经后续地址译码器、模/数转换器、图像信号处理器处理，并且还需提供三相不同电压的电源和同步时钟控制电路。

CMOS 器件的集成度高、体积小、质量轻，它最大的优势是具有高度系统整合的条件，因为采用数字模拟信号混合设计，从理论上讲，视觉传感器所需的所有功能，如垂直位移、水平位移暂存器、传感器阵列驱动与控制系统（CDS）、模/数转换器（ADC）接口电路等，CMOS 完全可以集成在一起，实现单芯片成像，避免使用外部芯片和设备，极大地减小了器件的体积和重量。非常适合工程监控和工厂自动化等领域。

2. 工作原理的区别

CCD 和 CMOS 在工作原理上没有本质的区别。主要区别是读取图像数据的方法。

CCD 对储存芯片上的电荷信息，需在同步信号控制下一位一位地实施转移后读取，电荷信息转移和读取输出需要有时钟控制电路和三组不同的电源相配合，整个电路较为复杂，这提供了非常细致的图像，但该读取方法速度较慢，除非占据显著的裸片面积数，否则成本增加。

CMOS 视觉传感器在每一个像素上采用有源像素传感器及几个晶体管，经光电转换后直接产生电压信号，以实现图像数据的读取，信号读取十分简单，还能同时处理各单元的图像信息，使 CMOS 器件能较 CCD 传感器更快地转换数据。

3. 图像扫描方式的区别

CMOS 与 CCD 的图像数据扫描方式有很大的区别。CCD 是以行为单位的电流信号，而 CMOS 是以点为单位的电荷信号。例如，如果分辨率为 300 万像素，那么 CCD 传感器可连续扫描 300 万个电荷，扫描的方法非常简单，就好像把水桶从一个人传给另一个人，并且只有在最后一个数据扫描完成之后才能将信号放大。而 CMOS 传感器的每个像素都有一个将电荷转化为电子信号的放大器。因此，CMOS 传感器可以在每个像素基础上进行信号放大，采用这种方法可节省任何无效的传输操作，所以只需少量能量消耗就可以进行快速数据扫描。

4. 功耗和兼容性的区别

从功耗和兼容性上来看，CCD 需要外部控制信号和时钟信号来获得满意的电荷转移效率，还需要多个电源和电压调节器，因此功耗大。而 CMOS-APS 使用单一的工作电压，功耗低，仅相当于 CCD 的 1/10～1/100，还可以与其他电路兼容，具有功耗低、兼容性好的特点。

5. 成像质量方面的区别

CMOS 和 CCD 一样同为可记录光线变化的半导体固态视觉传感器，但是 CMOS 器件产生的图像质量相比 CCD 来说要差一些。在相同像素条件下，CCD 的成像通透性、明锐度都很好，色彩还原、曝光基本准确。而 CMOS 的缺点就是太容易出现杂点，其产品往往通透性一般，对实物的色彩还原能力偏弱，曝光也不太好，这主要是因为早期的设计使 CMOS 在处理快速变化的影像时，由于电流变化过于频繁而会产生过热的现象。而且由于 CMOS 集成度高，各光电传感元件、电路之间距离很近，相互之间的光、电、磁干扰较严重，对图像质量影响很大。

6. 制造上的区别

CCD 的制造技术起步早，技术成熟，采用 PN 结或二氧化硅（SiO_2）隔离层隔离噪声，成像质量相对于 CMOS 光电传感器有一定优势。但是由于 CCD 制造工艺复杂，只有少数的厂商能够掌握，所以导致制造成本居高不下，采用 CCD 的视觉传感器价格都会比较贵。

CMOS 的制造技术和一般计算机芯片没什么差别，主要是利用硅和锗这两种元素所制成的半导体，使其在 CMOS 上共存着带 N 极（带负电）和 P 极（带正电）的半导体，这两个半导体互补效应所产生的电流即可被处理芯片记录和解读成影像。

总之，CCD 和 CMOS 采用类似的色彩还原原理，但是 CMOS 传感器信噪比差，敏感度不够的缺点使得目前 CCD 技术占据了视觉传感器的大半壁江山。不过 CMOS 技术也有 CCD 难以比拟的优势，CMOS 的优点是结构比 CCD 简单，而且制造成本比 CCD 要低，售价比 CCD 便宜 1/3。普通 CCD 必须使用 3 个以上的电源电压，而 CMOS 在单一电源下就可以运作，而且 CMOS 耗电量更小。与 CCD 产品相比，CMOS 是标准工艺制造流程，可利用现有的半导体制造流水线，不需要额外的投资设备，且品质可随半导体技术的提升而进步。

特别提示

事实上，经过技术改造，目前 CCD 和 CMOS 实际效果的差距已经减小了不少。而且

CMOS 的制造成本和功耗都要大大低于 CCD，所以很多视觉传感器生产厂商更多地开始采用 CMOS 感光元件。

7.3.2 CMOS 型放大器的电路结构

场效应晶体管 MOS 是利用半导体表面的电场效应进行工作的，也称为表面场效应器件。由于它的栅极处于不导电（绝缘）状态，所以输入电阻很高，最高可达 $10^{15}\Omega$。

绝缘栅型场效应晶体管目前应用较多的是以二氧化硅为绝缘层的金属-氧化物-半导体场效应晶体管，简称为 MOSFET。

MOSFET 有增强型和耗尽型两类，其中每一类又有 N 沟道和 P 沟道之分。增强型是指栅源电压 $u_{GS}=0$ 时，FET 内部不存在导电沟道，即使漏源间加上电压 u_{DS}，也没有漏源电流产生，即 $i_D=0$。对于 N 沟道增强型，只有当 $u_{GS}>0$ 且高于开启电压时，才开始有 i_D。对于 P 沟道增强型，只有当 $u_{GS}<0$ 且低于开启电压时，才开始有 i_D。

耗尽型是指当栅源电压 $u_{GS}=0$ 时，FET 内部已有导电沟道存在，若在漏源间加上电压 u_{DS}（对于 N 沟道耗尽型，$u_{DS}>0$，对于 P 沟道耗尽型，$u_{DS}<0$），就有漏源电流产生。

增强型场效应晶体管也叫 E 型，耗尽型场效应晶体管也叫 P 型。

NMOS 管和 PMOS 管可以组成共源、共栅和共漏三种组态的单级放大器，也可以组成镜像电流源电路和比例电流源电路。

以图 7.17 所示电路为例，E 型 NMOS 场效应晶体管 V_1 作为共源放大管，E 型 PMOS 场效应管 V_2、V_3 构成的镜像电流源作为有源负载，就构成了 CMOS 型放大器。可见，CMOS 型放大器是由 NMOS 场效应晶体管和 PMOS 场效应晶体管组合而成的互补放大电路，CMOS 就叫互补型金属氧化物半导体。

由于与放大管 V_1 互补的有源负载具有很高的输出阻抗，因而，CMOS 放大器的电压增益很高。又因为 CMOS 中一对场效应晶体管 MOS 组成的门电路在瞬间看，要么 PMOS 导通，要么 NMOS 导通，要么都截止，比线性的三极管（BJT）效率要高得多，因此功耗很低。

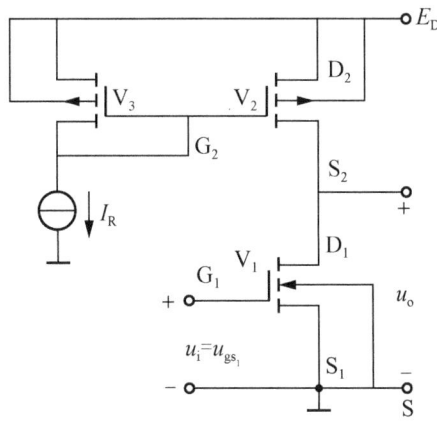

图 7.17 CMOS 的放大电路

在接收光照之后，感光元件产生对应的电流，电流大小与光强对应，因此感光元件直接输出的电信号是模拟的。在 CCD 传感器中，每一个感光元件都不对此作进一步的处理，而是将它直接输出到下一个感光元件的存储单元，结合该元件生成的模拟信号后再输出给第三个感光元件，依次类推，直到结合最后一个感光元件的信号才能形成统一的输出。由于感光元件生成的电信号过于微弱，无法直接进行模/数转换工作，因此对这些输出数据必须进行统一的放大处理。这项任务是由 CCD 传感器中的放大器专门负责的。经放大器处理之后，每个像素的电信号强度都获得同样幅度的增大。但由于 CCD 本身无法将模拟信号直接转换为数字信号，因此还需要一个专门的模/数转换芯片进行处理，最终以二进制数字图像矩阵的形式输出给专门的 DSP 处理芯片。

而对于 CMOS 传感器，上述工作流程就完全不适用了。CMOS 传感器中每一个感光元件都直接整合了放大器和模/数转换逻辑，当感光二极管接收光照、产生模拟的电信号之后，电信号首先被该感光元件中的放大器放大，然后直接转换成对应的数字信号。

换句话说，在 CMOS 传感器中，每一个感光元件都可产生最终的数字输出，所得数字信号合并之后被直接送交 DSP 芯片处理。但由于 CMOS 感光元件中的放大器属于模拟器件，无法保证每个像素的放大率都保持严格一致，致使放大后的图像数据无法代表拍摄物体的原貌。体现在最终的输出结果上，即图像中出现大量的噪声，品质明显低于 CCD 传感器。

特别提示

由于集成电路设计技术和工艺水平的提高，CMOS 视觉传感器过去存在的缺点，现在都可以找到办法克服，而且它固有的优点更是 CCD 器件所无法比拟的，因而它再次成为研究的热点。

7.3.3　CMOS 型的光电变换器件

CMOS 型光电变换器件的工作原理如图 7.18 所示，它是把与 CMOS 型放大器源极相连的 P 型半导体衬底充当光电变换器的感光部分。

当 CMOS 型放大器的栅源电压 u_{GS}=0 时，CMOS 型放大器处于关闭状态，即 i_D=0。CMOS 型放大器的 P 型衬底受光信号照射产生并积蓄光生电荷，可见 CMOS 型光电变换器件同样有存储电荷的功能。当积蓄过程结束，栅源之间加上开启电压时，源极通过漏极负载电阻对外接电容充电形成电流即为光信号转换为电信号的输出。

7.3.4　CMOS 视觉传感器的结构

利用 CMOS 型光电变换器件可以做成 CMOS 视觉传感器，但采用 CMOS 衬底直接受光信号照射产生并积蓄光生电荷的方式很少被采用,现在 CMOS 视觉传感器上使用的多是光敏元件与 CMOS 型放大器分离式的结构。

CMOS 线型视觉传感器的结构如图 7.19 所示。CMOS 线型视觉传感器由光敏二极管和 CMOS 型放大器阵列以及扫描电路集成在一块芯片上制成。

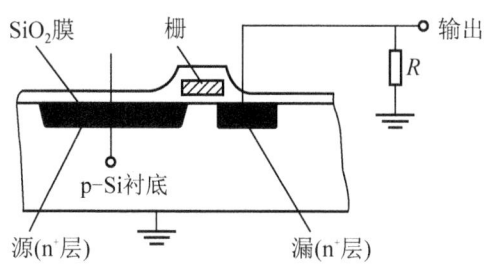
图 7.18 CMOS 型光电变换器件

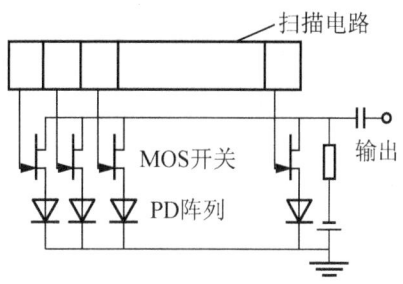
图 7.19 CMOS 线型视觉传感器的结构

电路中,一个光敏二极管和一个 CMOS 型放大器组成一个像素。光敏二极管阵列在受到光照时,便产生相应于入射光量的电荷。扫描电路实际上是移位寄存器。CMOS 型光电变换器件只有光生电荷产生和积蓄功能,而无电荷转移功能。为了从视觉传感器中输出图像的电信号,必须另外设置"选址"作用的扫描电路。

扫描电路以时钟脉冲的时间间隔轮流给 CMOS 型放大器阵列的各个栅极加上电压,CMOS 型放大器轮流进入放大状态,将光敏二极管阵列产生的光生电荷放大输出,输出端就可以得到一串反映光敏二极管受光照情况的模拟脉冲信号。

CMOS 面型视觉传感器芯片的结构框图如图 7.20 所示,典型的 CMOS 阵列是由光敏二极管和 CMOS 型放大器组成的二维可编址传感器矩阵,传感器的每一列与一个位线相连,行允许线允许所选择的行内每一个敏感单元输出信号送入它所对应的位线上,位线末端是多路选择器,按照各列独立的列编址进行选择。矩阵中分别设有行与列选址扫描电路,如图 7.21 所示。行与列选址扫描电路发出的扫描脉冲电压,由左到右,由上到下,分别使各个像素的 CMOS 型放大器处于放大状态。二维像素矩阵面上各个像素的光敏二极管光生和积蓄的电荷依次放大并输出。

根据像素的不同结构型式,CMOS 视觉传感器可以分为无源像素被动式传感器(PPS)和有源像素主动式传感器(APS)。根据光生电荷的不同产生方式,APS 又分为光敏二极管型、光栅型和对数响应型。

CMOS 视觉传感器的缺点是 MOSFET 的栅漏区之间的耦合电容会把扫描电路的时钟脉冲也耦合为漏入信号,造成图像的"脉冲噪声"。另外,由于 MOSFET 的漏区与光敏二极管相近,一旦信号光照射到漏区,也会产生光生电荷向各处扩散,形成漏电流,再生图像时会出现纵线状拖影。不过,可以通过配置一套特别的信号处理电路消除这些干扰。

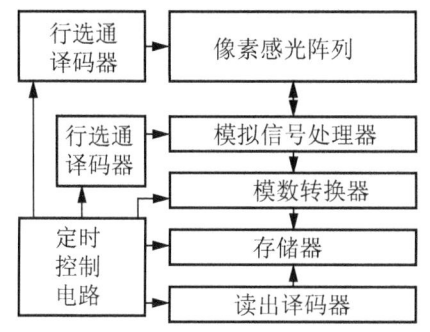
图 7.20 CMOS 视觉传感器芯片结构框图

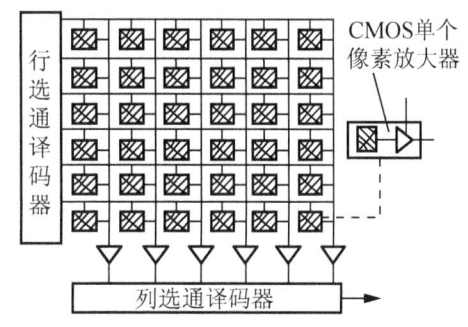
图 7.21 CMOS 放大器二维可编址传感器矩阵

7.3.5 CMOS 视觉传感器的特点

CMOS 视觉传感器与 CCD 视觉传感器一样,可用于自动控制、自动测量、摄影摄像和图像识别等各个领域。它的特点主要有以下几点。

(1) CMOS 视觉传感器易与 A/D 电路、数字信号处理器(DSP)电路等集成在一起。

(2) CCD 视觉传感器只能单一锁存成千上万个采样点上的光线状态,CMOS 则可以完成许多其他的功能,如 A/D 转换、负载信号处理、白平衡处理及相机控制(白平衡调整就是通过图像调整,使在各种光线条件下拍的照片色彩与人眼看到的景物色彩一样)。

(3) CMOS 视觉传感器耗电小,不像由二极管组成的 CCD,CMOS 电路几乎没有静态电量消耗,只有在电路接通时才有电量的消耗。这就使得 CMOS 的耗电量只有普通 CCD 的 1/10 左右。

(4) CMOS 的主要问题是在处理快速变化的影像时,由于电流变化过于频繁而过热。暗电流抑制得好就问题不大,如果抑制得不好就十分容易出现杂点。目前 CMOS 视觉传感器在解析力和色彩上还不如 CCD 视觉传感器,准确捕捉动态图像的能力也还不强。

特别提示

现在,市场上在使用 CMOS 为感光器件的产品中,通过采用影像光源自动增益补强技术,自动亮度、白平衡控制技术、色饱和度、对比度、边缘增强以及伽马矫正等先进的影像控制技术,完全可以接近达到与 CCD 感光器件相媲美的效果。

7.4 人工视觉

人类借助五种感官从外界获取信息,而且 90%以上的信息来自于视觉。同样,要让机电一体化系统具有高度的适应性以及复杂的作业能力,也必须使之具备某种形式的人工视觉(又称机器视觉)。

人工视觉提供了在信息科学乃至人工智能领域十分有意义的研究课题。从人眼进入的图像,经由 100 万根以上的视神经传到大脑,而大脑皮质由 140 亿个神经细胞组成,由此识别图像。人脑的工作方式和计算机不一样,它是并行处理大量信息,故判断非常快。目前人工视觉还无法赶上人眼,可是在实现机电系统智能化时,图像识别非常重要,因此,如何实现人眼的部分功能便是关键问题。以此为目的,已利用不同形式的视觉传感器研制了从检查作业对象的有无,测量其大致位置的简易型视觉,到具有图像识别功能的高级视觉等各种水平的人工视觉,其中一部分已用于具体实用装置。

7.4.1 人工视觉系统的硬件构成

如图 7.22 所示,人工视觉系统的硬件构成一般由图像输入、图像处理、图像存储和图像输出四个子系统构成。

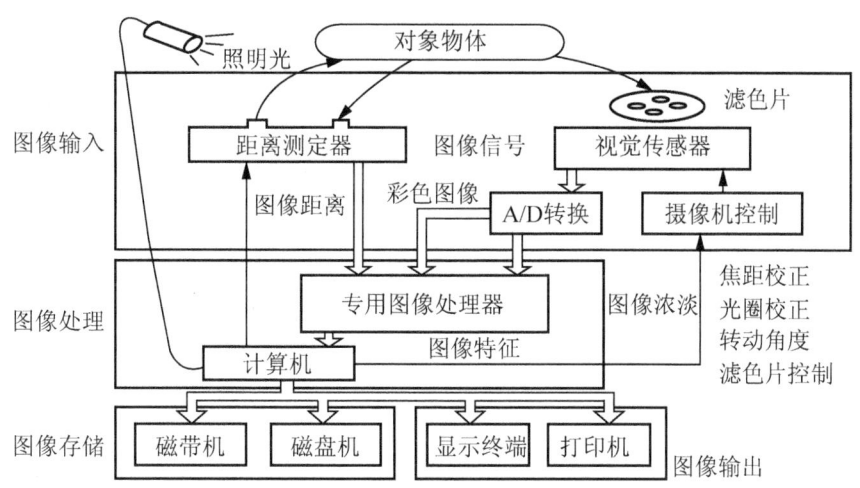

图 7.22 人工视觉系统的硬件构成

图像输入通过视觉传感器将对象物体变为二维或三维图像，再经光电变换将光信号变为电信号，通过扫描采样将图像分解成许多像素，再把表示各个像素信息的数据输入计算机进行图像处理。图像处理是在研究图像时，对获得的图像信息进行预处理（前处理），以滤去干扰、噪声，并作几何、色彩方面校正，以提高信噪比。

有时，由于信息微弱，无法辨认，还得进行信号增强。为了从图像中找到需要识别的东西，应对图像进行分割，即进行定位和分离，以分出不同的东西。为了给观察者以清晰的图像，还要对图像进行改善，把已经退化了的图像加以重建或恢复，以改进图像的保真度。

上述工作都要用计算机进行，因而还要进行编码，编码的作用是用最少量的编码位（亦称比特）来表示图像，以便更有效地传输和存储。在实际处理中，由于图像信息量非常大，在存储及传输时，要对图像信息进行压缩。图像存储是把表示图像各个像素的信息送到存储器中存储，以备调用。图像处理的主要目的是改善图像质量，以利于进行图像识别。

图像输出装置大致分为两类。一类是只要求瞬时知道处理结果，以及计算机用对话形式进行处理的显示终端，该类称为软拷贝。另一类可长时间保存结果，如宽行打印机、绘图机、X-Y 绘图仪以及显示器图面照相装置等，这些称为硬拷贝。

7.4.2 人工视觉的物体识别

自从开始从事物体识别的研究以来，人类已取得了很多成果，积累了丰富经验。物体识别不单是测量三维空间的几何参数，还必须了解被识别对象的意义和功能，而且，在识别处理过程中，必须使用三维空间各种物体知识和日常生活知识。因此，这样的信息处理过程是很好的人工智能的研究课题。从积木的识别开始，如今已将识别对象扩大到曲面物体、机械零件和风景等。

1. 物体图像信息的输入

识别物体前需将物体的有关信息输入到计算机内。被输入的信息主要有明亮度（灰度）信息、颜色信息和距离信息，这些信息都可用视觉传感器（ITV、CCD 等）取得。明亮度信息可借助 A/D 转换器数字化成 4～10bit，形成 64×64～1024×1024 像素组成的数字图像。然后将这些数字图像读入计算机。颜色图像可用彩色摄像机摄入彩色图像,也可简单地用三原色滤光镜,以通过各滤光镜的光量比决定各点的颜色信息。

2. 图像信息的处理技术和方法

输入的图像信息含有噪声,且并非每个像素都具有实际意义。因此,必须消除噪声,将全部像素的集合进行再处理,以构成线段或区域等有效的像素组合,从所需要的物体图像中去掉不必要的像素,这就是图像的前期处理。用一般的串行计算机处理二维图像,运算时间很长,为了缩短时间,可用专用图像处理器,这种处理器有局部并列型、完全并列型、流水线型、多处理器型等。图7.23所示为局部并列型处理器,现以此为例进行介绍。

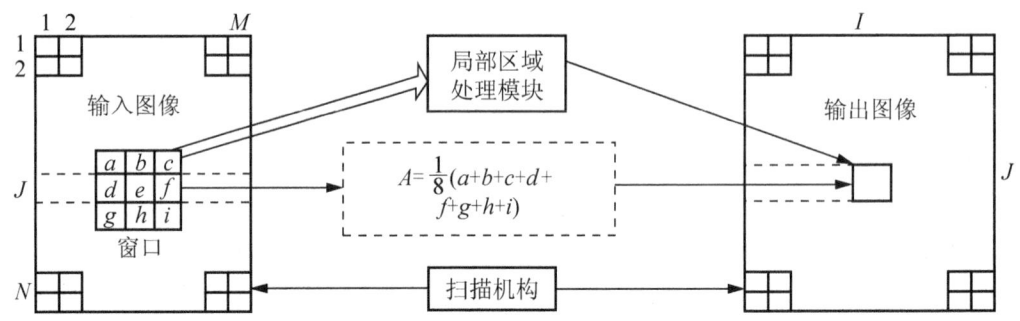

图7.23 局部并列型图像处理器

在图像处理中,通常对图像的每一个像素,取其邻域(3×3~8×8点)内的所有像素进行一定运算。如为了去除噪声而进行平滑处理时,像图7.23虚线框中所示,对所关心的8个相邻的像素灰度进行平均计算,然后再写入 e 作为输出图像。如果使用普通的计算机进行这种计算处理,其效率很低。因为使用普通计算机,首先要计算邻域内各像素的地址,读出各像素的数据,然后如框图中虚线框所示,进行逐个运算,再把其结果写进输出图像中,所以计算时间很长。在局部并列型处理器中,设有扫描机构和局部并列运算模块,可达到高速运算之目的。

3. 物体图像的识别

首先输入被识别物体的图像模型,并抽出其几何形状特征,然后用视觉传感器输入物体的图像并抽出其几何形状特征,用比较判断程序比较两者的异同。如果各几何形状特征相同,则该物体就是所需要的物体,如图7.24所示。物体的几何形状特征一般是面积、周长、重心、最大直径、最小直径、孔的数量、孔的面积之和等。这些几何量可根据图像处理所得到的线架图求得。图7.25中如果连杆的周长(像素数)与预先输入的连杆图像的周长(像素数)相同,即可确认是连杆。若有两个物体图像的某一几何特征(如周长),其像素数相同,可对其上孔的数量或其他几何特征进行比较,从而确切识别出各种物体。

4. 立体视觉

距离信息是处理三维图像不可缺少的,而距离计算则多以三角原理进行处理。立体视觉使用两台视觉传感器,像人类的两眼组成立体视觉。通过比较两台摄像机摄入的两个图像而找出其对应点,再从两个图像内的位置与两台摄像机几何位置的配置,决定相当于对应点对象物体上一点的距离信息。距离的检测也可使用一台视觉传感器和一台激光发射器,如图 7.26 所示,当测知角 γ、β 及距离 L 时,即可运用三角原理计算出到被测物体上 A 点的距离。

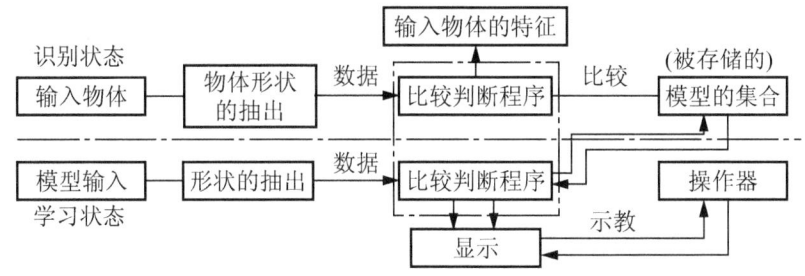

图 7.24 物体识别框图

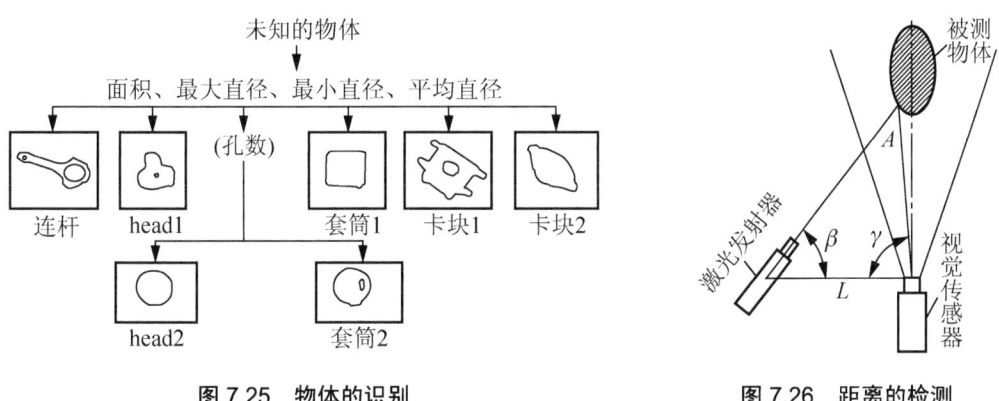

图 7.25 物体的识别　　　　图 7.26 距离的检测

7.4.3 新型人工视觉系统的研究

众所周知,光线从外界进入人的眼球,通过角膜、房水、晶状体、玻璃体到达视网膜,刺激视细胞,产生神经电信号,通过双极细胞、水平细胞、无足细胞、神经节细胞组成的复杂神经网络,汇聚于成束的视神经,穿出眼球,经过视神经交叉到达双侧大脑皮层 17 区(视中枢区)产生视觉。整个过程包括精密的自适应光学成像、高效的光电转换、复杂的信息处理与传导。各个部分协调高效工作,产生近乎完美的视觉。

1. 人工视觉的成像系统

人的眼球光学系统包括角膜、晶状体、玻璃体、视网膜、虹膜等部分,系统成像于视网膜黄斑,晶状体曲率完成焦点的调节,眼肌调节眼球运动,确保成像于视网膜中央,虹膜调节瞳孔大小改变成像光强度。因此,针对人工视觉系统工作原理,人工视觉必然要完成光学成像、光电转换、电信号处理等功能,其中最基本的功能首先是微光学成像系统。由于微光学研究,如微光学器件、微光机电系统、二元光学的发展,在人工视觉的微小空间内通过混合光学器件构建镜头组,实现整个成像系统是完全可行的。其中需要设计整个光学装置,构建无限焦深成像系统,使景物成像于感光平面。

其次设计微小的光电耦合成像器件或光敏器件阵列进行成像,模仿视网膜的感光功能，实现光电信号的转变。由于受到电极数量的限制，成像器件分辨率无须很高。而目前 1/4 英寸的 CCD 器件早已商业化。考虑到 CCD 的动态范围、可能存在的强光刺激以及系统发热限制，可以在光学系统中引入液晶器件改变偏振态进行光强自适应调节（衰减）。

对采集的图像进行处理则需要引入视觉处理单元（VPU），诸多人工视觉都采用通用计算机作为视觉处理单元，事实上我们可以将图像处理、电刺激控制等设计在超大规模的 ASIC（Application-specific Integrated Circuit）中。

2. 人工视觉的聚焦光圈调节

为了把注意力集中到视野中的特定物体上，眼睛会自动聚焦。这个过程显然是由视网膜向晶状体肌肉产生反馈作用，并由中枢神经系统进行控制。眼睛的瞳孔变化可以调节光通量的大小，并起到保护视觉细胞的作用，同时也会影响到光学系统的景深。

自动聚焦和调整光圈的技术，目前已应用于新式照相机上，但是在人工视觉的应用中，这两点还是很麻烦的。因此，在初步应用中，采用针孔型的镜头是很理想的，针孔镜头就可以完全不用自动聚焦，因为它的景深是足够高的。但是，现在还不知道聚焦机构和注意力控制机构的联系究竟密切到什么程度，所以，保留聚焦调节可能更好，因为它与使眼睛和头脑集中于视野中某一物体的机制有积极的联系。

至于光圈控制，除了与聚焦和调节光通量有关，也许还有人们没有发现的其他功能。因为光圈变化所产生的有效面积变化约为 16∶1，不足以补偿眼睛能够良好工作的整个亮度范围（约 10∶1）。

3. 人工视觉的运动聚焦

为了使被观察的图像处于视网膜的中心，眼球需要自由活动以便追随目标。由于眼球的运动还会引起头部和身体的转动。特别是只有一只眼睛的人，看东西的时候，他的头部来回转动得十分频繁。每个人眼睛的运动靠六条肌肉收缩来控制。从技术的角度看，要控制一只球形的物体活动至少需要三条肌肉。如果用四条肌肉分为水平方向和垂直方向各一对，控制也许可以简化。

目前要采用像人眼那样的几何形状来调焦的单透镜是不大实际的。有人发明了一种可调焦的人工眼透镜，它的外壁柔韧，通过注入一种液体就可改变曲率。这种由溴化钙的饱和水溶液和甘油的混合物，可以获得与玻璃相同的折射率（约 1.5）。透镜有三层，前面是一个玻璃透镜；接着是粘在玻璃上的一层聚乙烯醇缩丁醛，中心有一个孔；最后便是一层柔韧的复层有机玻璃。液体的注入或抽出由一个吸筒执行阀来控制。然而，目前大多数研究还是采用比较简单的调焦方法，即用一个微电机伺服系统来调整透镜位置。

研究表明，人眼聚焦时，控制系统只根据振幅信号操作，而不是按照符号信号控制。这样一来，一旦视网膜上的图像模糊了，则眼睛的试探性聚焦运动一开头就容易搞错方向。如果在聚焦过程中加入一个附加的小振动，例如 2Hz 的振动，就可以获得必要的符号信息。大自然是很聪明的，在人眼的聚焦系统中实际就存在这种微振。

当用摄像机作为人工视觉的眼睛时，需要采用自动聚焦。由于视野中的物体往往不处在同一距离之中，那么就得决定对视野中哪一个物体聚焦，否则，除非采用针孔型镜头。但是，由于针孔系统光通量太小，一般电视摄像管均不适用，需要采用高灵敏度的摄像器件。

据美国 2008 年 8 月 6 日发表的一项研究报告显示，受人体解剖学的启发，美国研究人员创造出了世界上第一个曲线型电子"眼"照相机。这种具有人眼大小和形状的照相机把一套硅传感器编织成一个可伸缩的网状物，从而创造了新一代无失真的数码照相机。目前的实验正在测试该设备其他的潜在用途。

为了能快速捕捉物体，动物的眼睛天生就是曲线型的，但时至今日，人造视觉系统一直局限于平整的图像录制表面。工程人员数十年来一直在努力研制一种电子眼系统，但创造出一种功能型照相机的目标始终没有实现。即使目前的数码照相机在一幅图像中的像素点通常超过 1000 万个，但还是不能克服长期以来存在的因平面成像而导致的失真问题。常规传感器如果不破坏感光点就不可能弯曲，嵌入感光点的半导体晶片坚硬而易碎，在不到 1%的应力下就会破碎。美国研究人员采用把脆弱的感光点与弯曲度高达 40%的微型柔韧导线连在一起的方法克服了这些局限性。一排曲线型的传感器最适合用于视网膜的植入，这种网状物紧贴在一个被伸展成视网膜曲线形状的橡胶膜上，然后再被转换为同样曲线的半球状玻璃晶面，从而制造出照相机的镜头。这一突破使我们能够将电子视觉装置放在以前不可能放置的地方。

刊登在英国《自然》杂志上的这篇报告指出，这一创新设计也为有朝一日研制能帮助恢复视力的人造电子视网膜开辟了道路。

7.5 视觉传感器应用实例

7.5.1 数码摄像机

1. 数码摄像机的基本结构

现在市场上数码摄像机（简称 DV）的品种已经很多了，如图 7.27 所示，它大多是用 CCD 彩色视觉传感器做成的，可以是线型视觉传感器，也可以是面型视觉传感器。其基本结构如图 7.28 所示。

图 7.27 数码摄像机

我们知道，对变化的外界景物连续拍摄图片，只要拍摄速度超过 24 幅/s，则按同样的速度播放这些图片，可以重现变化的外界景物，这是利用了人的眼睛的视觉暂留原理。

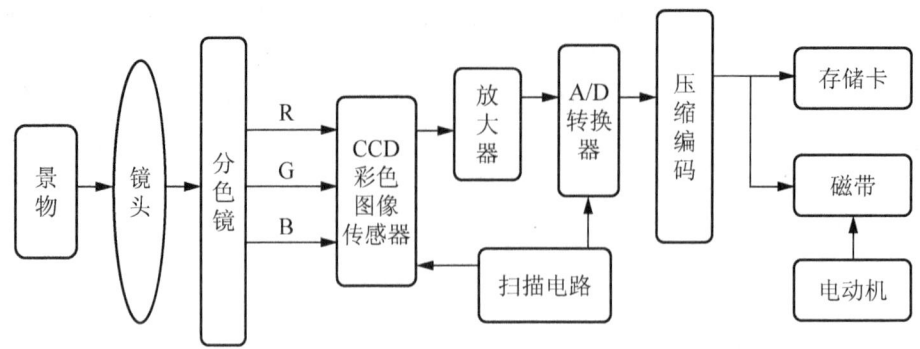

图 7.28 数码摄像机的基本结构

外界景物通过镜头照射到 CCD 彩色视觉传感器上，CCD 彩色视觉传感器在扫描电路的控制下，可将变化的外界景物图像以 25 幅/s 的速度转换为串行模拟脉冲信号输出。该串行模拟脉冲信号经 A/D 转换器转换为数字信号，由于信号量很大，所以还要进行信号数据压缩。压缩后的信号数据可存储在存储卡上，也可以存储在专用的数码录像磁带上。数码摄像机使用 2/3 英寸 57 万像素（摄像区域为 33 万像素）的高精度 CCD 彩色视觉传感器芯片。

使用 CMOS 彩色视觉传感器的数字摄像机也已经投入了市场，其明显的特征是耗电量少。

2．数码摄像机的性能

要想正确的了解数码摄像机的性能和对其性能进行测试，就需要深入地了解数码摄像机的功能结构，以及数码摄像机的工作原理和主要技术。

在图 7.29 中，声音和光线信号通过镜头和 MIC 进入数码摄像机，然后光线信号经过 CCD 或者 CMOS 芯片的捕捉，形成电信号，这种感光形成的电信号和声音信号一起进入信号处理芯片中被加工、处理和编码。形成的视频信号通过负责输入和输出的芯片保存到相关的介质里面。同时，输入和输出的芯片还负责和外部的数据设备交换数据。此外，对于需要和模拟设备交互的场合还需要数模转换芯片来完成。

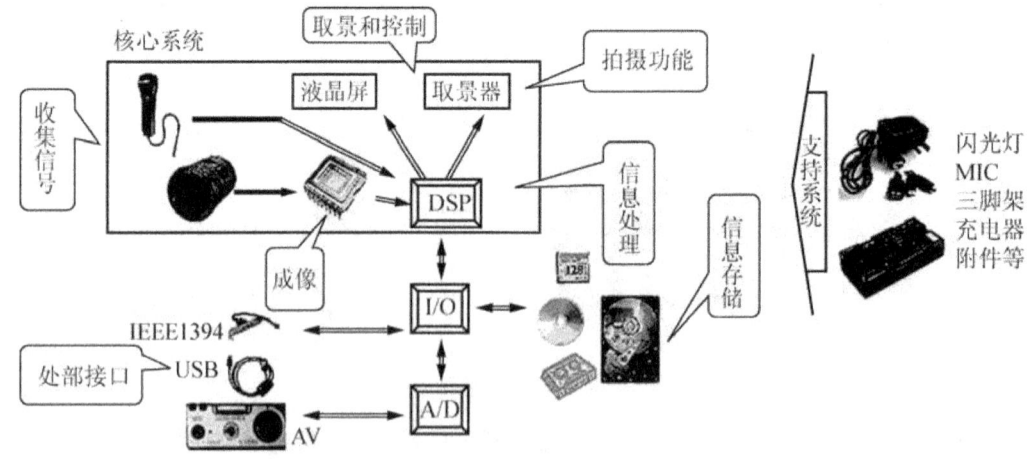

图 7.29 数码摄像机（DV）的功能结构

图 7.29 所示的系统是一个数码摄像机功能结构示意图,并非数字摄像机内部就一定是如此,比如很多的数码摄像机都会把信号处理芯片和 I/O 芯片集成在一起,另外,还会附加很多专用的处理芯片,但是无论数字摄像机的结构如何,上述的功能都是需要完成的。

从数码摄像机的诞生之初到现在,其大体结构没有发生变化,但是各个系统都有不同程度的改进和提高。随着新一代的 HDV 标准的确定和推广,各个部件的性能有望达到新的高度。数码摄像机的作用是在一个视频为输出目标的工作流程里面负责采集现实的素材。

3. 数码影视制作系统中的数码摄像机

数码影视制作系统的核心是数字计算机,在数字计算机的支持下,各种相关的设备形成了一个功能相互配合的处理平台。

从图 7.30 中可以看出,计算机系统作为整个处理系统的核心,网络是整个系统的基本支撑环境。计算机会连接到局域网,然后又和 Internet 相连。网络既是素材库又是发布产品的对象。在计算机两侧,分别是输入的设备和输出的设备,用来获取素材和输出作品。从素材到作品的加工过程就是数码影视制作的过程。

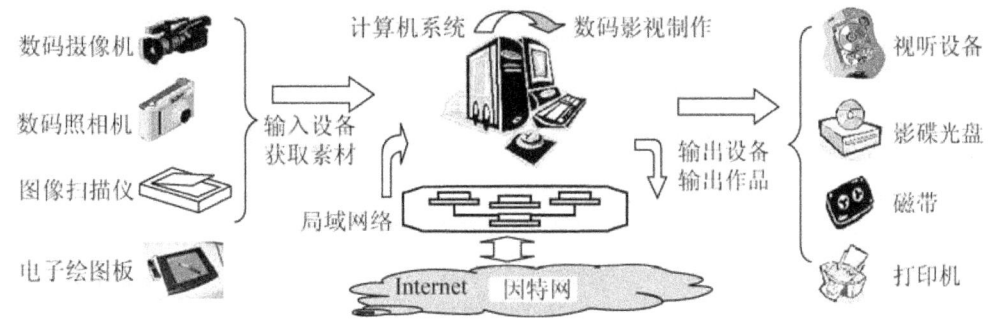

图 7.30 数码影视制作系统

从视频制作系统的观点来看,数码摄像机实际是一种素材采集设备,是持续捕捉外界的声光信息的设备。所以,数码摄像机获取外界信息的能力和质量是 DV 设备的核心能力。同时,数码摄像机应该适应人们获取信息的习惯,并且更重要的是数码摄像机必须能够很方便地融入以计算机系统为中心的视频处理系统。不在上述内容里面的功能,就不能说是数码摄像机的功能了,比如一个数码摄像机可以播放 MP3 音乐,或者可以打电话,那么人们是不会感到奇怪的。但是从这个角度去看,来评价一部数码摄像机就是偏颇了。

从现在市场上的技术变化来看,有几个方面对于数码摄像机的影响很大,特别是在数码摄像机的基本元件镜头、传感器和存储方面的变化,影响深远,并且也将对今后 DV 的发展起到很大的作用,这些技术主要有以下几个方面。

(1)镜头。镜头是数码摄像机的眼睛,有没有好的镜头几乎直接决定了数码摄像机的成像能力和质量。数码摄像机的镜头在这些年有了很大的进步。典型的变化是很多机型引入了光学防抖技术,也就是使用支持光学防抖的镜头来做数码摄像机的"眼睛"。使用光学防抖技术可以在不降低图像质量的情况下,平衡画面的抖动,是一个能够有效地提高图像质量的技术。

除了防抖之外，另外一个改进是镜头的多重镀膜技术，使用这个技术的镜头会大大提高镜头的通光率，能够保证在光线条件不好的情况下拍摄出效果比较好的照片。此外，高端机型为了保证色彩的准确还原，使用了低色散镜片的镜头。

（2）感光器件。感光器件的进步首先体现在 CCD 已经成为中端数码摄像机的选择方案，而几乎所有的高端机型都使用了 CCD。使用 CCD 可以保证色彩的艳丽、准确。除了 CCD 一直在扩大自己的领域以外，CMOS 技术也成为感光元件的新趋势。使用 CMOS 感光可以有效地降低系统的能耗，并且有效地提高处理的速度。

（3）存储（介质和格式）。数码摄像机以 DV 格式把动态的视频存储在 DV 带上面。随着技术的进步，已经可以用新的方式来保存视频。在我们评测的机型里面，有的机型已经采用了 DVD 和硬盘作为存储介质，而保存的格式都是清晰度等同于 DV 的 MPEG2 格式，如图 7.31 所示。

图 7.31　采用 DVD 硬盘的索尼 DVD805E 数码摄像机

此外，新的 HDV 把视频质量提高到了一个新的台阶，这一点，我们也可以从高清摄像机拍摄的画面上直观地感觉到。在这里特别提出硬盘存储技术为 DV 未来功能的扩展提供了可能，不仅仅文件的传输和导入视频制作系统的方式更加快捷，随机访问文件的方式简化了回放操作的按钮，而且为未来的高速拍摄提供了可能。

7.5.2　数码照相机

数码照相机又称为数码相机，简称 DCS。其实质是一种非胶片相机，它采用 CCD（电荷耦合器件）或 CMOS（互补金属氧化物半导体）作为光电转换器件，拍摄的是静止图像，将被摄物体以数码形式记录在存储器中。

数码照相机是集光学、机械、电子于一体的现代高技术产品，它集成了影像信息的转换、存储和传输等多种部件，具有数字化存取模式，以及与计算机交互处理和实时拍摄的特点。

1. 数码照相机的特点

数码照相机具有以下的特点。

（1）立即成像。数码照相机属电子取像，可立即在液晶显示器、计算机显示器或电视上显示，可实时监视影像效果，也可随时删除不理想的图片。

（2）与计算机兼容。数码照相机存储器里的图像输送到计算机后通过影像处理软件，可进行剪切，编辑和打印等操作，并可将影像存储在计算机中。

（3）电信传送。数码照相机可将图像信号转换为电信号，经电信传输网或内部网进行传输。

2. 数码照相机的分类

目前数码照相机的分类很多,如果按视觉传感器来分,可分为 CCD 数码照相机和 CMOS 数码照相机。

CCD 数码照相机是指数码照相机使用 CCD 视觉传感器来记录图像,属中高档相机。CCD 本身不能分辨各种颜色的光,要与不同颜色的滤色片配合使用,因此 CCD 数码照相机有以下两种工作方式。

(1) 利用透镜和分光镜将光图像信号分成 R、G、B 3 种颜色,并分别作用在 3 片 CCD 上,这 3 种颜色的光经 CCD 转换为仿真电信号,然后经 A/D 转换器转换为数字信号,再经数字信号处理器 (DSP) 处理后存储到存储器中。

(2) 在每个像素点的位置上有 4 个分别加上 R、G、B、E 颜色滤色片的 CCD,经过透镜后的光图像信号被分别作用在不同的传感器上,并将它们转换为仿真电信号,然后经 A/D 转换器转换为数字信号,再经数字信号处理器 (DSP) 处理后存储到内存中。

CMOS 数码照相机是指数码照相机使用 CMOS 视觉传感器来记录图像。其工作方式与 CCD 数码照相机相似,目前属中低档相机。

在 21 世纪初,数码照相机通常被划分为高端(400 万像素以上)、中端(330、210 万像素)与低端(百万像素以下) 3 种产品。中端数码照相机使用 1/2 英寸 330 万像素(有效像素为 2048×1536)的 CCD 彩色图像传感器,芯片面积为 35mm 胶片的 1/5.35。现在已有中端数码照相机使用的 CMOS 彩色视觉传感器推出产品。目前,图像传感器的分辨率已经跨入亿万像素领域内,如美国的一款 CCD 传感器芯片(图 7.14),尺寸约为 4 英寸×4 英寸,分辨率超过 11100 万像素(10560×10560 像素)。这是目前全球首款突破亿万像素的图像传感芯片。

3. 数码照相机的基本结构

数码照相机与传统的胶片相机相比,最大的区别是在它们各自的内部结构和原理上。它们的共同点是均由光学镜头、取景器、对焦系统、快门、光圈和内置电子闪光灯等组成,有的数码照相机既有取景器还有液晶显示器(LCD)。但数码照相机还有其特殊的结构,如 CCD 或 CMOS、仿真信号处理器、模/数 A/D 转换器、数字信号处理器(DSP)、图像处理器、图像存储器和输出控制单元等,如图 7.32 所示。

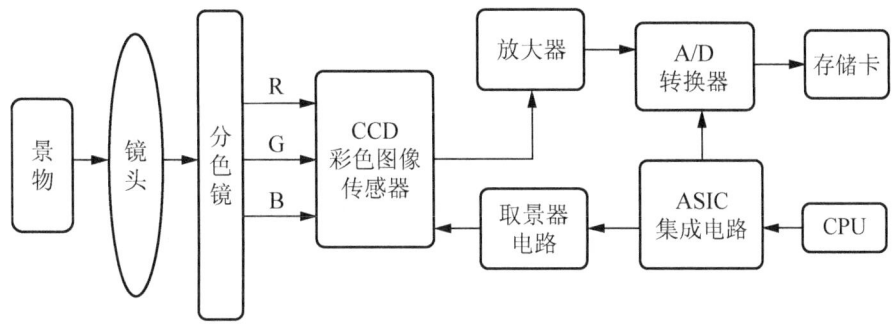

图 7.32 数码照相机的基本结构

4. 数码照相机的主要功能

（1）镜头功能。镜头把光线会聚到 CCD 或 CMOS 视觉传感器上，起到调整焦距的作用。对于定焦数码照相机，镜头、物体和聚焦平面间的理想距离被精确计算，从而固定了镜头和光圈的位置。对于 ZOOM 数码照相机，有一个机械装置，可以带动镜头组前后运动，一直让镜头保持在聚焦平面中央，能够捕捉到距离镜头远近的物体。

（2）CCD（CMOS）视觉传感器功能。把镜头传来的图像信号转变为仿真电信号。

（3）A/D 转换器功能。利用 A/D 转换器将 CCD 产生的仿真电信号转换为数字信号，并传输到图像处理单元。

（4）数字信号处理器功能。数字信号处理器的主要功能是通过一系列复杂的数学运算，如加、减、乘、除和积分等，对数字图像信号进行优化处理（包括白平衡、彩色平衡、伽马校正与边缘校正等）。

（5）图像压缩功能。数码照相机的图像处理包括数据压缩，图像压缩的目的是为了节省存储空间，利用 JPEG 编码器把得到的图像转换为静止压缩的图像（JPEG 格式）。

（6）总体控制电路功能。主控程序芯片（MCU）能协调和控制测光、运算、曝光、闪光控制及拍摄逻辑控制。当电源开启时，MCU 则开始检查各功能是否正常，若正常，相机处于准备状态。

（7）AE 功能和 AF 功能。在中高档的数码照相机中，一般都含有 AE 功能和 AF 功能。

① AE 功能。当 DSC 相机对准被摄物体时，CCD 根据镜头传来的图像亮度的强弱，转变为 CCD 数字电压信号，DSP 再根据 CCD 数字电压信号进行运算处理，再把运算结果传输给 MCU 迅速找到合适的快门速度和镜头光圈的最佳大小，由 MCU 控制 AE 机构进行自动曝光。

② AF 功能。直接利用 CCD 输出的数字电压信号作为对焦信号，经过 MCU 的运算比较驱动镜头 AF 机构前后运动。

（8）聚焦功能。聚焦是清晰成像的前提，数码照相机一般都有自动聚焦功能。数码照相机的自动聚焦功能与传统的胶片相机类似，也有主动式和被动式两种形式。主动式就是相机主动发射红外线（或超声波），根据目标的反射进行对焦。被动式就是相机不发射任何射线而根据目标的成像进行对焦。

5. 数码照相机的工作步骤

（1）开机准备。佳能 TX1 型数码照相机外部的主要部件，如图 7.33 所示。当打开相机的电源时，其内部的主控程序就开始检测各部件是否正常。如某一部件有异常，内部的蜂鸣器就会报警或在液晶显示器（LCD）上提示错误信息并停止工作。如一切正常，就进入准备状态。

（2）聚焦及测光。数码照相机一般都有自动聚焦和测光功能。在打开 DSC 电源时，相机内部的主控程序芯片（MCU）立即进行测光运算，曝光控制和闪光控制及拍摄逻辑控制。当对准物体并把快门按下一半时，MCU 开始工作，图像信号经过镜头测光（TTL 测光方式）传到 CCD 或 CMOS 上并直接以 CCD 或 CMOS 输出的电压信号作为对焦信号，经过 MCU 的运算、比较再进行计算，确定对焦的距离和快门速度及光圈的大小，驱动镜头组的 AF 和 AE 装置进行聚焦。

(3) 图像捕捉。在镜头聚焦及测光完成后再按下快门,摄像器件(CCD 或 CMOS)就把从被摄景物上反射的光进行捕捉并以红、绿、蓝 3 种像素(颜色)存储。

(4) 图像处理。把镜头捕捉的图像进行 A/D 转换、图像处理、白平衡处理和色彩校正等,再到存储区合成在一起形成一幅完整的数字图像,在图像出来后再经过 DSP 单元进行压缩转换为 JPEG 格式(静止图像压缩方式),以便节省空间。

(5) 图像存储。将图像处理单元压缩的图像送到存储器中进行保存。

(6) 图像输出。存储在数码照相机存储器中的图像通过输出端口可以输送到计算机,可在计算机里通过图像处理程序(软件)中进行图形编辑、处理、打印或网上传输等。

6. 数码照相机的成像原理

数码照相机的剖面图,如图 7.34 所示。在使用过程中,半按数码照相机快门对准被摄的景物(快门 ON 状态,与胶片相机相反),从镜头传来的光图像经过光电转换器(CCD 或 CMOS)感应将光信号转换成为一一对应的仿真信号,再经模/数(A/D)转换器转换,把仿真电信号变成数字信号,最后经过数字信号处理器(Digital Signal Processor,DSP)和主控程序芯片(MCU)按照指定的文件格式,把图像以二进制数码的形式显示在 LCD 上,如按下快门,则把图像存入存储器中。

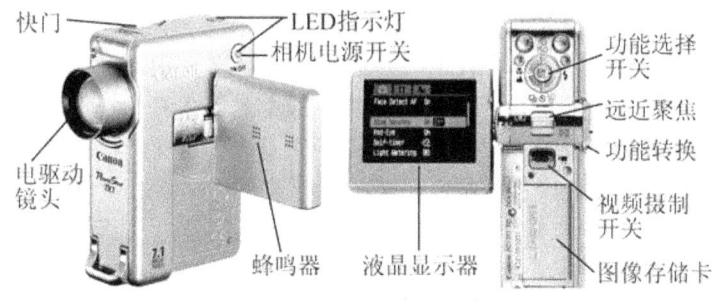

图 7.33　佳能 TX1 型数码照相机外部主要部件　　　图 7.34　数码照相机剖面图

数码照相机的成像原理是使用感光二极管将光线转换为电荷,它是由许多单个感光二极管组成的阵列,整体呈正方形,然后像砌砖一样将这些感光二极管砌成阵列来组成可以输出一定解析度的图像的 CCD 传感器。

当拍摄者对焦完毕按下快门的时候,光线通过打开的快门(目前消费级数码照相机基本都是采用电子快门),透过马赛克色块射入在 CCD 视觉传感器上。感光二极管在接受光子的撞击后释放电子,所产生电子的数目与该感光二极管感应到的光成正比。

当本次曝光结束之后,每个感光二极管上含有不同数量的电子,而我们在显示器上面看到的数码图像就是通过电子数量的多与少来进行表示和存储的,然后控制电路从 CCD 中读取图像,进行红(R)、绿(G)和蓝(B)三原色合成,并且放大和将其数字化,这些数字信号被存入数码照相机的缓存内,最后写入相机的移动存储介质,完成数码相片的拍摄。

特别提示

由于 CCD 技术发展很快,上述数码照相机的成像原理只适用于目前市面上大部分的消费级数码照相机。

7. 数码照相机的像素和图像分辨率

(1)像素。传统胶卷相机将所拍摄的图像存储在胶卷上,而数码照相机则是将所拍摄的图像以像素的形式存储在数码照相机的内存或存储卡中。像素是构成数码图像的最基本元素,它们是数码图像最基本的单位,数以万计的像素就构成了栩栩如生的数码图像。

数码照相机的有效像素与最大像素不同,有效像素是指真正参与感光成像的像素值。最大像素的数值是感光器件的真实像素,这个数据通常包含了感光器件的非成像部分,而有效像素是在镜头变焦倍率下所换算出来的值。以美能达的 DIMAGE7 为例,其 CCD 像素为 524 万,因为 CCD 有一部分并不参与成像,有效像素只为 490 万。

数码图片的存储方式一般以像素为单位,每个像素是数码图片里面积最小的单位。像素越大,图片的面积越大。要增加一个图片面积的大小,如果没有更多的光进入感光器件,唯一的办法就是把像素的面积增大,这样一来,可能会影响图片的锐力度和清晰度。所以,在像素面积不变的情况下,数码照相机能获得最大的图片像素即为有效像素。

(2)分辨率。图像分辨率决定着图像的细节水平和清晰度,像素越多,图像的分辨率就越高。由于构成一张数码图像的像素较多,所以它们的单位一般都是以百万计,也就是我们通常所说的兆像素。数码照相机以所能拍摄图像的像素高低来分类,目前的数码照相机的分辨率主要在 120 万~10000 万像素之间,其中 1200 万以上像素的数码照相机为高分辨率的专业级数码照相机。

使用数码照相机所拍摄的图像细节根据所使用的分辨率不同存在较大的差别,尤其是将所拍摄的图像放大后,低分辨率和高分辨率的图像效果差别就一目了然。我们如果使用一部 810 万像素的数码照相机在微距模式下拍摄一张花朵的图像,首先将相机的分辨率设置为最高(310 万像素),拍摄完成后使用图像处理软件将其放大后,可以看到图像的锐度依然很不错。但如果采用 130 万像素的数码照相机拍摄,放大后的图像清晰度和锐度都不是很好了。

高分辨率图像的优点之一就是放大后图像的质量不会降低,而低分辨率的图像无论是放大还是用来打印成照片,质量都会有一定程度的降低。如果将分辨率为 130 万像素的花朵图像打印成 5 英寸×7 英寸的照片,效果还说得过去,如果打印成 11 英寸×14 英寸的照片,其质量则不敢让人恭维了。

不管使用多高分辨率的数码照相机拍摄,都可以对所拍图像的分辨率进行调节,比如一部 310 万像素的数码照相机就可以拍摄 310 万像素、220 万像素、160 万像素和 80 万像素几种分辨率的图像。可以在数码照相机的图像质量模式菜单中更改拍摄图像的分辨率。如果选择低分辨率拍摄,所拍摄的图像可能没有更多的细节,质量也可能不是太好,但这样可以节省更多的存储空间。反之,使用高分辨率拍摄的图像有着更好的细节,但需要占据更多的存储空间。

项目7 视觉传感器及其应用

特别提示

在实际拍摄过程中,我们完全没有必要在同一个分辨率下拍摄图像,而可以根据实际需要进行调节。如果仅仅拍摄用于电子邮件的图像,完全可以将图像分辨率设置为80万像素,这样就可以节省大量的存储空间,而且由于低分辨率图像的文件较小,更加便于发送。

7.6 综合实训:电涡流式传感器的应用

实训目标

电涡流式传感器的应用—振幅测量。

实训要求

了解电涡流式传感器测量振动的原理和方法。

实训原理

本实训说明电涡流式传感器的测量振动原理。

电涡流式位移传感器是利用电涡流效应将被测量变换为传感器线圈阻抗 Z 变化的一种装置。电涡流效应是根据法拉第电磁感应定律,将块状金属置于变化的磁场中或在磁场中运动时,由于磁场切割磁力线的运动使金属体内产生涡旋状的感应电流,此电流的流动路线在金属体内闭合,这种电流就叫作电涡流。电涡流的大小与金属体的电阻率 ρ、磁导率 μ、厚度 t 以及线圈与金属体的距离 x、线圈的励磁电流强度 i、角频率 ω 等有关。利用电涡流效应制作的传感器称为电涡流式传感器。电涡流式位移传感器在金属体上产生的涡流,其渗透深度与传感器线圈的励磁电流的频率有关,所以电涡流式传感器主要分为高频反射和低频透射两类,前者应用较广泛。

电涡流式传感器的基本结构和测量振动原理,如图 7.35 所示。传感器主要由探头和检测电路两部分构成。探头部分由线圈、骨架组成,检测电路由振荡器、检波器和放大器组成。

(a)基本结构

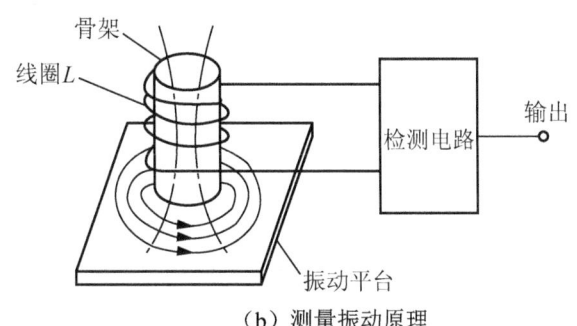
(b)测量振动原理

图 7.35 涡流式位移传感器的结构原理

当振荡器产生的高频电压加在靠近金属板一侧的电感线圈 L 上时,L 产生的高频磁场作用于金属板的表面。由于趋肤效应,高频磁场不能透过具有一定厚度的金属板而仅仅作用于其表面的薄层内,金属板表面就会产生感应涡流。涡流产生的磁场又只能作用于线圈 L 上,导致传感器线圈 L 的电感及等效阻抗发生变化。

在被测对象和传感器探头被确定以后,影响传感器线圈 L、阻抗 Z 的一些参数是不变的,只有线圈与被测导体之间的距离 x 的变化量与阻抗 Z 有关。只要检测电路测出阻抗 Z 的变化量,也就实现了对被测导体振动的检测。

所需部件及有关旋钮初始位置

1)所需部件

电涡流传感器、涡流变换器、差动放大器、电桥、铁测片、直流稳压电源、低频振荡器、激振线圈、F/V 表、示波器、主副电源等。

2)有关旋钮的初始位置

差动放大器增益置最小(逆时针到底),直流稳压电源置 4V 挡。

实训步骤

(1)转动测微器,将振动平台中间的磁铁与测微头分离,使梁振动时不至于再被吸住(这时振动台处于自由静止状态),适当调节涡流传感器头的高低位置(目测),以线性范围的中点附近为参考点。

(2)根据图 7.36 所示的电路结构接线,将涡流传感器探头、涡流变换器、电桥平衡网络、差动放大器、F/V 表、直流稳压电源连接起来,组成一个测量线路(这时直流稳压电源应置于±4V 挡),F/V 表置为 20V 挡,开启主、副电源。

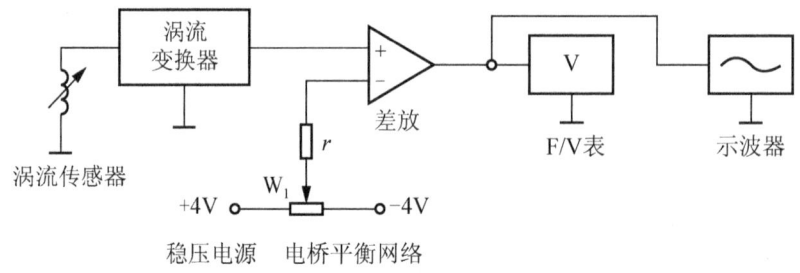

图 7.36 电涡流传感器电路结构接线图

(3)调节电桥网络,使电压表读数为零。去除差动放大器与电压表连线,将差动放大器的输出与示波器连起来,将 F/V 表置 2kHz 挡,并将低频振荡器的输出端与频率表的输入端相连。

(4)固定低频振荡器的幅度旋钮至某一位置(以振动台振动时不碰撞其他部件为好),调节频率,调节时用频率表监测频率,用示波器读出峰-峰值,并将数据填入表 7-1,关闭主、副电源。

表 7-1 振动频率和电压峰-峰值

F/Hz	3			25
V_{P-P}/V				

实训思考

（1）根据实训结果，可以知道振动台的自振频率大致为多少？

（2）如果已知被测梁振幅为 0.2mm，传感器是否一定要安装在最佳工作点？

（3）如果此传感器仅用来测量振动频率，工作点问题是否仍十分重要？

习　题

1．光导视觉传感器如何将每一个像素的光信号转换成时间序列的电信号输出？

2．试说明 CCD 视觉传感器的光电转换原理。CCD 电荷耦合器件的 MOS 电容器阵列是如何将光照射转换为电信号并转移输出的？

3．CCD 视觉传感器上使用的光敏元件与移位寄存器分离式的结构有什么优点？

4．举例说明 CCD 视觉传感器的用途。

5．CMOS 视觉传感器与 CCD 视觉传感器有什么不同？各有什么优缺点？

6．绘出 CMOS 视觉传感器的芯片结构框图，叙述 CMOS 视觉传感器的工作原理。

7．视觉传感器在机电一体化系统中有哪些应用？

8．人工视觉图像处理的方法有哪几种？请说明人工视觉的物体图像识别原理。

9．数码影视制作系统的核心部件是什么？输入设备和输出设备有哪些？数码影视制作系统中的数字摄像机的作用是什么？请说明数码摄像机的主要功能结构。

10．数码照相机是如何工作的？使用低档、中档和高档数码照相机拍摄相片有什么不同效果？为什么？

项目 8

新型传感器及其应用

教学目标

了解新型传感器的分类与组成；掌握各种新型传感器的定义及工作原理；熟悉新型传感器在机电一体化系统中的作用，合理选择和使用各种新型传感器；了解新型传感器的使用范围及应用；分析各种新型传感器的具体应用过程；了解新型传感器的应用现状和发展趋势。

教学要求

知识要点	能力要求	相关知识	权重
机器人传感器结构、原理	机器人传感系统及分类，机器人的力觉、触觉、滑觉、听觉和视觉控制、人工皮肤	光电编码、超声波和激光测距、集成计算传感器阵列、高分子材料	40%
生物传感器结构、原理	生物传感器基本原理、特点及其分类、酶传感器、微生物传感器、免疫传感器、半导体生物传感器	生物传感器的信号转换方式、免疫反应原理	20%
微波传感器结构、原理	微波的性质与特点、微波传感器工作原理及分类、特点及应用	微波的物理性质、微波遥测	20%
超声波传感器结构、原理	超声波的性质与特点、超声波传感器、超声波检测	超声波的物理性质	20%

项目 8　新型传感器及其应用

项目导读

在基础学科研究中，传感器具有突出的地位。现代科学技术的发展，进入了许多新领域。例如，在宏观上要观察上千光年的茫茫宇宙，微观上要观察纳米的粒子世界，纵向上要观察长达数十万年的天体演化，短到纳秒的瞬间反应。此外，还出现了对深化物质认识、开拓新能源、新材料等具有重要作用的各种极端技术研究，如超高温、超低温、超高压、超高真空、超强磁场、超弱磁砀等。显然，要获取大量人类感官无法直接获取的信息，没有相适应的传感器是不可能的。许多基础科学研究的障碍，首先就在于对象信息的获取存在困难，而一些具有新原理和高灵敏度的检测传感器的出现，往往会导致该领域内的突破。一些传感器的发展，往往是一些边缘学科开发的先驱。

传感器的发展趋势主要是采用新原理、开发新型传感器；大力开发物性型传感器（因为靠结构型已满足不了要求）；传感器的集成化；传感器的多功能化；传感器的智能化（Smart Sensor）；研究生物感官，开发仿生传感器等。

目前，传感器领域的主要技术将在现有基础上给予延伸和提高，各国将竞相加速新型传感器的开发和产业化，竞争也将日益激烈。新技术的发展将重新定义未来的传感器市场，比如无线传感器、光纤传感器、智能传感器和金属氧化传感器等新型传感器的出现与市场份额的扩大。

例如，精工爱普生公司开发出的内置触摸传感器功能的液晶面板，如图 8.1 所示。此液晶面板采用该公司的低温多结晶硅 TFT 技术，在内部形成传感器而实现了触摸功能。该传感器以 4 个像素为单位检测加载液晶分子上的电荷容量。用手指和输入笔等在面板表面施加应力，会使液晶分子的分布状态发生变化，从而导致液晶分子的电荷容量变化，所以可通过检测电荷容量的变化实现触摸输入。

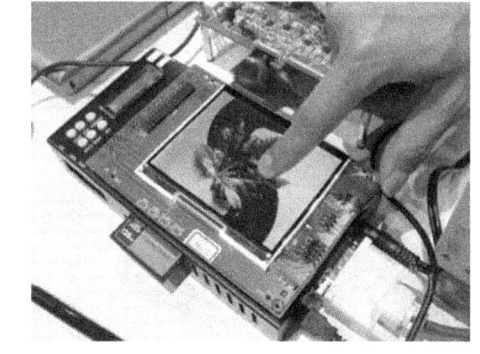

图 8.1　配备触摸传感器功能的 4 英寸液晶面板

8.1　机器人传感器

机器人传感器可以定义为一种能将机器人目标特性（或参量）变换为电量输出的装置。机器人通过传感器实现类似于人的知觉作用，因此，传感器被称为机器人的"电五官"。

在电视的广告中，我们经常看到双足步行机器人像人一样灵巧地行走。从科技进步发展的角度来看，作为近几十年来迅速发展起来的一门综合性学科，智能机器人技术不仅涉及了机械、电子、运动学、动力学、控制理论、传感检测、计算机技术、人工智能和仿生学等多个学科的最新研究成果，代表了机电一体化的最高成就，而且它已经成为当今世界科学技术发展最活跃的领域之一。

8.1.1 机器人传感器的应用现状和发展趋势

传感器在机器人的发展过程中起着举足轻重的作用。传感器的运用程度已成为衡量机器人智能高低的重要特征。我们要求机器人应具有自我学习、自我补偿、自我诊断能力，应能具备神经网络，能从事越来越复杂的工作，对变化的环境能有更强的适应能力，要求能进行更精确的定位和控制，因而对传感器的应用不仅是十分必要的，而且具有更高的要求。机器人大脑（计算机）处理的信息，必须要通过各种传感器来获取，因而智能机器人需要有更多的、性能更好的、功能更强的和集成度更高的传感器。

  应用实例

机器人对传感器应用的范例之一，是美国发射的火星探测器。2004年年初，美国火星探测器"勇气"号和"机遇"号踏上火星表面。作为首位地球使者漫步火星，它们实际上是两个机器人。"勇气"号和"机遇"号各使用了6个独立悬挂的车轮，可以在崎岖的火星表面以每天40m的速度坚实地行走；它们的太阳能电池翻板双翼和竖立的360°全景摄像机瞭望台，犹如一只展翅欲飞的仙鹤；而与人体上肢结构类似的机械臂，一旦到达目标附近，就能轻轻地舒展开去采集火星表层标本。这些功能都是在传感器的帮助下实现的，如图8.1（a）所示。

2007年8月4日从肯尼迪航天中心发射的"凤凰号"火星探测器航行近10个月后，于2008年5月26日着陆在火星北极平原瓦斯蒂塔斯-伯勒里斯地区，如图8.1（b）所示。

(a) "勇气"号火星探测器　　　　　　　　(b) "凤凰"号火星探测器

图8.2　应用传感器的火星探测器

"凤凰"号探测器是一个由3条腿支持的平台。平台直径1.5m，高约2.2m，其中心是一个多面体仪器舱，舱左右两侧各展开一面正八边形太阳能电池板，跨度5.52m。与"勇气"号和"机遇"号相比，"凤凰"号探测器的最大变化是提高了太阳能电池的性能。"凤凰"号探测器携带了7种科学探测仪器。

（1）机械臂：机械臂长2.35m，有4个自由度，末端装有锯齿形刀片和波纹状尖锥，能在坚硬的极区冻土表面，挖掘1m的深坑，用以挖取火星表面及表面下层的土壤样品。将挖得的样品送入"凤凰"号搭载的"显微镜电化学与传导性分析仪"和"热与气体分析仪"中进行化验分析。机械臂还可为装在臂上的相机调整指向，引导测量热与电传导性的传感器插入土壤。

（2）显微镜电化学与传导性分析仪：它是在"火星勘探者"计划中使用的仪器基础上略加改进而成，包括湿化学实验室、光学显微镜、原子力显微镜和热与电传导性探测器4台仪器，用以检测土壤的元素成分以及给土壤样品拍摄成像。

（3）热与气体分析仪：它包括微分扫描热量计和质谱仪两部分，用以对土壤样品的吸热和散热过程进行观测记录，并对加热后释放出的挥发物进行分析。

（4）表面立体成像仪：用以测绘高分辨率的地质图和机械臂作业区地图，进行多光谱分析和大气观测。

（5）机械臂相机：用以拍摄机械臂采集的土壤样品的高分辨率图像，分析土壤颗粒的类型和大小。

（6）火星下降成像仪：用以在"凤凰"号下降过程中拍摄火星表面，勘察着陆点附近的地质情况。

（7）气象站：这是为"凤凰"号着陆器唯一专门研制的新仪器。它由激光雷达和温度压力测量装置两部分组成，用以了解当地大气的特性。

从对这7种科学探测仪器的介绍中我们可以看出，没有哪一种科学探测仪器能离开传感技术的支持。机器人传感器的发展趋势应有如下特点：

（1）智能化。例如，一个典型的复合型压力传感器，应由差压、温度和静压传感器几部分组成，它应具有测量、阻尼时间常数设置、零点设置等远程设置功能，且能自我诊断、调整零位异常等。

（2）集成化。将多个传感器集成在一起，显示更全面的自动化性能。例如，目前固体摄像器件的研制包括了光电阵列、信号处理、记忆、演算、驱动等部分在内，形成智能集成化的视觉传感器；利用高分子有机压电材料PVDF分离接触觉、滑觉等信号的集成传感器等。

（3）微型化。由微加工技术与传统的传感器技术结合创立了微机械传感器，开拓了微电子机械系统新领域。微型传感器是目前最成功最具实用性的微机电装置。微型压力传感器及微型加速度传感器是利用微型膜片的机械形变而产生电信号输出，另外还有微型的温度、磁场传感器等。这种微型传感器面积大小都在$1mm^2$以下。

特别提示

目前在$1cm^2$大小的硅芯片上制作了几千个压力传感器的阵列在技术上已经没有什么问题。美国最近研制成功的微型加速度计可使火箭或飞船的制导系统质量从几千克降到几克。美国马里兰州的约翰霍普金斯试验室制造出一种电子药丸，它比维生素片稍大些，其中包含硅温度计及电子线路，用来将瞬时温度值传送给记录装置。这些微传感器的发明，为制造能够进入狭小空间的智能机器人提供了坚实基础。

8.1.2 机器人的传感系统

智能机器的研究都是以人或动物作为模仿对象。人类通过五官，即视觉、听觉、嗅觉、味觉、触觉来接收外界信息并通过神经传递给大脑。大脑对多种不同的信息进行加工、综合并做出适当的决策。但机电一体化领域中的计算机、电子电路却只能处理电子信号，不能像人类那样直接从外界获取信息。而传感器却具有类似人类五官感觉的功能，它们是将外界信息转换成电子信号的电子元器件。

机器人传感系统是机器人与外界进行信息交换的主要窗口，机器人根据布置在机器人身上的不同传感元件对周围环境状态进行瞬间测量，将结果通过接口送入单片机进行分析处理，控制系统则通过分析结果按预先编写的程序对执行元件下达相应的动作命令。传感器接收能源并传送一个信号到显示器或计算机。传感器使用变换器将输入的信号（声音、光线、压力、温度等）改变成机器人可以使用的模拟或数字形式。机器人必须一边对外界信息做出判断，一边采取有效的处理措施。

表 8-1 列出了人类五官感觉与各种传感器之间的对应关系，五官感觉以外的传感器见表 8-2。可见传感器是多种多样的，在此无法一一详述，本处仅对几种机械装置及机器人常用的具有代表性的传感器的工作原理加以说明。

表 8-1　人类五官感觉与各种传感器之间的对应关系

感　　觉	物理/化学量	传感器用例
视觉（眼）	光	光敏二极管、光敏晶体管、Cds、CCD 图像传感器、CMOS 图像传感器
听觉（耳）	音	麦克风
嗅觉（鼻）	气体	气体传感器、气味传感器
味觉（舌）	水质	pH 传感器
触觉（皮肤）	温度	热敏电阻，热电偶，半导体温度传感器
	压力	触觉传感器、半导体压力传感器、应变仪、感压传感器

表 8-2　五官感觉以外的传感器

检　测　量	传感器举例
红外线	热电红外传感器、热敏红外传感器 量子红外传感器（光敏二极管、光敏晶体管）
超声波	超声波传感器
磁性	磁性传感器、霍尔元件、磁阻元件
速度、加速度	加速度传感器、G 传感、陀螺仪

8.1.3　机器人对传感器的要求和分类

1. 智能机器人对传感器的要求

智能机器人对传感器一般要求如下。

（1）精度高、可靠性高、稳定性好。智能机器人在感知系统的帮助下，自主完成人类指定的工作。如果传感器的精度差，会影响机器人的作业质量；如果传感器不稳定或可靠性不高,很容易导致智能机器人出现故障,轻者导致工作不能正常进行,重者还会造成严重的事故。因此,传感器的可靠性和稳定性是智能机器人对其最基本的要求。

(2)抗干扰能力强。智能机器人的传感器往往工作在未知的、恶劣的环境中,因此要求传感器具有抗电磁干扰、振动,灰尘和油污等恶劣环境的能力。

(3)质量轻、体积小。对于安装在机器人手臂等运动部件上的传感器,质量要轻,否则会加大运动部件的惯性,影响机器人的运动性能。对于工作空间受到某种限制的机器人,对体积和安装方向的要求也是必不可少的。

(4)安全。智能机器人的安全问题包括两个方面,一方面是智能机器人的自我保护,另一方面则是智能机器人为保护人类安全不受侵犯而采取的措施。人类在工作时,总是利用自己的感觉反馈,控制使用肌肉力量不超过骨骼和肌腱的承受能力。同样,机器人在工作过程中,采用力、力矩传感器来监测和控制各构件的受力情况,使各个构件均不超过其受力极限,从而保护构件不被破坏;为了防止机器人和周围物体碰撞,需要采用各种触觉和接近觉传感器,如采用触觉导线加缓冲器的方法来防止碰撞。智能机器人的服务对象通常是人类,为了保护人类免受伤害,智能机器人需要采用传感器来限制自身的行为。

智能机器人的感觉传感器一般分为内部传感器和外部传感器两种。内部传感器主要用于检测机器人内部的环境信息,如位置、速度等;外部传感器用于探测机器人所处的外部环境信息,帮助机器人完成诸如避障、抓取物体等任务。常用的外部传感器有视觉传感器、触觉传感器、接近觉传感器、力觉传感器和热觉传感器等。这些传感器组成智能机器人的感知系统,以便适应工作对象的复杂性。

2. 机器人的传感器的分类

机器人的传感器从工作原理上分类如下。

(1)光电传感器:其主要用途是颜色识别和光电编码等。

(2)红外传感器:用来测量距离和感知周围情况。

(3)力传感器:用来检测碰撞或者接触信号。

(4)超声波传感器:通过把发射出的信号与接收到的信号进行对比,就可以测定周围是否有障碍物,及障碍物的距离,也属于距离探测传感器,能提供较远的探测范围,而且还能提供在一个范围内的探测而不是一条线的探测。

(5)位置和姿态传感器:机器人在移动或者做动作的时候必须时时刻刻知道自身的姿态,否则就会产生控制中的一个开环问题,没有反馈,无法获知运动是否正确。位置传感器和姿态传感器就是用来解决这个问题的。常用的如光电编码器,由于机器人的执行机构一般是电动机驱动,通过计算电动机转的圈数,可以得出电动机带动部件的大致位置,控制软件再根据读出数据进行位置计算。还有利用陀螺原理制作的陀螺仪传感器,主要可以测得移动机器人的移动加速度,转过的角度等信息。

(6)传感器汇集融合:机器人系统中使用的传感器种类和数量越来越多,每种传感器都有一定的使用条件和感知范围,并且又能给出环境或对象的部分或整个侧面的信息,不同类型信息的多种形式的处理系统就是传感器的融合。传感器的融合技术涉及神经网络、模糊理论等信息,以及检测、控制领域的新理论和新方法。

8.1.4 机器人运动和速度传感器

运动传感器主要包括位置传感器和速度传感器，用于检测机器人内部关节的位置和运行速度。

1. 位置传感器

位置检测和位移检测是机器人最基本的感觉要求。常用的机器人位移传感器有电阻式、电容式、电感式位移传感器，光电式位移传感器，霍尔元件位移传感器、光栅式、磁栅式位移传感器以及机械式位移传感器等。

1）电位器式位移传感器

电位器是最常见的一种电阻式位移传感器，按照电位器式传感器的结构，可以将其分为旋转型和直线型两大类。

旋转型电位器有单圈电位器和多圈电位器两种。单圈旋转型电位器由一个线绕电阻（或薄膜式电阻）和一个滑动触点组成，其工作原理如图 8.3 所示。当被检测的位置发生变化时，电位器的转轴带动滑动触点也转过一定的角度，于是在输出端有一个与角度成正比的输出电压。根据输出电压值的变化，可以检测出机器人各关节的位置和位移。由于滑动触点等限制，单圈电位器的工作范围只能小于 360°，分辨力也有一定的限制。如果需要更高的分辨力和更大的工作范围，可以选用多圈电位器。

直线型电位器，如图 8.4 所示，主要用于检测直线位移，其电阻器采用直线型螺线管或直线型碳膜电阻，滑动触点也只能沿电阻的轴线方向做直线运动。直线型电位器的工作范围和分辨力受到电阻器长度的限制。线绕电阻、电阻丝本身的不均匀性会造成电位器式传感器的输入、输出关系的非线性。

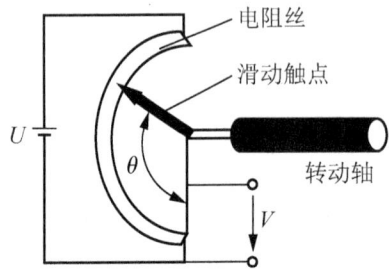

图 8.3 旋转型电位器的工作原理

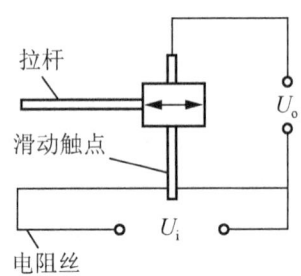

图 8.4 直线型电位器的工作原理

电位器式位移传感器具有以下特点。

（1）输入、输出特性可以是线性的，也可以是其他任意函数关系。

（2）输出信号的范围可以选择，改变电阻器两端的基准电压，就可以得到比较小或比较大的输出电压信号。

（3）具有信息保持功能，如果在测量过程中电源因故障断开，电位器的滑动触点将保持原来的位置不变，只需将电源重新接通，原有的位置信息就会重新出现。

（4）性能稳定、结构简单、精度高。

（5）电位器式的滑动触点容易磨损，由于滑动触点和电阻器表面的磨损，使电位器的可靠性和寿命受到一定的影响。

2）编码器

编码器是一种最简单的数字式位移电感器，它能够把角位移或线位移经过简单的变换变成数字量。目前，编码器的精度、分辨力和可靠性都优于相同尺寸的模拟传感器，但价格一般比较高。根据编码器检测原理和检测对象的不同，可以把编码器分为直线位移编码器和角度数字编码器两种。直线位移编码器用于检测线位移，角度数字编码器用于检测角位移。本处以角度数字位移编码器为例，介绍编码器的工作原理。

角度数字编码器由码盘和敏感元件组成。角度数字编码器有增量式编码器和绝对式编码器两种基本类型。绝对式编码器能给出与每个角位置相对应的数字量输出，而增量式编码只输出角度的变化增量。

（1）绝对式光电编码器。由光源、码盘和光电敏感元件组成。图 8.5 所示为一种 4 位光学编码器。光学编码器的码盘是在一个基体上采用照相技术和光刻技术制作透明与不透明的码区，分别代表了二进制 0 和 1。在图 8.5 中，码盘各码道上的黑色部分用来表示高电平"1"，码盘作透明处理，让光源透射过去，以便通过光电敏感元件转换为电脉冲；白色部分表示低电平"0"，码盘作不透明处理，光电敏感元件接收不到光，便转换为低电平脉冲。

光学编码器的性能主要取决于码盘的质量，而光源是最容易发生故障的元件。通常不但要求光源具有较高的可靠性，而且要求光源的光谱要和光电敏感元件相适应，光源的工作温度范围要宽。光电敏感元件可以采用光敏二极管、光电晶体管或硅光电池。为了提高输出逻辑电压，还需要接各种电压放大器，而且每个轨道对应的光电敏感元件要接一个电压放大器。电压放大器通常由集成电路高增益差分放大器组成。为了减小光噪声的影响，在光路中要加入透镜和狭缝装置。应当注意的是狭缝不能太窄，要保证所有轨道的光电敏感元件的敏感区都处于狭缝内。

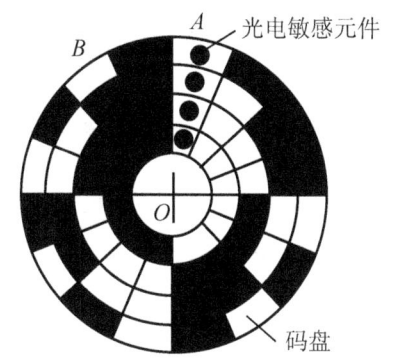

图 8.5 4 位绝对式编码器工作原理

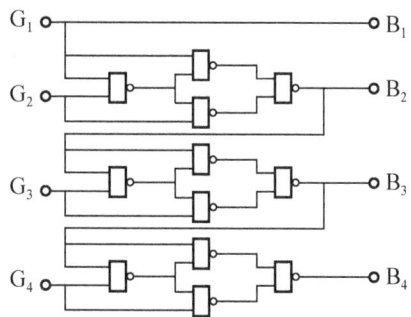

图 8.6 4 位并行译码电路

绝对式光学编码器通常采用 Gray 码。对输出 Gray 码中的位置信息，通常还需要利用计算机存储的变换表或译码电路将其转换成其他类型的代码，如自然二进制码、十进制码等。如图 8.6 所示为 4 位并行译码电路，将 Gray 码译为标准二进制码。图中 G_1、G_2、G_3 和 G_4 分别接 Gray 码从最高到最低的数位，输出端 $B_1 \sim B_4$ 则分别对应普通二进制的高位到低位。

4 位 Gray 码与标准二进制码的对照关系如表 8-3 所示。在 Gray 码中，相邻两个二进制码的变化只能有一位。因此,如果在连续的两个数码中发现数码的变化超过一位,就认为是非法的读数,从而具有一定的纠错能力。

表 8-3　4 位 Gray 码与二进制码的对照

十进制数	二进制码	循环码	十进制数	二进制码	循环码
0	0000	0000	8	1000	1100
1	0001	0001	9	1001	1101
2	0010	0011	10	1010	1111
3	0011	0010	11	1011	1110
4	0100	0110	12	1100	1010
5	0101	0111	13	1101	1011
6	0110	0101	14	1110	1001
7	0111	0100	15	1111	1000

绝对式光学编码器的性能参数是分辨率,可检测的最小角度值或 360°的等分数。若码盘的码道数为 n,则其在码盘上的等分数为 $2n$。当 $n=20$ 时,则对应的最小角度值为 1.24″。

绝对式编码器采用光码盘的最大特点是非接触式,因此使用寿命长,可靠性高,其精度和分辨率取决于光码盘的精度和分辨率,即取决于刻线数。目前已能生产径向线宽为 6.7×10^{-8} rad 的码盘,其精度达 1×10^{-8},如果再进一步采用光学分解技术,可获得更多位的光电编码器。光电码盘的缺点是其结构较为复杂,光源寿命较短。

(2) 磁性轴角编码器。其利用电磁感应原理,采用某种磁性材料覆盖过的旋转圆盘作为"码盘"。在该圆盘上预先加工制作了磁性图案。磁性圆盘相当于接触编码器对应的金属区和绝缘区。小磁环是磁性轴角编码器的敏感元件,绕在这些磁环上的线圈能够感受磁环附近的磁场;每个磁环上有两组线圈,一组是输出线圈,分正弦和余弦绕组,可以感受圆盘上是否有磁场;另一组线圈是激励线圈,通有恒幅、恒频的交流电。当激励线圈被激励时,输出线圈会产生同频信号,该信号的幅度和两线圈的匝数比有关,也与磁环附近的磁场有关。当磁环对准磁化区时,磁路会饱和,输出电压降低。一旦磁环对准一个非磁化区,输出线圈便输出高电压。通过解调和整形电路,磁性轴角编码器就能够输出方波位置信号。图 8.7 所示为一种磁性轴角编码器及其处理电路,它能够达到 12 位的分辨率。

磁性轴角编码器克服了传统接触编码器电刷容易磨损的缺点,具有较高的可靠性和较长的工作寿命,而且,它的工作环境条件范围比接触式编码器要宽得多。由于需要采用磁环元件、询问电路和解调电路,磁性轴角编码器的结构比较复杂,成本也比较高。目前,多圈式磁性轴角编码器已经研制成功。它的分辨率可以达到 17 位。在机器人应用领域中,对传感器的可靠性要求较高,所以经常采用磁性轴角编码器。

(3) 增量式编码器。增量式编码器能够以数字的形式确定被测物体相对于某个基准点的瞬时角位置,若配上相应电路还可用于测量角速度。增量式编码器比绝对式编码器结构简单,价格也便宜,因而在机器人中应用广泛。

增量式编码器有接触式和非接触式两种。码盘、敏感元件和计数电路是增量式编码器的主要元件。增量式光电编码器有 A 相、B 相和 Z 相三条光栅，A 相产生零位脉冲信号，B 相产生增量脉冲信号，Z 相产生辨向脉冲信号，如图 8.8 所示。A 相与 B 相在码盘上互相错开半个区域，在角度上相差 90°，即互相垂直。当码盘以某个方向旋转时（如顺时针方向），A 相超前于 B 相首先导通；当码盘反方向旋转时，A 相滞后于 B 相。

采用较简单的逻辑电路，就能根据 A 相、B 相和 Z 相的输出脉冲相序确定码盘的旋转方向。将 A 相对应敏感元件的输出脉冲送给计数器，并根据旋转方向使计数器进行加法计数或减法计数，就能够检测出码盘的转角位置。

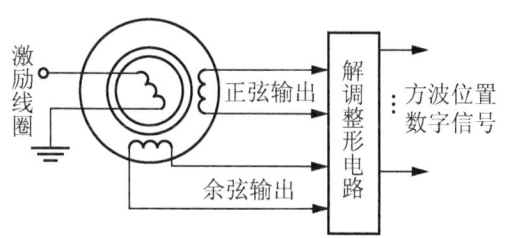

图 8.7　磁性轴角编码器及其处理电路

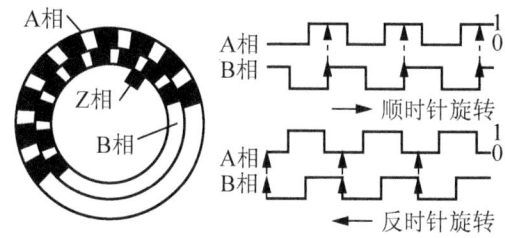

图 8.8　增量式光电编码器结构和辨向原理

增量式光电编码器是非接触式的，寿命长、功耗低、耐振动，广泛应用于角度、距离、位置和转速等的检测。

位置传感器可用于机器人导航和回避障碍物，也可用于机器人空间内的物体进行定位及确定其一般形状特征，目前最常用的测距法有两种。

① 超声波测距法。超声波是频率在 20kHz 以上的机械振动波，利用发射脉冲和接收脉冲的时间间隔推算出距离。超声波测距法的缺点是波束较宽，其分辨力受到严重的限制，因此，主要用于导航和回避障碍物。

② 激光测距法。激光测距法可以利用回波法或者利用激光测距仪，其工作原理如下。

将氦氖激光器固定在基线上，在基线的一端由反射镜将激光点射向被测物体，反射镜固定在电动机轴上，电动机连续旋转，使激光点稳定地对被测目标扫描。由 CCD（电荷耦合器件）摄像机接收反射光，采用图像处理的方法检测出激光点图像，并根据位置坐标及摄像机光学特点计算出激光反射角。利用三角测距原理即可算出反射点的位置。

2. 速度传感器

速度传感器是机器人的内部传感器之一，用于测量机器人的关节速度。机器人使用的速度传感器有模拟式和数字式两种。如测速发电机是机器人最常用的一种模拟式速度传感器。

测速发电机是一种小型永磁式直流发电机。测速发电机的工作原理如图 8.9 所示。当位于磁场中的线圈旋转时，在线圈的两端将产生感应电势 E，当直流测速发电机有负载时，电枢的旋转线圈便会产生电流，破坏输出电压与转速的线性度，使发电机的输出特性产生误差。因此，为保证直流测速发电机的测速精度，应尽可能使测速发电机在低负载下工作，即工作在转速变化范围小而负载电阻较大的场合。

测速发电机有线性好、灵敏度高和输出信号强等优点，故广泛用于工业自动检测和电机转速自动调节领域。检测范围 20～400r/min，精度 0.2%～0.5%。

测速发电机在机器人控制系统中的应用如图 8.10 所示。将测速发电机的转轴同 DC 或 AC 伺服电动机的转轴直接连在一起,则测速发电机就成为伺服电动机的速度反馈传感器。在机器人关节速度的测量中得到了应用。

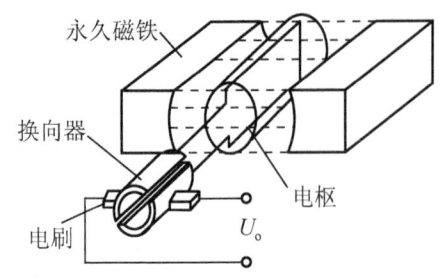

图 8.9　直流测速发电机原理

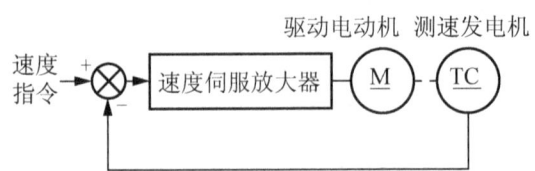

图 8.10　测速发电机在机器人控制系统中的应用

8.1.5　机器人力觉传感器

力觉是指对机器人的指、肢和关节等运动中所受力的感知,主要包括腕力觉、关节力觉和支座力觉等。

智能机器人在自我保护时,需要检测关节和连杆之间的内力,防止手臂承载过大或与周围障碍物碰撞而引起的损坏。因此,智能机器人的关节内经常需要进行力觉控制,这就需要力或力矩传感器。力觉控制能够提高机器人的运动精度。机器人控制器通过力觉传感器获取机器人手臂受力后产生的形变并进行补偿,使机器人的末端操作器能够准确地到达预定位置。随着智能机器人应用领域的扩大,对机器人的力觉要求也越来越高。

常用的机器人力传感器和力矩传感器有电阻应变式力传感器、压电式力传感器、电容式力传感器、电感式力传感器以及各种外力传感器等。力觉传感器的共同特点是,首先通过弹性敏感元件将被测力(或力矩)转换成某种位移量或变形量,然后通过各自的敏感介质把位移量转换成能够输出的电量。

根据被测对象的负载,可以把力传感器分为测力传感器(单轴力传感器)、力矩传感器(单轴力矩传感器)、手指传感器(检测机器人手指作用力的超小型单轴力传感器)和六轴力觉传感器。

力觉传感器根据力的检测方式不同,可以分为①检测应变或应力的应变片式;②利用压电效应的压电元件式;③用位移计测量负载产生的位移的差动变压器、电容位移计式,其中应变片被机器人广泛采用。

电阻应变片式力、力矩传感器是目前使用最为广泛的机器人力觉传感器,其核心元件是电阻应变片。电阻应变片通常粘在被测的受力物体上,能够把被测受力物体产生的应变转换为电阻应变片的电阻变化。20 世纪 70 年代中期美国斯坦福大学研制的六维力和力矩传感器如图 8.11 所示。该传感器利用一段铝管巧妙地加工成串联的弹性梁,在梁上粘贴一对应变片,其中一片用于温度补偿。由图 8.11 可知,有 8 个具有 4 个取向的窄梁,其中 4 个的长轴在 z 方向用 P_{x+}、P_{y+}、P_x、P_y 表示,其余 4 个的轴垂直于 z 方向,用 Q_{x+}、Q_{y+}、Q_x、Q_y 表示。一对应变片由 R_1、R_2 表示并取向,使得由后者的中心通过前者中心的矢量

沿正 x、y 或 z 方向，例如，在梁 P_{x+} 和 P_{y-} 上的应变片垂直于 y 方向。梁一端的颈部在应变片处有放大应变的作用，而弯曲转矩忽略不计。

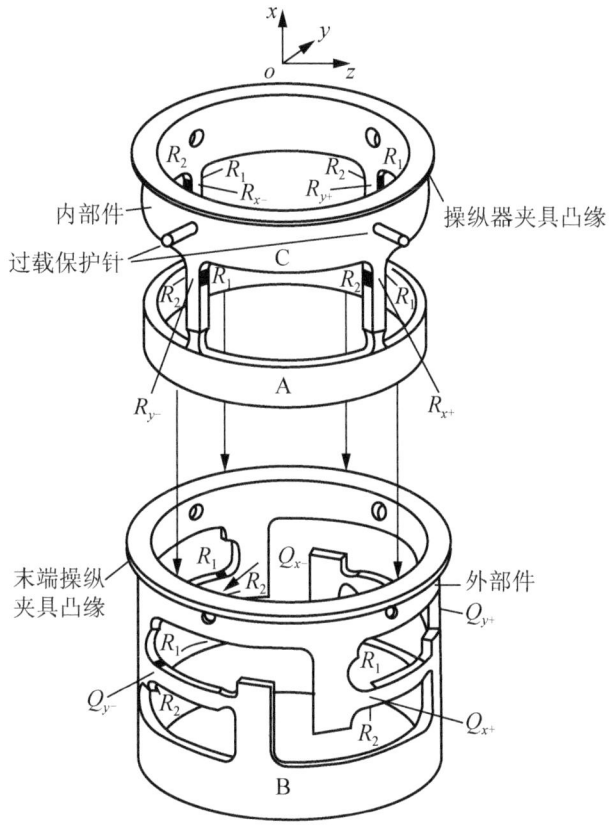

图 8.11　机器人用六维力和力矩传感器

应变片可以由图 8.12 所示的电位计进行温度补偿。铝具有良好的导热性，环境温度的变化导致两个应变片的电阻变化几乎相同，从而使电路的输出不变。为了防止过载造成传感器的失效，传感器上设有过载保护针。过载保护针允许在 x、y 和 z 方向最大安全力分别约为 313N、313N 和 480N，最大安全负载转矩分别约为 $4N \cdot m$、$8N \cdot m$ 和 $16N \cdot m$。该传感器直接输出力和力矩，无须再做运算。该传感器的缺点在于弹性梁的刚性差，加工困难。

腕力传感器的结构原理如图 8.13 所示。设置在十字轮偏转棒四侧的半导体应变片在箔形的位置能提高灵敏度。采用电位计电路可以得到 $W_1 \sim W_8$ 的 8 个输出，使用 6×8 的变换矩阵可将这些数据变换成图中示出的力和力矩的实际 x、y 和 z 成分。

十字形腕力传感器的特点是结构比较简单，坐标容易设定并基本上认为其坐标原点位于弹性体的几何中心，但要求加工精度比较高。

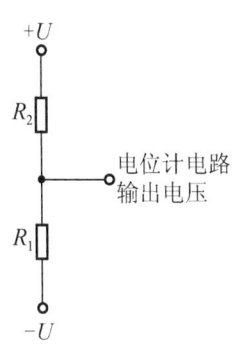

图 8.12　电位计温度补偿电路

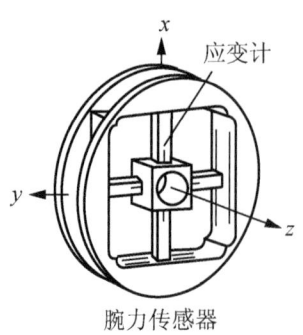
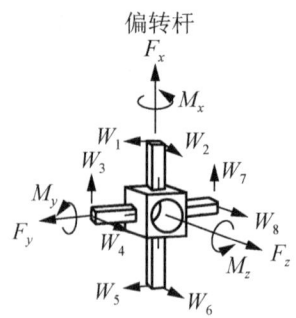

图 8.13 腕力传感器的结构原理

力觉传感器的敏感元件除电阻应变片以外,还有压电材料、压阻材料和压磁材料等。压电式力觉传感器主要由压电晶体、导电片、基座和承压环组成。常用的压电晶体有石英晶体,它受到压力后会产生一定的电信号。石英晶体输出的电信号强弱是由它所受到的压力值所决定的,通过检测这些电信号的强弱,就能够检测出被测物体所受到的力。压电式力传感器不但可以测量物体受到的压力,也可以测量拉力。在测量拉力时,需要给压电晶体一定的预紧力。由于压电晶体不能承受过大的应变,所以它的测量范围较小。在机器人应用中,一般不会出现过大的力,因此,采用压电式力传感器是比较适合的。

压电式传感器在安装时,与传感器表面接触的零件应具有良好的平行度和较低的表面粗糙度,其硬度也应低于传感器接触表面的硬度,以保证预紧力垂直于传感器表面,使石英晶体上产生均匀的分布压力。图 8.14 所示为一种三分力压电传感器。它由三对石英晶片组成,能够同时测量三个方向的作用力。其中上、下两对晶片利用晶体的剪切效应,分别测量 x 方向和 y 方向的作用力;中间一对晶片利用晶体的纵向压电效应,测量 z 方向的作用力(可参阅图 3.8)。

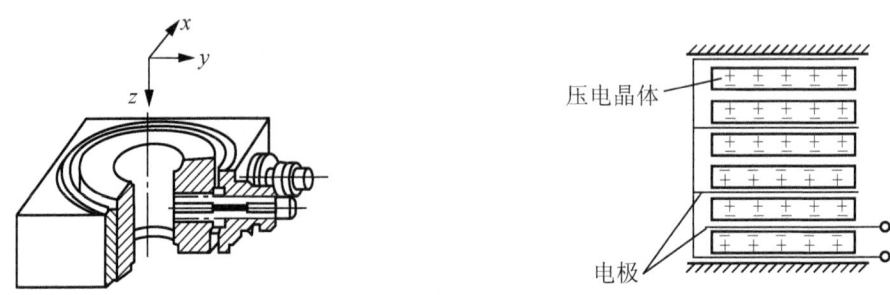

图 8.14 三分力压电传感器

特别提示

在选用力觉传感器时,首先要特别注意额定值。其次在机器人通常的力控制中,力的精度意义不大,重要的是分辨率。另外,在机器人上实际安装使用力觉传感器时,一定要事先检查操作区域,清除障碍物。这对实验者的人身安全、对保证机器人及外围设备不受损害有着重要意义。

8.1.6 机器人触觉和滑觉传感器

1. 触觉传感器

触觉是接触、冲击、压迫等机械刺激感觉的综合,触觉可以用来进行机器人抓取,利用触觉可进一步感知物体的形状、软硬等物理性质。对机器人触觉的研究,只能集中于扩展机器人能力所必需的触觉功能,一般把检测感知和外部直接接触而产生的接触觉、压力、触觉及接近觉的传感器统称为机器人触觉传感器。

1)接触觉传感器

接触觉是通过与对象物体彼此接触而产生的,所以最好使用手指表面高密度分布触觉传感器阵列,它柔软易于变形,可增大接触面积,并且有一定的强度,便于抓握。接触觉传感器可检测机器人是否接触目标或环境,用于寻找物体或感知碰撞。

(1) 机械式传感器。利用触点的接触断开获取信息,通常采用微动开关来识别。

(2) 弹性式传感器。这类传感器都由弹性元件、导电触点和绝缘体构成。如采用导电性石墨化碳纤维、氨基甲酸乙酯泡沫、印制电路板和金属触点构成的传感器,碳纤维被压后与金属触点接触,开关导通。也可由弹性海绵、导电橡胶和金属触点构成,导电橡胶受压后,海绵变形,导电橡胶和金属触点接触,开关导通。也可由金属和铰青铜构成,被绝缘体覆盖的青铜箔片被压后与金属接触,触点闭合。

(3) 光纤传感器。这种传感器包括由一束光纤构成的光缆和一个可变形的反射表面。光通过光纤束投射到可变形的反射材料上,反射光按相反的方向通过光纤束返回。如果反射表面是平的,则通过每条光纤所返回的光的强度是相同的。如果反射表面因与物体接触受力而变形,则反射的光强度不同。用高速光扫描技术进行处理,即可得到反射表面的受力情况。

接触觉传感器是利用与物体的直接接触进行检测。具体地说,微动开关、簧片开关有一个触头,能检测来自其他方向的接触状态。不过它的构造原理与一般的按钮开关无异。接触觉传感器的电路基本上类似于按钮开关电路,如图 8.15 所示。同样,由于触点的抖动现象会造成接通的时断时续,所以在使用这个电路时要注意克服。

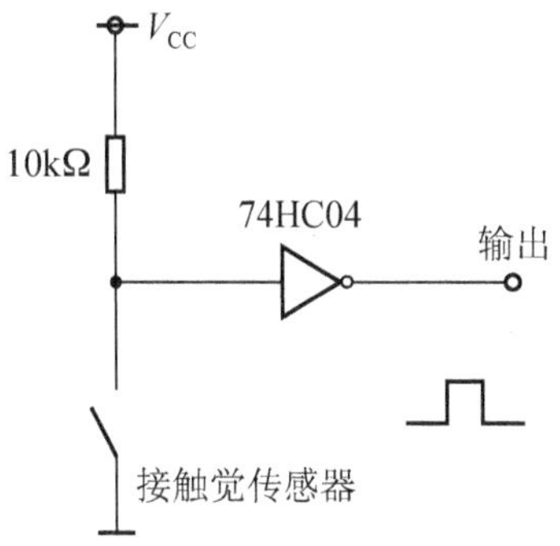

2)触觉传感器

触觉信息是通过传感器与目标物体的实际接触而得到的,因此,触觉传感器的输出信号基本上是由两者接触而产生的力以及位置偏移的函数。在触觉技术中,高效的转换方法仍在研究中。一般来说,触觉传感器可分为简单的接触传感器和复杂的触觉传感器。前者只能探测和周围物体的接触与否,只传递一种信息,如限位开关、接触开关等;后者不仅能够探测是否和周围物体接触,而且能够感知被探测物体的外轮廓。触觉传感器采用的转换原理有光电式、压阻式、压电式和电阻应变片式等。

图 8.15 接触觉传感器电路

（1）压电式触觉传感器。压电式触觉传感器是利用晶体的压电效应进行触觉测量的触觉传感器。通常，这种触觉传感器可以采用多个压电晶体来检测物体的表面轮廓。其工作原理是把多个压电晶体压在被测物体上，如果物体表面的高度不同，各个压电晶体的形变也不同，因此，压电晶体产生的电量和输出电压也不同，检测各压电晶体的输出电压就可以检测物体的表面轮廓。

（2）成像型触觉传感器。成像型触觉传感器由若干个感知单元组成阵列型结构，主要用于感知目标物体的形状。图 8.16 所示为美国 LORD 公司研制的 LTS-100 触觉传感器的外形。该传感器由 64 个感知单元组成 8×8 的阵列，形成接触界面。感知单元的转换原理如图 8.17 所示。当弹性材料制作的触头受到法向压力的作用时，触杆下伸，挡住发光二极管射向光敏二极管的一部分光，于是光敏二极管输出随压力大小变化的电信号。阵列中感知单元的输出电流由多路模拟开关选通检测，并经过 D/A 转换变为不同的触觉数字信号，从而感知目标物体的形状。

（3）超大规模集成计算传感器阵列。超大规模集成计算传感器阵列（VLSI）是一种新型的触觉传感器。在这种触觉传感器的同一个基体上集成了若干个传感器及其计算逻辑控制单元。触觉信息由导电塑料压力传感器检测输入，每一个传感器都有单独的逻辑控制单元，接触信息的处理和通信等功能都由基体上的计算逻辑控制单元完成。每个传感器单元上都配备了微处理芯片，如图 8.18 所示。它包括 1 位模拟比较器、数据锁存器、加法器、6 位位移寄存器累加器、指令寄存器和双相时钟发生器。由外部控制计算机通过总线向每个传感器单元发出命令。这些指令用于控制所有的传感器及其计算单元，包括控制相邻传感器的计算单元之间的通信。

每个 VLSI 计算单元可以并行地对感觉数据进行各种分析计算，如卷积计算以及与视觉图像处理类似的各种计算。因此，VLSI 触觉传感器具有较高的感觉输出速度。要获得较满意的触觉能力，触觉传感器阵列在每个方向上至少应该装上 25 个触觉元件，每个元件的尺寸不超过 $1mm^2$，这样才能接近人手指的感觉能力，才有可能完成那些需要定位、识别以及小型物件搬运等复杂任务。采用 VLSI 技术制造新型传感器的方法目前仍处在实验阶段，但它代表了计算机技术和传感器技术相结合的发展趋势，很有发展前景。

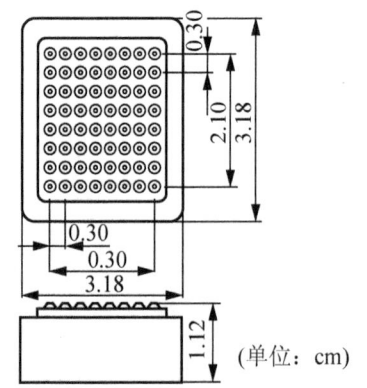

图 8.16 LTS-100 触觉传感器的外形

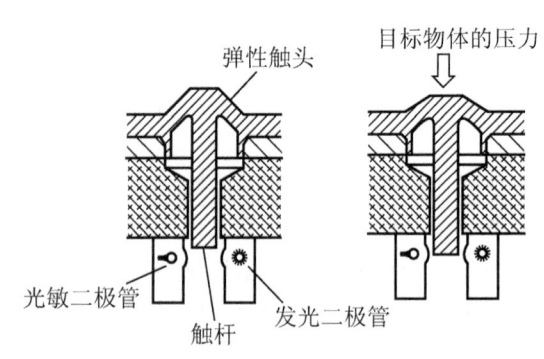

图 8.17 感知单元的转换原理

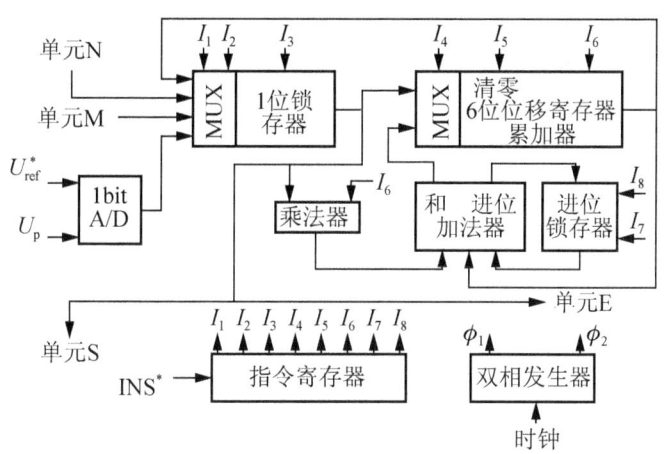

图 8.18　计算逻辑控制单元的框图

3）接近觉传感器

接近觉是一种粗略的距离感觉，接近觉传感器的主要作用是在接触对象之前获得必要的信息，用来探测在一定距离范围内是否有物体接近、物体的接近距离和对象的表面形状及倾斜等状态，一般用"1"和"0"两种状态表示。在机器人中，主要用于对物体的抓取和躲避。接近觉一般用非接触式测量元件，如霍尔效应传感器、电磁式接近开关和光学接近传感器（图 8.19）。

接近觉传感器有接触型和非接触型两种。接触型接近觉传感器最简单。图 8.20 所示为安装在机器人抓爪上的接触棒接近觉传感器。传感器由一端伸出的圆棒和位于传感器内部的开关组成。机械手在移动的过程中碰到障碍物或跟作业对象接触时，传感器内部的开关工作。这种接触传感器可以安装在机器人的手臂或腕部。安装多个这样的接触传感器，可以同时感知障碍物和物体。

在智能机器人感知外部环境的接近觉传感器中，非接触型的传感器应用最广泛。非接触型的接近觉传感器有半导体光传感器、电涡流传感器、光纤传感器、超声波传感器、反射光传感器和扫描激光传感器等。

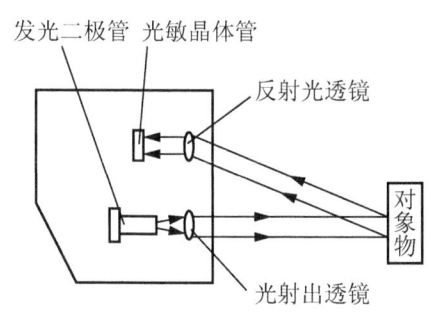

图 8.19　光学接近传感器

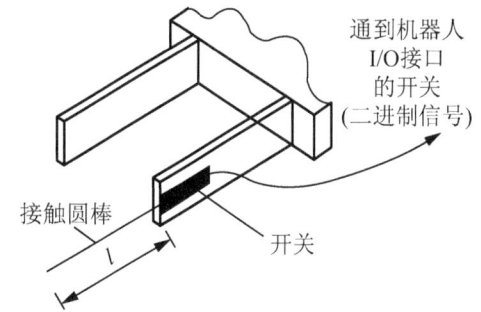

图 8.20　安装在机器人抓爪上的接近觉传感器

2. 滑觉传感器

人手在握持物体时，能够感知物体在手中的滑动情况，从而调整抓握力的大小。智能机器人在抓握物体时，也应具有感知物体滑动的能力，从而根据滑动信息决定增加或减少抓握力。滑觉技术发展较晚，当今急需解决的问题是快速检测滑动，并调整抓握力以免损坏被抓物体。

机器人在抓取不知属性的物体时，其自身应能确定最佳握紧力的给定值。当握紧力不够时，要检测被握紧物体的滑动，利用该检测信号，在不损害物体的前提下，考虑最可靠的夹持方法，实现此功能的传感器称为滑觉传感器。

1）滚动型滑觉传感器

滑觉传感器有滚动型和球型，还有一种通过振动检测滑觉的传感器。物体在传感器表面上滑动时，和滚轮或环相接触，把滑动变成转动。

磁力式滑觉传感器中，滑动物体引起滚轮滚动，用磁铁和静止的磁头，或者光学式用光传感器进行检测，这种传感器只能检测到一个方向的滑动。滚动型滑觉传感器如图 8.21 所示，球式传感器用球代替滚轮，可以检测各个方向的滑动。

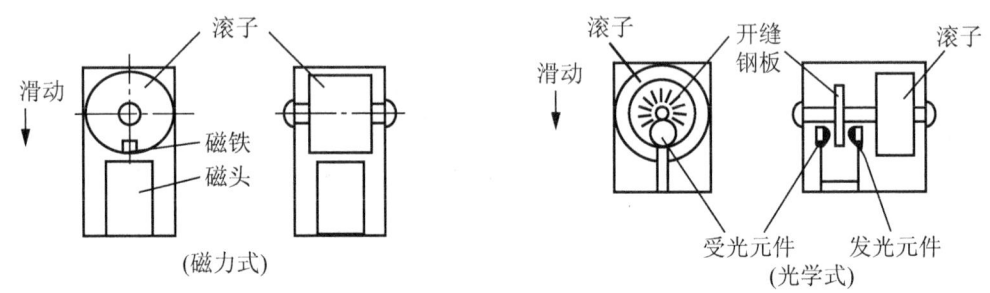

图 8.21　滚动型滑觉传感器

振动型滑觉传感器表面伸出的触针能和物体接触，物体滚动时，触针与物体接触而产生振动，这个振动由压点传感器或磁场线圈结构的微小位移计检测。

2）断续型滑觉传感器

日本名古屋大学在光学或磁学编码器的基础上研制成断续器型滑觉传感器。磁学断续型滑觉传感器如图 8.22 所示。在机器人手指内安装橡胶滚轮和一个小的永久磁铁。当机器人抓持物体在手指间滑动时，橡胶滚轮转动，永久磁铁在磁头上方经过时产生一个脉冲，从而探测出滑动，需要增大抓握力。磁学传感器的主要缺点是滑动分辨率差。提高分辨率的方法是使用多个磁体，每个磁体用多个小片铁磁材料组成，并将它们对称地埋置在橡胶滚轮周围。读出头采用简单的直流线圈。这样，目标物体的很小滑动就能使磁阻变化，从而能敏感连续滑动。光学断续型滑觉传感器如图 8.23 所示。其工作原理与磁学断续型滑觉传感器相同。在传感器的橡胶滚轮中安置一个小裂缝，用光发射检测器检测物体的运动。光学传感器的主要缺点也是滑动分辨率差，提高分辨率的方法是在滚轮上设置更多的裂缝。

3）机器人专用滑觉传感器

图 8.24 所示为贝尔格莱德大学研制的机器人专用滑觉传感器。

该传感器的主要部分是一个如同棋盘一样的相间地用绝缘材料盖住的小导体金属球和触针，金属球表面分布了许多相间排列的导电和绝缘小格。触针头很细，每次只触及一个小格。当物体滑动时，金属球也随着转动。触针输出脉冲信号，信号的频率反映了滑移速度，脉冲信号的个数对应滑移的距离。

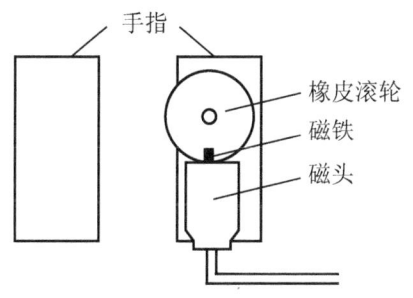

图 8.22　磁学断续型滑觉传感器

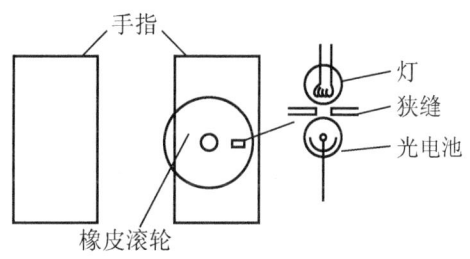

图 8.23　光学断续型滑觉传感器

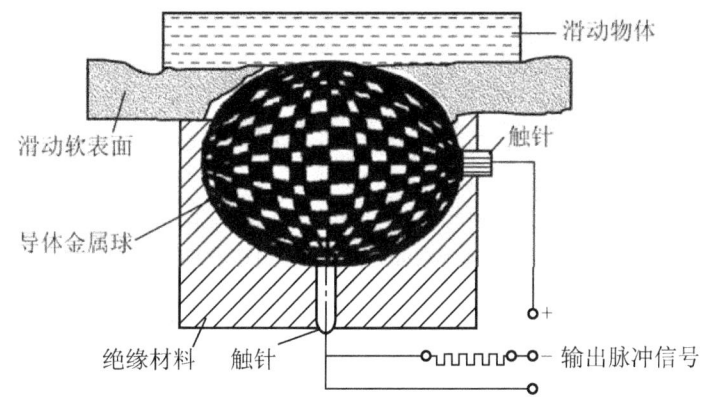

图 8.24　机器人专用滑觉传感器

特别提示

应用适当的技术，该球的尺寸可以变得很小，减小球的尺寸和传导面积可以提高检测灵敏度。

8.1.7　机器人听觉和视觉传感器

1. 听觉传感器

家用服务型智能机器人（图 8.25）在为人类服务的时候，需要听懂主人的吩咐，按照人的指令完成预定的工作。给智能机器人安装"耳朵"是很有必要的。

智能机器人的"耳朵"首先要具有接收声音信号的"器官"，其次需要语音识别系统。语音识别技术是人工智能和智能机器人的重要研究领域,随着 IBM ViaVoice(语音识别输入系统)的成功，一些基于该成果的识别产品相继问世。各种形式的声音传感器很多，也比较成熟，本节只简要介绍动圈式传声器和光纤声波传感器两种。

1）动圈式传声器

动圈式传声器的结构原理如图 8.26 所示。线圈贴于振膜上并悬于两磁极之间，声波通过空气使振膜振动，从而导致线圈在两磁铁间运动。线圈切割磁力线，产生微弱的感应电流。该电流信号与声波的频率相同。

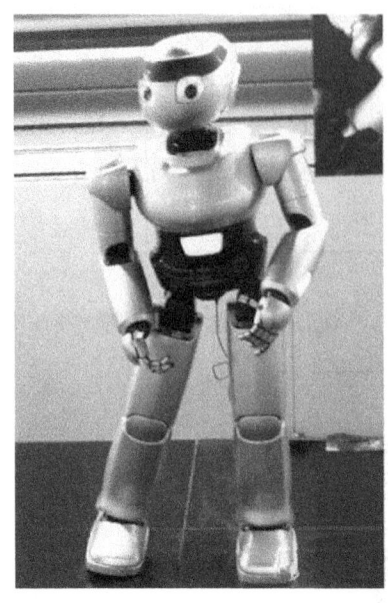

图 8.25　家用服务型智能机器人

2）光纤声波传感器

光纤声波传感器有两种类型。一种是利用光纤传输光的相位变化和利用传输光的传输损耗等特性制成的声波传感器；另一种是将光纤仅作为传输手段的声波传感器。双光纤干涉仪是典型的光纤声波传感器。

双光纤干涉仪声波传感器如图 8.27 所示。传感器由两根单模光纤组成。分光器将激光器发出的光束分为两束，分别作为信号光和参考光。信号光射入绕成螺旋状的作为敏感臂的光纤中。在声波的作用下，敏感臂中的激光束相位发生变化，而与另一路作参考臂光纤传出的激光束产生相位干涉，光检测器将这种干涉转换成与声压成比例的电信号。作为敏感臂的光纤绕成螺旋状，其目的是增大光与声波的作用距离。

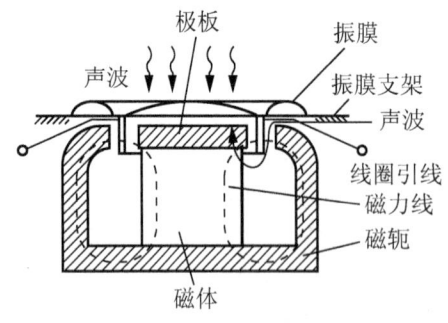
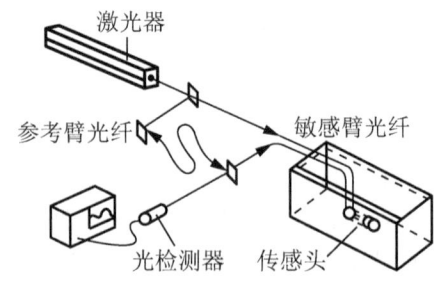

图 8.26　动圈式传声器的结构原理示意图　　图 8.27　双光纤干涉仪型声波传感器

2. 视觉传感器

视觉传感器以光电变换为基础，是利用光敏元件将光信号转换为电信号的传感器件。

光导视觉传感器、CCD 视觉传感器和 CMOS 图像传感器可以作为机器人的视觉系统，监控机器人的运行，其结构和工作原理可参阅项目 7。此处仅简单介绍激光式视觉传感器和红外 CCD 视觉传感器。

1）激光式视觉传感器

激光束以恒定的速度扫描被测物体，由于激光方向性好、亮度高，因此光束在物体边缘形成强对比度的光强分布，经光电器件转换成脉冲电信号，脉冲宽度与被测尺寸成正比，从而实现了机器人对物体尺寸的非接触测量。

激光扫描传感器适用于柔软的不允许有测量力的物体、不允许测头接触的高温物体以及不允许表面划伤的物体等的在线测量。由于扫描速度可高达 95m/s，因此允许测量快速运动或振幅不大、频率不高、振动着的物体，因此经常用于机器人在加工中（即在线）的非接触主动测量。

图 8.28（a）所示为利用激光作为定向性高密度光源的视觉传感器的典型构成原理示意图。它由光电转换及放大元件、高速回转多面棱镜、激光器等组成。随着高速旋转多面棱镜的旋转，将激光器发出的激光束反射到检测对象物上的条形码上进行一维扫描，条形码反射的光束由光电转换及放大元件 1 接收并放大，再传输给信号处理装置，从而对条形码进行识别。这种传感器用做激光扫描器来识别商品上面的条形码。也可用这种扫描器检测对象物品上的表面大小裂纹缺陷，如图 8.28（b）、图 8.28（c）所示。

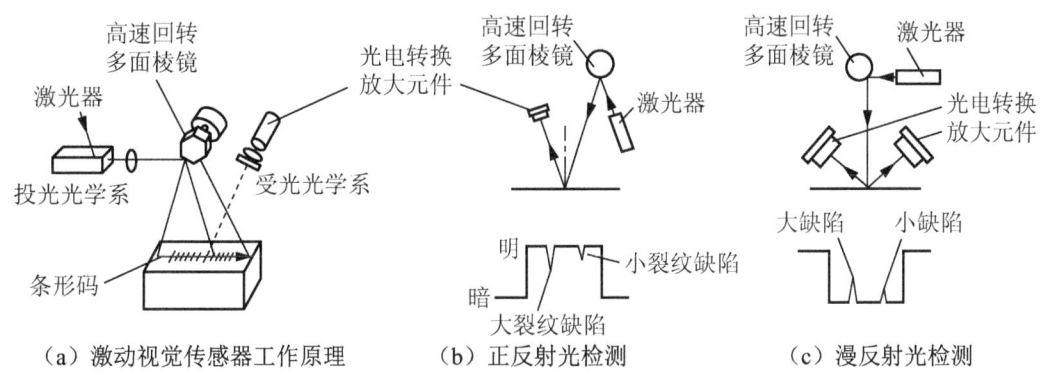

图 8.28 激光视觉传感器构成原理示意图

2）红外 CCD 视觉传感器

混合型红外 CCD 视觉传感器构成原理如图 8.29 所示。使用固体电子扫描的红外摄像传感器，一般称为红外 CCD，其红外热成像原理与热电型红外光成像原理基本相同。其红外光热电敏感元件和固体电子扫描部分均用相同半导体材料，经过一系列处理而制成单片型红外 CCD。也可用不同的半导体材料经不同处理而制造、组装成混合型红外 CCD。信号处理芯片用 Si 材料制作，柔软铟缓冲器保证对温度变化和冲击的可靠性。

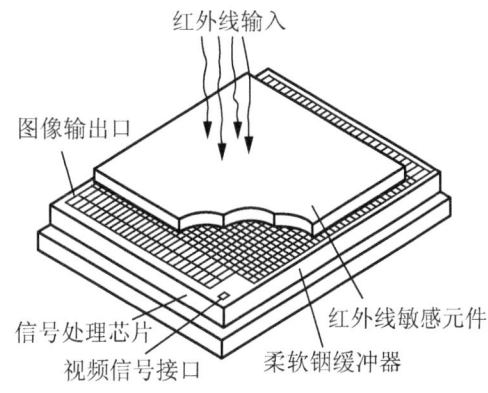

图 8.29 混合型红外 CCD 构成原理

8.1.8 人工皮肤

人的皮肤能有多种感觉，冷热、纹理、滑动、疼痛等。20世纪80年代，学者提出了人工皮肤的概念，近年来，为了得到更完善更拟人化的触觉传感器，人们进行了所谓"人工皮肤"的研究，并研究出如图8.30所示的拟人化皮肤触觉传感器。

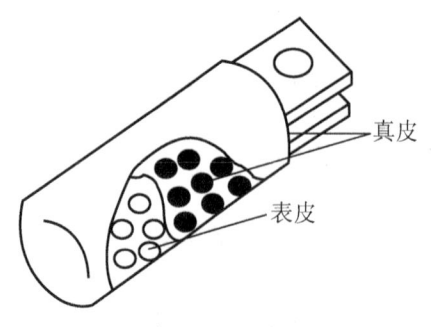

图8.30 拟人化皮肤触觉传感器

人工皮肤是多传感器的典型实例。人工皮肤的研究目标就是与人的皮肤类似，具有接触觉、压觉、滑觉和热觉等多种传感功能，像人的皮肤一样，即有柔软的传感器表面，冷热的传感器体，灵敏的触、滑、热等感觉，传感器的尺寸、大小不受制作工艺的限制。可以说，人工皮肤是多传感器的综合体。

人工皮肤常用材料主要是高分子材料PVDF（聚偏二氟乙烯）。其特点有厚度仅几十微米，具有压电、热释电效应，柔性好、机械强度高、频响宽、工作温度宽、体电阻高、质量轻等。

目前，人工皮肤的触觉传感器的研究主要在两个方面：一是选择更为合适的敏感材料，现有的材料主要有导电橡胶、压电材料、光纤等；另一是将集成电路工艺应用到传感器的设计和制造中，使传感器和处理电路一体化，得到大规模或超大规模阵列式触觉传感器。

图8.31所示为人工皮肤结构的剖面图。图8.31（a）所示为接触/滑觉传感器的人工皮肤结构，这种"皮肤"实际上也是一种由单个触觉传感器按一定形状（如矩阵）组合在一起的阵列式触觉传感器。其密度较大、体积较小、精度较高，特别是接触材料本身即为敏感材料，这些都是其他结构的触觉传感器很难达到的。

图8.31（b）所示为接触/滑觉/温度传感器人工皮肤结构的剖面图。此人工皮肤是集压觉、滑觉、热觉和触觉于一体的组合传感器，选用高分子有机压电材料PVDF（聚偏二氟乙烯）作为传感器的敏感材料。PVDF不仅具有压电性，还具有强热释电效应。传感器的敏感层为上、下两层PVDF。上层PVDF为普通镀膜，下层特种镀膜成条状。上、下两层PVDF之间有电加热层及柔性隔热层。加热层使传感器表面保持适当温度（50℃～70℃），进行恒温控制或恒功率加热，从而可利用PVDF的热释电性测量被接触目标物的导热性能。

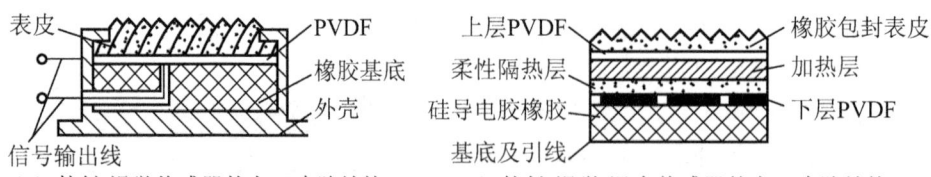

(a) 接触/滑觉传感器的人工皮肤结构　　(b) 接触/滑觉/温度传感器的人工皮肤结构

图8.31 人工皮肤结构的剖面图

柔软的隔热层营造人工皮肤触觉的两个测试空间，即上层的热觉测试和下层的触觉、滑觉、滑移距离的测试。此种结构使触觉、滑觉信号基本不受传感器接触物体后的热传导的影响。加热层是一层很薄的导电橡胶,两边用导电胶与金属电极粘接固定,阻值为100~150Ω。当电极间加12V电压后,导电橡胶发热,功率为1W左右。经测试,环境温度为20℃时,制作的人工皮肤触觉表面温度为52℃。

特别提示

当传感器接触目标物体后,由于传感器表面温度高于物体温度,发生热传导现象,传感器表面温度下降,即上层PVDF有触压、热混合信号输出。由于加热层在下层PVDF上方,又有隔热层的保护,热传导作用对下层PVDF几乎无影响,即下层PVDF只输出触压信号,并当物体滑动时检测其滑动。按条状PVDF中各条PVDF输出的信号特征和触压区域的转移可推得物体的滑移距离,同时,下层PVDF信号和上层PVDF信号综合处理后可彻底区分热觉和触觉信号。

8.2 生物传感器

生物传感器是用生物活性材料(酶、蛋白质、DNA、抗体、抗原、生物膜等)与物理化学换能器有机结合的一门交叉学科,用以检测与识别生物体内的化学成分,是发展生物技术必不可少的一种先进的检测方法与监控方法,也是物质分子水平的快速、微量分析方法。

各种生物传感器有以下共同的结构:包括一种或数种相关生物活性材料(生物膜)及能把生物活性表达的信号转换为电信号的物理或化学换能器(传感器),两者组合在一起,用现代微电子和自动化仪表技术进行生物信号的再加工,构成各种可以使用的生物传感器分析装置、仪器和系统。

生物传感器的原理是待测物质经扩散作用进入生物活性材料,经分子识别,发生生物学反应,产生的信息继而被相应的物理或化学换能器转变成可定量和可处理的电信号,再经二次仪表放大并输出,便可知道待测物浓度。

20世纪80年代以来,生物传感器的概念得到公认,作为传感器的一个分支它从化学传感器中独立出来,并且得到了发展,使生物工程与半导体技术相结合,进入了生物电子学传感器时代。

生物或生物物质是指酶、微生物和抗体等,它们的高分子具有特殊的性能,能精确地识别特定的原子和分子。例如,酶是蛋白质形成的,并作为生物体的催化剂,在生物体内仅能对特定的反应进行催化,这就是酶的特殊性能。对免疫反应,抗体仅能识别抗原,并具有与它形成复合体的特殊性能。生物传感器就是利用这种特殊性能来检测特定的化学物质(主要是生物物质)。

当前,将生物工程技术与电子技术结合起来,利用生物体中的奇特功能,制造出类似于生物感觉器官功能的各种传感器,是国内外传感器技术研究的又一个新的研究课题,是传感器技术的新发展,具有很重要的现实意义。

8.2.1 生物传感器的基本原理

生物传感器的基本原理如图 8.32 所示。它由生物敏感膜和变换器构成。被测物质经扩散作用进入生物敏感膜层，经分子识别，发生生物学反应（物理、化学变化），产生物理、化学现象或产生新的化学物质，使相应的变换器将其转换成可定量和可传输、处理的电信号。

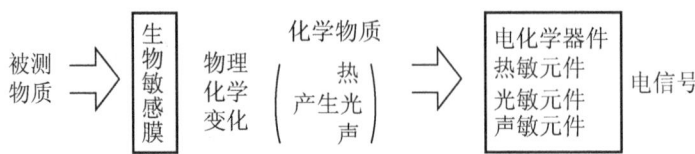

图 8.32 生物传感器原理结构图

生物传感器的信号转换方式主要有以下几种。

（1）化学变化转换为电信号方式。用酶来识别分子，先催化这种分子，使之发生特异反应，产生特定物质的增减，将这种反应后产生的物质的增与减转换为电信号。能完成这个使命的器件有克拉克型氧电极等。

（2）热变化转换为电信号方式。固定在膜上的生物物质在进行分子识别时伴随热变化，这种热变化可以转换为电信号进行识别，能完成这种使命的便是热敏电阻器。

（3）光变化转换为电信号方式。萤火虫的光是在常温常压下，由酶催化产生的化学发光。最近发现有很多种可以催化产生化学发光的酶，可以在分子识别时导致发光，再转换为电信号。

（4）直接诱导式电信号方式。分子识别处的变化如果是电的变化，则不需要电信号转换器件，但是必须有导出信号的电极。例如，在金属或半导体的表面固定了抗体分子，称为固定化抗体，此固定化抗体和溶液中的抗原发生反应时，则形成抗原复合体，用适当的参比电极测量它和这种金属或半导体间的电位差，则可发现反应前后的电位差是不同的。

8.2.2 生物传感器的特点

生物传感器工作时，生物学反应过程中产生的信息是多元化的。传感器技术的现代成果和半导体技术为这些信息的转换与检测提供了丰富的手段，使得研究者研制出形形色色的生物传感器，并从中总结出生物传感器的特点。

（1）根据生物反应的奇异和多样性，从理论上讲可以制造出测定所有生物物质的多种多样的生物传感器。

（2）生物传感器是在无试剂条件下工作的（缓冲液除外），比各种传统的生物学和化学分析法操作简便、快速、准确。

（3）可连续测量，联机操作，直接显示与读出测试结果。

8.2.3 生物传感器的分类

生物传感器的分类和命名方法较多且不尽统一，主要有两种分类法，按所用生物活性物质（或称按分子识别元件）分类法和器件分类法。

按所用生物活性物质不同可以将生物传感器分为五大类,如图 8.33 所示。即酶传感器、微生物传感器、免疫传感器、组织传感器和细胞器传感器。

按器件分类是依据所用变换器器件不同对生物传感器进行分类,有半导体生物传感器、光生物传感器、热生物传感器、压电晶体生物传感器和介体生物传感器。随着生物传感器技术的发展和新型生物传感器的出现,近年来又出现新的分类方法,如直径在微米级甚至更小的生物传感器统称为微型生物传感器;凡是以分子之间特异识别并接合为基础的生物传感器统称为亲和生物传感器;以酶压电传感器、免疫传感器为代表,能同时测定两种以上指标或综合指标的生物传感器称为多功能传感器,如滋味传感器、嗅觉传感器、鲜度传感器和血液成分传感器等;由两种以上不同的分子识别元件组成的生物传感器称为复合生物传感器,如多酶传感器,酶-微生物复合传感器等。

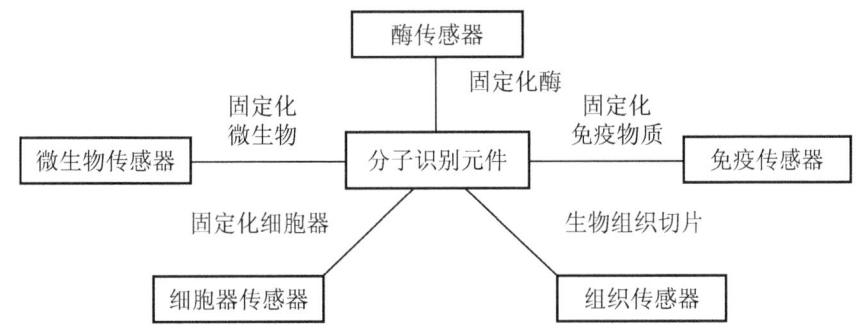

图 8.33 生物传感器按分子识别元件分类

1. 酶传感器

酶是蛋白质,酶也是生物催化剂。酶传感器的基本原理是用电化学装置检测酶在催化反应中生成或消耗的物质(电极活性物质),将其变换成电信号输出。这种信号变换通常有两种,电位法与电流法。

电位法是通过不同离子生成在不同感受体上,从测得的膜电位去计算与酶反应的有关的各种离子的浓度。一般采用 NH_4^+ 电极(NH_3 电极)、H^+ 电极和 CO_2 电极等。

电流法是从与酶反应有关的物质的电极反应,得到电流值来计算被测物质的方法。其电化学装置采用的电极是 O_2 电极、燃料电池型电极和 H_2O_2 电极等。

如前所述,酶传感器是由固定化酶和基础电极组成的。酶电极的设计主要考虑酶催化反应过程产生或消耗的电极活性物质,如果一个酶催化反应是耗氧过程,就可以使用 O_2 电极或 H_2O_2 电极;若酶反应过程产生酸,即可使用 pH 电极。

固定化酶传感器是由 Pt 阳极和 Ag 阴极组成的极谱记录式 H_2O_2 电极与固定化酶膜构成的。它是通过电化学装置测定由酶反应生成或消耗的离子,由此通过电化学方法测定电极活性物质的数量,可以测定被测成分的浓度。如用尿酸酶传感器测量尿酸,尿酸是核酸中嘌呤分解代谢的终产物,正常值为 20~70mg/L,尿酸测定对于诊断风湿痛十分有帮助,在氧存在下,尿酸经尿酸酶氧化成尿囊素、H_2O_2 和 CO_2。可采用尿酸酶氧电极测其 O_2 消耗量,也可采用电位法在 CO_2 电极上用羟乙基纤维素固定尿酸酶测定其生成物 CO_2,然后再换算出尿酸含量。

2. 葡萄糖酶传感器

葡萄糖是典型的单糖，是一切生物的能源。人体血液中都含有一定浓度的葡萄糖，正常人空腹血糖为 800～1200mg/L，对糖尿病患者来说，如血液中葡萄糖浓度升高约 0.17% 时，尿中就出现葡萄糖。而测定血液和尿中葡萄糖浓度对糖尿病患者做临床检查是很必要的。现已研究出对葡萄糖氧化反应起一种特异催化作用的酶-葡萄糖氧化酶（GOD），并研究出用它来测定葡萄糖浓度的葡萄糖酶传感器，如图 8.34 所示。葡萄糖酶传感器的敏感膜为葡萄糖氧化酶，它固定在聚乙烯酰胺凝胶上，其电化学器件为 Pt 阳电极和 Pb 阴电极，中间溶液为强碱溶液，并在阳电极表面覆盖一层透氧气的聚四氟乙烯膜，形成封闭式氧电极，它避免了电极与被测液直接相接触，防止了电极毒化。如果电极 Pt 为开放式，它浸入含蛋白质的介质中，蛋白质会沉淀在电极表面上，从而减小电极有效面积，使电流下降，使传感器受到毒化。葡萄糖在 GOD 参加下被氧化，在反应过程中所消耗的氧随葡萄糖量的变化而变化。在反应中有一定量水参加时，其产物是葡萄糖酸和 H_2O_2，因为在电化学测试中反应电流与生成的 H_2O_2 浓度成比例，可换算成葡萄糖浓度。

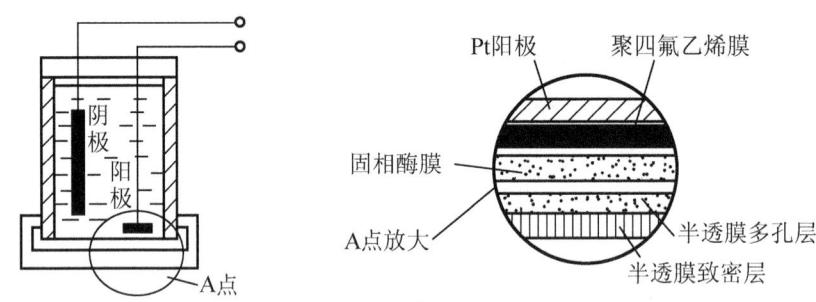

图 8.34　葡萄糖酶传感器

葡萄糖传感器已进入实用阶段，葡萄糖氧化酶的固定方法是共价键法，用电化学方法测量，其测定浓度范围在 100～500mg/L，响应时间在 20s 以内，稳定性可达 100 天。

特别提示

目前，在葡萄糖传感器的基础上又发展了蔗糖传感器和麦芽糖传感器。蔗糖传感器是把蔗糖酶和 GOD 两种酶固定在清蛋白-戊二醛膜上。蔗糖由蔗糖酶的作用生成。α-D-葡萄糖和果糖，再经变旋酶和 GOD 的作用消耗氧和生成 H_2O_2。

麦芽糖由葡萄糖淀粉酶或麦芽糖酶的作用生成 β-D-葡萄糖，所以可用 GOD 和这些酶的复合膜构成麦芽糖传感器。

3. 微生物传感器

用微生物作为分子识别元件制成的传感器称为微生物传感器。微生物传感器与酶传感器相比，更经济、稳定性好、耐久性也好。

当前，酶主要从微生物中提取精制而成，虽然它有良好的催化作用，但它的缺点是不稳定，在提取阶段容易丧失活性，精制成本高。酶传感器和微生物传感器都是利用酶的基质选择性和催化性功能。但酶传感器是利用单一的酶，而微生物传感器是利用多种与酶有关的高度机能的综合即复合酶。也就是说，微生物的种类是非常多的，菌体中的复合酶、能量再生系统、辅助酶再生系统、微生物的呼吸及以新陈代谢为代表的全部生理机能都可以加以利用。因此，用微生物代替酶，有可能获得具有复杂及高功能的生物传感器。

微生物传感器是由固定化微生物膜及电化学装置组成，如图 8.35 所示。微生物膜的固定化法与酶的固定方式相同。

由于微生物有好气（O_2）性与厌气（O_2）性之分（也称好氧反应与厌氧反应），所以传感器也根据这一物性而有所区别。

好气性微生物传感器是因为好气性微生物生活在含氧条件下，在微生物生长过程中离不开 O_2，可根据呼吸活性控制 O_2 含量得知其生理状态。把好气性微生物放在纤维性蛋白质中固化处理，然后把固定化膜附着在封闭式 O_2 极的透氧膜上，做成好气性微生物传感器。把它放入含有有机物的被测试液中，有机物向固定化膜内扩散而被微生物摄取（称为资化）。微生物在摄取有机物时呼吸旺盛，氧消耗量增加。余下部分氧穿过透氧膜到达 O_2 极转变为扩散电流。当有机物的固定化膜内扩散的氧量和微生物摄取有机物消耗的氧量达到平衡时，到达 O_2 极的氧量稳定下来，得到相应的状态电流值。该稳态电流值与有机物浓度有关，可对有机物进行定量测试。

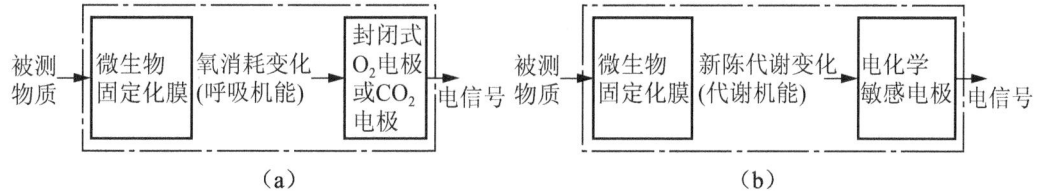

图 8.35 微生物传感器基本结构

对于厌气性微生物，由于 O_2 的存在妨碍微生物的生长，可由其生成的 CO_2 或代谢产物得知其生理状态。因此，可利用 CO_2 电极或离子选择电极测定代谢产物。

4. 免疫传感器

利用抗体能识别抗原并与抗原结合的功能的生物传感器称为免疫传感器。它利用固定化抗体（或抗原）膜与相应的抗原（或抗体）的特异反应，此反应的结果使生物敏感膜的电位发生变化。

免疫传感器的基本原理是免疫反应。从生理学可知，抗原是能够刺激动物机体产生免疫反应的物质，但从广义的生物学观点看，凡是能够引起免疫反应性能的物质，都可称为抗原。抗原有两种性能：刺激机体产生免疫应答反应；与相应免疫反应产物发生特异性结合反应。抗原一旦被淋巴球响应就形成抗体。而微生物病毒等也是抗原。抗体是由抗原刺激机体产生的具有特异免疫功能的球蛋白，又称免疫球蛋白。

免疫传感器是利用抗体对抗原结合功能研制成功的，如图 8.36 所示。抗原与抗体一经固定于膜上，就形成了具有识别免疫反应强烈的分子功能性膜。

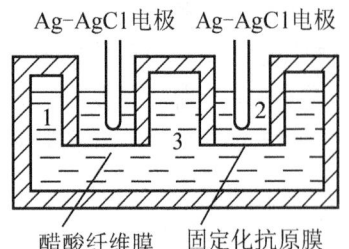

图 8.36 免疫传感器结构原理

在图 8.36 中，2、3 两室间有固定化抗原膜，1、3 两室间没有固定化抗原膜。1、2 室注入 0.9%的生理盐水，当 3 室内导入食盐水时，1、2 室内电极间无电位差。若 3 室内注入含有抗体的盐水时，由于抗体和固定化抗原膜上的抗原相结合，使膜表面吸附了特异的抗体，而抗体是有电荷的蛋白质，从而使固定化抗原膜带电状态发生变化，于是 1、2 室内的电极间有电位差产生。电位差信号放大可检测超微量的抗体。

5. 半导体生物传感器

半导体生物传感器是由生物分子识别器件（生物敏感膜）与半导体器件结合构成的传感器。目前常用的半导体生物传感器是酶光敏二极管、场效应管（FET）等，因此，半导体生物传感器又称生物场效应晶体管（BiFET）。最初是将酶和抗体物质（抗原或抗体）加以固定制成功能膜，并把它紧贴于 FET 的栅极绝缘膜上，构成 BiFET，现已研制出酶 FET、尿素 FET、抗体 FET 及青霉素 FET 等。

半导体生物传感器有如下特点。

（1）构造简单，便于批量生产，成本低。

（2）它属于固态传感器，机械性能好，抗振性能好，寿命长。

（3）输出阻抗低，便于与后续电路匹配。

（4）可在同一芯片上集成多种传感器，可实现多功能、多参数测量，是研制生物芯片与生物计算机的基础。

目前，生物传感器的开发与应用已进入了一个新的阶段，越来越引起人们的重视。生物传感器的多功能化、集成化是很重要的研究与发展方向。将半导体技术引入生物传感器，不仅给多功能生物传感器开发提供了重要途径，而且可以使传感器小型化、微型化，这在实际应用上具有非常重要的意义，特别是在人体医疗诊断上具有更为重要的实用价值。

酶光敏二极管是一种新型的光生物传感器。它由催化发光反应的酶和光敏二极管（或晶体管）半导体器件构成，如图 8.37 所示。在硅光敏二极管的表面透镜上涂一层过氧化氢酶膜，即构成了检测过氧化氢（H_2O_2）的酶光敏二极管。当二极管表面接触到过氧化氢时，由于过氧化氢酶的催化作用，加速发光反应，产生的光子照射至硅光敏二极管的 PN 结点，改变了二极管的导通状态，即将发光效应转换成光敏二极管的光电流，从而检测出过氧化氢及其浓度大小。

酶 FET（场效应管）大多由以有机物所制作的敏感膜与 HFET（氢离子场效应管）所组成。图 8.38 所示为酶场效应晶体管结构图。制法是去掉 FET 的栅极金属，在此处固定生物敏感膜，这里为氮化硅膜。生物敏感膜绝缘，它易于被离子和水分渗透，而且表面一旦与若干水分溶化在一起时（称为水和作用），发生在待测溶液界面上的电位与氢离子浓度倒数的对数（即 pH 值）成比例。

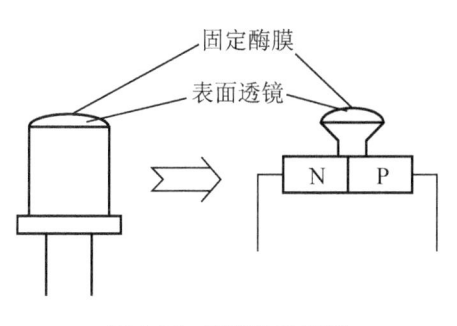

图 8.37 酶光敏二极管

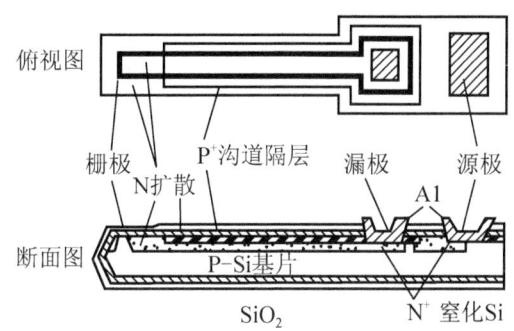

图 8.38 酶场效应晶体管结构图

UPT 生物传感器

UPT 生物传感器用于检测以红外上转换磷光颗粒（Up-Converting Phosphor，UCP）为标记物的免疫层析试纸条上检测带与控制带上的磷光信号，是一种基于上转换磷光技术（Up-Converting Phosphor Technology，UPT）的光学生物传感器。依据配备的不同种类 UPT 免疫层析试纸，UPT 生物传感器可对多种目标被检物进行快速定量检测。

UCP 是由稀土金属元素掺杂于晶体的晶格中而形成的一种性能稳定的上转换磷光材料，在红外光激发下将发出波长远短于激发光的可见光。与传统的标记物相比，UCP 具有高度的敏感性、灵活性、稳定性和安全性。

图 8.39 UPT 生物传感器

UPT 生物传感器主要应用在医学诊断、细菌探测、环境及食品安全监测、兽医诊断、毒品检测、药物筛选、生物反应过程的动态监测以及科学研究等领域。

依据配备的不同种类 UPT 免疫层析试纸，UPT 生物传感器可对多种目标被检物进行快速定量检测，如传染病原、媒介生物携带病原、癌症标志物、心脏病标志物和各种激素的快速诊断与检测。

8.3 微波传感器

8.3.1 微波的性质与特点

微波是波长在 1m（不含 1m）到 1mm 之间的电磁波。微波的物理性质可见项目 6 中图 6.18 所示的电磁波谱图。由图 6.18 可见，它是波长位于红外线（也称红外光）和无线电波之间的一种电磁波。它既有电磁波的特性，又与普通的无线电波及光波不同。

微波具有以下特点。
（1）可定向辐射，空间直线传输。
（2）遇到各种障碍物易于反射。
（3）绕射能力差。
（4）传输特性好，传输过程中受烟雾、火焰、灰尘、强光等影响很小。
（5）介质对微波的吸收与介质的介电常数成比例，水对微波的吸收作用最强。

8.3.2 微波振荡器与微波天线

微波振荡器是产生微波的装置。

由于微波的波长很短，而频率又很高（$3 \times 10^8 \sim 3 \times 10^{11}$Hz），要求振荡电路中具有非常微小的电感和电容，因此不能用普通的电子管与晶体管构成微波振荡器。构成微波振荡器的器件有速调管、磁控管或某些固态器件，小型微波振荡器也可以采用场效应管。

由微波振荡器产生的振荡信号需要用波导管（波长为 10cm 以上，可用同轴电缆）传输，并通过天线发射出去。为了使发射的微波具有尖锐的方向性，天线具有特殊的结构。常用的天线如图 8.40 所示，有喇叭天线、抛物面天线等。

喇叭天线结构简单，制造方便，它可以看作是波导管的延续。喇叭天线在波导管与敞开的空间之间起匹配作用，可以获得最大能量输出。抛物面天线好像凹面镜产生平行光，因此使微波发射的方向性得到改善。

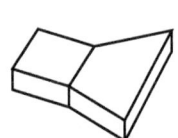  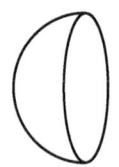 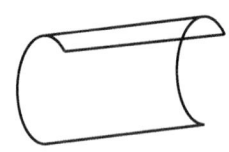

（a）扇形喇叭天线　　（b）圆锥喇叭天线　　（c）旋转抛物面天线　　（d）抛物柱面天线

图 8.40　常见微波天线

8.3.3 微波传感器工作原理及其分类

微波传感器就是指利用微波特性来检测一些物理量的器件或装置。由发射天线发出微波，遇到被测物体时将被吸收或反射，使微波功率发生变化。若利用接收天线，接收到通过被测物或由被测物反射回来的微波，并将它转换成电信号，再经过信号处理电路处理，并根据发射与接收时间差，即可显示出被测量，实现了微波检测。

根据上述原理，微波传感器可以分为如下两类。

1. 反射式微波传感器

反射式微波传感器是通过检测被测物反射回来的微波功率或经过的时间间隔来测量被测物的位置、厚度等参数。

2. 遮断式微波传感器

遮断式微波传感器是通过检测接收天线接收到的微波功率大小来判断发射天线与接收天线之间有无被测物或被测物的位置与含水量等参数。

与一般传感器不同，微波传感器的敏感元件可认为是一个微波场，它的其他部分可视为一个转换器和接收器，如图 8.41 所示。MS 是微波源，T 是转换器，R 是接收器。

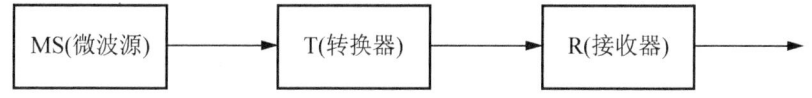

图 8.41　微波传感器的构成

转换器可以是一个微波场的有限空间，被测物即处于其中。如果 MS 与 T 合二为一，称为有源微波传感器；如果 MS 与 R 合二为一，则称为自振式微波传感器。

8.3.4　微波传感器的优点及问题

1. 微波传感器的优点

由于微波本身的特点，决定了微波传感器具有以下优点。
（1）实现非接触测量。可以进行活体检测，大部分测量不需要取样。
（2）测量速度快、灵敏度高，可以进行动态检测和实时处理，便于自动控制。
（3）可以在恶劣的环境条件下检测，如高温、高压、有毒、有放射线环境条件。
（4）输出信号可以方便地调制在载频信号上进行发射与接收，便于实现遥测与遥控。

2. 微波传感器存在的问题

微波传感器的零点漂移和标定问题尚未得到很好的解决。其次，使用时外界因素影响较大，如温度、气压、取样位置等。

8.3.5　微波传感器的应用

1. 微波液位计

微波液位计原理如图 8.42 所示。相距为 S 的发射天线与接收天线，相互成一定角度。波长为 λ 的微波从被测液面反射后进入接收天线。接收天线接收到的微波功率将随着被测液面的高低不同而异。

2. 微波物位计

微波开关式物位计原理如图 8.43 所示。当被测物体位置较低时，发射天线发出的微波束全部由接收天线接收，经过检波、放大与设定电压比较后，发出物位正常信号。当被测物位升高到天线所在高度时，微波束部分被物体吸收，部分被发射，接收天线接收到的微波功率相应减弱，经检波、放大与设定电压比较，低于设定电压值时，微波计就发出被测物体位置高出设定物位的信号。

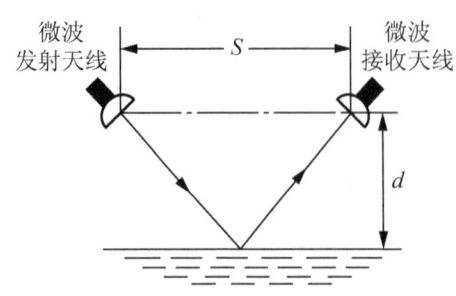

图 8.42　微波液位计原理图

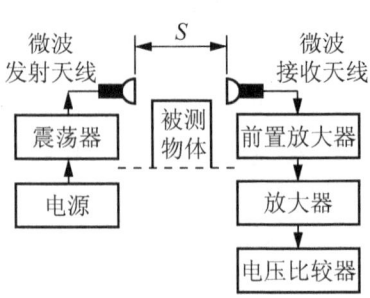

图 8.43　微波开关式物位计原理图

3. 微波传感器的其他应用

微波传感器最有价值的应用是微波遥测。将微波温度传感器装在航天器上，可遥测大气对流层状况，进行大地测量与探矿；可以遥测水质污染程度；确定水域范围；判断土地肥沃程度；判断植物品种等。

微波传感器还可用于类似自动门控制开关、安全防范系统、ATM 自动提款机的自动录像控制系统，以及其他需要自动感应控制的场所。图 8.44 所示为用于 ATM 监控的人体接近传感器。

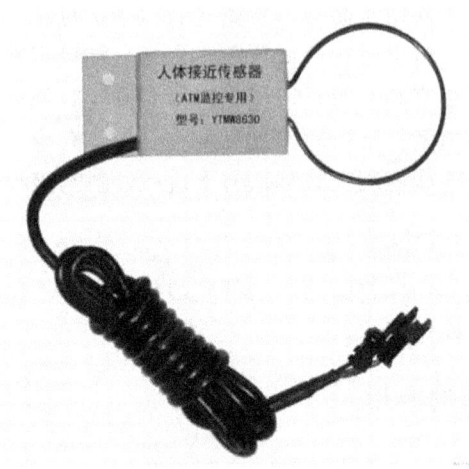

图 8.44　人体接近传感器

近年来，微波传感器又有新的重要应用，这就是用其探测人体癌变组织。

癌变组织与周围正常组织之间存在一个微小的温度差。早期癌变组织比正常组织高 0.1℃，肿瘤组织比正常组织偏高 1℃。如果能精确测量出 0.1℃的温差，就可以发现早期癌变，从而可以早日治疗。

8.4 超声波传感器

超声波传感器实质上是一种可逆的换能器,它将电振荡的能量转变为机械振荡,形成超声波,或者由超声波能量转变为电振荡。超声波传感器由声波发射器、声波接收器、定时电路和控制电路等部分构成。声波发射器和接收器分别将电能转化为超声波以及将超声波转化为电能。

8.4.1 超声波的特点

人们能听到的声音可称为声波,声波是由物体振动产生的,它的频率在20Hz~20kHz范围内。超过20kHz称为超声波,高于100MHz的波为特超声波,低于20Hz称为次声波,如图8.45所示。

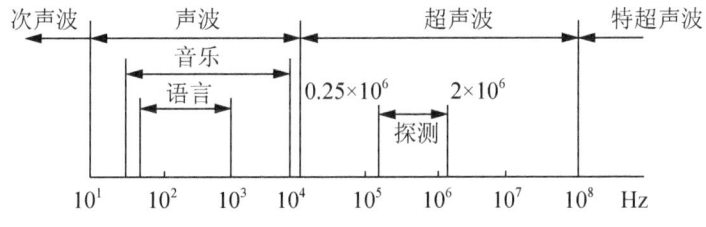

图 8.45 波动的频率界限

超声波是一种在弹性介质中的机械振荡,它的波形有纵波、横波、表面波3种。质点的振动方向与波的传播方向一致的波称为纵波;质点的振动方向与波的传播方向垂直的波称为横波;质点的振动介于纵波与横波之间,沿着表面传播,振幅随深度的增加而迅速衰减的波称为表面波。横波、表面波只能在固体中传播,纵波可在固体、液体及气体中传播。检测常用的超声波频率范围为$1\times10^5\sim1\times10^7$Hz。

特别提示

超声波与一般声波的主要区别是它的振动频率高而波长短,因而具有束射特性,方向性强,可以定向传播,其能量远远大于振幅相同的一般声波,并具有很高的穿透能力。

8.4.2 超声波传感器

为了以超声波作为检测手段,必须产生超声波和接收超声波。完成这种功能的装置就是超声波传感器,习惯上称为超声波换能器或超声波探头。

超声波探头按其工作原理可分为压电式、磁致伸缩式、电磁式等。实际使用中压电式探头最为常见。图8.46所示为几种典型的压电式超声波探头结构。压电式探头主要由压电晶片、吸收块(阻尼块)、保护膜等组成。压电晶片多为圆板形,其两面镀有银层,作为导电的极板。

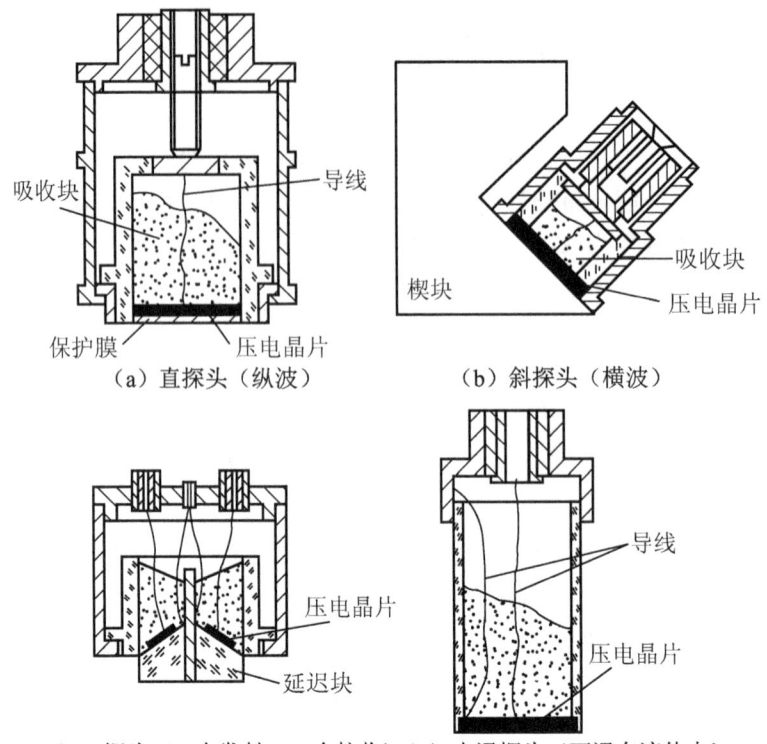

图 8.46 几种典型超声波探头结构

压电式超声波探头是利用压电材料的压电效应来工作的。逆压电效应将高频电振动转换成机械振动，以产生超声波。正压电效应将接收的超声振动转换成电信号。由于压电效应的可逆性，实际应用中的超声探头大都是发射与接收兼用，既能发射超声波信号又能接收发射出去的超声波回波，并把它转换成电信号。

特别提示

超声波探头中阻尼块的作用是降低晶片的品质因数，吸收声能量。如果没有阻尼块，当激励的电脉冲信号停止时，晶片还会继续振荡，这将加长超声波的脉冲宽度。使分辨率变差。

8.4.3 超声波的检测方法

超声波在检测技术中的应用，主要是利用超声波的物理性质，通过被测介质的某些声学特性来检测一些非电参数或者进行探伤。超声波检测和探伤的方法有很多，在实际工作中比较常见的有如下几种。

1. 透射法

透射法是根据超声波穿透被测对象前后的能量变化来进行测量或探伤的方法。这种方法要用两个探头,分别置于被测对象的相对两侧,一个发射超声波,一个接收超声波。所用超声波可以是超声脉冲,也可以是连续波。

2. 反射法

当超声波传播到有声阻抗(声阻抗指介质密度 ρ 与声速 c 之积,即 $Z = \rho c$)差异的界面时,将产生反射,两介质声阻抗差异越大,反射越强。利用这种现象来进行探伤和检测的方法,称为反射法。目前应用较多的是脉冲反射法。在应用脉冲反射法时,通常采用一个超声波探头,兼做超声波发射和接收用。

3. 频率法

它是利用超声波测量流速时采用的方法,具体可见 8.5 节中超声波的应用实例。

利用超声波的特性,可做成各种超声波传感器(它包括超声波的发射和接收),配上不同的电路,可制成各种超声波仪器及装置,应用于工业生产、医疗、家电等行业中。

应用实例

超声波力矩控制器

Re 公司研发出一种新型超声波传感器,即超声波力矩控制器,又称 US2 控制器,如图 8.47 所示,通常适用于放卷系统中的开环控制。通过简单的校准,US2 控制器发出一个与卷径成比例的输出信号,此外还可以通过对输入信号进行处理,以调整输出曲线的斜率。US2 控制器是一种小型的微处理器控制器,其测量范围广,分辨力高。

图 8.47 超声波力矩控制器

US2 控制器含有一个超声波传感器,来进行超声波的发射和接收:通过精确测量超声波信号从传感器发出至目标物,然后从目标物返回至传感器所用的时间,来确定与目标物之间的距离。

8.5 新型传感器应用实例

8.5.1 微波温度传感器

任何物体,当它的温度高于环境温度时,都能向外辐射热量。当辐射热到达接收机输

入端口时，若仍然高于基准温度（或室温），在接收机的输出端将有信号输出，这就是辐射计或噪声温度接收机的基本原理。

微波频段的辐射计就是一个微波温度传感器。图 8.48 给出了微波温度传感器的原理方框图。其中 T_i 为输入温度（被测温度）；T_c 为基准温度；C 为环行器；BPF 为带通滤波器；LNA 为低噪声放大器；IFA 为中频放大器；M 为混频器；LO 为本机振荡器。这个传感器的关键部件是低噪声放大器，它决定了传感器的灵敏度。

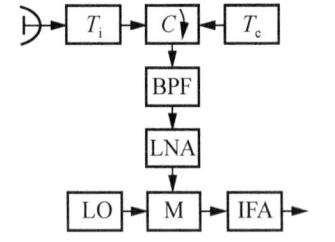

图 8.48　微波温度传感器原理方框图

8.5.2　超声波探伤

从超声波的行进方向来看，超声波传感器的应用有两种基本类型，如图 8.49 所示。当超声发射器与接收器分别置于被测物两侧时，这种类型称为透射型。透射型可用于遥控器、防盗报警器、接近开关等。当超声发射器与接收器置于同侧时为反射型，反射型可用于接近开关、测距、测液位或料位、金属探伤以及测厚等。

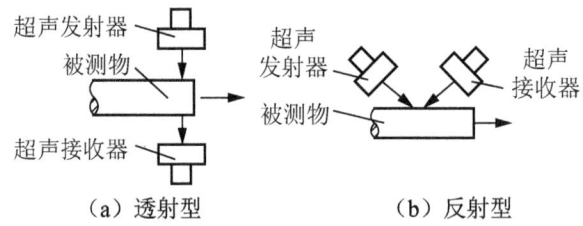

图 8.49　超声波应用的两种基本类型

超声波探伤是无损探伤技术中的一种主要检测手段。它主要用于检测板材、管材、锻件和焊缝等材料中的缺陷（如裂缝、气孔、夹渣等）、测定材料的厚度、检测材料的晶粒、配合断裂力学对材料使用寿命进行评价等。超声波探伤因具有检测灵敏度高、速度快、成本低等优点，因而得到了人们普遍的重视，并在生产实践中得到广泛的应用。

超声波探伤方法多种多样，最常用的是脉冲反射法。而脉冲反射法根据超声波波形不同又可分为纵波探伤、横波探伤和表面波探伤。

1. 纵波探伤

纵波探伤使用直探头。测试前，先将探头插入探伤仪的连接插座上。探伤仪面板上有一个荧光屏，通过荧光屏可知工件中是否存在缺陷、缺陷大小及缺陷的位置。测试时探头放于被测工件上，并在工件上来回移动进行检测。探头发出的纵波超声波，以一定速度向工件内部传播，如工件中没有缺陷，则超声波传到工件底部才发生反射，在荧光屏上只出现始脉冲 T 和底脉冲 B，如图 8.50（a）所示。

如工件中有缺陷，一部分声脉冲在缺陷处产生反射，另一部分继续传播到工件底面产生反射，在荧光屏上出现始脉冲 T 和底脉冲 B 外，还出现缺陷脉冲 F，如图 8.50（b）所示。荧光屏上的水平亮线为扫描线（时间基线），其长度与工件的厚度成正比（可调），通过缺陷脉冲在荧光屏上的位置可确定缺陷在工件中的位置。亦可通过缺陷脉冲幅度的高低来判别缺陷当量的大小。如缺陷面积大，则缺陷脉冲的幅度就高，通过移动探头还可确定缺陷大致长度。

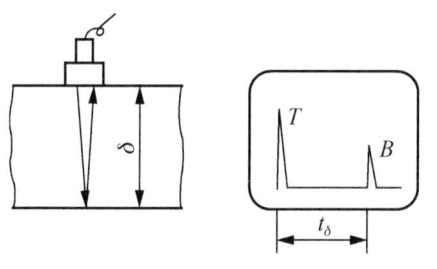
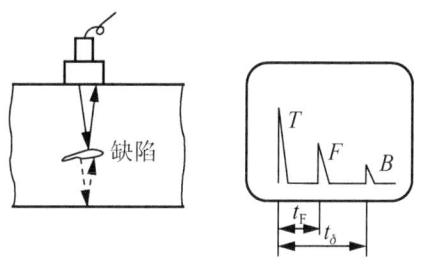

（a）无缺陷时超声波的反射及显示的波形　　　（b）有缺陷时超声波的反射及显示波形

图 8.50　超声波探伤

2. 横波探伤

横波探伤法多采用斜探头进行探伤。超声波的一个显著特点是超声波波束中心线与缺陷截面积垂直时，探头灵敏度最高，但如遇到图 8.51 所示的缺陷时，用直探头探测虽然可探测出缺陷存在，但并不能真实反映缺陷大小。如用斜探头探测，则探伤效果较佳。因此实际应用中，应根据不同缺陷性质、取向，采用不同的探头进行探伤。有些工件的缺陷性质及取向事先不能确定，为了保证探伤质量，则应采用几种不同探头进行多次探测。

3. 表面波探伤

表面波探伤主要是检测工件表面附近是否存在缺陷，如图 8.52 所示。当超声波的入射角 α 超过一定值后，折射角 β 可达到 90°，这时固体表面受到超声波能量引起的交替变化的表面张力作用，质点在介质表面的平衡位置附近作椭圆轨迹振动，这种振动称为表面波。当工件表面存在缺陷时，表面波被反射回探头，可以在荧光屏上显示出来。

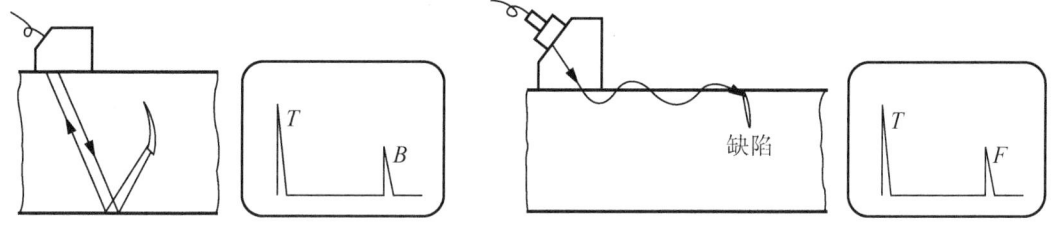

图 8.51　横波单探头探伤　　　　　　　　图 8.52　表面波探伤

8.5.3　超声波流量计

利用超声波测量流量的原理是超声波在流体中的传播速度会随被测流体速度而变化，如图 8.53 所示。在被测管道上下游的一定距离上，分别安装两对超声波发射和接收探头（F_1，T_1）、（F_2，T_2），其中（F_1，T_1）的超声波是顺流传播的，而（F_2，T_2）的超声波是逆流传播的。根据这两束超声波在流体中传播速度的不同，采用测量两接收探头上超声波传播的时间差、相位差或频率差等方法，可测量出流体的平均速度及流量。

流速 v 及流量 q_v 均与时间差 Δt 成正比，而时间差可用标准时间脉冲计数器来实现。这种方法被称为时间差法。在这种方法中，流量与声速 c 有关，而声速一般随介质的温度变化而变化，因此将造成温漂。

如果使用频率差法测量流体的流量，则可克服温度的影响。频率差法测流量的原理如图 8.53 所示。F_1、F_2 是完全相同的超声探头，安装在管壁外面，通过电子开关的控制，交替地作为超声波发射器与接收器使用。首先由 F_1 发射出第一个超声脉冲，它通过管壁、流体及另一侧管壁被 F_2 接收，此信号经放大后再次触发 F_1 的驱动电路，使 F_1 发射第二个超声脉冲……，设在一个时间间隔 t_1 内，F_1 共发射了 n_1 个脉冲，脉冲的重复频率为 $f_1=n_1/t_1$。

在紧接下去的另一个相同的时间间隔 t_2（$t_2=t_1$）内，与上述过程相反，由 F_2 发射超声脉冲，而 F_1 作接收器。同理可以测得 F_2 的脉冲重复频率为 f_2。经推导，顺流发射频率 f_1 与逆流发射频率 f_2 的频率差 Δf 为

$$\Delta f = f_1 - f_2 \approx \frac{\sin 2\alpha}{D} v$$

由上式可知，Δf 只与被测流速 v 成正比，而与声速 c 无关。发射、接收探头也可如图 8.54（b）所示，安装在管道的同一侧。

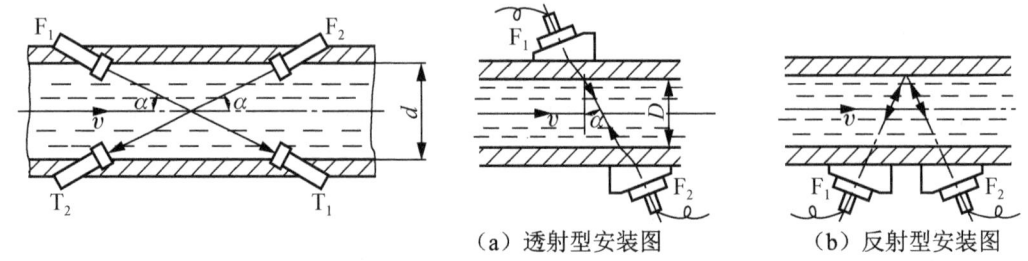

（a）透射型安装图　　　　（b）反射型安装图

图 8.53　超声波流量计原理图　　　　图 8.54　频率差法测流量原理图

特别提示

超声流量计的最大特点是探头可装在被测管道的外壁，实现非接触测量，既不干扰流场，又不受流场参数的影响。其输出与流量基本上成线性关系，且精度一般可达 ±1%，其价格不随管道直径的增大而增加，因此特别适合大口径管道和混有杂质或腐蚀性液体的测量。另外液体流速还可采用超声多普勒法测量。

8.6　综合实训：压电传感器的动态响应

实训目标

压电传感器的动态响应。

实训要求

了解压电式传感器的原理、结构及应用。

实训原理

压电传感器是利用某些电介质受力后产生的压电效应制成的传感器。所谓压电效应是指某些电介质在受到某一方向的外力作用而发生形变（包括弯曲和伸缩形变）时，由于内

部电荷的极化现象，会在其表面产生电荷的现象。

压电材料可分为压电单晶、压电多晶和有机压电材料。压电式传感器中用得最多的是属于压电多晶的各类压电陶瓷和压电单晶中的石英晶体。其他压电单晶还有适用于高温辐射环境的铌酸锂以及钽酸锂、镓酸锂、锗酸铋等。压电陶瓷有属于二元系的钛酸钡陶瓷、锆钛酸铅系列陶瓷、铌酸盐系列陶瓷和属于三元系的铌镁酸铅陶瓷。

压电陶瓷的优点是烧制方便、易成型、耐湿、耐高温。缺点是具有热释电性，会对力学测量造成干扰。有机压电材料有聚二氟乙烯、聚氟乙烯、尼龙等 10 余种高分子材料。有机压电材料可大量生产和制成较大的面积，它与空气的声阻匹配具有独特的优越性，是很有发展潜力的新型电声材料。20 世纪 60 年代以后发现了同时具有半导体特性和压电特性的晶体，如硫化锌、氧化锌、硫化钙等。利用这种材料可以制成集敏感元件和电子线路于一体的新型压电传感器，很有发展前途。

压电传感器结构简单、体积小、功耗小、寿命长，特别是它具有良好的动态特性，因此适合有宽频带的周期作用力和高速变化的冲击力。

（1）力测量。压电式传感器主要利用石英晶体的纵向和剪切的压电效应，因为石英晶体刚度大、滞后小、灵敏度高、线性好，工作频率宽、热释电效应小。力传感器除了可测单向作用力外还可利用不同切割方向的多片晶体，依靠其不同的压电效应测量多方向力，如空间作用力 3 个方向的分力 F_x、F_y、F_z。

（2）压力测量。压电式压力传感器主要利用弹性元件（膜片、活塞等）收集压力变成作用于晶体片上的力，因为弹性元件所用材料的性能对传感器的特性有很大影响。

（3）加速度测量。压电式加速度传感器是利用质量块 m 由预紧力压在晶体片上，当被测加速度 a 作用时，晶体处会受到 $F=ma$，由此产生压电效应，因此质量块的质量决定了传感器的灵敏度，也影响着传感器的高频响应。

压电传感器只能应用于动态测量。由于外力作用在压电元件上产生的电荷只有在无泄漏的情况下才能保存，即需要测量回路具有无限大的输入阻抗，这实际上是不可能的，因此压电式传感器不能用于静态测量。压电元件在交变力的作用下，电荷可以不断补充，可以供给测量回路以一定的电流，故只适用于动态测量（一般必须高于 100Hz，但在 50kHz 以上时，灵敏度下降）。

所需设备及有关旋钮的初始位置

1）所需设备

低频振荡器、电荷放大器、低通滤波器、单芯屏蔽线、压电传感器、双线示波器、激振线圈、磁电传感器、F/V 表、主副电源、振动平台。

2）有关旋钮的初始位置

低频振荡器的幅度旋钮置于最小，F/V 表置 F 表 2kHz 挡。

实训步骤

（1）观察压电式传感器的结构，根据如图 8.55 所示的电路结构，将压电式传感器，电荷放大器，低通滤波器，双线示波器连接起来，组成一个测量线路。并将低频振荡器的输出端与频率表的输入端相连。

（2）将低频振荡信号接入振动台的激振线圈。

（3）调整好示波器，低频振荡器的幅度旋钮固定至最大，调节频率，调节时用频率表监测频率，用示波器读出峰值填入表8-4中。

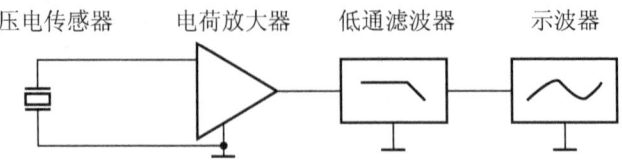

图 8.55　压电实训电路图

表 8-4　用示波器读出的峰值

F/Hz	5	7	12	15	17	20	25
V_{P-P}/V							

（4）通过示波器的另一通道观察磁电式传感器的输出波形，并与压电波形相比较，观察其波形相位差。

实训思考

（1）根据实训结果，可以知道振动台的自振频率大致为多少？
（2）试回答压电式传感器的特点。

习　题

1．叙述机器人传感器的应用现状和发展趋势。
2．机器人对传感器的要求是什么？机器人传感器主要有哪些种类？
3．有哪些传感器与人类的五官感觉对应？
4．接近觉传感器是如何工作的？举例说明其应用。
5．根据激光视觉传感器的典型构成原理示意图说明其工作原理。
6．生物传感器的信号转换方式有哪几种？
7．生物传感器有哪些种类，简要说明其工作原理。
8．比较微波传感器与超声波传感器有何异同？
9．简述超声波传感器测量流量的基本原理。
10．超声波传感器如何对工件进行探伤？有何优点？还有哪些传感器可用于对工件进行无损探伤？

项目 9

传感检测系统及其应用

教学目标

传感器检测技术在国民经济各个领域和国防建设中有着广泛的应用,检测技术涉及信息论、数理统计、光学、电子学、精密机械,以及传感技术、计量测试技术、自动化技术、微电子技术和计算机应用技术等学科知识和近代技术。检测系统主要研究各类信息的获取、传输、处理,以及传感器的微机接口、传感器网络等重点问题。

教学要求

知识要点	能力要求	相关知识	权重
传感检测系统的组成原理	传感检测系统的信号变换、分析和处理	模拟信号处理技术、数字信号处理技术	30%
传感器检测信号处理	输出信号的特点、处理方法	阻抗匹配器、电桥电路、电荷放大器	20%
传感器的微机接口结构	数据采集系统的结构、多路模拟开关、采样/保持器、A/D 转换器与微机的接口	数字信号的数据采集、微型计算机技术	20%
传感器网络结构	传感器网络信息交换体系、OSI 开放/系统互连参考模型、传感器网络通信协议	分布式数据采集系统、协议、总线、器件标准总线、复合传输、隐藏、数据链接控制	20%

项目导读

传感检测技术是实现自动化、信息化的基础与前提,它与计算机技术、自动控制技术和通信技术等一起构成了信息技术的完整科学。在信息时代的今天,人们的一切社会活动都是以信息获取与信息转换为中心的,传感器作为信息获取与信息转换的重要手段,是实现信息化的基础技术之一。"没有传感器就没有现代科学技术"的观点已为全世界所公认。以传感器为核心的检测系统就像神经和感官一样,源源不断地向人类提供宏观与微观世界的种种信息,成为人们认识自然、改造自然的工具。

图9.1所示的影像检测系统,主要应用于硬盘盖自动影像检测,适用在企业生产类似硬盘盖型零件的自动检测系统中。

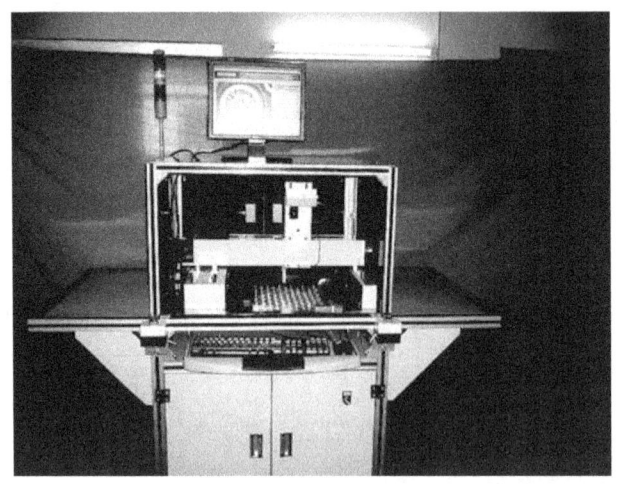

图9.1 影像检测系统

该影像检测系统是将原本人工检测工件的工作,改为工业摄像头影像自动检测,大大减轻了工人的工作强度和眼睛的疲劳程度,而且工作的误差大为降低,操作界面人性化设计,所有的检测数据一目了然。影像检测系统用高精度伺服电机控制,精密滚珠丝杆,直线导轨传动,工业摄像头大大保证了机器的传动精度和检测精度。配备专用的计算机,大大提高了检测数据的可操作性。

在本项目中,将重点学习传感器的微机接口和传感器网络,这有利于更好地掌握检测系统的原理和应用,同时,这也是本项目学习的难点所在,对于基础概念的把握、概念之间的区分应格外注意。

9.1 传感检测系统的组成

检测系统由被检测对象进行检出、变换、传输、分析、处理、判断和显示等不同功能的环节组成。检测系统最基本的组成原理框图如图9.2所示。

图 9.2　检测系统组成原理框图

　　传感器作为检测系统的第一环节，将检测系统或检测过程中需要检测的信息转化为人们熟悉的各种信号，这是检测过程的第一步。通常，传感器将被测量转换成以电量为主要形式的电信号，例如机械位移转换为电阻、电容或电感等参数的变化；又如将振动或声音转换成电压或电荷的变化。

　　信号变换部分是对传感器所送出的信号进行加工，如将电阻抗变为电压或电流对信号进行放大等。为了使传感器输出的信号进一步推动显示记录仪器和控制器，或将此信号输入计算机进行信号的分析和处理，需对传感器输出的信号作进一步变换。信号变换的具体内容很多，如用电桥将电路参量（如电阻、电容、电感）转换为可供传输、处理、显示和记录的电压或电流信号；利用滤波电路抑制噪声，选出有用信号；对在传感器及后续各环节中出现的一些误差作必要的补偿和校正；信号送入计算机以前需经模/数转换以及在计算机处理后送出时需经数/模转换等。经过这样的加工使传感器输出的信号变为合乎需要、便于传输、便于显示或记录且可作进一步处理的信号。

　　显示与记录部分将所测信号变为一种能为人们所理解的形式，以供人们观测和分析。

　　上述检测系统各组成部分都是"功能块"的含义，在实际工作中，这些功能块所表达的具体装置或仪器的伸缩性是很大的。例如，信号变换部分可以是由很多仪器组合成一个完成特定功能的复杂群体，也可以简单到一个变换电路，甚至可能仅为一根导线。

　　由于信号分析和处理理论以及信息处理技术的迅速发展，特别是计算机技术在信号处理中的广泛应用，近年来已将信号的后继处理部分引入到检测系统，成为检测系统的有机组成部分，形成如图 9.3 所示的较为复杂的检测系统。这些信号处理部分无论是运用模拟信号处理技术，还是数字信号处理技术，都是将所测信号进一步变换运算，从原始的检测信号中提取表征被测对象某一方面信息的特征量，有利于人们对客观事物动态过程的更深入认识。

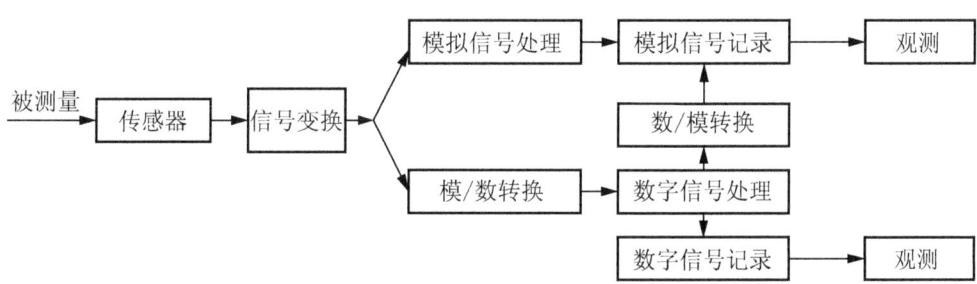

图 9.3　包含信号处理功能的检测系统框图

　　检测系统是要检测出被测对象中人们所需要的某些特征型参量信号，不管中间经过多少环节的变化，在这些过程中必须忠实地把所需信息通过其载体信号传输到输出端。整个过程要求既不失真，也不受干扰。这就要求系统本身既具有不失真传输信号的能力，又具有在外界各种干扰情况下能提取和辨识信号中所包含的有用信息的能力。

特别提示

检测系统在一定程度上是人类感官的某种延伸,但它能获得比人的感官更客观准确的量值,具有更为宽广的量程,反应更为迅速。不仅如此,检测系统通过对所测结果的处理和分析,把最能反映研究对象本质的特征量提取出来并加以处理,这就不仅是单纯的感官的延伸,而且具有了选择、加工、处理以及判断的能力,也可以认为是一种智能的复制和延长。

9.2 传感器检测信号处理

9.2.1 输出信号的特点

(1)由于传感器种类繁多,传感器的输出形式也是各式各样。例如,尽管同是温度传感器,热电偶随温度变化输出的是不同的电压。

(2)热敏电阻随温度变化使电阻发生变化。

(3)双金属温度传感器则随温度变化输出开关信号。

传感器的输出信号,一般比较微弱,有的传感器输出电压最小仅有 $0.1\mu V$。传感器的输出阻抗都比较高,这样会使传感器信号输入到测量电路时,产生较大的信号衰减。传感器的输出信号动态范围很宽,输出信号随着输入物理量的变化而变化,但它们之间的关系不一定是线性关系。传感器的输出信号大小会受温度的影响,有温度系数存在。

9.2.2 输出信号处理方法和电路

1. 输出信号处理的目的

输出信号处理提高测量系统的测量精度,提高测量系统的线性度,抑制噪声。由传感器的接口电路完成,处理后的信号,应成为可供测量、控制使用及便于向微型计算机输入的信号形式。

2. 常用的信号处理电路

1)阻抗匹配器

传感器输出阻抗都比较高,为防止信号的衰减,常常采用高输入阻抗的阻抗匹配器作为传感器输入到测量系统的前置电路。

半导体管阻抗匹配器,实际上是一个半导体管共集电极电路,又称为射极输出器。

场效应管是一种电平驱动元件,栅漏极间电流很小,其输入阻抗可高达 $10^{12}\Omega$ 以上,可作阻抗匹配器、运算放大器和阻抗匹配器。

2)电桥电路

电桥电路是传感器检测电路中经常使用的电路,主要用来把传感器的电阻、电容、电感的变化转换为电压或电流的变化。

(1)直流电桥。直流电桥的基本电路如图 9.4 所示,它是由直流电源供电的电桥,电阻构成桥式电路的桥臂，桥路的一条对角线是输出端，一般接有高输入阻抗的放大器，在电桥的另一条对角线接点上加有直流电压。

如果 $R_1=R_2=R_3=R_4$，则电桥电路被称为四等臂电桥，此时输出灵敏度最高，而非线性误差最小，因此在传感器的实际应用中多采用四等臂电桥。

（2）交流电桥。如图 9.5 所示，其中 Z_1 和 Z_2 为阻抗元件，它们同时可以为电感或电容，电桥两臂为差动方式，又称为差动交流电桥。在初始状态时，$Z_1=Z_2=Z_0$，电桥平衡，输出电压 $U_{OUT}=0$。

测量时一个元件的阻抗增加，另一个元件的阻抗减小，假定 $Z_1 = Z_0 + \Delta Z$，$Z_2 = Z_0 - \Delta Z$，则电桥的输出电压为

$$U_o = \left(\frac{Z_0 + \Delta Z}{2Z_0} - \frac{1}{2}\right)U = \frac{\Delta Z}{2Z_0}U \tag{9-1}$$

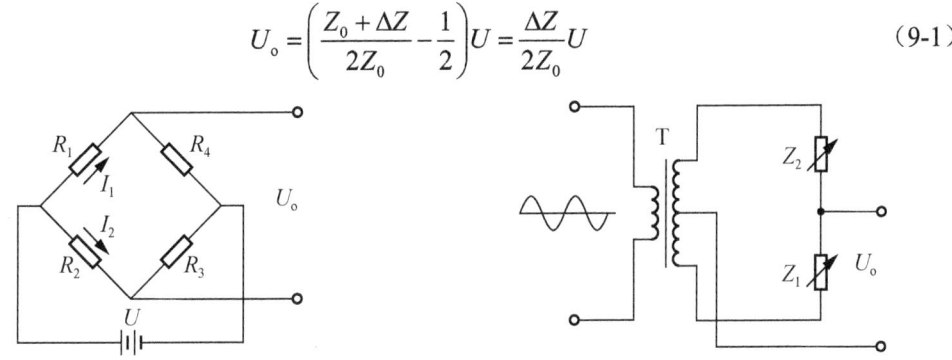

图 9.4　直流电桥的基本电路　　　　图 9.5　电感式传感器配用的交流电桥

3. 放大电路

传感器的输出信号一般比较微弱，因而在大多数情况下都需要放大电路。目前检测系统中的放大电路，除特殊情况外，一般都采用运算放大器构成。

图 9.6（a）、图 9.6（b）、图 9.6（c）分别表示反向放大器、同相放大器和差动放大器。

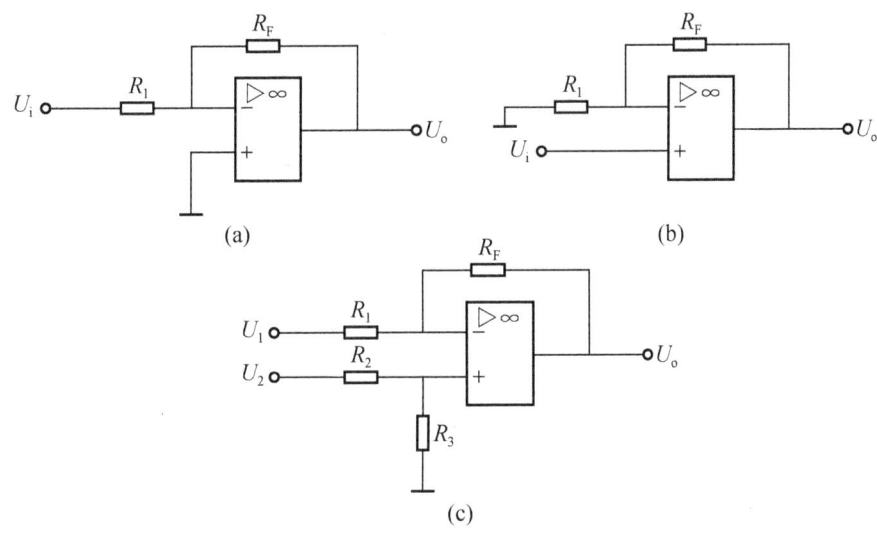

图 9.6　放大电路

4. 电荷放大器

压电式传感器输出的信号是电荷量的变化，配上适当的电容后，输出电压可高达几十伏到数百伏，但信号功率却很小，信号源的内阻也很大。放大器应采用输入阻抗高、输出阻抗低的电荷放大器。

电荷放大器是一种带电容负反馈的高输入阻抗、高放大倍数的运算放大器，可参见本书项目 2 的 2.3.2 小节。

9.3 传感器的微机接口

传感技术和微型计算机技术是构成现代检测和控制系统不可缺少的两个方面。微机对数据具有很强的处理能力，它可以对各种传感器的输出信号进行处理、分析和存储，然后将处理分析的结果输出，用于驱动显示、记录设备和反馈控制等。传感器与微机的有机结合，对信息处理、自动化及科学技术的进步起着非常重要的作用。

目前，在现代化工业生产过程中，各种各样的传感器将生产现场的各种需要检测和控制的物理量传输给微型计算机，完成各种工业参数的检测、数据处理分析，现实过程控制和通信，使自动化仪表实现智能化，并具有通信功能，形成以智能化仪表为核心的工业生产监控系统，有效地提高了自动化生产水平。通过微机还可使数据的检测处理和统计更准确更迅速，并且可进行过程控制，从而使企业能够从生产过程，产品质量，安全生产，节省人力、物力等诸多方面实现科学管理，为企业增加新的活力。

由于被测物理量多种多样，相应的传感器千差万别，传感器的输出信号也不尽相同。一般地，传感器的输出信号经过信号预处理电路后，一般可分为模拟信号和数字信号两种。模拟信号又分为交流信号和直流信号，电压信号和电流信号。由于传感器采用交流信号可通过传感器的检测电路转换成直流信号，而电流信号也可在检测电路中转换成电压信号，因此对微机检测系统而言，传感器的输出信号可归纳为直流电压信号和频率相位信号两种。要利用微机来处理传感器输出的模拟信号，首先必须把传感器输出的模拟信号转换为微机能处理的数字信号，传感器与微机的接口电路就是完成这种数据采集的功能，这部分电路也称为数据采集系统。数字信号主要是指频率和相位信号，接口电路要简单得多。

9.3.1 数据采集系统的结构形式

数据采集系统（Data Acquisition System）的结构形式有多种。根据被测量的数目分，可把数据采集系统分成单通道数据采集系统和多通道数据采集系统。在多通道数据采集系统中，根据被测量的采集速度又分为多路分时采集单端输入结构、多路同步采集分时输入结构和多路同步采集多通道输入结构。根据元器件的集成程度，可把数据采集系统分为采用多片单一功能器件和分立元件，构成数据放大、采样、保持、A/D 转换和接口电路，与微机连接后形成数据采集系统，这种结构灵活，可适用于多种情况；采用单片数据采集系统芯片构成数据采集系统；采用数据采集卡（板）及其驱动软件构成数据采集系统。数据采集系统的工作离不开必要的程序。这些程序的任务是对接口装置进行初始化，确定采样通道、采样频率、中断方式、启动 A/D 转换，读取转换结果并存入指定存储单元等工作。

1. 基本数据采集系统

一个基本的传感器输出信号的数据采集系统包括传感器信号预处理电路、采样/保持（S/H）电路、模/数（A/D）转换电路以及它们与微机的接口电路，如图 9.7 所示。在数据采集系统中，采样/保持电路并不是必需的，其使用与 A/D 转换器的转换时间和输入模拟信号的最高频率有关。

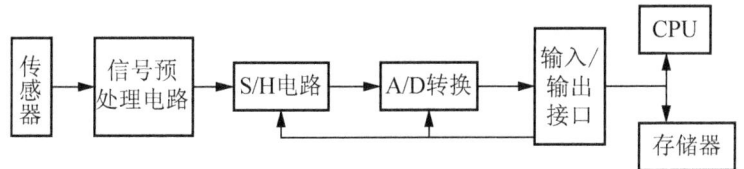

图 9.7　基本数据采集系统

2. 多路数据采集系统

1）多路分时采集单端输入系统

对于图 9.8 所示的多路数据采集的检测系统，可在电路中加入多路开关 MUX，实现信号通道的切换，将多路信号交由一个采样/保持电路进行数据采样并保持采样值，再通过一个 A/D 转换器进行转换。这种电路的特点是多路被测信号共同使用 S/H 电路和 A/D 转换电路，结构简单，成本较低。许多通用的 A/D 采集卡就属于这一结构。现在，这一结构形式的多路数据采集系统被集成到一块集成电路中，甚至被集成到一些微处理器中，这使应用更为方便。

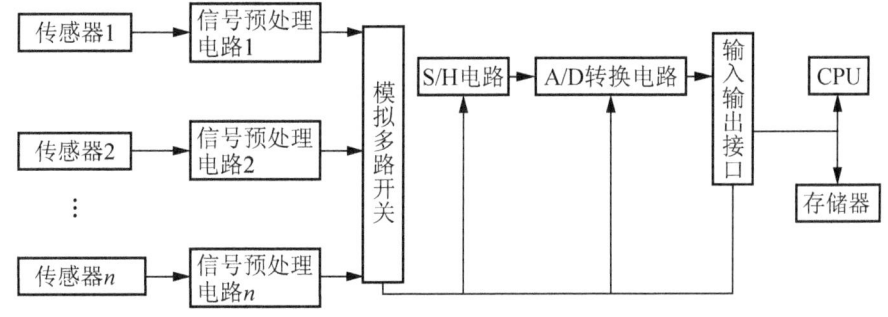

图 9.8　多路分时采集单端输入系统

使用多路分时数据采集系统需注意，在多路开关的前端应采用信号预处理电路将每一个传感器的输出转换成相同范围的电压输出，以便这些信号在多路切换后进行 A/D 转换。否则需用可编程增益放大器置于多路开关之后对各通道分别进行相应的增益调节。

多路分时数据采集系统对被测信号的采集是由转换开关分时轮流切换实现的，因而在时间上不能获得多个信号在同一时刻的数据。尽管这种时间差是很短的，但对于不同输入通道之间的信号需进行相位比较或相互计算的场合，这种时间的偏移会带来误差。

2）多路同步采集分时输入系统

图 9.9 所示为多路同步采集分时输入电路。这种电路是在多路同步采集分时各信号通路中加一个采样/保持电路，使多路信号的采样在同一时刻进行，实现同步采集。然后由各自的保持器保持采样值，等待模拟多路切换开关分时切换，将其于共同的 A/D 转换电路接通。这种结构既可满足同步采集的要求，又使电路结构不至于太复杂，还可对各通道之间的相互关系进行分析。

但不足之处是，对于被测信号较多的系统，由于同步采集得到的数据在保持器中保持的时间因转换路数多而增多，使所测得的数值有所衰减，保持器信号保持时间越长，其衰减量也越大。因此，严格地说，这种结构的数据采集系统虽可实现同步采样，但还不能精确获得同一时刻的数据。在精度要求高，输入通路多和转换时间长的场合不适用。

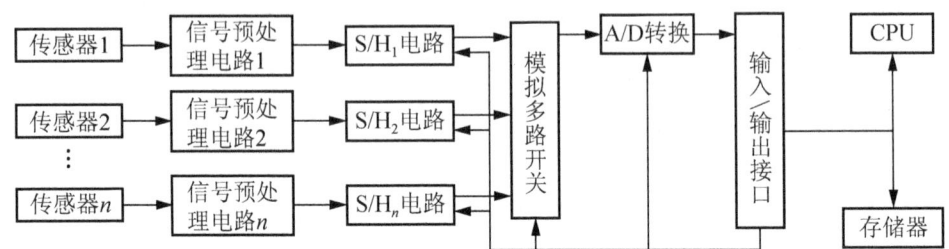

图 9.9 多路同步采集分时输入系统

3）多路同步采集多路转换系统

图 9.10 是多路同步采集多路转换系统。其特点是对每一路输入信号分别配置了数据预处理电路到 A/D 转换电路的所有器件。这种结构的数据采集系统解决了多路数据采集中 A/D 转换器由于分时多路工作而导致数据采集慢、效率低的问题。

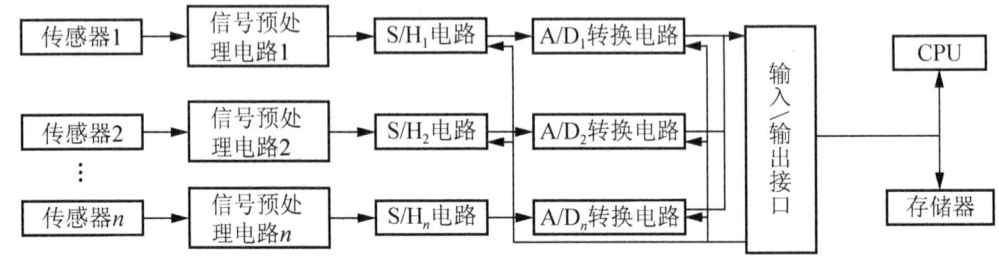

图 9.10 多路同步采集多路转换系统

因此，这种电路具有以下的优点。

（1）可实现高速多路数据采集，且采集效率不受通道数目的影响。

（2）精度高。电路避免了 S/H 电路中由于被测信号保持时间长而使保持电容中电荷泄漏所带来的误差。

（3）可根据每一输入通道的信号频率分别配置速度不同的 A/D 转换器，以便合理地分配资源和成本。

（4）在某些输入信号频率较低的场合，可采用双积分 A/D 转换器，不使用 S/H 电路。

以上三种形式中，系统各部件的空间距离较近，逻辑上的耦合程度较紧密，称之为集中式数据采集系统。其主要优缺点如表 9-1 所示。

表 9-1 集中式数据采集系统的优缺点

优　点	缺　点
（1）结构简单，容易实现，能满足中小规模数据采集的要求 （2）系统的体积小，设备量少，造价较低	（1）因为系统结构的不灵活，不适合较大规模的数据采集 （2）由于前两种结构中，各通道共用一个 A/D 转换器，采样速度将受到限制，所以不适合于高速数据采集 （3）抗干扰能力差，尤其对于被测对象分布范围较大时，传感器的输出微弱模拟信号要长距离传输，所受的干扰不容忽视 （4）可靠性差，系统某一部件出现故障就可能导致整个系统瘫痪 （5）由于各部件之间的耦合程度较紧密，导致系统扩展的灵活性较差

特别提示

由于集中式数据采集系统存在这些不足，目前大规模数据采集系统都采用分步式数据系统。

3. 分步式数据系统

分步式数据系统是计算机网络技术的产物，由若干个数据采集站和一台上位机以及通信线路组成，其结构如图 9.11 所示。数据采集站相当于小型的集中式数据采集系统，一般由单片机控制的数据采集装置组成，位于被测对象附近，可独立完成数据采集和预处理任务，采集的数据将以数字信号的形式传送给上位机，从而克服了模拟传输的固有缺点。上位机一般是高档微机或工作站，一方面将各个数据采集站传送来的数据，集中处理、显示、打印或以文件的形式存储在外部存储器中；另一方面还可将系统的控制参数发送到各个数据采集站，以供数据采集站工作。

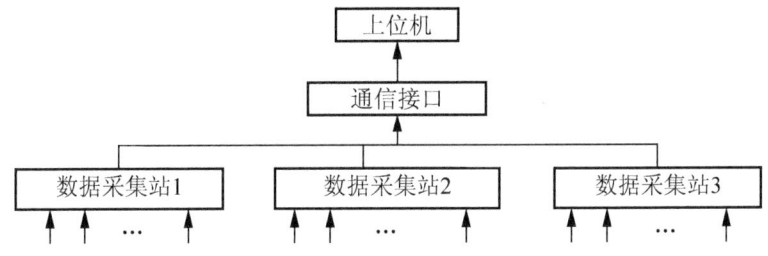

图 9.11 分布式数据采集系统

数据采集站和上位机之间通常采用主从方式的异步串行通信，由上位机确定传输数据。分步式数据采集系统的主要特点如下。

（1）适应能力强。无论是大规模系统还是中小规模系统，分步式结构都能适应，因为可以通过选用适当数量的数据采集站来构成相应规模的系统。

（2）可靠性高。由于采用了多个以单片机为核心的数据采集站，若某个数据采集站出现故障，只会影响某项数据的采集，而不会对系统的其他部分造成影响。

（3）实时响应性好。由于系统中各个数据采集站是真正并行工作的，所以系统的实际响应性好。这一点尤其适合大型高速动态的数据采集系统。

（4）系统的硬件要求不高。由于分步式数据采集系统采用了多机并行的处理方式，所以每一个单片机仅完成数量十分有限的数据采集和处理任务，因此，它对系统的硬件要求不高，可以用低档的硬件组成高性能的系统。

（5）抗干扰能力强。系统用数字信号代替模拟信号传输，有利于克服常模干扰和共模干扰。因此，这种系统特别适合于在恶劣的环境下工作。

4. 片数据采集系统芯片

上面介绍的基本数据采集系统和多路数据采集系统都采用了多片单一功能模块和分立元件，结构灵活，可适用于多种情况。随着大规模集成电路的发展，把多路开关放大器采样保持电路和 A/D 转换电路全部集成在一块芯片上，构成一个完整的数据采集系统，使用起来非常方便。目前已开发成功的产品有 AD 公司的 AD363，MAXIM 公司的 MAX146、MAX149、MAX192 等。

AD363 是一个由集成电路组成的完整的 16 通道 12 位数据采集系统，由两个独立的功能模块组成。其模拟输入模块中包含多路开关、差动放大器、S/H、通道地址寄存器和控制逻辑，并有一个用户控制的单端或差动输入选择开关，用户可方便地实现单端或差动的转换。A/D 转换包含一个 12 位逐次逼近型 A/D 转换器，其内部有时钟、精密的 10V 基准电压、比较器、缓冲放大器和 12 位 D/A 转换器，使用很方便。整个系统的通信速率为 30kHz，输出数据可以采用并行和串行两种形式。

MAX146/MAX149 数据采集系统集 8 路、S/H、12 位 A/D 转换器和 2.5V 基准电压于一体。具有体积小、功耗低和停机降耗功能等优点，适于在便携系统中应用。

5. 数据采集卡

数据采集卡可通过 100 总线、56 总线或 PC 总线与 STD 工业控制机、PC 或 IPC 工业控制机连接构成数据采集系统。在某些情况下，人们可以直接利用现有的微机、传感器和数据采集系统等硬件微机测试系统，而把精力主要放在系统的软件开发上，获得彩色图形界面，甚至多媒体系统等。目前国内已有各种型号的数据采集卡、A/D 转换卡、D/A 转换卡（插件板），如 ATD-8-2、PC-6340-PC1232C、STD8408、PCL-711S 和 PCL-813B 等。

9.3.2 多路模拟开关与微机的接口

微机控制多路开关的目的是实现开关的同段选择。这里以多路模拟开关 CD4051 为例，介绍在多路模拟开关扩展的情况下，多路模拟开关与微机的接口。微机送入锁存器 8 位信号，其中第 3 位作为多路模拟开关的路选信号，以实现 8 通道选 1，高 5 位译码器输出作为多路模拟开关的片选信号，最多可扩展 32 个多路开关芯片，共控制 256 个模拟通道。

9.3.3 采样保持器与微机的接口

采样保持器的逻辑输入端可以和并行口的一位或锁存器的一个输出端连接，微机通过控制并行口或锁存器达到控制采样保持器的目的。编制控制程序应注意保证采样脉冲的宽度，使采样器有足够的捕获时间，需要补偿采样时间则要增加超前调整时间。程序产生的逻辑信号波形应有陡直边沿。

9.3.4　A/D 转换器与微机的接口

根据工作原理，A/D 转换器可分为积分型 A/D 转换器、直接比较型 A/D 转换器、无反馈比较型 A/D 转换器和 Σ-△型 A/D 转换器。

积分型 A/D 转换器有单积分型、双积分型、多重积分型、脉宽调制型和电荷平衡型等。其主要特点是精度较高，电路简单，对元器件精度要求低，易于集成，成本低，噪声小，温漂也小。但转换速度低，对于缓变的工业过程变量的采集和实验室一级的高精度 A/D 转换十分有用，也便于实现十进制数字输出。

直接比较型 A/D 转换器分反馈比较型和无反馈比较型两种。反馈比较型 A/D 转换器包括逐次逼近型和跟踪比较型，因内含一个由 D/A 转换器构成的反馈电路，转换速率较快，一般属于中速 A/D 转换器，在实际应用中，转换器的输入端应连接采样保持电路。其中逐次逼近型 A/D 转换器电路结构简单、功耗低，A/D 转换的速度较快，也可以做到较高的分辨率和精度，因此是目前应用最普遍的一种 A/D 转换器。

无反馈比较型 A/D 转换器又分并行比较型、串行比较型和串并行比较型等。其转换速率最高，高速的 A/D 转换器几乎都是无反馈比较型 A/D 转换器，但这类转换器线路结构复杂，难以实现较高的位数。

Σ-△型 A/D 转换器是近年来出现的新型 A/D 转换器，采用了总和增量调制原理，并与现代数字信号处理技术相结合，实现了高精度的 A/D 转换。目前最高级的 A/D 转换器都采用 Σ-△调制。Σ-△调制本质上是采用负反馈方式逐步减小输入模拟信号与 DAC 反馈输出的差值，该差值不是直接加到比较器，而是通过一个积分器后再送到比较器，因而比传统的逐次逼近方式好。

Σ-△型 A/D 转换器一般都采用增益可编程放大器、可编程数字滤波、多种自校正技术等多项先进技术，并都采用了专门的位处理器来管理和控制转换程序。数字滤波与误差矫正以前都是在片外进行，需要较多的时间，现在集成在一块芯片中，使外部应用较简单，比较容易实现高精度的 A/D 转换。采用数字滤波、自校正技术和微处理器控制是这类 A/D 转换器的特点，也代表了高精度模拟器件发展的方向。

9.3.5　数字信号的数据采集

数字式传感器输出的是频率信号，开关型传感器输出的是脉冲信号，还有的传感器（如光电式、磁电式、扭矩传感器）输出的是相差信号。这些传感器输出信号容易直接输入微机，接口电路较简单。有时传感器和微机的距离较远，为了远距离传输模拟信号和减少信号线的数目，提高抗干扰能力，往往通过 U/F 技术将模拟电压信号转换为频率信号输入微机，同样可达到 A/D 转换的目的。

9.4　传感器网络

9.4.1　传感器网络概述

通信技术和计算机技术的飞速发展，使人类社会已经进入了网络时代。智能传感器的开发和大量使用，导致在分布式控制系统中，对传感信息交换提出了许多新的要求。单独的传感器数据采集已经不能适应现代控制技术和检测技术的发展，取而代之的是分布式数据采集系统组成的传感器网络。

1. 传感器网络的作用

传感器网络可以实施远程数据采集，并进行分类存储和应用。传感器网络上的多个用户可同时对同一过程进行监控。凭借智能化软硬件，灵活调用网上各种计算机、仪器仪表和传感器各自的资源特性和潜力。区别不同的时空条件和仪器仪表、传感器的类别特征，测出临界值，做出不同的特征响应，完成各种形式、各种要求的任务。专家们高度评价和推崇传感器网络，把传感器网络同塑料、电子学、仿生人体器官一起，看作是全球未来的四大高技术产业。

2. 传感器网络的结构

传感器网络可用于人类工作、生活、娱乐的各个方面，可用于办公室、工厂、家庭、住宅小区、机器人、汽车等多领域。网络形式可以是以太网或其他形式，连接方式可以是环形、星形、总线形。

传感器网络还可以是多个传感器和一台计算机或单片机组成的智能传感器。传感器网络可以组成个人网、局域网、城域网，甚至可以连上遍布全球的 Internet。若将数量巨大的传感器加入互连网络，则可以将互连网络延伸到更多的人类活动领域。目前，传感器网络建设工作遇到的最大问题是传感器的电源供电问题。理想的情况是能保持几年不更换的高效能电池，或采用耗电少的传感器。值得关注的是，随着移动通信技术的发展，传感器网络也正朝着开发无线传感器网络的方向发展。

9.4.2 传感器网络信息交换体系

传感器网络系统信息交换体系涉及协议、总线、器件标准总线、复合传输、隐藏、数据链接控制。

协议是传感器网络上各分布式系统之间进行信息交换而达成共识的一套规则或约定。对于一个给定的具体应用，在选择协议时，必须考虑传感器网络系统功能和使用硬件、软件与开发工具的能力。传感器网络上各分布式系统之间进行可靠的信息交换，最重要的是选择和制定协议。一个国际标准协议可以使各厂家都生产符合标准规定的产品，不同厂家的传感器和仪器仪表可以互相代用，不同的传感器网络可以互相连接、相互通信。

9.4.3 OSI 开放系统互连参考模型

有好几个工业委员会和公司花费了大量精力去开发一种各个企业和机构可接受的协议。其中最重要的是国际标准化组织（ISO）定义了一种开放系统互连参考模型，即 OSI 参考模型。

1. OSI 参考模型的层次结构

OSI 参考模型规定了一个网络系统的框架结构，把网络从逻辑上分为七层。各层通信设备和功能模块分别为一个实体，相对独立，通过接口与其相邻层连接。相应协议也分七层，每一层都建立在下层之上，每一层的目的都是为上层提供一定的服务，并对上层屏蔽服务实现的细节。各层协议互相协作构成一个整体，称为协议簇。所谓开放式系统互连，是指按这个标准设计和建成的计算机网络系统都可以互相连接。用户进程（设备和文件）经过 OSI 开放式系统互连参考模型的七层模型规范操作后，进入光纤、电缆、电波等物理传输媒质，传输到对方。发送用户数据信息进入第七层实体，经该层协议操作后，在其前面加上该层协议操作标头（协议控制信息 PCI），组成协议数据单元 PDU。PDU 进入下一层实体后称为服务数据单元 SDU。经下一层协议操作，再加上下一层协议控制信息 PCI，又组成下一层协议数据单元 PDU。这样经一层一层实体协议操作控制后，进入物理传输媒质（光纤、电缆、自由空间等）传输。接收设备从物理传输媒质上接收到协议数据单元 PDU。第一层功能模块根据标头信息（协议控制信息 PCI）对协议数据单元 PDU 进行数据恢复，并去掉标头信息，交上一层实体。上一层实体根据本层标头信息（PCI），对协议数据单元 PDU 进行数据恢复，并去掉本层标头信息，再交上一层实体。这样经一层一层实体数据恢复后，第七层将发送的用户数据信息复原，用户即可获得发送的数据信息。

2. OSI 参考模型各层规范的功能

1）物理层
（1）规定二进制"位"比特流信号在线路上的码型。
（2）规定二进制"位"比特流信号在线路上的电平值。
（3）当建立、维护与其他设备的物理连接时，规定需要的机械、电气功能特性和规程特性。

2）数据链路层
（1）将传输的数据比特流加上同步信息、校验信息和地址信息封装成数据帧。
（2）数据帧传输顺序的控制。
（3）数据比特流差错检测与控制。
（4）数据比特流传输流量控制。

3）网络层
（1）通过路径选择将信息分组，从最合适的路径由发送端传送到接收端。
（2）防止信息流过大造成网络阻塞。
（3）信息传输收费记账功能。
（4）由多个子网组成网络的建立和管理。
（5）与其他网络连接的建立和管理。

4）传输层
（1）分割和重组报文，进行打包。
（2）提供可靠的端到端的服务。
（3）传输层的流量控制。
（4）提供面向连接的和无连接的数据传输服务。

5）会话层
（1）使用远程地址建立用户连接。

(2）允许用户在设备之间建立、维持和终止会话。

(3）管理会话。

6）表示层

(1）数据编码格式转换。

(2）数据压缩与解压。

(3）建立数据交换格式。

(4）数据的安全与保密。

(5）其他特殊服务。

7）应用层

(1）作为用户应用程序与网络间的接口。

(2）使用户的应用程序能够与网络进行交互式联系。

很多情况下的网络结点并不一定要提供全部七层功能，可根据业务规格决定网络结构。例如，传感器网络通常提供第一层到第三层的功能。

9.4.4 传感器网络通信协议

在分布式传感器网络系统中，一个网络结点应包括传感器（或执行器）、本地硬件和网络接口。传感器用一个并行总线将数据包从不同的发送者传送给不同的接收者。一个高水平的传感器网络使用OSI模型中第一层到第三层以提供更多的信息并且简化用户系统的设计及维护。

1. 汽车协议及其应用

汽车的发动机、变速器、车身与行驶系统、显示与诊断装置有大量的传感器。它们与微机、存储器、执行元件一起组成电子控制系统。来自某一个传感器的信息和来自某一个系统的数据能与多路复用的其他系统通信，以减少传感器的数目和车辆拥有的线路。该电子控制系统就是一个汽车传感器网络。

汽车传感器网络具有以下优点。

（1）只要保证传感器输出具有重复再现性，并不要求输入/输出线性化。

（2）可以通过微型计算机对信号进行修正计算来获得精确值。

（3）传感器信号可以共享并可以加工。

（4）能够从传感器信号中间接获取其他信息。

用于汽车传感器网络的汽车协议已经趋于规范化。其中 SAE J1850 协议和 CAN 协议已形成标准。还有其他几个协议因为特定制造商的应用也同时存在。

1）SAE J1850 协议

作为美国汽车制造商的标准协议于 1994 年被批准实行，SAE J1850 协议定义了 OSI 模型中的应用层、数据链路层及物理层。信息传输速率为 11.7kbit/s 和 10.4kbit/s 两种。每帧仅包含一个信息，每帧的最大长度是 101 位，帧内标头部分包含了信息的优先级、信息源、目标地址、信息格式和帧内信息的状况。

2）CAN 协议

CAN 是一种串行通信的协议，初衷是应用于汽车内部测量和执行部件之间的数据通信。

现在主要用于汽车之外离散控制领域中的过程监测和控制，特别是工业自动化的低层监控，解决控制与测试之间的可靠和实时的数据交换。原 CAN 规则在 1980 年公布，而 CAN 2.0（修订版）在 1991 年公布。CAN 是一种多用户协议，它允许任何网络结点在同一网络上与其他结点通信，传输速率范围为 5kbit/s～1Mbit/s。CAN 利用载波监听、多路复用来解决多用户的信息冲突。CAN 的物理传输介质包括屏蔽或非屏蔽的双绞线、单股线、光纤和耦合动力线。一些 CAN 系统的用户已在进行射频传送的研制。

3) 其他汽车业协议

汽车串行位通用接口系统（A-bus）、车辆局域网络（VAN）、时间触发协议（TTP）、汽车电子学操作系统 OS 标准。

4) 汽车协议应用实例

基于分布式控制的航空发动机智能温度传感器构成主要包括上电自检测电路、热电偶信号处理电路、显示电路接口、DSP 与 CAN 的接口电路、电源电路等几部分。

2. 工业网络协议

分布式传感器网络的功能很容易在工厂自动化的应用中显示出来，工业网络协议比汽车网络协议有更多的提议和正在研发的标准，"现场总线"是在自动化工业进程中的非专有双向数字通信标准，定义了 ISO 模型的应用层、数据链路层和物理层，并带有一些第四层的服务内容。

1) CAN 协议的工业应用

CAN 协议通信网络由于更简单和成本更低而获得发展，并作为一种工业标准。

2) LonTalkTM 协议

该协议定义了 OSI 模型中的所有七个层。其数据长度为 256 字节，通信速率高达 1.25Mbit/s，具有冲突检测和优先级选择功能。

3) 其他工业协议

可寻址远程传感器通道 HART，过程现场总线 Profibus，TOPaz。

3. 办公室与楼宇自动化网络协议

在办公室和楼宇的各个需要的部位，结点传感器的传感信息随环境而变，将状态和信息通过网络传送给能够响应这种改变的结点，由结点执行器依据相关信息做出调整和动作。例如，断开或关闭气阀、改变风扇速度、花木喷灌、能源使用监视、启动防火开关、启动报警、故障自诊断、数据记录、接通线路、传呼通信、信号验证等。

4. 家庭自动化网络协议

家庭的计算机控制是智能化住宅工程的目标，用于家庭自动化网络接口的有供暖、通风、空调系统、热水器、安全系统和照明，还有公用事业公司在家庭应用方面的远程抄表和用户设备管理。家庭自动化网络系统的信息传输速率有高有低，取决于连接到系统的设备，信息数量的大小及通信协议的复杂程度都属于中等。

家庭自动化网络协议有 X-10 协议、CEBus 和 TonTalkTM 等。

9.5 传感器接口电路应用实例

9.5.1 自动温度控制仪表电路系统

图 9.12 所示为自动温度控制仪表电路框图。自动温度控制仪表电路系统主要由传感器、差分放大器、V/F 转换电路、CPU、存储器（Memory）、监视设置（WatchDog）与复位电路、显示电路及键盘、控制输出电路与系统支持电源组成。

自动温度控制仪表电路系统是一个典型的单片机测控电路。有实时信号的采集，信号的调节，模/数的转换，数据的显示，键盘控制数据的输入，控制信号输出等。这些都在单片机的协调、控制下完成。

温度信号的采集可以用热电偶、铜热电阻、铂电阻、数字温度芯片、模拟温度芯片等，视具体应用时对温度范围、精度、测量对象等的要求而选定。不同的传感器需要不同的电路，可根据传感器的类型、技术参数来设计。

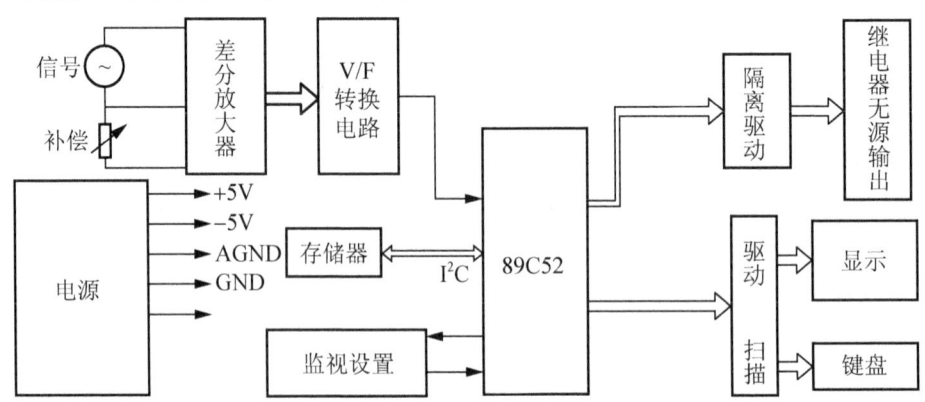

图 9.12 温控仪表原理框图

在测控电路中，信号的采集是关键，它直接影响到系统的精度。通常现场情况都是比较恶劣，信号易受干扰，所以在信号采集时必须采用有效的措施，如电源隔离、A/D 转换隔离、V/F 转换隔离、低通滤波器、差分放大等。本例采用的差分放大、V/F 转换是一种性价比较高的方案。差分放大器能有效地抑制共模干扰，采用 V/F 转换能有效抑制噪声和对信号变化进行平滑，同时频率信号与单片机接口也比较方便。本电路还具有良好的精度和线性度。

显示功能可根据应用环境、产品定位选用不同的显示器材，如 LED、LCD、CRT 显示器等。本例中采用的是 LED，配以动态扫描电路，价格低廉，可以实时显示采集的数据、键盘输入的控制参数等。在测控系统中控制参数的设置是必不可少的，使用中要根据输入信息量来选用合适的键盘。

现场数据要按一定的算法进行运算，要进行非线性校正，要根据键盘输入设定的参数进行控制，控制必须按一定的方式进行。一般现场闭环控制中最常用的是 PID（比例-积分-微分校正)算法。这些都是由单片机实现的,在工业控制中,80C51 系列单片机应用比较多。本例采用 89C52 型,它有 8KB E²PBOM。该单片机性价比很高,有一定的可靠性、合理性。

信号输出在工业控制中多采用继电器、晶闸管、固态继电器等方式,其可靠性很重要,将影响到系统的安全。一般被控制对象的功率都很大,产生的干扰也很大,所以在输出通道中要采用电源隔离、干扰吸收等措施。

测控系统中的电源也很重要,它直接影响到系统的可靠性、稳定性、精度。应根据应用环境、电路形式来选用,关键是电源的输出功率、电源的质量、能提供的输出组数等。

9.5.2 8 位 8 通道 A/D 转换电路

图 9.13 所示电路由模拟多路转换开关(LF13508)、采样/保持器(LF398)、A/D 转换器(ADC0804)和并行接口 PIO 组成。微处理器 CPU 通过并行接口 PIO 控制和协调 A/D 转换。

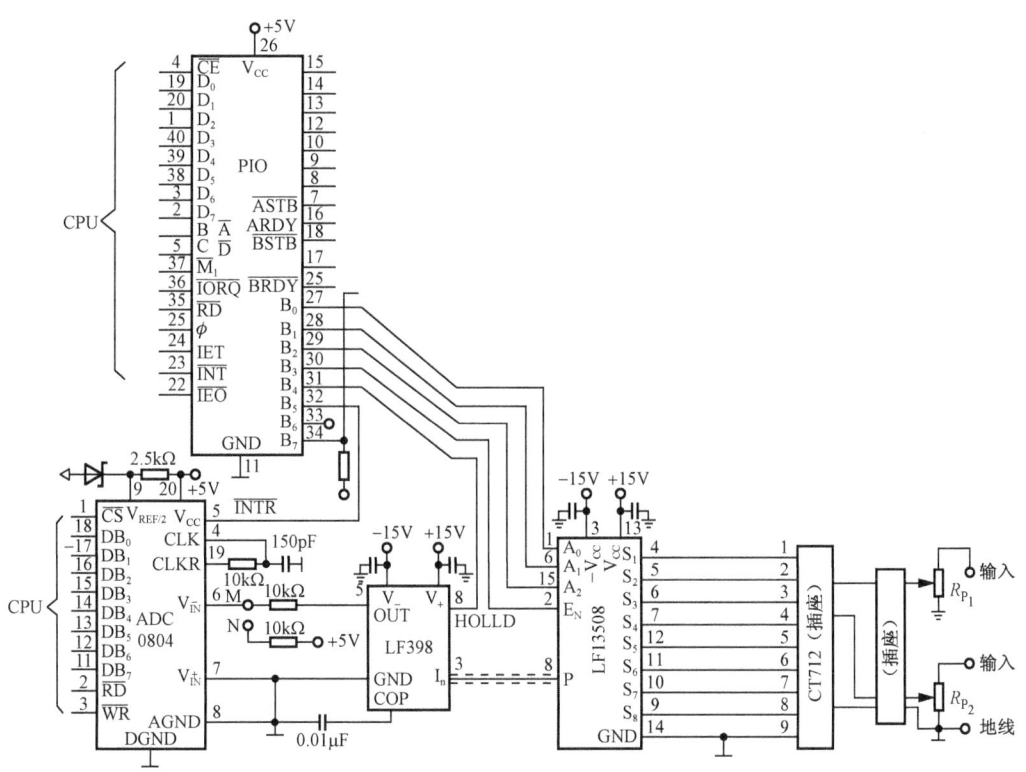

图 9.13 8 位 8 通道 A/D 转换电路原理图

ADC0804 是逐次逼近式 8 位 A/D 转换芯片,转换时间为 100μs,转换精度±1LSB,

由于转换后数据输出通过三态门，因而可以直接与微机数据总线连接，工作电源+5V。引脚 6、7 为差分输入端，引脚 4 和 19 为外接时钟引脚或外接 RC 电路自行产生时钟。如图 9.13 所示，当 $R=10\mathrm{k}\Omega$，$C=150\mathrm{pF}$ 时，则产生内部时钟频率 $f_{CLK}\approx 1/(1.1RC)=606\mathrm{kHz}$。引脚 20 为 V_{CC} 端，同时也是 V_{REF} 端，引脚 9 为 $1/2V_{REF}$ 端，一般由 V_{CC} 通过一个电阻接一个稳压管，其电压为 2.5V。引脚 5（$\overline{INTR}$）为变换结束信号输出端，低电平有效，将引脚 5 接到 PIO 的 B 口上，由 CPU 检查判断 A/D 转换器是否转换结束。例如，当选用查询方法时，PIOB 口设定为位控方式，但不允许中断。当转换结束时，$\overline{INTR}$ 由高变为低，引起 PIO 向 CPU 申请中断。CPU 响应中断后，在中断服务程序中即可读出数据。

ADC0804 属于脉冲启动转换芯片，在其启动转换输入脚 $\overline{CS}$ 和 $\overline{WR}$ 上同时加上低电平时，即可启动变换。

9.5.3 ADC574 与 8031 单片机的接口

在图 9.14 所示电路中，ADC574 是 12 位逐次比较式 A/D 转换芯片，转换速度快，转换时间为 25μs。片内有三态输出缓冲器，故与 8031 的接口很简单。图中 $\overline{CS}$、CE、$R/\overline{C}$ 端分别为片选、片使能、数据读/启动信号。A_0 和 $12/\overline{8}$ 端信号用于控制一次输出数据的长度。

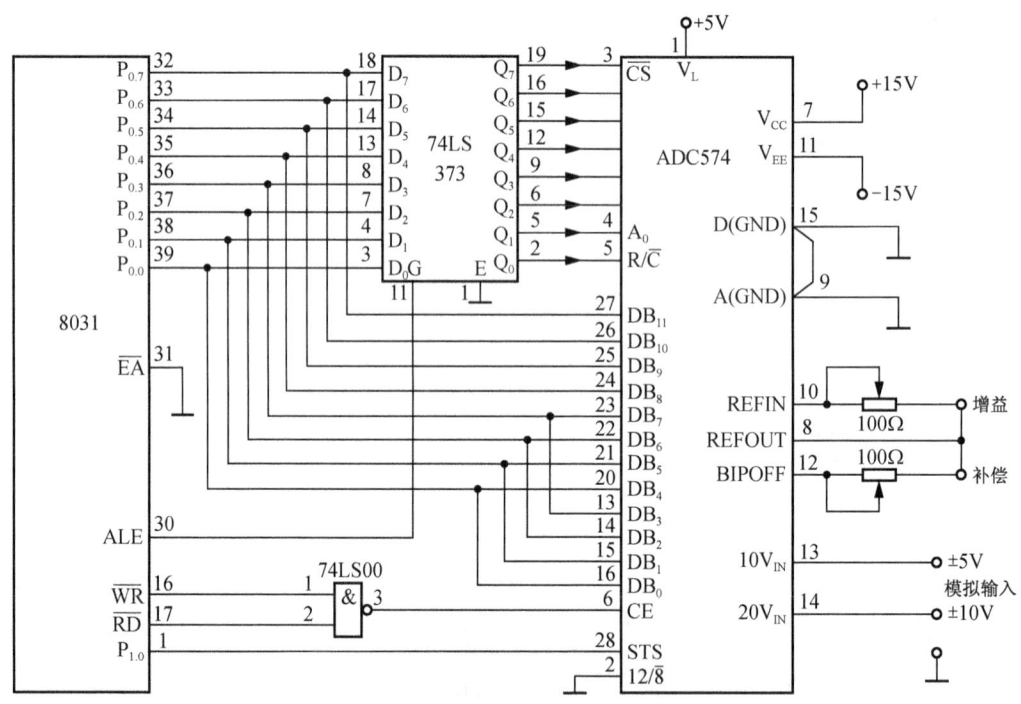

图 9.14 ADC574 与 8031 单片机接口电路

无论是启动、转换还是结果输出，都要保证 CE 端为高电平，故 8031 的 $\overline{WR}$、$\overline{RD}$ 端通过与非门与 ADC574 的 CE 端相连。转换结果为高 8 位、低 4 位与 P_0（$P_{0.0}\sim P_{0.7}$）口相连，故 $12/\overline{8}$ 端接地。$\overline{CS}$、A_0、$R/\overline{C}$ 端在读取转换结果时应保持相应的电平，故用 74LS373 锁存后接入。

ADC574 本身的外部电路如图 9.14 所示。STS 转换标志信号，可作为结果输出时的中断请求或状态查询信号。图中采用通过 $P_{1.0}$ 查询转换的状态。

当 CE=1、$\overline{CS}$=0 时启动转换,在启动信号有效前,R/$\overline{C}$ 端必须保持低电平,否则将产生读数据操作。

9.5.4 增量型光电编码器角位移检测接口电路

增量型光电编码器角位移检测接口电路原理图如图 9.15 所示。串接的可逆计数器 74LS192(双时钟)是计数部件。编码器的信号经逻辑电路处理后,得到正、反转两个脉冲序列,它们被分别接至计数器的加、减计数端进行计数。计数器的输出经三态缓冲器 74LS244、74LS245 与 CPU 的数据总线相连。CPU 通过对缓冲器 74LS244 的读操作输入测量值。若在起始位置时计数器被清零,则计数器所计的值正好反映了转轴转角的大小。锁存器 74LS273 的作用是为了对计数器预置数。

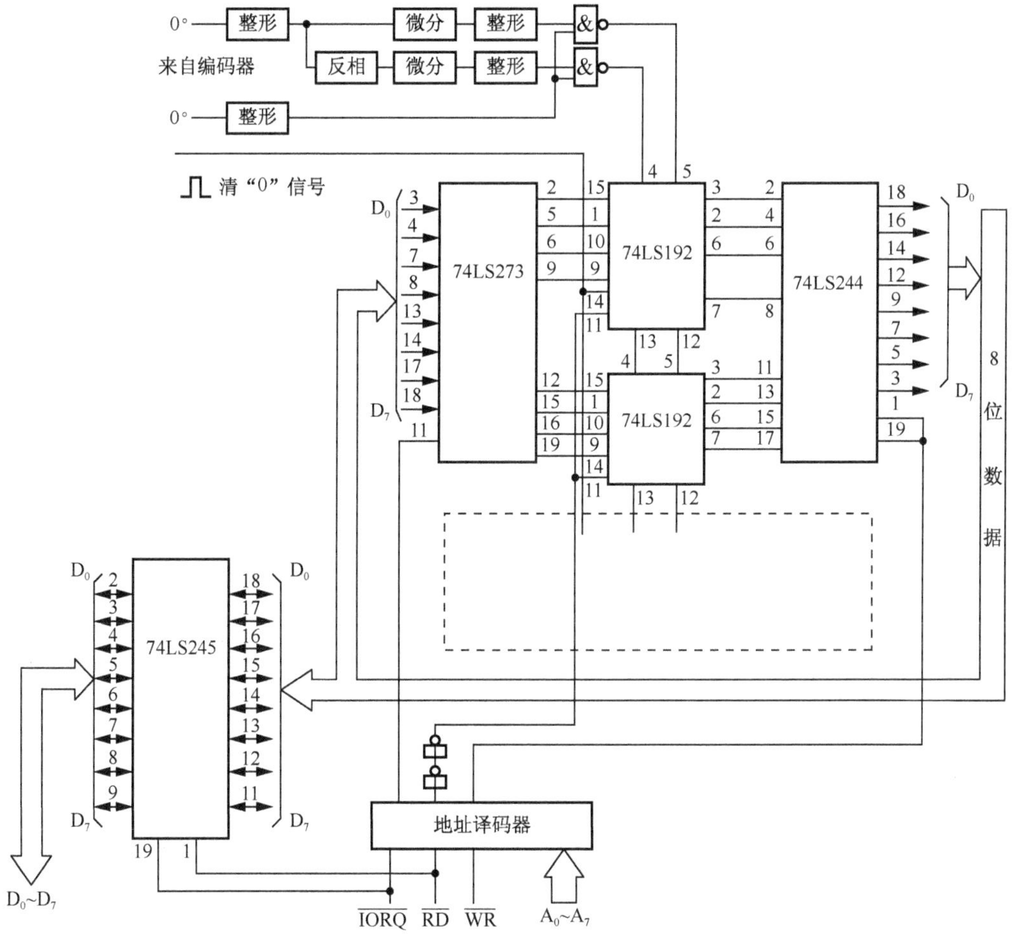

图 9.15 增量型光电编码器角位移检测接口电路原理图

9.5.5 增量型光电编码器测速接口电路

图 9.16 所示为转速测量接口电路,通过给定时间内测得的编码器输出的脉冲数计算相应的转速。该电路利用 8253 可编程计数器/定时器产生采样时间和实现计数。通道 0 对时

基信号（如 2MHz）分频后输出方波。方波的上升沿启动通道 1、2 对正、反转脉冲计数。方波的下降沿停止通道 1、2 的计数，同时经 PIO 的 A 口向 CPU 申请中断。CPU 在中断服务程序中读入计数值、计算转速并判断转向。当方波再次变高时，通道 1、2 又自动重新计数。方波高电平时间为采样时间，它可由 CPU 通过编程设置。另一种测量方法是测出脉冲间隔时间来计算转速。这种测量方法的原理图如图 9.17 所示，它与前一种方法不同之处在于，通道 0 输出方波的高电平时间对应的是脉冲时间间隔，通道 1、2 串接后记录的是此间隔的时间。在测量较高转速时，一般以测多个脉冲间隔来提高精度。

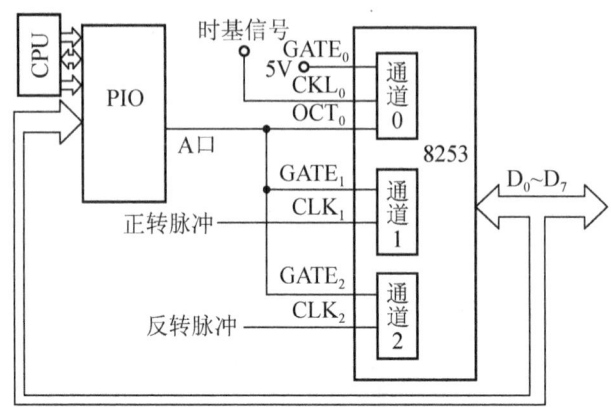

图 9.16　增量型光电编码器转速测量脉冲计数法

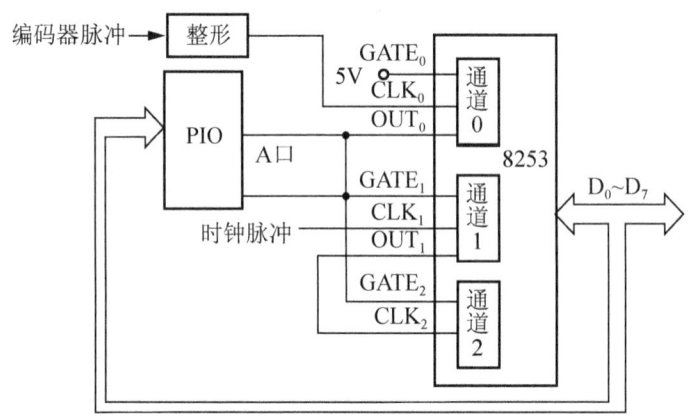

图 9.17　增量型光电编码器测转速的时间间隔法

9.5.6　传感检测系统的显示器及其接口

传感检测系统中使用的显示器主要有 LED（发光二极管显示器）和 LCD（液晶显示器）。这两种显示器成本低，配置灵活，与单片机接口方便。

1. LED 显示器结构原理

LED 属发光二极管半导体器件。常用的是七段 LED。这种显示块有共阴极和共阳极两种，如图 9.18 所示。共阴极是 LED 显示块的发光二极管的阴极共地［图 9.18（a）］，而共阳极 LED 显示块的发光二极管阳极共电源［图 9.18（b）］。根据使用要求除"8"字形外，还可制成"米"字形或"田"字形等，为了显示小数点，多带有显示小数点的数码管

［图 9.18（c）］。通常七段 LED 显示块中有八个 LED，其中七个 LED 构成七笔字形 "8"，一个 LED 构成小数点，故也可叫作八段显示块。

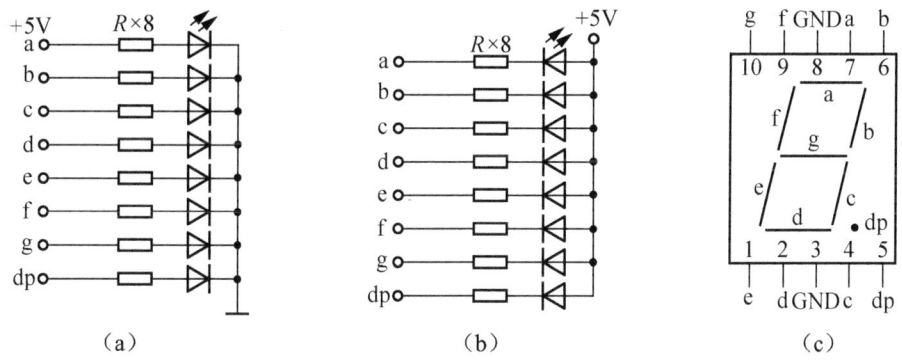

图 9.18　七段 LED 显示块

2．LED 显示器与微机接口

1）LED 的驱动

要保证 LED 有足够的亮度，必须有一定的电流，而 CPU 的驱动能力有限，所以接口中通常需要驱动元件。驱动元件可采用分离的三极管或集成驱动器（如集成双外射驱动器75451、75452 等，吸收电流可达 300mA）。

2）信号的锁存

CPU 通过数据总线送给 LED 的显示控制信号，在数据总线上的保持时间极短。如果不锁存，则 LED 的显示是瞬间的，人眼根本无法分辨。所以需要数据信号锁存器，将 CPU 送来的显示数据锁存，如图 9.19 所示。

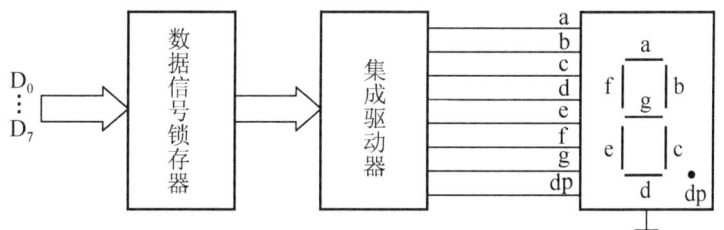

图 9.19　单个七段 LED 数码管与微机接口

3）译码

要想让 LED 数码管显示字符，必须点亮相应的字段，以图 9.19 为例，设图中的七段数码管为共阴极。若要显示 E，则要点亮 a、d、e、f、g 这 5 个字段的 LED，即相应的驱动线为高电平。如果驱动器不反相，则 $D_7 \sim D_0$ 应为 01111001，这个代码称为字符 E 的显示码或字模。同样，其他的字符也有相应的显示码。这些显示码和字符在计算机内部的编码不同，所以需要译码，把显示的数据或字符译成显示码。译码可由硬件或软件完成。硬件可以采用专用的七段译码驱动器实现，例如 CT74247BCD—七段译码器/驱动器，可直接驱动共阳极 VLED 数码管。计算机只要通过锁存器向 74247 输出 4 位要显示数据的 BCD 码即可。

又如，CD4511BCD—七段锁存驱动译码器，内部集成了锁存器、译码器和驱动器，可以驱动共阴极 LED。

软件实现译码的方法实际上是查表的过程。事先将各字符的显示码存放在存储器中一片连续的存储单元内。根据要显示的字符查显示码表。将查到的显示码送 LED 显示器。

检测系统中使用 LED 显示块可构成所需用的 N 位 LED 显示器。图 9.20 所示为 N 位 LED 显示器的构成原理。

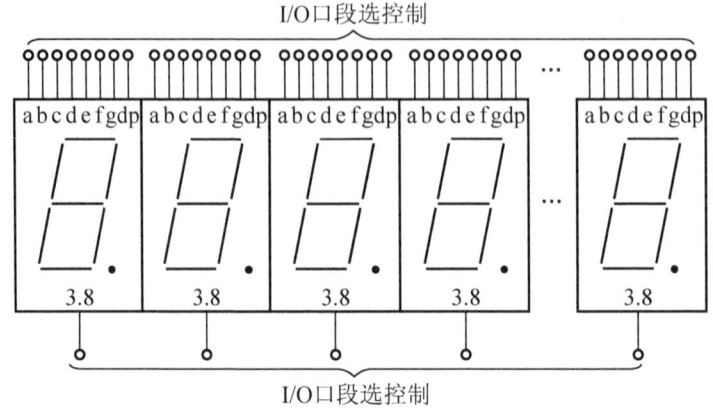

图 9.20 N 位 LED 显示器

N 位 LED 显示器有 N 根位选线和 8N 根段选线。根据不同的显示方式，位选线与段选线的连接方法不同。段选线控制字符选择，位选线控制显示位的亮、暗。

4）LED 的显示

LED 显示控制方法主要有两种：一种是静态显示控制；另一种是动态显示控制。

静态显示控制是当计算机需要显示时，便将要显示的数据送锁存器锁存。锁存器将显示码经驱动器驱动至数码管显示。若没有新数据送显示器，则计算机进行其他工作，而不管显示器。

图 9.21 所示的是采用硬件译码的静态显示控制接口的一个图例。其中 74249 是 4 线七段 BCD 码译码器。用于将单片机输出的四位 BCD 码译成七段显示码，显示码作为八路三态输出锁存器 74LS373 的输入。锁存到哪一个锁存器由地址译码器 74LS138 选择。选中哪一个，相应位的数码管便显示出送出来的数据。图中有 8 位数码管，每个数码管占用一个端口地址。显然，该方法在单片机不需更新显示内容时，显示器便可稳定显示已锁存的数据。

图 9.21 中的译码器 74249 如去掉，直接将单片机 P_1 口的数据线 $P_{1.6}$～$P_{1.0}$ 接锁存器输入端，便是软件译码的静态显示控制接口。这时，单片机经 P_1 口送出的必须是显示代码。

静态显示控制的接口由于每一位数码管都需一个锁存器和驱动器，所以硬件较复杂，图中给出的锁存器和驱动器都是单独的集成芯片。如果采用 CD4511，则电路设计简单，体积也小，因为 CD4511 集成了译码器、锁存器和驱动器。

动态显示控制采用扫描方式。这种方式中各位的段驱动及其位驱动可分别共用一个锁存器。为了防止各位数码管同时显示一个字符，需控制显示位。需要哪位显示，便使哪位导通。某位显示一段时间后，便关断该位，计算机送另一位要显示的数据，并选通相应的显示位。反复重复上述过程，各位数码管便轮流显示。但由于有关断开过程，所以如果轮流间隔时间太长，会发生闪烁，因此需要限制间隔时间。一般每个显示器每秒显示 50 次，由于人眼的视觉有暂留现象，便不会感觉到闪烁。扫描过程可以采用按位扫描和按字段扫描。在显示器位数较少时，多采用按位扫描。当显示器位数超过一定位数时，由于轮流太快，通过一个显示器的平均电流下降，造成显示器的亮度下降，这时可采用按字段扫描方式。动态显示也可采用软译码或硬译码方式。

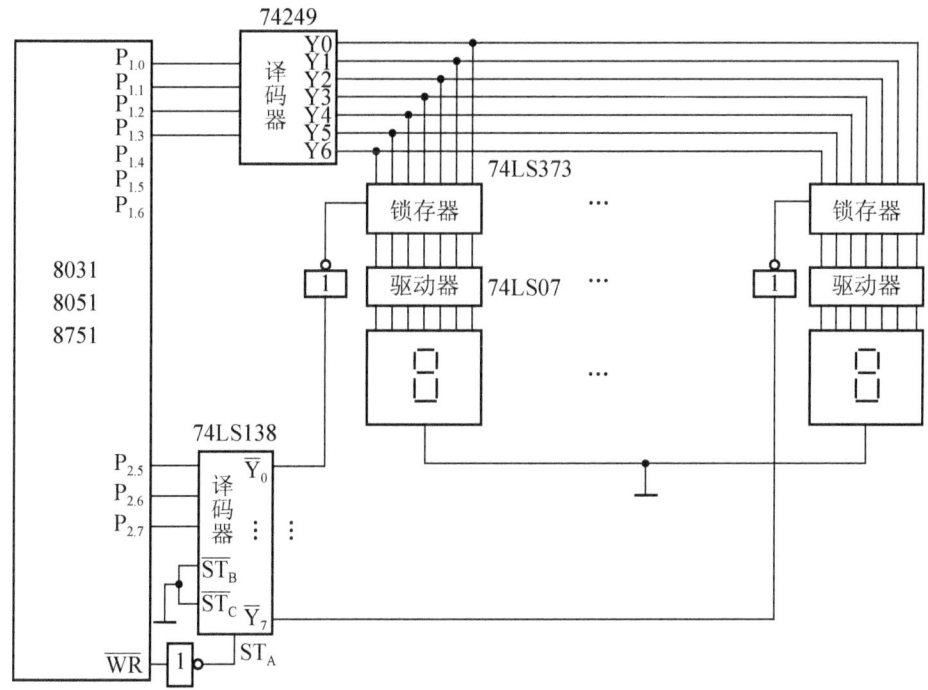

图 9.21 硬件译码静态显示接口

图 9.22 所示为 MCS-51 系列单片机采用动态显示控制的接口电路。显示芯片采用的是 8155 接口芯片。显示码由 8155PA 口输出。采用软件译码，段驱动器采用 74LS07 同相驱动器，非门用做位选择驱动器。

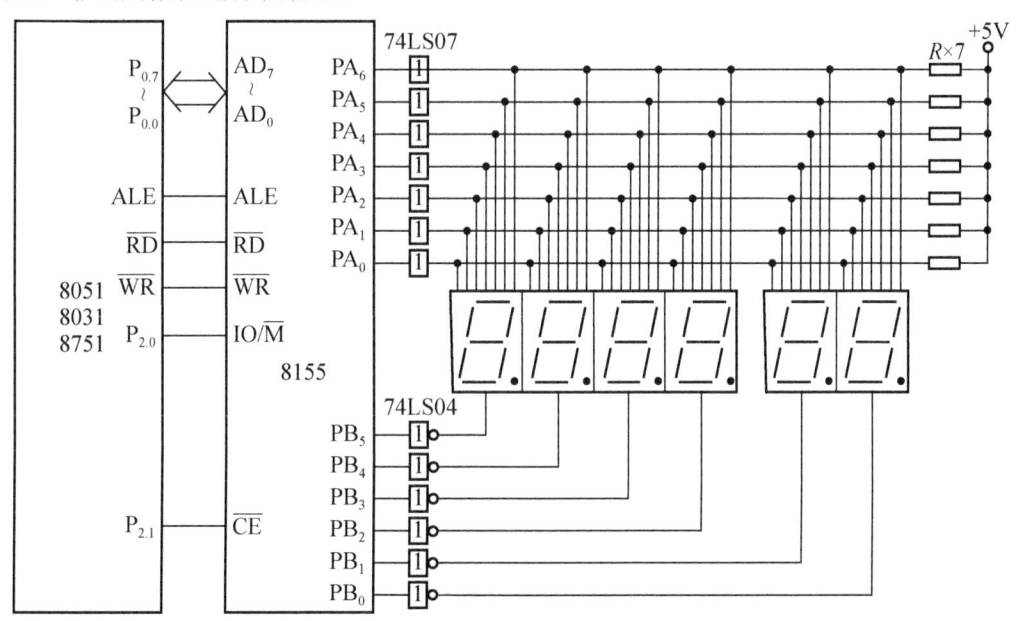

图 9.22 单片机动态显示控制接口电路

上述动态显示控制和静态显示相比，要占用大量 CPU 时间，但硬件电路一般比静态电路简单。如果不希望占用 CPU 太多时间，最好采用静态显示控制。

3. LCD（液晶显示器）的微机接口

液晶显示器是一种低功耗器件，在智能化仪表或低功耗检测系统中应用较广。如图 9.23 所示，LCD（Liguid Crystal Display）是在上下玻璃电极之间封入向列型液晶材料，液晶分子平行排列，上下扭曲 90°，外部入射光线通过偏振片后形成偏振光，该偏振光通过平行排列的液晶材料后被旋转 90°，再通过与上偏振片垂直的下偏振片，被反射板反射回来，呈透明状态；当上下电极加上一定的电压后，电极部分的液晶分子转成垂直排列，失去旋光性，从上偏振片入射的偏振光不被旋转，光无法通过下偏振片返回，因而呈黑色。根据需要，将电极做成各种文字、数字、图形，就可显示各种状态。

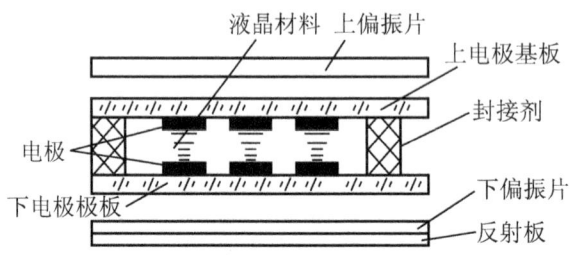

图 9.23　液晶显示器结构原理

液晶显示器的驱动方式由电极引线的选择方式确定，一般有静态驱动和时分割驱动两种。

静态驱动是利用字段上下两个电极的电压相位相同时，两电极的相对电压为零，该字段不显示。当此字段上下两个电极的电压相位相反时，两电极间的相对电压为两倍幅值方波电压，该字段呈黑色显示。图 9.24 所示为七段液晶显示器的电极配置和驱动电路原理图。

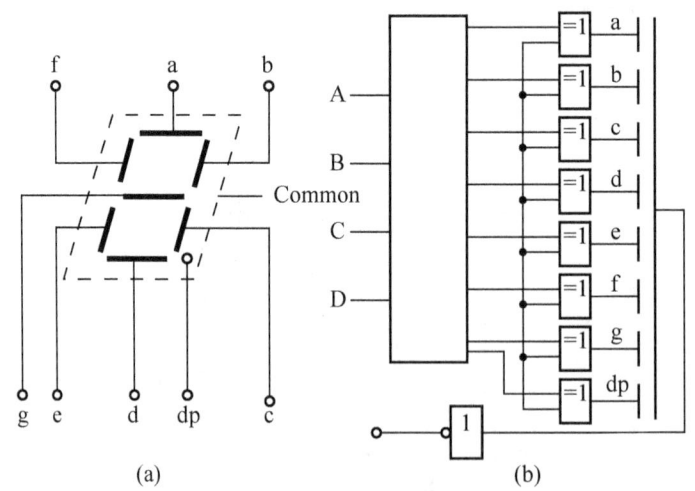

图 9.24　七段 LCD 显示电路原理图

当显示字段增多时，为减少引出线和驱动回路数，需要采用时分割驱动方式。该驱动方式通常采用电压平均化法，其占空比有 1/2、1/8、1/11、1/16、1/32、1/64 等。如果八位

LCD 显示器按占空比为 1/3 进行时分割驱动，只需 27 个驱动回路，若用静态驱动则需要 65 个驱动电路。

图 9.25 为 6 位 LCD 静态显示接口电路。所用 LCD 显示屏的背极 BP 由 4047 构成的振荡电路提供方波信号。4056 为 BCD—七段译码/驱动器，6 个 4056 由 4514 构成的译码器轮流选通。4514 为 4-16 译码器，高电平输出有效，将 D 端接地。8031 单片机的 $P_{1.4}$、$P_{1.5}$、$P_{1.6}$ 分别与 A、B、C 相连，形成 3-8 译码。$P_{1.7}$ 与 IBT 脚输出允许端相连，以控制有效输出。4054 都具有锁存功能，故该显示电路可实现静态显示。4514 输出的高电平选通信号控制 4056、4054 进行数据锁存。该接口电路十分简单，只需要一个 8 位并行 I/O 口即可，图中选用 P_1 口，也可改用扩展 I/O 口，要改为 8 位显示只要增加两片 4056、4514 改为 4-16 译码接法即可。

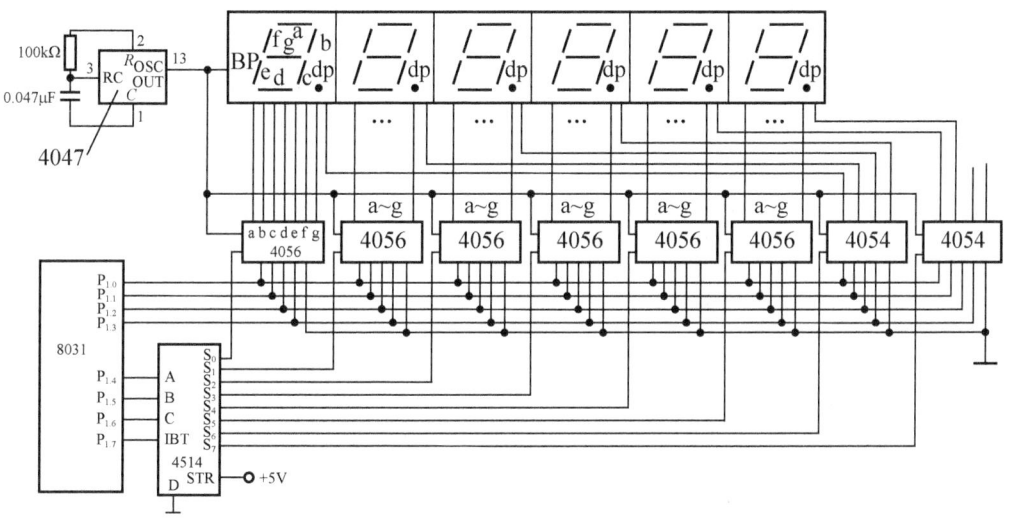

图 9.25　6 位 LCD 静态驱动的微机接口电路

9.6　综合实训：检测霍尔传感器的直流激励特性

实训目标

检测霍尔传感器的直流激励特性。

实训要求

（1）通过实训进一步认识霍尔效应原理。
（2）了解霍尔传感器的工作原理及测量静态位移的方法。
（3）掌握霍尔传感器的实训方法，分析其特性（灵敏度、线性度）。

实训原理

霍尔元件是根据霍尔效应原理制成的磁电转换元件，当霍尔元件位于由两个环形磁钢组成的梯度磁场中时就成了霍尔位移传感器。

霍尔元件通以恒定电流时，就有霍尔电势输出，霍尔电势的大小正比于磁场强度（磁场位置），当所处的磁场方向改变时，霍尔电势的方向也随之改变。

若令霍尔元件的工作电流保持不变，而使其在一个均匀梯度磁场中移动，它输出的霍尔电压 V_H 值只由它在该磁场中的位移量 Z 来决定，如图 9.26 所示。图中画出了三种产生梯度磁场的磁系统及其与霍尔器件组成的位移传感器的输出特性曲线，将它们固定在被测系统上，可构成霍尔微位移传感器。

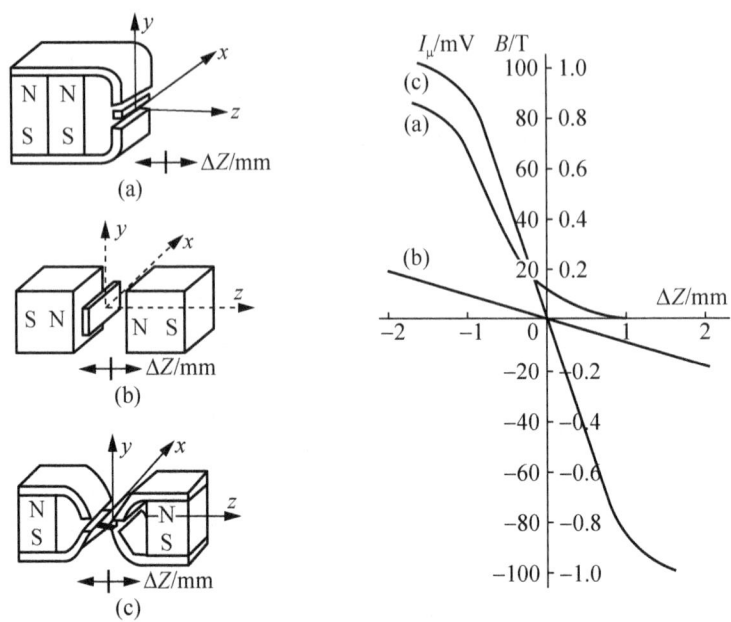

图 9.26　几种产生梯度磁场的磁系统和几种霍尔位移传感器的静态特性

从曲线可见，结构［图 9.26（b）］在 $Z<2$mm 时，V_H 与 Z 有良好的线性关系，且分辨力可达 1μm，结构［图 9.26（c）］的灵敏度高，但工作距离较小。

用霍尔元件测量位移的优点很多，如惯性小、频响快、工作可靠和寿命长等。以微位移检测为基础，可以构成压力、应力、应变、机械振动、加速度、重量、称重等霍尔传感器。

霍尔位移传感器的实训电路图如图 9.27 所示。

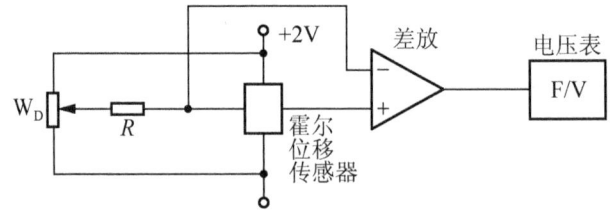

图 9.27　霍尔传感器的实训电路图

实训所需部件

霍尔传感器、直流稳压电源（2V）、霍尔传感器实训模块、电压表、测微仪。

实训步骤

（1）差动放大器调零，增益为 10 倍左右。

（2）连接主机与实训模块电源及传感器接口，确认霍尔元件直流激励电压为 2V，另一激励端接地，实训接线如图 9.27 所示。

（3）上下移动振动台，并调节差动放大器增益和电桥直流电位器 W_D，使电压表双向指示为最大，且基本对称。

（4）用螺旋测微仪调节振动平台，使霍尔元件置于梯度磁场中间，并调节电桥直流电位器 W_D，使输出为零。

（5）从中点开始，调节螺旋测微仪，上下移动霍尔元件各 5mm，每变化 1mm 读取相应的电压值，并记入表 9-2 中。

（6）做出 V-X 曲线，求得灵敏度和线性工作范围。如出现非线性情况，请查找原因。

表 9-2　霍尔元件位移变化电压值

位移/mm	-5	-4	-3	-2	-1	0	1	2	3	4	5
电压/V						Q					

注意事项

（1）直流激励电压只能是 2V，不能接±2V（4V），否则锑化铟霍尔元件会烧坏。

（2）为提高线性度和灵敏度，霍尔片应全部处于梯度磁场。

习　题

1．传感检测系统的组成部分有哪些？
2．检测系统的组成原理及每一环节的作用是什么？
3．包含信号处理功能的检测系统框图是怎样的？
4．信号处理的目的是什么？
5．基本数据采集系统包括哪些组成部分？
6．多路数据采集系统分为哪几种，分别有什么特点？
7．简述分步式数据系统的特点。
8．简述传感器网络的作用。
9．传感器网络信息交换体系包括哪些？
10．请说明 OSI 参考模型的层次结构。

项目 10

传感器在机电一体化系统中的应用

教学目标

了解传感器在机电一体化系统中的应用现状及发展情况；掌握传感器在工业机器人、CNC 机床加工中心、汽车机电一体化和家用电器中的应用实例。

教学要求

知识要点	能力要求	相关知识	权重
传感器在工业机器人中的应用	零位和极限位置的检测、位移量的检测、速度、加速度的检测、外部信息传感器在电弧焊机器人中的应用	多传感器融合配置技术、极限位置的检测	40%
传感器在 CNC 机床与加工中心中的应用	传感器在位置反馈系统、速度反馈系统中的应用	闭环控制原理、电动机动态性能	20%
传感器在汽车机电一体化中的应用	汽车用传感器、传感器在发动机、汽车空调系统、公路交通系统中的应用	线控驱动、发动机的计算机控制系统	20%
传感器在家用电器中的应用	电子灶的湿度、气体、温度传感器控制	分子气体、热电式红外技术	20%

项目 10 传感器在机电一体化系统中的应用

项目导读

机电一体化技术是在信息论、控制论和系统论的基础上建立起来的综合技术。其实质是从系统观点出发，运用过程控制原理，将机械、电子与信息、检测等相关技术进行有机组合，实现整体最佳化。

机电一体化从根本上改变了机械设备的面貌。在各种机械设备中，微机作为它的大脑，取代了常规的控制系统。机械结构是其主体和躯干，各种传感器和仪表是其感官，它们感受各种机械参数的变化，并反馈到大脑（微机）中，各种执行机构则是它的手足，用以完成机械设备所必需的动作。

一个完整的机电一体化系统，一般包括微机、传感器、动力源、传动系统和执行机构等部分。传感器是机电一体化系统（或产品）发展的重要技术之一。机电一体化系统所用传感器的种类很多，大致分类如图 10.1 所示。

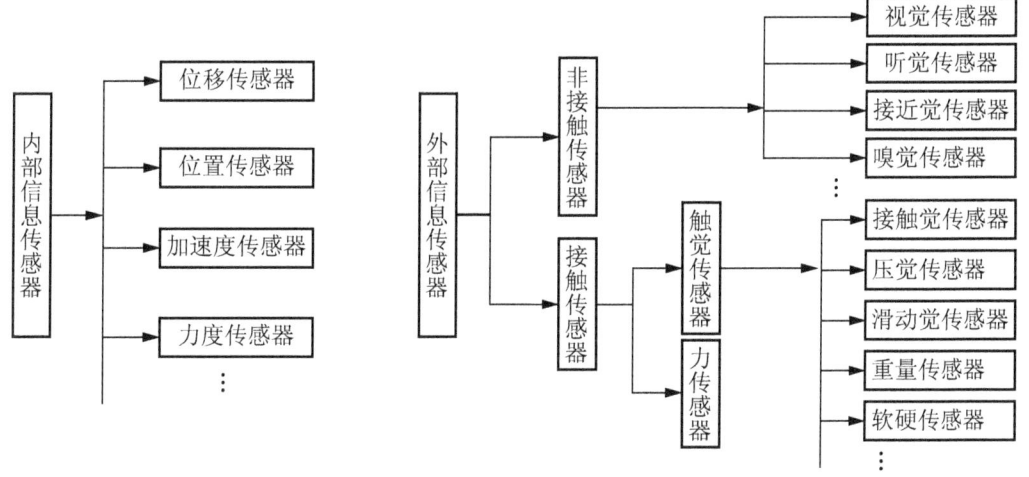

图 10.1　机电一体化系统（或产品）用传感器分类

10.1　传感器在工业机器人中的应用

工业机器人（Industrial Robot.IR）由操作机（机械本体）、控制器、伺服驱动系统和检测传感装置构成，是一种仿人操作、自动控制、可重复编程、能在三维空间完成各种作业的机电一体化自动化生产设备，如图 10.2 所示。特别适合于多品种、变批量的柔性生产。它对稳定、提高产品质量，提高生产效率，改善劳动条件和产品的快速更新换代起着十分重要的作用。它们在必要情况下配有传感器，其动作(包括灵活的转动)都是可编程控制的（即在工作过程中，无须任何外力的干预）。它们通常配有机械手、刀具或其他可装配的加工工具，并能够执行搬运操作与加工制造等任务。

工业机器人的准确操作取决于对自身状态、操作对象及作业环境的准确认识。这种准确认识均通过传感器的感觉功能实现。工业机器人除采用传统的位置、位移、速度和加速

291

度等传感器外,装配、焊接机器人还应用了激光传感器、视觉传感器和力传感器,并实现了焊缝自动跟踪和自动化生产线上物体的自动定位以及精密装配作业等,大大提高了机器人的作业性能和对环境的适应性。而遥控机器人则采用视觉、声觉、力觉和触觉等多种传感器的融合技术来进行环境建模及决策控制。多传感器融合配置技术在产品化系统中已有成熟的应用。

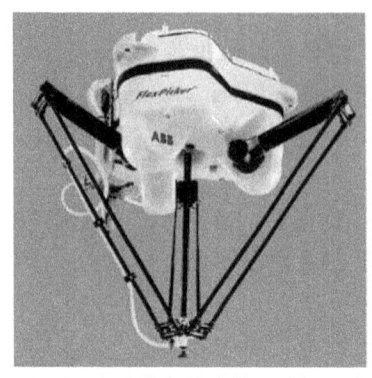
(a) 用于自动化包装线的工业机器人

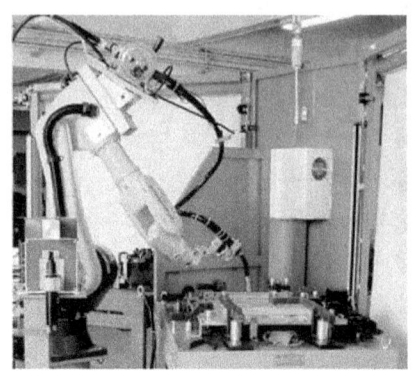
(b) 用于维修的工业机器人

图 10.2 应用传感器的工业机器人

工业机器人的内部测量功能定义为测量机器人自身状态的功能,所谓内部传感器就是实现该功能的元件,具体检测的对象有关节的线位移、角位移等几何量,速度、角速度、加速度等运动量,还有倾斜角、方位角、振动等物理量。对各种传感器要求精度高、响应速度快、测量范围宽。内部传感器中的位置传感器和速度传感器是当今机器人反馈控制中不可缺少的元件。现已有多种传感器大量生产,但倾斜角传感器、方位角传感器及振动传感器等用做机器人内部传感器时间不长,其性能尚需进一步改进。

10.1.1 零位和极限位置的检测

零位的检测精度直接影响工业机器人的重复定位精度和轨迹精度,极限位置的检测则起保护机器人和安全动作的作用,许多工业机器人微操作机构是靠材料弹性变形来实现微动的。如果材料的变形超出了弹性极限,便会断裂,因此有必要设置极限位置的限位机构加以保护。

工业机器人常用的位置传感器有接触式微动开关、精密电位计,或非接触式光电开关、电涡流传感器。通常在机器人的每个关节上各安装一种接触式或非接触式传感器及与其对应的死挡块。在接近极限位置时,传感器先产生限位停止信号,如果限位停止信号发出之后还未停止,由死挡块强制停止。当无法确定机器人某关节的零位时,可采用位移传感器的输出信号确定。

特别提示

利用微动开关、光电开关、电涡流等传感器确定零位,是零位固定性的特点。当传感器位置调好后,此关节的零位就确定了,若要改变,则必须重新调整传感器的位置。而用电位计或位移传感器确定零位时，不需要重新调整位置，只要在计算机软件中修改零位参数即可。

10.1.2 位移量的检测

位移传感器一般都安装在机器人各关节上，用于检测机器人各关节的位移量，作为机器人的位置控制信息。选用时应考虑到安装传感器结构的可行性以及传感器本身的精度、分辨率及灵敏度等。机器人上常用的位移传感器有旋转变压器，差动变压器，感应同步器，电位计，光栅、磁栅、光电编码器等。如光栅位移传感器具有很高的测量精度及分辨率，而且抗干扰能力强，易于实现机器人的动态测量。

关节型机器人大多采用光电编码器。例如，采用光电增量码盘经过处理后的信号是与关节转角角度成一定关系式的脉冲数，计算机在确定零位和正、负方向后，只要记录脉冲数就可以得到关节转角的角位移值。如果将它安装在关节的末端转轴上，则可以对该关节进行闭环控制，理论上可以获得较高的控制精度，但其对传感器的分辨力要求高。

因此，在实际应用中由于刚性原因，位移传感器多与驱动元件同轴，此时传感器的脉冲当量（不考虑细分）为 $360°/(ni)$，（n 为码盘的每转脉冲数，i 为电动机到该关节转轴的总传动比）。显然分辨率提高了 i 倍（但传动比的准确性影响检测精度）。传动系统的间隙可以采取适当措施，使其限制在规定的要求内。

直角坐标机器人中的直线关节或气动、液压驱动的某些关节采用线位移传感器。用于检测直线运动的线位移传感器的精度和分辨力，将按 1∶1 的比例影响机器人末端的定位精度。因此，选择时要考虑机器人的精度要求和行程。

10.1.3 速度、加速度的检测

机器人中使用速度传感器是为实现机器人各关节的速度闭环控制。在用直流、交流伺服电动机作为工业机器人驱动元件时，一般采用测速发电机作为速度的检测器。它与电动机同轴，电动机转速不同时，输出的电压值也不同，将其电压值输入到速度控制闭环反馈回路中，以提高电动机的动态性能。

也可以用位移传感器代替速度传感器，此时必须对位移进行时间微分。如利用光电码盘代替速度传感器时，在单位时间内的脉冲数即为速度。利用频率电压转换器将光电码盘的脉冲频率转换成电压值，输入给伺服电动机的伺服系统中的速度反馈回路。

加速度传感器被用于机器人中关节的加速度控制。有时为了抑制振动而在关节上进行检测，将测到的振动频率、幅值和相位输入计算机。然后在控制环节中叠加一个与此频率相同，幅值相等而相位相反的控制信号用于抑制振动。

10.1.4 外部信息传感器在电弧焊机器人中的应用

图 10.3 所示为其应用之一。在垂直于坡口槽面的上方安装一个窄缝光发射器,在斜上方用视觉传感器摄取坡口的 V 形图像,该 V 形图像的下端就是坡口的对接部位,求出其位置就可控制机器人焊枪沿着坡口对接部位移动,进行焊接。这种方法最重要的两点:需要不易被沾污、可靠性好的视觉传感器;正确、快速地得到消除噪声的图像。

图 10.4(a) 是用 32×32 点状图像视觉传感器得到的原图像;图 10.4(b) 为二值化处理后的图像;图 10.4(c) 为用特殊处理回路处理后的图像。图 10.5 为采用磁性接近觉传感器跟踪坡口槽的方法。在坡口槽上方 4 个接近觉传感器获取坡口槽位置信息,通过计算机处理后实时控制机器人焊枪跟踪坡口槽进行焊接。

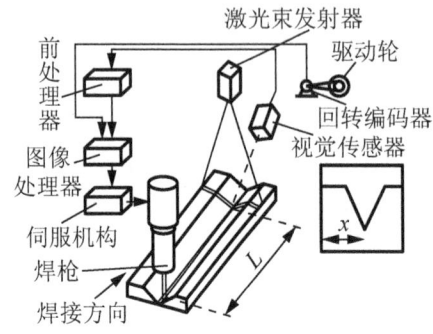

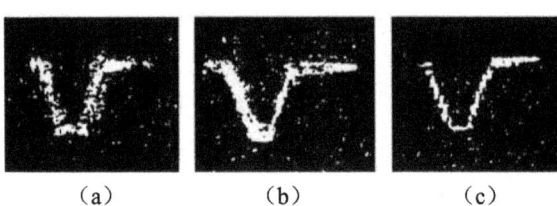

图 10.3 用视觉传感器跟踪坡口槽系统   图 10.4 弧焊时坡口槽的实时图像处理

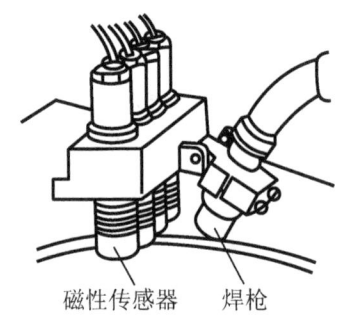

图 10.5 用接近觉传感器跟踪坡口槽

触觉传感器无论装设在机器人本体(腕、手爪)或是安装在机器人的操作台上,都必须通过硬件和软件与机器人有效结合,形成协调的工作系统。利用触觉传感器最多的是通过触觉确认对象物体的位置从而修正手爪的位置以便能准确地抓住对象物体。图 10.6(a) 表示操作器在某一范围内进行搜索的一种方法。操作器在横向用单位量向前进行搜索,搜索中,当操作器的手爪同对象物体接触时,触觉即有输出,同时停止操作器的搜索,转移到抓取对象物体的控制。这种控制,一方面监控触觉产生的输出,另一方面后退、横移并转到抓取动作。图 10.6(d) 即可表示这种情形,图 10.6(b)、图 10.6(c) 表示圆状搜索的情形。

项目 10 传感器在机电一体化系统中的应用

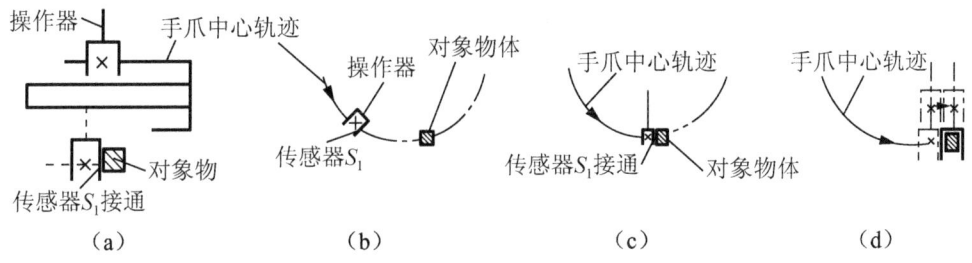

图 10.6 通过触觉搜索确认对象物的位置

操作器抓取对象物时，重要的是手爪同对象物体的位置关系，如图 10.7（a）所示，对象物体同手爪的左侧接触时，应该进行手爪的动作的修正。即当构成触觉的各传感器的输出满足公式 $(L_1 \cup L_2) \cap (\overline{R_1} \cup \overline{R_2}) = 1$ 时，向图 10.7（a）的 R_1 箭头方向移动单位量，使之被校正，如图 10.7（b）所示。

当手爪如图 10.8 所示抓取对象物体时，应该校正手爪的姿势。在图 10.8（a）的场合，公式 $L_{2U} \cap \overline{L_{2D}} \cap \overline{R_{2U}} \cap R_{2D} = 1$ 成立时，按照图 10.8（a）的 R_2 箭头方向校正姿势，使对象物体和手爪如图 10.8（b）所示保持平行关系。由这种状态转到抓握动作，手爪就能准确地抓住对象物体。

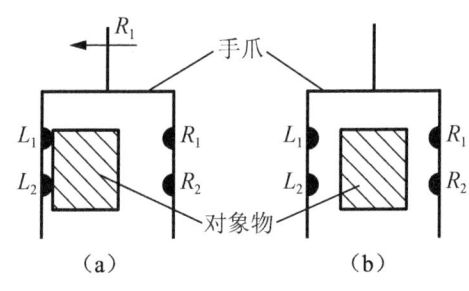

图 10.7 手爪的位置修正

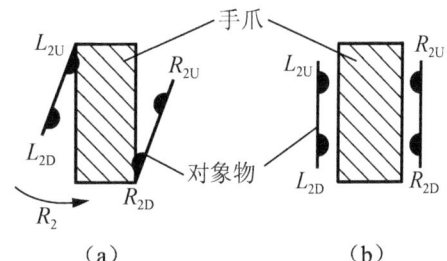

图 10.8 手爪的姿势校正

10.2 传感器在 CNC 机床与加工中心中的应用

计算机数字控制（Computer Numbericaled Control，CNC）机床（简称数控机床）和加工中心（Machining Center，MC）是由计算机控制的多功能自动化机床。

针对车削、铣削、磨削、钻削和刨削等金属切削加工工艺及电加工、激光加工等特种加工工艺的需求，开发了各种门类的数控加工机床。模具制造常用的数控加工机床也包含数控铣床、数控电火花成型机床、数控电火花线切割机床、数控磨床和数控车床等。

数控机床通常由控制系统、伺服系统、检测系统、机械传动系统及其他辅助系统组成。控制系统用于数控机床的运算、管理和控制，通过输入介质得到数据，对这些数据进行解释和运算并对机床产生作用。伺服系统的作用是把来自数控装置的脉冲信号转换成机床移动部件的运动，它根据控制系统的指令驱动机床，使刀具和零件执行数控代码规定的运动。检测系统则是用来检测机床执行件（工作台、转台、滑板等）的位移和速度变化量，并将检测结果反馈到输入端，与输入指令进行比较，根据其差别调整机床运动。机床传动系统是由进给伺服驱动元件至机床执行件之间的机械进给传动装置。辅助系统种类繁多，如固定循环系统（能进行各种多次重复加工）、自动换刀系统（可交换指定刀具）、传动间隙补偿系统（补偿机械传动系统产生的间隙误差）等。

数控机床多为闭环控制。要实现闭环控制，必须由传感器检测机床各轴的移动位置和速度，进行位置数显、位置反馈和速度反馈，以提高运动精度和动态性能。在大位移量中，常用的位移传感器有感应同步器、光栅和磁尺等。

10.2.1 传感器在位置反馈系统中的应用

在机床 x 轴、y 轴和 z 轴的闭环控制系统中，按传感器安装位置的不同有半闭环控制和全闭环控制，按反馈信号的检测和比较方式不同有脉冲比较伺服系统、相位比较伺服系统和幅值比较伺服系统。

图 10.9 所示为半闭环脉冲比较伺服系统框图。它采用安装在传动丝杠一端的光电编码器产生位置反馈信号 P_F，与指令脉冲 F 比较，以取得位移的偏差信号 e 进行位置伺服控制。

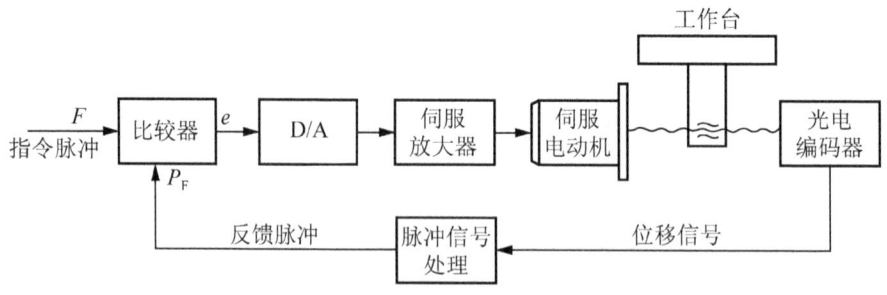

图 10.9 半闭环脉冲比较系统框图

图 10.10 所示为全闭环脉冲比较伺服系统的框图。它采用的传感器虽有光栅、磁栅等不同形式，但都安装在工作台上，直接检测工作台的移动位置。检测出的位置信息反馈到比较环节，只有当反馈脉冲 $P_F=F$ 时，即 $e=P_F-F=0$ 时，工作台才停止在所规定的指令位置上。

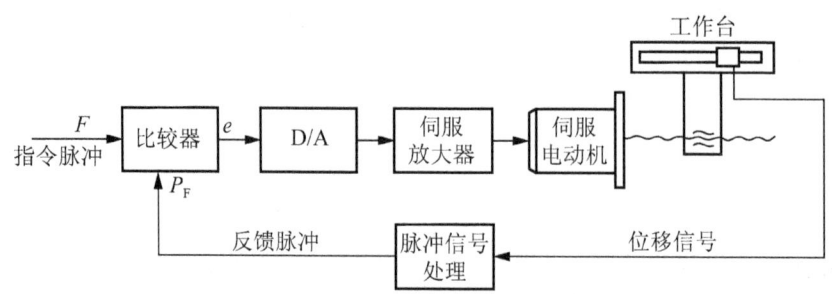

图 10.10 全闭环脉冲比较伺服系统框图

当采用的传感器为旋转变压器和感应同步器时，要采用闭环幅值比较和相位比较伺服控制方式。

10.2.2 传感器在速度反馈系统中的应用

图 10.11 所示为由测速发电机检测电动机转速进行速度反馈的伺服系统框图。图中位置传感器为光电编码器，其检测的位移信号直接送给 CNC 装置进行位置控制，而速度信号则直接反馈到伺服放大器，以改善电动机的动态性能。

图 10.12 所示为用光电编码器 PE 同时进行速度反馈和位置反馈的半闭环控制系统原理图。光电编码器将电动机转角变换成数字脉冲信号，反馈到 CNC 装置进行位置伺服控制。又由于电动机转速与编码器反馈的脉冲频率成比例，因此采用 F/V（频率/电压）变换器将其变换为速度电压信号就可以进行速度反馈。

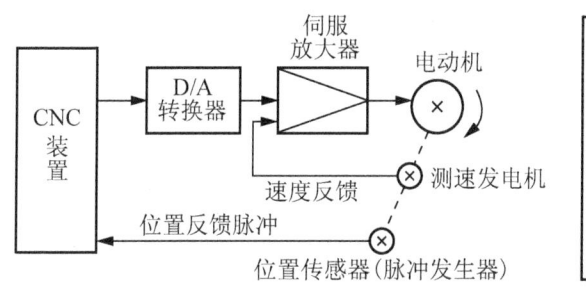

图 10.11 测速发电机速度反馈伺服系统　　图 10.12 光电编码器速度反馈和位置反馈伺服系统

10.3 传感器在汽车机电一体化中的应用

随着微电子技术和传感器技术的应用，汽车的机电一体化使汽车焕然一新。当今对汽车的控制已由发动机扩大到整车，如实现自动变速换挡、防滑制动、雷达防碰撞、自动调整车高、全自动空调、自动故障诊断及自动驾驶等。

自动驾驶技术是主动式安全电子学（ASE）合乎逻辑的发展方向。在 ASE 中，通过传感器和算法来预测事故，并在车辆的物理和动力限制内主动避免事故。自主式车辆需要部署多个传感器和电子子系统，用来实现启动、驾驶、操纵、导航、刹车和停车等。

汽车机电一体化的中心内容是以微机为中心的自动控制系统取代原有纯机械式控制部件，从而改善汽车的性能，增加汽车的功能，汽车降低油耗，减少排气污染，提高汽车行驶的安全性、可靠性、操作性和舒适性。

在汽车应用中，最新的前沿技术是"线控驱动（Drive by Wire）"。该技术可通过各种传感检测系统实现自动操纵，让计算机来驾驶汽车。许多驾驶员甚至没有意识到汽车中已经内置了线控驱动技术。例如，由于需要混合协同驱动，几乎所有的混合动力汽车都使用了线控驱动技术。包括宝马、奔驰、奥迪、保时捷、兰博基尼、法拉利、美洲虎、沃尔沃、斯巴鲁、凌志、大众和丰田在内，许多汽车 OEM 都已推出了线控驱动技术。

汽车行驶控制的重点如下。

（1）汽车发动机的正时点火、燃油喷射、空燃比和废气再循环的控制，使燃烧充分、减少污染、节省能源。

（2）汽车行驶中的自动变速和排气净化控制，以使其行驶状态最佳化。

（3）汽车的防滑制动、防碰撞，以提高行驶的安全性。

（4）汽车的自动空调、自动调整车高控制，以提高其舒适性。

10.3.1 汽车用传感器

现代汽车发动机的点火时间和空燃比已实现用微机控制系统进行精确控制。例如，美国福特汽车公司的电子式发动机控制系统（EEC，见图10.13），日本丰田汽车公司发动机的计算机控制系统（TCCS，见图10.14）。从而可以看出，在控制系统中，必不可少地使用了曲轴位置传感器、吸气及冷却水温度传感器、压力传感器、氧气传感器等多种传感器。

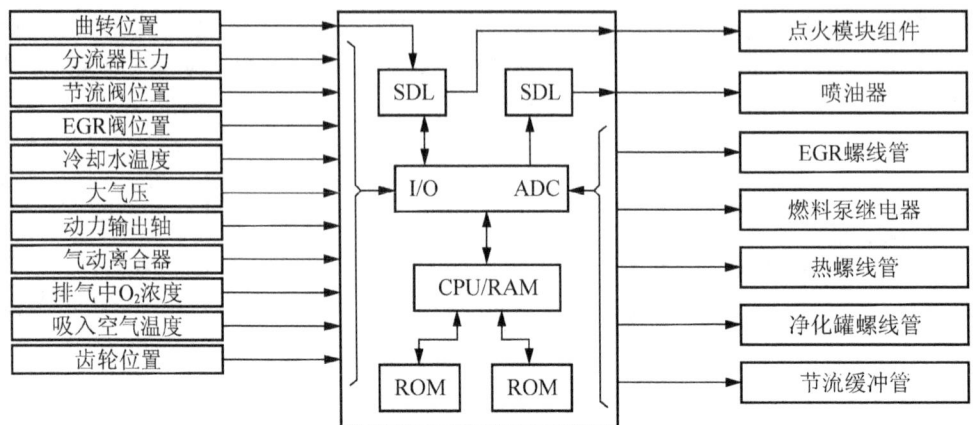

SDL-火花放电逻辑　IDL-综合数据逻辑　EGR-废气再循环

图 10.13　EEC 框图

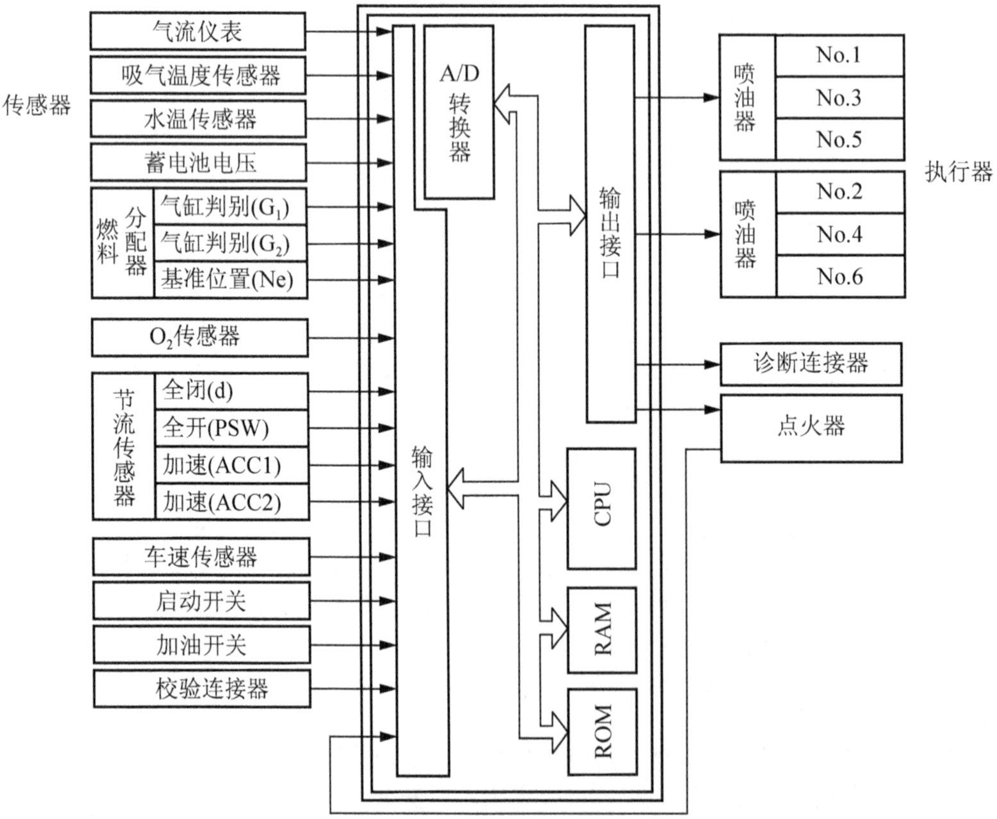

图 10.14　FCCS 框图

发动机控制用传感器的精度多以%数表示,这个%数值必须在各种不同条件下满足燃料经济性指标和排气污染指标的规定。

控制活塞式发动机,基本上就是控制曲轴的位置。利用曲轴位置传感器可测出曲轴转角位置,计算点火提前角,并用微机计算出发动机转速,其信号以时序脉冲形式输出。

燃料供给信号可以用两种方法获得。一种是直接测量空气的质量流量;另一种是检测曲轴位置,再由岐管绝对压力(MAP)和温度计算出每个气缸的空气量。燃料控制环路多采用第二种方法,或采用测量空气质量流量的方法。因此 MAP 传感器和空气质量流量传感器都是重要的汽车传感器。

MAP 传感器有膜盒线性差动变换传感器、电容盒 MAP 传感器和硅膜压力传感器。在空气流量传感器中,离子迁移式、热丝式、叶片式传感器是真正的空气质量流量计。涡流式、涡轮式用来测量空气流速,需把它换算成质量流量。为算出恰当的点火时刻,需要检测曲轴位置的指示脉冲、发动机转速和发动机负荷三个参量。其中,发动机负荷可用岐管负压换算。

在美国的发动机控制系统中,虽然前两个参量均用曲轴转角位置传感器测量,但控制环路的组成方法不同。有的系统直接测量岐管负压,有的系统用类似 MAP 传感器的传感器测量环境空气压力(AAP),用减法算出岐管负压。后者可用准确的环境空气压力完成海拔高度修正,以便对燃料供给和废气再循环(EGR)环路进行微调。

在点火环路中,岐管负压信号响应要快,但准确度并不需要 MAP 和 AAP 那么高。过去的火花点火发动机在很宽的空燃比范围内工作,因而并不要求计算化学当量。由于汽车排气标准的确定,需从根本上改进发动机的工作情况。为此,很多汽车采用了一种三元催化系统。三化催化剂只有在废气比例较小时,才能有效地净化 HC、CO 和 NO_2。所以,发动机必须在正确计算化学当量的±7%范围内工作。

带催化剂的发动机可看做气体发生器,按要求需在燃料供给环路中加装氧环路,这一环路的关键传感器是氧传感器,它可以检测废气中是否存在过剩的氧气。氧化锆-氧传感器和二氧化钛-氧传感器可以完成此任务。

为了确定发动机的初始条件或随时进行状态修正,还需使用一些其他的传感器,如空气温度传感器、冷却水温度传感器等。在最近生产的汽车中,还装有爆振传感器。涡轮增压发动机在中速或高负荷状态下,振动较大,从而带来许多问题。安装爆振传感器后,当振动超过某一限度时,自动推迟点火时间,直至振动减弱为止。即发动机在无激烈振动时提前点火,并找出最佳超前量。机械共振传感器、带通振动传感器和磁致伸缩传感器可以提供这种振动信息。

为了提高汽车行驶的安全性、可靠性、操纵性及舒适性,还采用了非发动机用传感器,如表 10-1 所示。工业自动化领域用的各类传感器直接或稍加改进,即可作为汽车非发动机用传感器使用。

表 10-1 非发动机用汽车传感器

项　　目	传　感　器
防打滑的制动器	对地速度传感器、车轮转数传感器
液压转向装置	车速传感器、油压传感器

续表

项　　目	传　感　器
速度自动控制系统	车速传感器、加速踏板位置传感器
轮胎	压力传感器
死角报警	超声波传感器、图像传感器
自动空调	室内温度传感器、吸气温度传感器、风量传感器、湿度传感器
亮度自动控制	光传感器
自动门锁系统	车速传感器
电子式驾驶	磁传感器、气流速度传感器

特别提示

随着汽车电子化的发展，自动化程度越高，对上述传感器的依赖程度也就越大。汽车用传感器的种类多样化和使用数量的增加，使得传感器朝着多功能化、集成化、智能化和微型化的方向发展。这些将使未来的智能化集成传感器不仅用于模拟和数字的信号，而且还能对信号作放大等处理；同时它还能自动进行时漂、温漂和非线性的自校正，具有较强的抵抗外部电磁干扰的能力，保证传感器信号的质量不受影响，即使汽车行驶在特殊环境中仍能保持较高的精度。

10.3.2　传感器在发动机中的典型应用

1. 曲轴转动位置及转速检测传感器

图 10.14 所示为曲轴转动位置传感器。这类传感器一般安装在曲轴端部飞轮上或分电器内，由磁电型、磁阻型、霍尔效应型、威耿德磁线型或光电型信号发生器测定曲轴转动位置及转速。

磁电型 [图 10.14（a）] 和磁阻型 [图 10.14（b）] 的工作原理是利用齿轮或具有等间隔的凸起部位的圆盘在旋转过程中引起感应线圈产生与转角位置和转速相关的脉冲电压信号，经整形后变为时序脉冲信号，通过计算机计算来确定曲轴转角位置及其转速。这类传感器一般安装在曲轴端部飞轮上或分电器内。

霍尔效应型 [图 10.14（c）] 也有一个带齿圆盘，当控制电流 I_c 流过霍尔元件，在垂直于该电流的方向加上磁场 B，则在垂直于 I_c 和 B 的方向产生输出电压，经放大器放大输出 E_O。利用这种霍尔效应制作的传感器已用于汽车，其中最受重视的是 GaAs 霍尔元件。

威耿德（Weigand）磁性传感器是 J.R.Weigand 利用磁力的反向作用研制而成的，其原理如图 10.15（d）所示。它利用 0.5Ni-0.5Fe 磁性合金制成丝状，并进行特殊加工，使其外侧矫顽力和中心部位不同。当外部加给磁线的磁场超过临界值时，仅在中心部位引起反向磁化。若在威耿德磁线上绕上线圈，则可利用磁场换向产生脉冲电压。因此，威耿德磁线与磁铁配对，可构成磁性传感器。这种传感器不用电源，使用方便，用在汽车上，可检测转速和曲轴角。

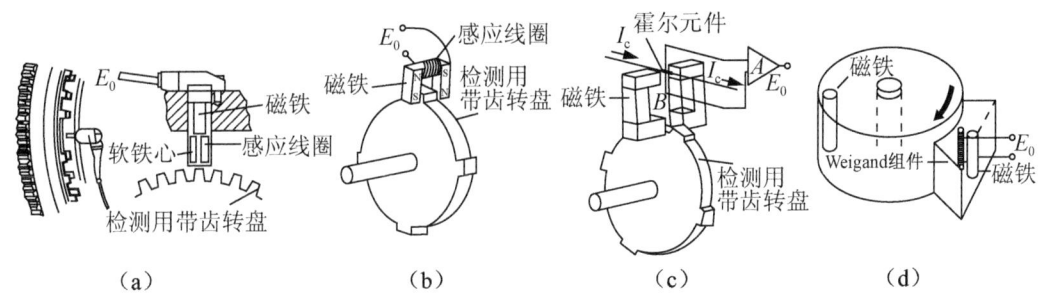

图 10.15 曲轴位置、转速传感器

光电型传感器由发光二极管、光纤、光敏晶体管等构成，利用光的通断可测曲轴转角位置与转速。这种传感器具有抗噪声能力强及安装地点易于选择等优点，但易被泥、油污染。

2. 压力传感器

汽车发动机的负荷状态信息通过压力传感器测量气缸负压即可知道，发动机根据压力传感器获取的信息进行电子点火器控制。汽车用压力传感器不仅用于检测发动机负压，还可用于检测其他压力。

汽车用压力传感器的主要功能：①检测气缸负压，从而控制点火和燃料喷射；②检测大气压，从而控制爬坡时的空燃比；③检测涡轮发动机的升压比；④检测气缸内压；⑤检测 EGR（废气再循环）流量；⑥检测发动机油压；⑦检测变速箱油压；⑧检测制动器油压；⑨检测翻斗车油压；⑩检测轮胎空气压力。

汽车用压力传感器目前已有很多种，但从价格和可靠性考虑，当前主要使用压阻式和静电电容式压力传感器。压阻式压力传感器由 3mm×3mm×3mm 的硅单晶片构成，晶面用化学腐蚀法减薄，在其上面用扩散法形成四个压阻应变片膜。这种传感器的特点是灵敏度高，温度系数大。灵敏度随温度的变化用串联在压阻应变片桥式电路上的热敏电阻进行补偿，不同温度下，零点漂移由并联在应变片上的温度系数小的电阻增减进行补偿。

图 10.16 所示为压阻应变式压力传感器（亦称真空传感器）。它实际上是一个由硅杯组成的半导体应变元件，硅杯的一端通大气，另一端接发动机进气管。其结构原理如图 10.16（a）所示，硅杯的主要部位为一个很薄（3μm）的硅片，外围较厚（约 250μm），中部最薄。硅片上下两面各有一层二氧化硅膜。在膜层中，沿硅片四周有四个应变电阻。在硅片四角各有一个金属块，通过导线与应变电阻相连。在硅片底部粘贴了一块硼硅酸玻璃片，使硅膜中部形成一个真空窗以感应压力。使用时，用橡胶或塑料管将发动机吸气歧管的真空负压连接到真空窗口（真空室）即可。传感器的四个电阻连接成桥形电路，如图 10.16（b）所示，无变形时将电桥调到平衡状态。

当硅杯中硅片受真空负压弯曲时，引起电阻值的变化，其中 R_1 和 R_4 的阻值增加，R_2 和 R_3 的阻值等量减小，使电桥失去平衡，从而在 ab 端形成电势差。此电势差正比于进气真空度，故可作为发动机的负荷信号。

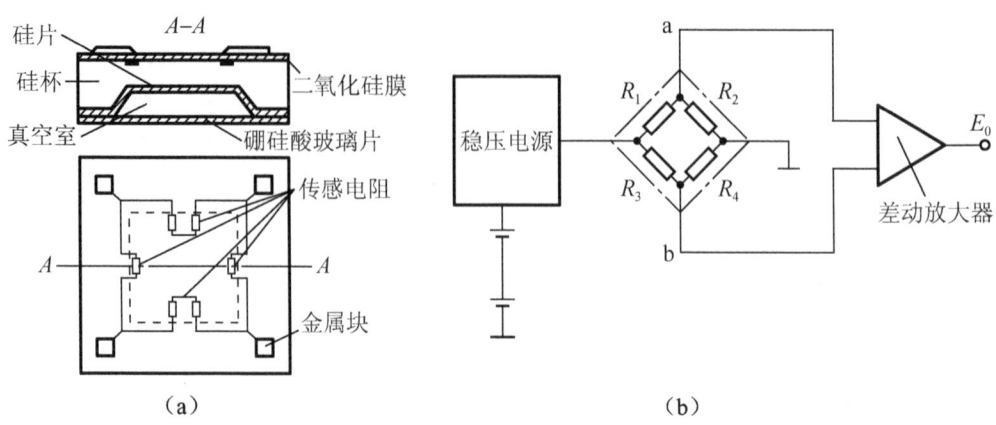

图 10.16 压阻应变式压力传感器

3. 爆振传感器

爆振是指燃烧室中本应逐渐燃烧的部分混合气突然自燃的现象。这种现象通常发生在离火花塞较远区域的末端混合气中。爆振时，产生很高强度的压力波冲击燃烧室，所以能听到尖锐的金属部件敲击声。爆振不仅使发动机部件承受高压，并使末端混合气区域的金属温度剧增，严重的可使活塞顶部熔化。

点火时间过早是产生爆振的一个主要原因。由于要求发动机能够发出最大功率，点火时间最好能提早到刚好不至于发生爆振的角度。但在这种情况下发动机的工况略有改变，就可能发生爆振而造成损害。过去为避免这种危险，通常采用减小点火提前角的办法，但这样要牺牲发动机的功率。为了不损失发动机的功率而不产生爆振现象，必须研制和应用爆振传感器，如图 10.17 所示。

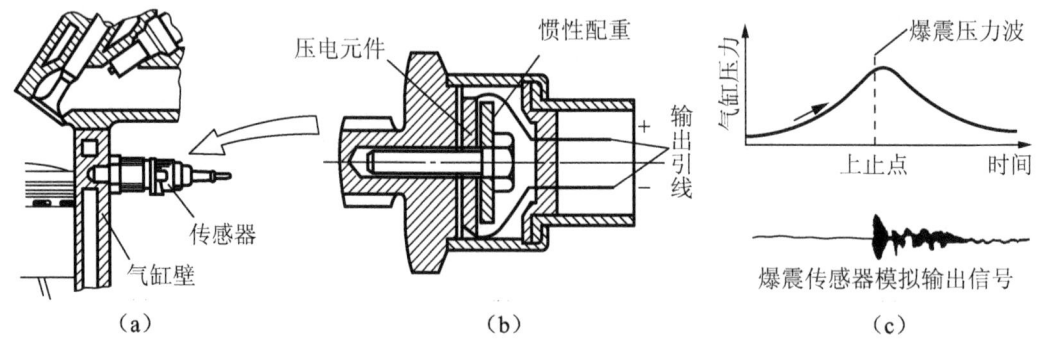

图 10.17 爆振传感器（加速度型）

发动机爆振时产生的压力波，其频率范围约为 1～10kHz。压力波传给缸体，使其金属质点产生振动加速度。加速度计爆振传感器就是通过测量缸体表面的振动加速度来检测爆振压力的强弱，如图 10.17（a）所示。

这种传感器用螺纹旋入气缸壁，其主要元件为一个压电元件（压电陶瓷晶体片），螺钉使一个惯性配重压紧压电片而产生预加载荷。载荷大小影响传感器的频率响应和线性度。

图 10.17（b）所示的爆振压力波作用于传感体时，通过惯性配重使压电元件的压缩状

况产生约20mV/g（g=重力加速度）的电动势。传感器以模拟信号（小电流）传输给微型电子计算机，经滤波后，再转换成指示爆振后爆振的数字信号。当逻辑电路检测到爆振数字脉冲时，控制计算机立即发出指令推迟点火时间以消除爆振。

4. 冷却液温度传感器

目前使用的温度传感器主要是热敏电阻和铁氧体热敏元件。冷却液温度传感器常用一个铜壳，与需要测量的物体接触，壳内装有热敏电阻。一般金属热敏电阻的阻值随温度升高而增加，具有正温度系数。与此相反，由半导体材料（最常用的是硅）制成的传感器具有负温度系数，其电阻值随温度升高而降低。使用时，传感器装在发动机冷却水箱壁上，其输出的与冷却液温度成比例的直流电压作为修正点火提前角的依据。发动机冷却液温度传感器采用正温度系数的热敏电阻特性。

10.3.3 传感器在汽车空调系统中的应用

汽车的基本空调系统，经过不断的发展、元件改进、功能完善以及电子化，最终发展成为自动空调系统。

自动空调系统的特点：空气流动的路线和方向可以自动调节，并迅速达到所需的最佳温度。在天气不燥热时，使用设置的"经济挡"控制，使空压机关掉，但仍有新鲜空气进入车内，既保证一定舒适性要求，又节省制冷燃料，具有自动诊断功能，迅速查出空调系统存在的或"曾经"出现过的故障，给检测维修带来很大方便。

图10.18所示为自动空调系统框图。它由操纵显示装置、控制和调节装置、空调电动机控制装置以及各种传感器和自动空调系统的各种开关组成。温度传感器是系统中应用最多的，两个相同的外部温度传感器，分别安装在蒸发器壳体和散热器罩背后，计算机感知这两个检测值，一般用低值计算，因为在行驶时和停止时，温度会有很大差别。图10.18中高压传感器实际上是一个温度传感器，是一个负温度系数的热敏电阻，起保护作用。它装在冷凝器和膨胀阀之间，以保证压缩机在超压的情况下，如散热风扇损坏时，关闭并被保护。各种开关有防霜开关、外部温度开关、高/低压保护开关、自动跳合开关等。当外部温度$T\leqslant 5℃$时，可通过外部温度开关关断压缩机电磁离合器。自动跳合开关的作用是在加速、急踩油门踏板时，关断压缩机，使发动机有足够的功率加速，然后再自动接通压缩机。

Audi轿车自动空调系统中的传感器，各种开关及各种装置的安装位置，如图10.19所示。

特别提示

自动空调系统无疑带来了很大便利，但也使系统更为复杂，给维修带来很大困难。但采用自动诊断系统后，给查找和维修故障都带来了极大方便。Audi轿车的自动诊断系统采用频道代码进行自动诊断。即在设定的自检方式下，将空调系统的各个需检测的内容分门别类地分到各频道，在各个频道里用不同代码表示不同意义，然后查阅有关专用手册，便可确定系统各部件的状态。

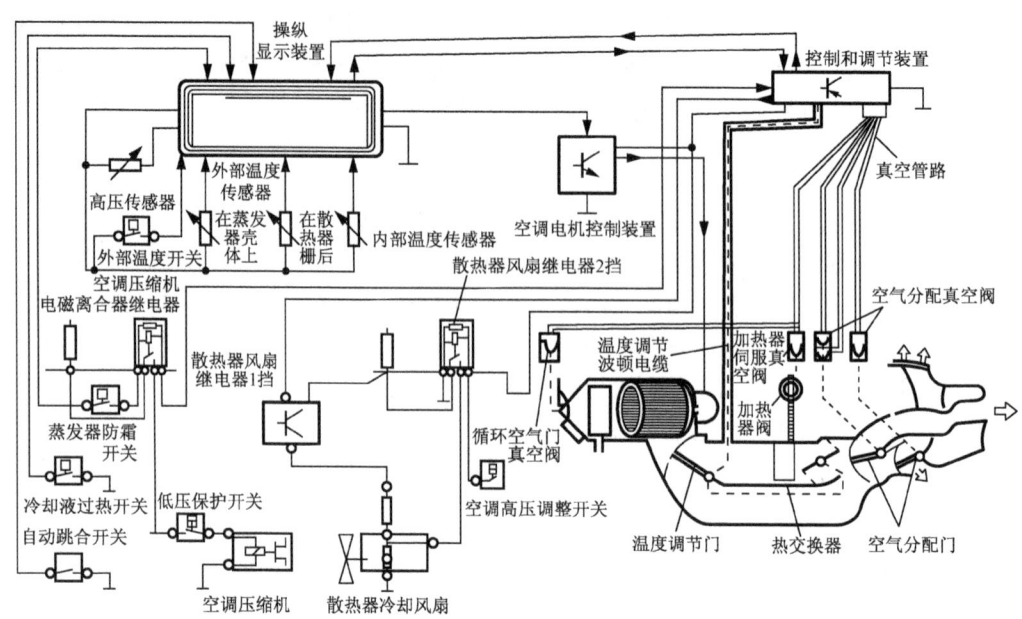

图 10.18　自动空调系统框图

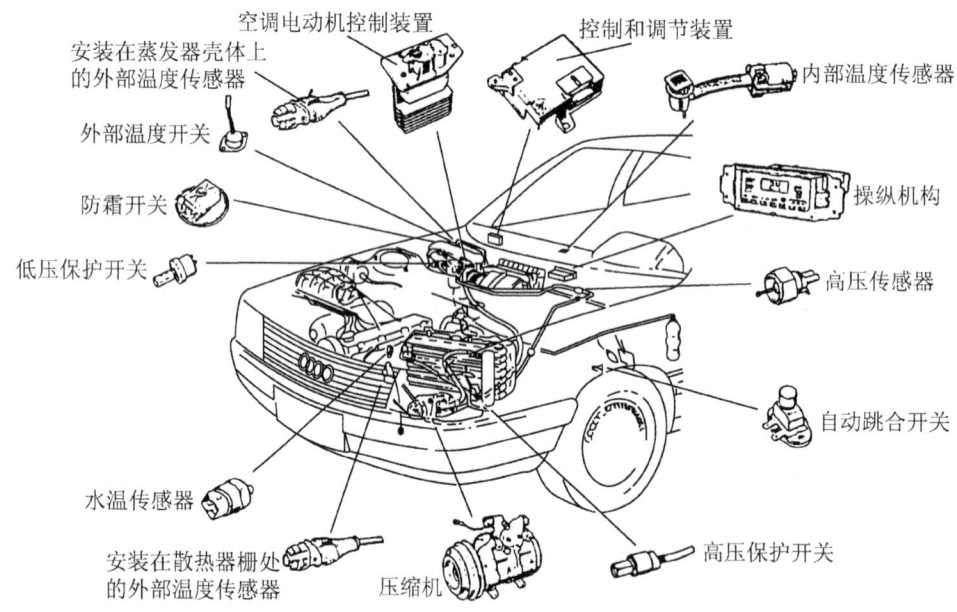

图 10.19　自动空调系统元件安装位置示意图

10.3.4　公路交通用传感器

为使公路交通系统正常运行，需要检测和监视汽车的流动状态。为此，开发了一些公路交通用传感器来检测汽车的流动信息，以控制交通系统。目前，国外采用的传感器有电感式、橡皮管式、超声波式、雷达式和红外线式。

1. 电感式传感器

电感式传感器如图 10.20 所示，其主要部件是埋设在公路下几厘米深的环状绝缘电线。当有高频电流通过电感时，公路面上形成图中虚线所示的高频磁场。当汽车进入这一高频磁场区时，会产生涡流损耗，环状绝缘电线的电感开始减少。当汽车正好在该环上方时，环的电感减到最小值。当汽车离开这一高频磁场区时，环电感逐渐复原到初始状态。由于电感变化使环中流动的高频电流的振幅和相位发生变化，因此，在环的始端连接上检测电位或振幅变化的检测器，就可得到汽车的存在与通过的电信号。若将环状绝缘电线作为振荡电路的一部分，则只要检测振荡频率的变化即可知道汽车的存在与通过。这种传感器安装在公路下面，从交通安全与美观考虑较为理想。问题是这种传感器的敷设工程要进一步完善。

2. 橡皮管式传感器

橡皮管式传感器如图 10.21（a）所示，敷设在公路上的橡胶管，其一端封闭，另一端安装隔膜波纹管。当汽车轮胎压到橡皮管上时，由于管内压力增加而使隔膜变形，因此电气触头闭合。利用这一原理能记录通过公路的汽车辆数。这种传感器的特点是操作简单、价格低。缺点是由于汽车的车轮（有四轮、六轮等）数不同会产生计数误差。橡皮管式传感器还可用于检测车速、检测方法如图 10.21（b）所示。在公路上按一定间隔敷设许多橡皮管传感器，还可检测出车型。

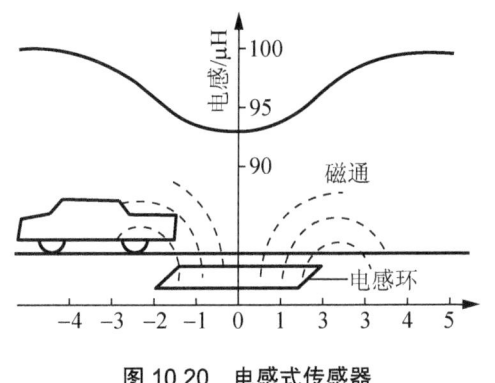

图 10.20 电感式传感器

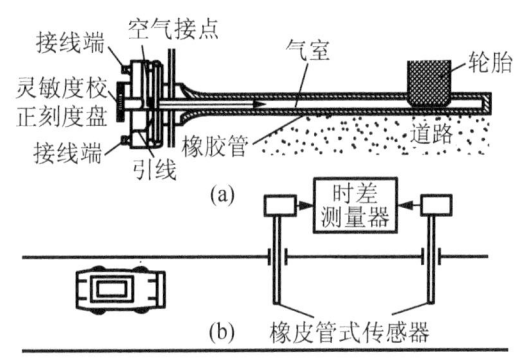

图 10.21 橡皮管式传感器

3. 超声波式传感器

超声波式传感器的工作原理如图 10.22 所示。发射和接收超声波的压电换能器安装在公路面上方约 5m 处。换能器先以一定的重复周期在极短的时间内发射一定频率的超声波，然后接收来自路面方向的反射波。所选择的超声波重复周期，要低于超声波往返于路面与换能器之间需要的时间，换能器只接收高于路面位置的汽车顶篷等的反射波。因此，用这种传感器不仅可检测汽车通过的数量，还可检测汽车的存在及经过的时间。

超声式传感器用于检测结构复杂的汽车可能产生误差，路面积雪还会造成操作失误。但超声式传感器和前述电感式传感器相比，安装和维护都极为方便，因此，日本普遍采用这种传感器。

4. 多普勒雷达式传感器

多普勒雷达式传感器的工作原理如图 10.23 所示。在路旁或路的斜上方，由方向性强的定向天线连续发射一定频率的电磁波，并由该天线接收汽车反射回来的电磁波。当汽车靠近时，反射波的频率升高；当汽车远离时，反射波的频率降低。并且反射波的频率变化量，与汽车的行驶速度和发射频率之积成正比。例如，发射频率为 10.525GHz 时，若汽车时速为 40km，则频率变化量为 779.6Hz。因此，由汽车反射波的频率变化可检测出汽车的通过的数量与行驶速度，这是监督车速的最有效方法，北京等地已广泛用于交通调查和交通控制。多普勒雷达式传感器也有许多不足之处，如汽车的复杂形状会导致检测误差，而且价格高，使用受电波使用法规定的限制。

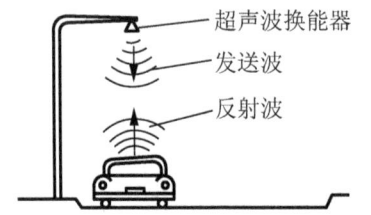

图 10.22 超声波式传感器工作原理

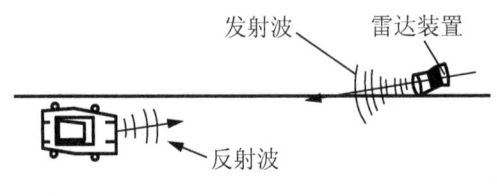

图 10.23 多普勒雷达式传感器工作原理

此外，一些发达国家正在开发和利用红外线传感器作为交通信号控制系统。该系统要求汽车上和信号中继站均配备红外线收发射仪器和信号处理装置，最大通信范围可达 500m。公路上的汽车一边行驶一边发射红外线，信号中继站接收到信号后，即可检测出汽车的位置、路线和去向，并可将这些信息显示在屏幕上，直到汽车通过为止。

10.4 传感器在家用电器中的应用

现代家用电器中普遍使用传感器。传感器在电子炉灶、自动电饭锅、空调器、电子热水器、热风取暖炉、风干器、报警器、电熨斗、电风扇、电子驱蚊器、洗衣机、洗碗机、照相机、电冰箱、彩色电视机、录像机、录音机、收音机等各个方面有着广泛的应用。随着人们生活水平的不断提高，对提高家用电器产品功能及自动化程度的要求极为强烈，为满足这些要求，首先要使用高精度的模拟量传感器，以获取正确的控制信息，并由微机进行控制，使家用电器的使用更加方便、安全、可靠，并减少能源的消耗，为更多的家庭营造了一个良好的生活环境。

从用户的角度来看，虽然这种家电的销售价格高于无传感器技术的电器，但是对于投资购买新一代的电器仍然是有好处的。

随着家用电器的发展和普及，家电控制的电子化对传感器的需求量越来越大。家用电器的电子控制器件已经发展到集成电路和大规模集成电路，单片机的应用也越来越广泛。单片机能够完成复杂的判断、预测、自动运行等任务。全自动洗衣机应用单片机控制，通过洗净度、漂洗状况的检测与控制，可以达到操作简便、节水、节电、节省洗涤剂的目的。

电冰箱的自动除霜可以提高电冰箱的效率。电子控制的红外烤箱、空调器等家用电器使用着各类传感器,同时各个家电生产厂家也在不断开发新的传感器。下面仅以微波电子灶为例说明传感器的应用。

微波电子灶与普通灶具的加热方式、控制方式不同,它有多种多样的功能,不但省时、省力,清洁、卫生,而且做出来的菜肴美味可口,因此受到人们的喜爱。这些是与微机和传感器技术的应用分不开的。

特别提示

电子灶烹调自动化从装入计算机(单片机)开始,输入温度、时间,由传感器检测温度、湿度、气体等信息,再由计算机自动定时。存储器可以是半导体存储器或外部磁卡。磁卡方式需要在食品分量和初始温度上进行调整,因此属半自动方式,它可由用户自由编程。采用传感器检测方式,用户无须调整,因此是全自动方式。

10.4.1 电子灶的湿度传感器控制

日本松下电气公司的 $MgCr_2O_4 \cdot TiO_2$ 半导体多孔质陶瓷湿度传感器采用耐高温材料且具有疏水性,既能用加热的方法清除油、烟等污染物质,又不受湿气的影响。图 10.24 所示为传感器在微波炉内的安装及烹调情况的图例。按图中位置装好湿度传感器,测量前先加热活化,烹调开始后,食品受热,相对湿度一度减小,当食品中的水沸腾时,相对湿度又急剧上升。控制时,通过湿度传感器检测这一变化,检测到的振荡频率达到某设定值后,还不能马上停止微波加热,此后的控制由软件实现。

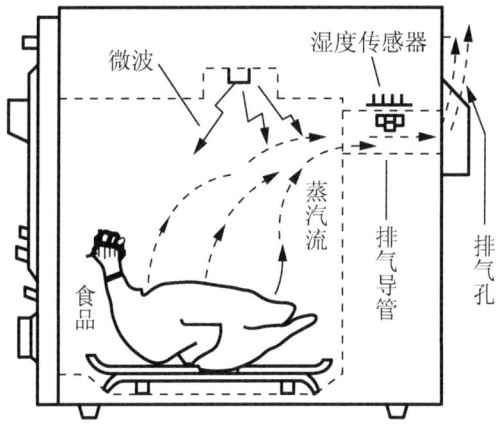

图 10.24 传感器在微波炉内的安装及烹调

烹调的内容不同,时间常数也不同,通过实验分析、整理可以设计出供电子灶应用的软件。图 10.25 所示为湿度传感器控制电路简图。

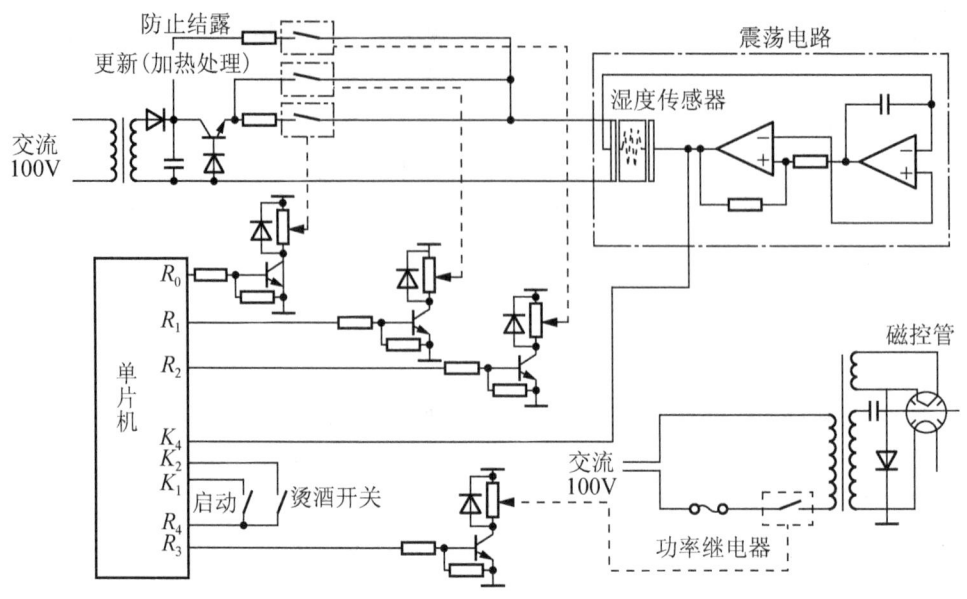

图 10.25　电路简图

10.4.2　电子灶的气体传感器控制

日本夏普公司采用 SnO_2 烧结型气体传感器进行控制。这种传感器可耐 400℃ 高温，具有电路简单的特点。一般的气体传感器多检测甲烷、丙烷等低分子量气体，与此不同，SnO_2 烧结型气体传感器可检测食物产生的高分子量气体。传感器也放在排气通道内，对不同的食物挥发气体的浓度和烹调情况之间的关系，通过实验分类整理，编制成应用软件。图 10.26 所示为气体传感器输出与烹调过程的关系。这种传感器也可用加热方法清除灶内油污等物质。

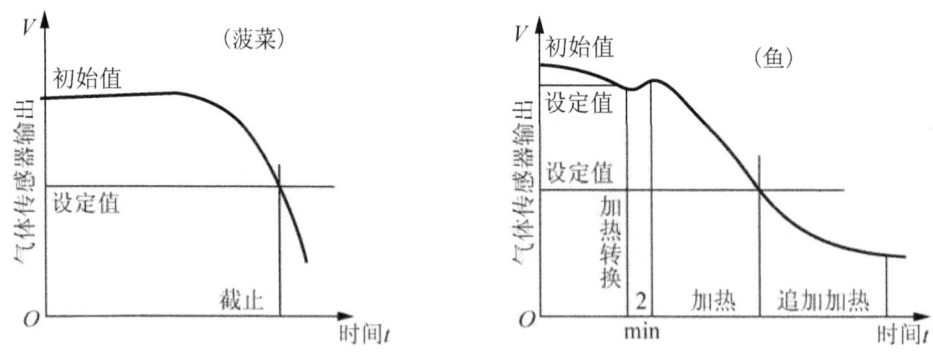

图 10.26　气体传感器输出与烹调过程的关系

10.4.3　电子灶的温度传感器控制

日本三洋公司生产的电子灶，采用 $LiTaO_3$ 晶体热电式红外传感器检测食物的表面温度并进行控制。这种传感器比一般红外传感器测量范围广，价格也便宜。

如图 10.27 所示，传感器安装在灶具上方的天井里。热电型红外传感器需要斩波器，机械式斩波器以每秒十几转的速度在传感器面前旋转。为避免油污附着在传感器上,从传感器侧面向灶腔内送入冷气流。尽管包含斩波器的外部电路复杂,但由于有市售的 IC,该方法切实可行。

图中食物放在食品台中心,并由电动机驱动边加热边旋转。与上面提到的两种控制方法相同,烹调时,可根据不同的食物进行相应的加热。

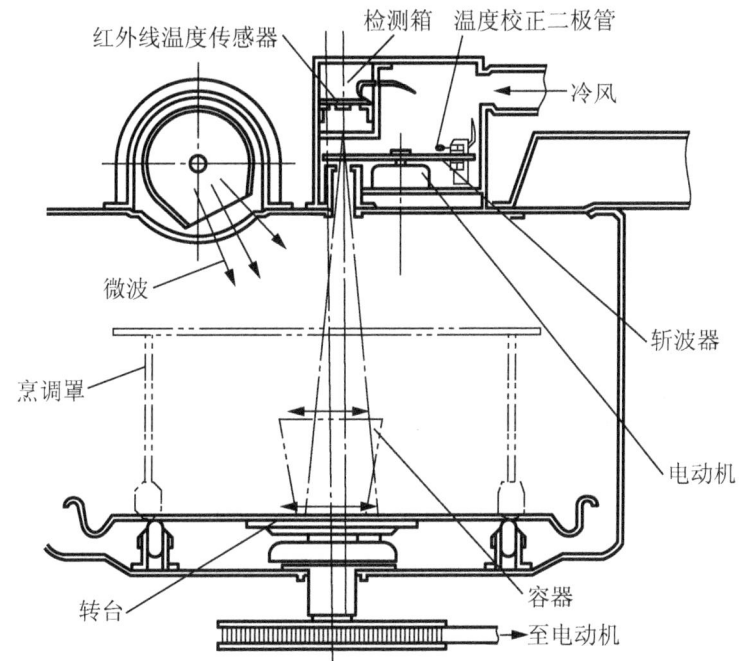

图 10.27　微波炉中传感器装配示意图

习　　题

1. 工业机器人常用的位移传感器有哪些?
2. 怎样区分 CNC 机床与 MC 的半闭环和全闭环控制?
3. 采用光电编码器为什么能同时进行位置反馈和速度反馈?
4. 汽车机电一体化的中心内容是什么?其目的是什么?
5. 汽车行驶控制的重点内容是什么?
6. 汽车用压力传感器有哪些功能?
7. 爆振产生的主要原因是什么?
8. 简述汽车自动空调系统的特点。
9. 公路交通检测汽车流动状态多采用哪些传感器?
10. 请说明湿度传感器、气体传感器对电子灶控制的工作原理。

参 考 文 献

[1] 刘希芳，王君．传感器原理与应用[M]．北京：地质出版社，2007．
[2] 王化祥，张淑英．传感器原理及应用[M]．天津：天津大学出版社，2006．
[3] 王其生．传感器例题与习题集[M]．北京：机械工业出版社，2005．
[4] 黄继昌，徐巧鱼．传感器原理及应用实例[M]．北京：人民邮电出版社，2005．
[5] 吕俊芳．传感器接口与检测仪器电路[M]．北京：北京航空航天大学出版社，2004．
[6] 金发庆．传感器技术与应用[M]．北京：机械工业出版社，2004．
[7] 刘迎春，叶湘滨．传感器原理设计与应用[M]．长沙：国防科技大学出版社，2006．
[8] 戴焯．传感与检测技术[M]．武汉：武汉理工大学出版社，2003．
[9] 张岩，胡秀芳．传感器应用技术[M]．福州：福建科学技术出版社，2006．
[10] 施涌潮，梁福平，牛春晖．传感器检测技术[M]．北京：国防工业出版社，2007．
[11] 张建明．传感器与检测技术[M]．北京：机械工业出版社，2000．
[12] 叶湘滨，熊飞丽，张文娜．传感器与检测技术[M]．北京：国防工业出版社，2007．
[13] 王伯雄．测试技术基础[M]．北京：清华大学出版社，2003．
[14] 王昌明，孔德仁．传感与测试技术[M]．北京：北京航空航天大学出版社，2005．
[15] 侯国章．测试与传感技术[M]．哈尔滨：哈尔滨工业大学出版社，1998．
[16] 朱蕴璞，孔德仁．传感器原理及应用[M]．北京：国防工业出版社，2005．
[17] 宋文绪．传感器与检测技术[M]．北京：高等教育出版社，2004．
[18] 孙传友，孙晓斌．感测技术基础[M]．北京：电子工业出版社，2006．
[19] 张琳娜．传感检测技术及应用[M]．北京：中国计量出版社，1999．
[20] 何勇．光电传感器及其应用[M]．北京：化学工业出版社，2002．
[21] 洪水棕．现代测试技术[M]．上海：上海交通大学出版社，2002．
[22] 孟立凡．传感器原理及技术[M]．北京：国防工业出版社，2005．
[23] 董永贵．传感技术与系统[M]．北京：清华大学出版社，2006．
[24] 贾伯年．传感器技术[M]．南京：东南大学出版社，2000．
[25] 李科杰．现代传感技术[M]．北京：电子工业出版社，2005．
[26] 彭军．传感器与检测技术[M]．西安：西安电子科技大学出版社，2003．
[27] 高国富．智能传感器及其应用[M]．北京：化学工业出版社，2005．
[28] 强锡富．传感器[M]．北京：机械工业出版社，2004．

北京大学出版社高职高专机电系列规划教材

序号	书号	书名	编著者	定价	出版日期	配套情况
	"十二五"职业教育国家规划教材					
1	978-7-301-24455-5	电力系统自动装置(第2版)	王伟	26	2014.8	ppt/pdf
2	978-7-301-24506-4	电子技术项目教程(第2版)	徐超明	42	2014.7	ppt/pdf
3	978-7-301-24227-8	汽车电气系统检修(第2版)	宋作军	30	2014.8	ppt/pdf
4	978-7-301-24507-1	电工技术与技能	王平	42	2014.8	ppt/pdf
5	978-7-301-17398-5	数控加工技术项目教程	李东君	48	2010.8	ppt/pdf
6	978-7-301-25341-0	汽车构造(上册)——发动机构造(第2版)	罗灯明	35	2015.5	ppt/pdf
7	978-7-301-25529-2	汽车构造(下册)——底盘构造(第2版)	鲍远通	36	2015.5	ppt/pdf
8	978-7-301-25650-3	光伏发电技术简明教程	静国梁	29	2015.6	ppt/pdf
9	978-7-301-24589-7	光伏发电系统的运行与维护	付新春	33	2015.7	ppt/pdf
10	978-7-301-18322-9	电子EDA技术(Multisim)	刘训非	30	2012.7	ppt/pdf
	机械类基础课					
1	978-7-301-13653-9	工程力学	武昭晖	25	2011.2	ppt/pdf
2	978-7-301-13574-7	机械制造基础	徐从清	32	2012.7	ppt/pdf
3	978-7-301-28308-0	机械设计基础	王雪艳	57	2017.7	ppt/pdf
4	978-7-301-27082-0	机械制造技术	徐勇	48	2016.5	ppt/pdf
5	978-7-301-19848-3	机械制造综合设计及实训	裘俊彦	37	2013.4	ppt/pdf
6	978-7-301-19297-9	机械制造工艺及夹具设计	徐勇	28	2011.8	ppt/pdf
7	978-7-301-25479-0	机械制图——基于工作过程(第2版)	徐连孝	62	2015.5	ppt/pdf
8	978-7-301-18143-0	机械制图习题集	徐连孝	20	2013.4	ppt/pdf
9	978-7-301-27234-3	机械制图	陈世芳	42	2016.8	ppt/pdf/
10	978-7-301-27233-6	机械制图习题集	陈世芳	38	2016.8	pdf
11	978-7-301-22916-3	机械图样的识读与绘制	刘永强	36	2013.8	ppt/pdf
12	978-7-301-27778-2	机械设计基础课程设计指导书	王雪艳	26	2017.1	ppt/pdf
13	978-7-301-23354-2	AutoCAD应用项目化实训教程	王利华	42	2014.1	ppt/pdf
14	978-7-301-27906-9	AutoCAD机械绘图项目教程(第2版)	张海鹏	46	2017.3	ppt/pdf
15	978-7-301-17573-6	AutoCAD机械绘图基础教程	王长忠	32	2013.8	ppt/pdf
16	978-7-301-28261-8	AutoCAD机械绘图基础教程与实训(第3版)	欧阳全会	42	2017.6	ppt/pdf
17	978-7-301-22185-3	AutoCAD 2014机械应用项目教程	陈善岭	32	2016.1	ppt/pdf
18	978-7-301-26591-8	AutoCAD 2014机械绘图项目教程	朱昱	40	2016.2	ppt/pdf
19	978-7-301-24536-1	三维机械设计项目教程(UG版)	龚肖新	45	2014.9	ppt/pdf
20	978-7-301-27919-9	液压传动与气动技术(第3版)	曹建东	48	2017.2	ppt/pdf
21	978-7-301-30180-7	液压与气压传动技术(第2版)	高桂云	48	2019.2	ppt/pdf
22	978-7-301-24381-7	液压与气动技术项目教程	武威	30	2014.8	ppt/pdf
23	978-7-301-19374-7	公差配合与技术测量	庄佃霞	26	2013.8	ppt/pdf
24	978-7-301-25614-5	公差配合与测量技术项目教程	王丽丽	26	2015.4	ppt/pdf
25	978-7-301-25953-5	金工实训(第2版)	柴增田	38	2015.6	ppt/pdf
26	978-7-301-28647-0	钳工实训教程	吴笑伟	23	2017.9	ppt/pdf
27	978-7-301-23868-4	机械加工工艺编制与实施(上册)	于爱武	42	2014.3	ppt/pdf/素材
28	978-7-301-24546-0	机械加工工艺编制与实施(下册)	于爱武	42	2014.7	ppt/pdf/素材

序号	书号	书名	编著者	定价	出版日期	配套情况
29	978-7-301-21988-1	普通机床的检修与维护	宋亚林	33	2013.1	ppt/pdf
30	978-7-301-22116-7	机械工程专业英语图解教程(第2版)	朱派龙	48	2015.5	ppt/pdf
31	978-7-301-23198-2	生产现场管理	金建华	38	2013.9	ppt/pdf
32	978-7-301-24788-4	机械CAD绘图基础及实训	杜洁	30	2014.9	ppt/pdf
数控技术类						
1	978-7-301-17148-6	普通机床零件加工	杨雪青	26	2013.8	ppt/pdf/素材
2	978-7-301-17679-5	机械零件数控加工	李文	38	2010.8	ppt/pdf
3	978-7-301-13659-1	CAD/CAM实体造型教程与实训(Pro/ENGINEER版)	诸小丽	38	2014.7	ppt/pdf
4	978-7-301-24647-6	CAD/CAM数控编程项目教程(UG版)(第2版)	慕灿	48	2014.8	ppt/pdf
5	978-7-301-21873-0	CAD/CAM数控编程项目教程(CAXA版)	刘玉春	42	2013.3	ppt/pdf
6	978-7-301-13262-3	实用数控编程与操作	钱东东	32	2013.8	ppt/pdf
7	978-7-301-20312-5	数控编程与加工项目教程	周晓宏	42	2012.3	ppt/pdf
8	978-7-301-23898-1	数控加工编程与操作实训教程(数控车分册)	王忠斌	36	2014.6	ppt/pdf
9	978-7-301-20945-5	数控铣削技术	陈晓罗	42	2012.7	ppt/pdf
10	978-7-301-21053-6	数控车削技术	王军红	28	2012.8	ppt/pdf
11	978-7-301-25927-6	数控车削编程与操作项目教程	肖国涛	26	2015.7	ppt/pdf
12	978-7-301-21119-9	数控机床及其维护	黄应勇	38	2012.8	ppt/pdf
13	978-7-301-20002-5	数控机床故障诊断与维修	陈学军	38	2012.1	ppt/pdf
模具设计与制造类						
1	978-7-301-23892-9	注射模设计方法与技巧实例精讲	邹继强	54	2014.2	ppt/pdf
2	978-7-301-24432-6	注射模典型结构设计实例图集	邹继强	54	2014.6	ppt/pdf
3	978-7-301-18471-4	冲压工艺与模具设计	张芳	39	2011.3	ppt/pdf
4	978-7-301-19933-6	冷冲压工艺与模具设计	刘洪贤	32	2012.1	ppt/pdf
5	978-7-301-20414-6	Pro/ENGINEER Wildfire产品设计项目教程	罗武	31	2012.5	ppt/pdf
6	978-7-301-16448-8	Pro/ENGINEER Wildfire设计实训教程	吴志清	38	2012.8	ppt/pdf
7	978-7-301-22678-0	模具专业英语图解教程	李东君	22	2013.7	ppt/pdf
电气自动化类						
1	978-7-301-25670-1	电工电子技术项目教程(第2版)	杨德明	49	2016.2	ppt/pdf
2	978-7-301-22546-2	电工技能实训教程	韩亚军	22	2013.6	ppt/pdf
3	978-7-301-22923-1	电工技术项目教程	徐超明	38	2013.8	ppt/pdf
4	978-7-301-12390-4	电力电子技术	梁南丁	29	2013.5	ppt/pdf
5	978-7-301-24765-5	电子电路分析与调试	毛玉青	35	2015.3	ppt/pdf
6	978-7-301-16830-1	维修电工技能与实训	陈学平	37	2010.7	ppt/pdf
7	978-7-301-21055-0	单片机应用项目化教程	顾亚文	32	2012.8	ppt/pdf
8	978-7-301-17489-0	单片机原理及应用	陈高锋	32	2012.9	ppt/pdf
9	978-7-301-24281-0	单片机技术及应用	黄贻培	30	2014.7	ppt/pdf
10	978-7-301-22390-1	单片机开发与实践教程	宋玲玲	24	2013.6	ppt/pdf
11	978-7-301-19302-0	基于汇编语言的单片机仿真教程与实训	张秀国	32	2011.8	ppt/pdf
12	978-7-301-12181-8	自动控制原理与应用	梁南丁	23	2012.1	ppt/pdf
13	978-7-301-19638-0	电气控制与PLC应用技术	郭燕	24	2012.1	ppt/pdf

序号	书号	书名	编著者	定价	出版日期	配套情况
14	978-7-301-12383-6	电气控制与PLC(西门子系列)	李 伟	26	2012.3	ppt/pdf
15	978-7-301-18188-1	可编程控制器应用技术项目教程(西门子)	崔维群	38	2013.6	ppt/pdf
16	978-7-301-23432-7	机电传动控制项目教程	杨德明	40	2014.1	ppt/pdf
17	978-7-301-22315-4	低压电气控制安装与调试实训教程	张 郭	24	2013.4	ppt/pdf
18	978-7-301-31058-8	低压电器控制技术(第2版)	戴曰梅	42	2020.3	ppt/pdf
19	978-7-301-22672-8	机电设备控制基础	王本轶	32	2013.7	ppt/pdf
20	978-7-301-23822-6	电机与电气控制	郭夕琴	34	2014.8	ppt/pdf
21	978-7-301-21269-1	电机控制与实践	徐 锋	34	2012.9	ppt/pdf
22	978-7-301-16770-0	电机拖动与应用实训教程	任娟平	36	2012.11	ppt/pdf
23	978-7-301-28710-1	电机与控制	马志敏	31	2017.9	ppt/pdf
24	978-7-301-22632-2	机床电气控制与维修	崔兴艳	28	2013.7	ppt/pdf
25	978-7-301-22917-0	机床电气控制与PLC技术	林盛昌	36	2013.8	ppt/pdf
26	978-7-301-28063-8	机房空调系统的运行与维护	马也骋	37	2017.4	ppt/pdf
27	978-7-301-26499-7	传感器检测技术及应用(第2版)	王晓敏	45	2015.11	ppt/pdf
28	978-7-301-20654-6	自动生产线调试与维护	吴有明	28	2013.1	ppt/pdf
29	978-7-301-21239-4	自动生产线安装与调试实训教程	周 洋	30	2012.9	ppt/pdf
30	978-7-301-18852-1	机电专业英语	戴正阳	28	2013.8	ppt/pdf
31	978-7-301-24764-8	FPGA应用技术教程(VHDL版)	王真富	38	2015.2	ppt/pdf
32	978-7-301-26201-6	电气安装与调试技术	卢 艳	38	2015.8	ppt/pdf
33	978-7-301-26215-3	可编程控制器编程及应用(欧姆龙机型)	姜凤武	27	2015.8	ppt/pdf
34	978-7-301-26481-2	PLC与变频器控制系统设计与高度(第2版)	姜永华	44	2016.9	ppt/pdf
		汽车类				
1	978-7-301-17694-8	汽车电工电子技术	郑广军	33	2011.1	ppt/pdf
2	978-7-301-26724-0	汽车机械基础(第2版)	张本升	45	2016.1	ppt/pdf/
3	978-7-301-26500-0	汽车机械基础教程(第3版)	吴笑伟	35	2015.12	ppt/pdf/
4	978-7-301-17821-8	汽车机械基础项目化教学标准教程	傅华娟	40	2014.8	ppt/pdf
5	978-7-301-19646-5	汽车构造	刘智婷	42	2012.1	ppt/pdf
6	978-7-301-25341-0	汽车构造(上册)——发动机构造(第2版)	罗灯明	35	2015.5	ppt/pdf
7	978-7-301-25529-1	汽车构造(下册)——底盘构造(第2版)	鲍远通	36	2015.5	ppt/pdf
8	978-7-301-13661-4	汽车电控技术	祁翠琴	39	2015.2	ppt/pdf
9	978-7-301-19147-7	电控发动机原理与维修实务	杨洪庆	27	2011.7	ppt/pdf
10	978-7-301-13658-4	汽车发动机电控系统原理与维修	张吉国	25	2012.4	ppt/pdf
11	978-7-301-27796-6	汽车发动机电控技术(第2版)	张 俊	53	2017.1	ppt/pdf/
12	978-7-301-21989-8	汽车发动机构造与维修(第2版)	蔡兴旺	40	2013.1	ppt/pdf/
13	978-7-301-18948-1	汽车底盘电控原理与维修实务	刘映凯	26	2012.1	ppt/pdf
14	978-7-301-24227-8	汽车电气系统检修(第2版)	宋作军	30	2014.8	ppt/pdf
15	978-7-301-23512-6	汽车车身电控系统检修	温立全	30	2014.1	ppt/pdf
16	978-7-301-20011-7	汽车电器实训	高照亮	38	2012.1	ppt/pdf
17	978-7-301-18850-7	汽车电器设备原理与维修实务	明光星	38	2013.9	ppt/pdf
18	978-7-301-22363-5	汽车车载网络技术与检修	闫炳强	30	2013.6	ppt/pdf
19	978-7-301-14139-7	汽车空调原理及维修	林 钢	26	2013.8	ppt/pdf
20	978-7-301-16919-3	汽车检测与诊断技术	娄 云	35	2011.7	ppt/pdf

序号	书号	书名	编著者	定价	出版日期	配套情况
21	978-7-301-22988-0	汽车拆装实训	詹远武	44	2013.8	ppt/pdf
22	978-7-301-22746-6	汽车装饰与美容	金守玲	34	2013.7	ppt/pdf
23	978-7-301-25833-0	汽车营销实务(第2版)	夏志华	32	2015.6	ppt/pdf
24	978-7-301-27595-5	汽车文化（第2版）	刘锐	31	2016.12	ppt/pdf
25	978-7-301-20753-6	二手车鉴定与评估	李玉柱	28	2012.6	ppt/pdf
26	978-7-301-26595-6	汽车专业英语图解教程(第2版)	侯锁军	29	2016.4	ppt/pdf/素材
27	978-7-301-27089-9	汽车营销服务礼仪(第2版)	夏志华	36	2016.6	ppt/pdf
电子信息、应用电子类						
1	978-7-301-19639-7	电路分析基础(第2版)	张丽萍	25	2012.9	ppt/pdf
2	978-7-301-27605-1	电路电工基础	张琳	29	2016.11	ppt/fdf
3	978-7-301-19310-5	PCB板的设计与制作	夏淑丽	33	2011.8	ppt/pdf
4	978-7-301-21147-2	Protel 99 SE 印制电路板设计案例教程	王静	35	2012.8	ppt/pdf
5	978-7-301-12387-4	电子线路CAD	殷庆纵	28	2012.7	ppt/pdf
6	978-7-301-22546-2	电工技能实训教程	韩亚军	22	2013.6	ppt/pdf
7	978-7-301-22923-1	电工技术项目教程	徐超明	38	2013.8	ppt/pdf
8	978-7-301-25670-1	电工电子技术项目教程（第2版）	杨德明	49	2016.2	ppt/pdf
9	978-7-301-26076-0	电子技术应用项目式教程(第2版)	王志伟	40	2015.9	ppt/pdf/素材
10	978-7-301-22959-0	电子焊接技术实训教程	梅琼珍	24	2013.8	ppt/pdf
11	978-7-301-13572-3	模拟电子技术及应用	刁修睦	28	2012.8	ppt/pdf
12	978-7-301-20009-4	数字逻辑与微机原理	宋振辉	49	2012.1	ppt/pdf
13	978-7-301-12386-7	高频电子线路	李福勤	20	2013.8	ppt/pdf
14	978-7-301-20706-2	高频电子技术	朱小祥	32	2012.6	ppt/pdf
15	978-7-301-18322-9	电子EDA技术(Multisim)	刘训非	30	2012.7	ppt/pdf
16	978-7-301-14453-4	EDA技术与VHDL	宋振辉	28	2013.8	ppt/pdf
17	978-7-301-22362-8	电子产品组装与调试实训教程	何杰	28	2013.6	ppt/pdf
18	978-7-301-19326-6	综合电子设计与实践	钱卫钧	25	2013.8	ppt/pdf
19	978-7-301-17877-5	电子信息专业英语	高金玉	26	2011.11	ppt/pdf
20	978-7-301-23895-0	电子电路工程训练与设计、仿真	孙晓艳	39	2014.3	ppt/pdf
21	978-7-301-24624-5	可编程逻辑器件应用技术	魏欣	26	2014.8	ppt/pdf
22	978-7-301-26156-9	电子产品生产工艺与管理	徐中贵	38	2015.8	ppt/pdf

如您需要更多教学资源如电子课件、电子样章、习题答案等，请登录北京大学出版社第六事业部官网 www.pup6.cn 搜索下载。

如您需要浏览更多专业教材，请扫下面的二维码，关注北京大学出版社第六事业部官方微信（微信号：pup6book），随时查询专业教材、浏览教材目录、内容简介等信息，并可在线申请纸质样书用于教学。

感谢您使用我们的教材，欢迎您随时与我们联系，我们将及时做好全方位的服务。联系方式：010-62750667，329056787@qq.com，pup_6@163.com，lihu80@163.com，欢迎来电来信。客户服务QQ号：1292552107，欢迎随时咨询。